古代建筑测绘

王崇恩　朱向东　编著

中国建筑工业出版社

图书在版编目（CIP）数据

古代建筑测绘/王崇恩，朱向东编著. —北京：中国
建筑工业出版社，2016.9（2022.7重印）
ISBN 978-7-112-19575-6

Ⅰ. ①古… Ⅱ. ①王… ②朱… Ⅲ. ①古建筑-建
筑测量-中国 Ⅳ. ①TU198

中国版本图书馆 CIP 数据核字（2016）第 154379 号

　　本书是一本古建筑测绘实践教学的参考书。目前，我国许多大专院校的建筑学、城乡
规划学、风景园林学等专业都开设了"古建筑测绘"实践教学课程，《古代建筑测绘》是
与"古建筑测绘"理论教学教材相配套的实践教学资料。本书是山西省高等学校教学改革
项目"古建筑测绘实践教学方法研究"（项目编号：J2013020）资助完成的，目的旨在帮
助测绘实践者进一步了解中国建筑的发展历史，认识中国古代建筑的文化传承和建造特
征。本书将古建筑测绘所需的基本知识和测绘基本方法都进行详细讲解。全书尽可能地包
含了全部常见的古建筑类型；同时还针对古建筑真实性测绘进行了实例图释，具有较高的
参考价值。

　　全书内容详实，可为大专院校建筑学、城乡规划学、风景园林学等专业师生以及相关
古建筑测绘实践人员提供参考。

责任编辑：张　磊
责任校对：王宇枢　张　颖

古代建筑测绘

王崇恩　朱向东　编著

*

中国建筑工业出版社出版、发行（北京西郊百万庄）
各地新华书店、建筑书店经销
霸州市顺浩图文科技发展有限公司制版
北京建筑工业印刷厂印刷

*

开本：787×1092毫米　1/16　印张：17½　字数：432千字
2016年10月第一版　　2022年7月第三次印刷
定价：**58.00**元
ISBN 978-7-112-19575-6
（38423）

前　言

广义上来说，古建筑是指具有历史意义的古代民用和公共建筑以及包括民国时期的建筑，但我们在文物保护工作中，习惯上将古代民用和公共建筑称为古建筑，而将民国时期的建筑称为近代建筑。以下所描述的内容仅针对习惯意义上的古建筑，对于那些近代建筑的局部内容具有一定的参考价值。

"测量"是按照某种规律，用数据来描述观察到的现象，即对事物作出量化描述，是对非量化实物的量化过程。古建筑测量，按照字面意思可以理解为测量古建筑的形制、大小和空间布局，并在此基础上绘制相应的工程图纸，是对实际存在实物进行量化的过程。但随着社会经济的迅速发展，中国文物保护事业进入到一个蓬勃发展的黄金时期，古建筑的保护理念已经从建筑保护进入到文化遗产保护的全新领域。传统意义上的古建筑测量与现代测绘学科间的联系越来越紧密，其中测绘学的概念逐渐地渗透到古建筑测绘中，以计算机技术、光电技术、网络通信技术、空间科学和信息科学为基础，以全球定位系统（GPS）、遥感（RS）和地理信息系统（GIS）为技术核心，对古建筑的测绘甚至可以实现"无人"操作，用现代仪器完成测量、绘图的全过程，误差可以控制在毫米范围内。

虽然运用现代科技测绘古建筑可以实现快速、精确的量化数据，但是在实际的工作中，我们测量的目的并不只是单纯的为了绘制建筑的平、立、剖面图，而是通过测量确定建筑形制，同时还对建筑材料、梁架结构和建筑现状等进行分析，以实现我们或用于存档，或制定修缮措施的目的。

"古建筑测绘"是我国大专院校的建筑学、城乡规划学和风景园林学专业本科阶段重要的教学实践环节。古建筑测绘主要是针对中国古代建筑而开展的建筑测绘教学实践活动，通过测绘可以帮助实践者进一步了解中国建筑的发展历史，能更好地理解中国古代建筑史的发展脉络，掌握古代建筑的建筑类型、结构体系、建筑各构件的名称和尺度，还可进一步了解传统建筑的空间布局、外观形式和细部装饰等特点，对于提高学生的专业审美和研究能力都有很大的帮助，同时也为后续的工作和学习打下良好的基础。

本书对传统测绘和现代测绘技术与方法进行了总结和分析，尝试利用古建筑测绘的传统手段和现代技术相结合的方式对古代建筑进行测绘，希望能为今后建筑测绘课程的教学提供一定的参考依据。

作为"古建筑测绘"系列教材，本书主要为古建筑测绘实战部分，共分五章，第一章古建筑测量基本知识；第二章古建筑测绘方法与技术；第三章现代测量仪器在古建筑测量中的应用；第四章古建筑现状评估与修缮；第五章古建筑测绘实例图释。

第一章为古建筑测量基本知识，本章主要从古建筑构造的基本知识开始，详细讲解了古建筑的组成部分、各个部位的概念、位置以及具体作用。

　　第二章为古建筑测量和绘图方法，本章主要从古建筑测量前准备工作开始，介绍了绘制草图的基本要求、测量的步骤、图纸标注样式以及后期图纸处理等方面内容。

　　第三章现代测量仪器在古建筑测量中的应用，本章主要对目前常用的测量工具进行了介绍。分别比较了各种现代仪器在古建筑测量的优缺点，并利用全站仪和三维激光扫描仪对古建筑测量方法进行了详细介绍及实例解析。

　　第四章古建筑现状评估与修缮，本章主要介绍了古建筑真实性信息的记录要求和具体内容，并针对古建筑的现状问题提出了一些常见的修缮措施。

　　第五章古建筑测绘实例图释，本章首先按照古建筑修缮措施不同列举了古建筑的几种测绘实例，其次针对古建筑屋顶形式不同、建筑功能不同的特点列举了相关测绘实例进行讲解，最后通过两个完整案例向读者示范古建筑测绘的标准。

　　本书图文并茂，根据内容需要采用了一定数量的照片、测绘图等，加强了读者对图书内容的理解和对古代建筑的直观感受，希望可以对初学者提供些许帮助。

目 录

第一章

古建筑测量基本知识 ←

第一节　古建筑测量基本概念

一、古建筑测量的定义

古建筑测量，就是利用测量工具实现对具有历史价值和意义的古代建筑进行量化的过程，并通过量化数据实现对其"原状"、"现状"的认知，为存档、维修和研究等工作提供第一手数据资料。

二、古建筑测量的内容

通过对古建筑的测量要解决以下四个问题：测什么？怎么测？修什么？怎么修？

测什么——是对古建筑测量内容的界定，要求对所要测量的建筑有一个从整体到局部的认识。这个"整体"说的是对一座建筑的平面布局、梁架结构、屋顶形式的初步认识，这也是我们通常对单体古建筑进行划分的三个层次，即台明、屋身、屋顶。当我们看到一座古建筑时，首先看到的是它面阔几间，进深几间，梁架结构是什么，屋顶形式是什么，布瓦还是琉璃瓦，有没有剪边等等；"局部"是我们进行测量的主要内容，将单体建筑的各部位全部细化到构件进行测量，然后按照古建筑的搭接程序将构件——组合后得到我们所需要的内容。这部分内容往往也是古建初学者最为头疼的问题，在测量前对古建筑构件进行了解，第一是可以提高测量的精度及效率，第二是方便在测量时运用古建筑语言进行交流。

怎么测——是选择和运用工具对测量内容的量化过程。在对建筑构件全面认识之后，更重要的工作是将其形制尺度进行量化，这个"量化"的过程采取的就是测量的方法。但是，测量并不是简单地用一个卷尺、水平尺就可以解决的问题，首先是工具的选择，对于不同形状的构件怎么选择工具才能准确反映其特征，既方便测量者进行操作，又可以高效、准确的完成测量任务，对于隐蔽构件怎么测量等都是需要在这一阶段解决的问题；其次是哪些是需要直接测的，哪些是可以通过正投影解决的问题，并不是所有尺寸都需要——测量，这样会加大测量工程量，甚至会因为推算的尺寸和直接测量的尺寸的细微差别而在电脑制图时造成困扰，这就需要运用测量技巧去避免。

修什么——是现状测量的重要组成部分，通过对建筑的变形测量及现状记录，分析产生残损现状的原因，并据此确定修缮内容，这是古建筑测量要解决的最终问题，也是古建筑测量的目的所在。古建筑的变形需要通过技术测量解决，再加上对现状的文字描述，基本上可以确定修缮内容，这便是第一步；第二步是对修缮内容的量化，即确定残损工程量，这是确定古建筑修缮预算的依据。

怎么修——是排除隐患，恢复结构安全稳定所要采取的技术措施。本书旨在解决古建筑测量的一些问题，对于其所对应的技术措施在古建筑测量中仅进行简要备注，而不对所有工程措施进行说明。

三、古建筑测量深度

古建筑测量所涵盖的对象为公共和民用建筑，根据不同的目的以及工作性质的要求，需要对文物建筑进行不同深度的测量，以下将分别以文物保护不同阶段对古建筑测量的深度需求进行说明。

第一类：粗略测量。文物古迹保护工作的程序分六步进行，首先是调查。调查是保护程序中最基础的工作，分为普查、复查、重点调查和专项调查。这种情况下，对建筑的测量要求较为简单，可采用粗略测量的方法进行，也可以称之为"法式测量"，测量取得的尺寸能保证绘制出一套反映建筑物体形外貌及主要结构的图纸即可。

第二类：存档测量。调查完成后的主要工作是对文物古迹的价值、现状进行评估。价值评估是确定文物古迹保护等级的依据，文物古迹根据其价值实行分级管理，建立不同级别的保护档案，依据《全国重点文物保护单位记录档案工作规范（试行）》中对图纸档案的要求进行测量，具体图纸要求如下：

（1）总体图纸：地形地貌图、地质图、行政区划图、文物分布图、保护范围和建设控制地带图等。

（2）建筑图纸：建筑群体总平面图；单体平面图、立面图、剖面图；结构图、节点大样图等。

（3）历史资料性图纸和研究复原图等。

作为建立科学记录档案的建筑图纸，测量要求是所测尺寸不仅能反映建筑的基本外貌和主要结构，对于古建筑的梁架节点、反映时代特征的斗栱节点、装修等全部进行精细测量。

第三类：精确测量。如果说以上两类是对于所有的古建筑都应当进行的基础保护工作，对于那些出现残损或已经有结构安全隐患的建筑，要通过技术手段对文物古迹及环境进行保护、加固和修复的古建筑就需要进行精确测量，首先对其建筑结构进行"法式测量"，确定其基本结构和主要特征；其次，对建筑现状进行变形测量，量化其残损现状以制定相对应的保护措施，通过精确的绘、测、录，用图纸、数据、文字、照片相配合，完成对建筑单体或建筑群的勘察。

鉴于第三类是对古建筑大修前最精细的测量，因此，在以下对建筑测量方法的描述中，主要针对第三类情况进行，其余两类的测量可参考进行。

第二节　古建筑构造基本知识

一、古建筑的初步认识

在对古建筑进行测量前，首先要对所要测量建筑的结构、构件有一定的了解，这样可节省时间和精力，而且在修缮方案中建筑形制的描述部分对古建筑构造知识储备要求甚高，因此，在测量前对古建筑构造进行解析是很有必要的。

中国古建筑立面一般分为三部分：下部的台基、中部的屋身和上部的屋顶。

古建筑的台基是包括从地面以上、柱础以下的砖石包砌部分。屋身构成了建筑的主体，包含的内容主要可分为三类：墙体、梁架和装修。屋顶是建筑最上部的围护结构。

二、台基

台基是建筑的基座，首先按照平面布局及柱网形式对其进行分类，可以将台基分为：身内单槽、身内双槽、身内分心斗底槽、身内金箱斗底槽、身内分心槽等几种形式；其次按照台基材料可分为土作（拦土墙等）、砖作（台帮、台明地面、室内地面等）和石作（阶条石、土衬石、踏跺等），以下将分别对其位置和形式进行描述。

1. 台基形式分类

（1）身内单槽：宋式建筑柱网布局所形成的空间，从柱式排列上分析，为单排殿身内柱柱网，适用于殿身七间副阶周匝各两架椽结构的殿阁和十架椽的殿堂。以"殿阁地盘殿身七间副阶周匝身内单槽"为例（图1-2-1）。

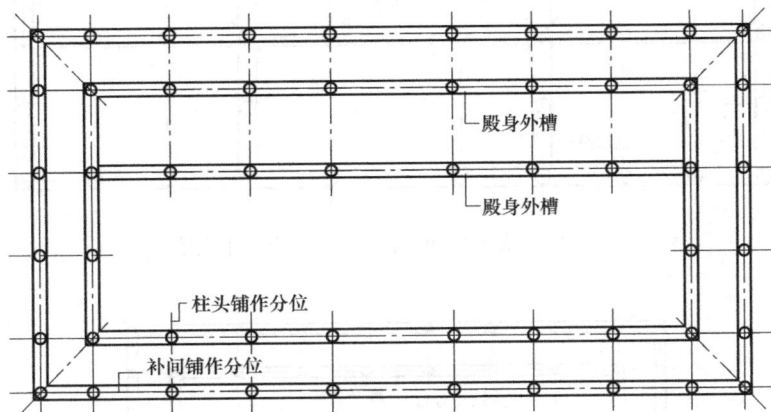

图1-2-1　殿阁地盘殿身七间副阶周匝身内单槽

（2）身内双槽：宋式建筑柱网布局所形成的空间，在柱子的设置上，为双排殿身内柱，适用于殿身七间副阶周匝两椽结构的殿阁。以"殿阁地盘殿身七间副阶周匝身内双槽"为例（图1-2-2）。

（3）身内分心斗底槽：宋式建筑柱网布局所形成的空间，为九间殿阁使用，殿身内柱沿建筑中线排列，称分心。以"殿阁身地盘九间身内分心斗底槽"为例（图1-2-3）。

（4）身内金箱斗底槽：宋式建筑柱网布局所形成的空间，这种分槽形式的特点，是殿内布置前后左右对称的殿身内柱，构成均匀平衡的柱网形式，金箱斗底槽为殿身七间副阶周匝各两椽结构的殿阁所适用。以"殿阁地盘殿身七间副阶周匝各两架椽身内金箱斗底槽"为例（图1-2-4）。

关于开间：从五至十一间均可，有无副阶《营造法式》未作规定；关于开间划分，若逐间皆用双槽，则开间相同；若只心间用双槽，则心间用一丈五尺，次间用一丈。

关于进深：殿阁进深随用椽架数而定，《营造法式》规定从六架到十架，殿阁用材自

3

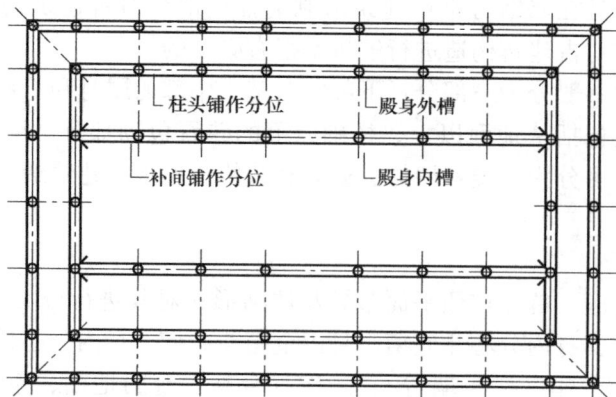

图 1-2-2　殿阁地盘殿身七间副阶周匝身内双槽

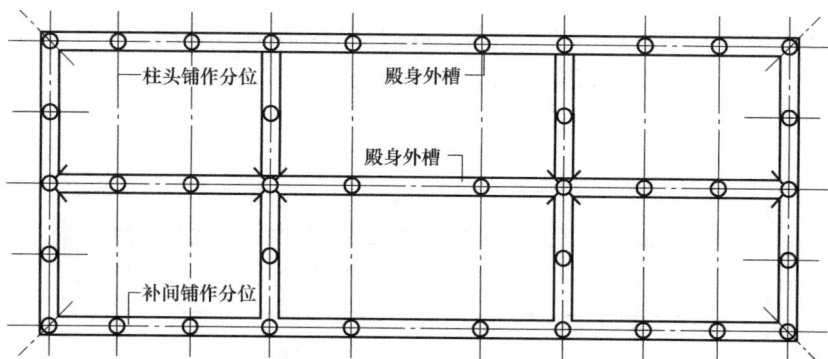

图 1-2-3　殿阁身地盘九间身内分心斗底槽

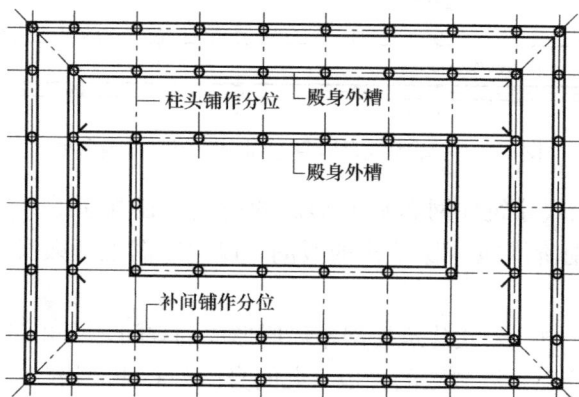

图 1-2-4　殿阁地盘殿身七间副阶周匝各两架椽身内金厢斗底槽

一等至五等，铺作等级为五至八铺作。

（5）身内分心槽：宋式建筑柱网布局所形成的空间。面阔方向与进深方向柱网均等排列，其正中位置纵向列柱，将殿身分为前后两个空间，即为分心槽，为九间开间，设周匝，但无副阶，一般为皇宫或大型建筑大门。

2. 台基材料分类

（1）土作

1）拦土墙：古建筑台基内的矮墙，习惯上称之为"拦土"。与磉磴连接，高度同"磉磴"，其作用是为了遮拦台基内的夯土，承载上面的柱子，并加固台基。

2）夯土墙：古代墙体的做法，材料为生土，使用夯柱等工具夯筑，故称之为夯土墙，因为夯筑时使用夹板或夹木，又称"版筑墙"。一般使用材料为生石灰，黏土，沙土或者加入陶片，石砾等。常用于建筑墙体的内包金部分和城墙内侧，外立面则用砖砌，这种墙体形式习惯上称之为"土坯墙外包砖"。

3）素土：古建筑基础原土及做法。一是指地下挖掘的原土，不加任何材料，如石灰等，一般为建筑原址的素土；二是槽基内用于夯筑的素土做法，也称"素土夯实"。

4）灰土：明清建筑地基材料。灰，即石灰或灰渣；土，即黄土或基址原土，二者搅拌而成。灰土的使用，根据建筑规模和等级，而层数有所不同。等级越高，层数越多。"灰"与"土"的掺合比例不同，其叫法不同，常见的有"三七灰土"和"二八灰土"。

5）三合土：古建筑基础灰土材料。一般三合土的配合材料，分为三类，即，①白灰、黑土、黄土；②白灰、生土、熟土；③白灰、主土、客土。

（2）砖作

1）台帮及其砌筑形式

台帮砖作部分一般为卧砖垒砌，卧砖砌筑于土衬石之上，台帮上部以阶条石压顶；一般建筑台帮也有以虎头砖垒砌于院面之上的做法。

在同一座建筑中，台明属于建筑的主要部位，台帮砌筑手法应与墙体下碱、槛墙等相同。

2）地面的分类

以材料分类：砖墁地可分为条砖墁地与方砖墁地两类；石地面常见的有条石地面、毛石地面及卵石地面。

以砖墁地的做法分类：细墁地面、淌白地、金砖墁地、糙墁地面。

以地面砖的排列形式进行分类：方砖十字缝、条砖十字缝、拐子锦、条砖斜墁、方砖斜墁、柳叶纹等（图1-2-5）。

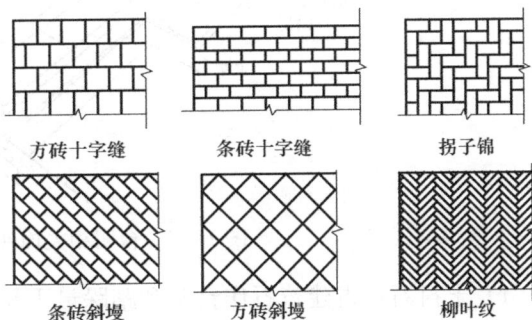

图 1-2-5 古建筑常见地面铺墁形式

3）相关术语

细墁地面：所用砖料经过砍磨加工，加工后的砖规格统一准确、棱角完整、表面光洁。地面砖的灰缝很细，表面经桐油浸泡，地面平整、细致。细墁地面一般采用方砖，多用于大式或小式建筑的室内。

金砖地面：是细墁作法中的高级作法，从材料到工艺的要求都极高，多用于重要的宫殿建筑的室内。苏州烧制的金砖，除选土、练泥、澄浆、制坯、阴干外，仅"烧制"一道工序就需"百三十日而窨水出窑"；在铺墁前首先进行砍磨加工，以使墁好后严丝合缝，然后进行抄平、铺泥、弹线、试铺、刮平，最后以生桐油浸泡，方为完成，此做法称为"金砖墁地"。

海墁：是指将除了散水和甬路之外的所有院面全部满铺的做法。室外地面的铺墁顺序是先"砸散水、冲甬路"，最后才做海墁，海墁院面时应考虑到整个院落的排水问题。

（3）石作（图1-2-6～图1-2-7）

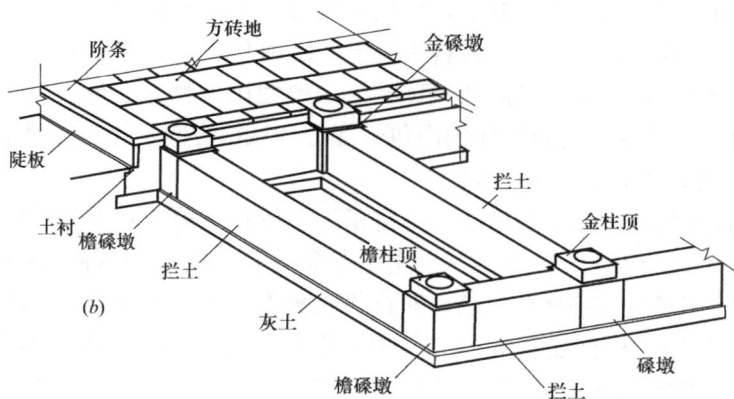

图1-2-6　台明构件名称示意图

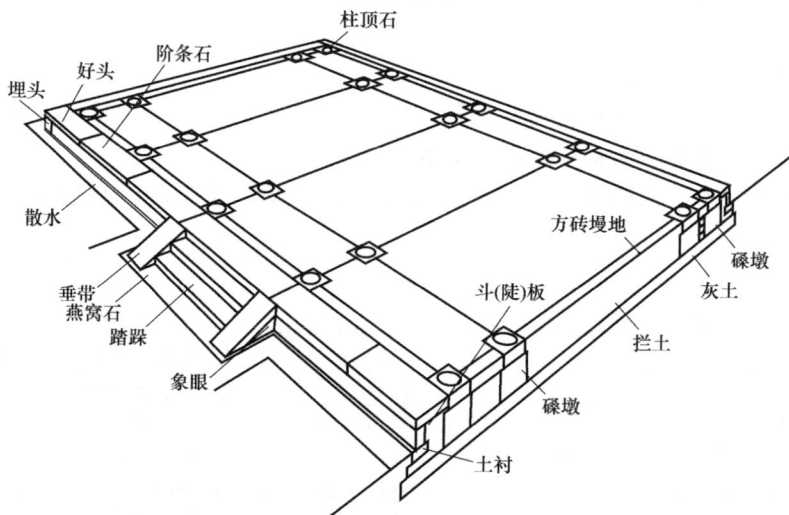

图1-2-7　台明相关构件名称及位置示意图

1）土衬石：古建筑石作台基和踏跺最下层石构件，其上表面与地面齐平，下部埋入地面之下，高度一般与阶条石同高，主要作用是隔水，保护台明。

2）好头石：古建筑石作构件，是位于石台基的转角处，与面阔方向平行的阶条石。

3）阶条石：古建筑台基组成部分，清称为阶条石，宋式称压阑石、压沿石，位于台明最上一层，一般沿建筑四周台明铺设。根据建筑形式的不同，阶条石的尺寸也有所不同。在古建筑测量时，要分别测量现存每一块阶条石的长、宽、高等尺寸，记录其真实性。

4）燕窝石：清式建筑石作构件，也叫"砚窝"，是踏跺的组成部分，位于踏跺最下一层，又叫"下基石"，顶面高度与地面平齐。燕窝石两端凿出榫窝，与垂带石下端斜面相结合，用于垂带踏跺和御路踏跺。

5）踏跺：踏跺是古建筑台基的附属部分，是通往单体建筑室内的砖砌或石砌构筑物。

按照其组合形式，主要有如意踏跺（不带垂带，三面都可上人）、垂带踏跺（两侧做垂带，是最常见的踏跺形式）、御路踏跺（带御路的踏跺，仅用于宫殿）、礓磋道（剖面呈锯齿形，多用于车辆经常出入的地方）等。

上基石：台阶最上面的一层，由于紧靠阶条石，又叫"摧阶"。

中基石：上基石与燕窝石之间的都叫作中基石，俗称"踏跺心子"。

垂带：垂带位于踏跺两侧，垂带与阶条石相交的斜面叫"垂带戗头"，垂带下端与燕窝石相交的斜面叫"垂带巴掌"。

象眼：垂带的三角形部分叫作象眼，用石料砌筑的则叫象眼石。

御路石：放在御路踏跺的中部，将踏跺分成两部分，表面多做雕刻，一般用于宫殿建筑或寺庙建筑。

6）柱础：古建筑柱子下的石质构件，用以承托柱子。柱础有各种形式，如方形、莲花、覆盆式、鼓镜石等。现存柱础大致分为两大部分，即：以突出形象为主，凿有柱底管脚榫的上部，习惯上将其称之为"柱础"，而将埋入台基与地面平齐的方形底座称为"柱顶石"。柱础形式较为复杂，尤其是明清柱础石甚至雕刻成须弥座式样，在测量时要将其立面绘制详图进行表示。

7）柱顶石：古建筑石作构件，清称柱顶石，宋称柱础，古时称为"礩"。主要作用是用于木柱的防潮，并有装饰的效果，一般为方形。

8）须弥座：又名"金刚座"、"须弥坛"，源自印度，系安置佛、菩萨像的台座。须弥即指须弥山，在印度古代传说中，须弥山是世界的中心。我国最早的须弥座见于云冈北魏石窟，是一种上下出涩、中为束腰的形式。至唐、宋，上下叠涩加多，且有莲瓣等为饰，束腰部分显著加高，并有束腰柱子（蜀柱）将之分割成若干段落，这类形制在宋代叫作"隔身版柱造"。但宋代南方有的不用束腰柱子，而用鼓凸出的曲线。唐塔上出现两层用须弥座作承托的佛像、塔幢、坛台、神龛、家具以及古玩与假山。须弥座已从神圣尊贵之物，发展成为由土衬、圭角、下枋、下枭、束腰、上枭和上枋等部分组成一种叠涩（线脚）很多的建筑基座的装饰形式，通常用于尊贵的建筑物基座。

3. 平面布局（图 1-2-8）

一座古建筑，首先要看到其平面布局、轴网柱子，这是形成建筑的底座，尤其是古建筑的平面柱网既可以反映建筑大致的梁架结构，又可以反映建筑的基础，是对古建筑认识的起点。甚至对于一些已经坍塌的建筑，可通过其遗址的平面柱网推断一些可能的梁架结构。

（1）间：古建筑中的空间概念。有四方面的解释，一是泛指房屋数量，即：面阔×间进深×间；二是四柱的概念，古建筑中将四柱之间围成的空间称为一间；三是间椽概念；四是架间的概念。

（2）面阔：指古建筑的开间，正面相邻两柱中心之间的距离。

（3）进深：横向梁架的深度，以山面柱子之间的距离或梁架间椽子的数量确定进深的概念，常称作"进深×间"或"进深×椽"。

（4）通面阔：单体建筑纵向长度，即建筑的长度，通常指角柱与角柱"中-中"的尺寸，是各间开间面阔的总和。

（5）通进深：指建筑的横向长度，既建筑的深度，由角柱"中-中"尺寸体现一座建筑的通进深。

（6）明间：元代及元以前的建筑中又称为"当心间"。古建筑开间一般都是奇数间，而最中间的一间称为明间；如果开间为偶数间，则最中间的两间为明间。

（7）次间：位于明间与梢间之间，所有都可称为次间，若建筑面阔大于五间，则自明间始称为"次一间"、"次二间"等，以此类推。

（8）梢间：位于次间两侧，因此有梢间的建筑单体开间至少为五间的布局，也写作"稍间"。

（9）尽间：面阔方向的最后一间。

（10）边间：江南建筑开间的称谓，与北方建筑的尽间相同。

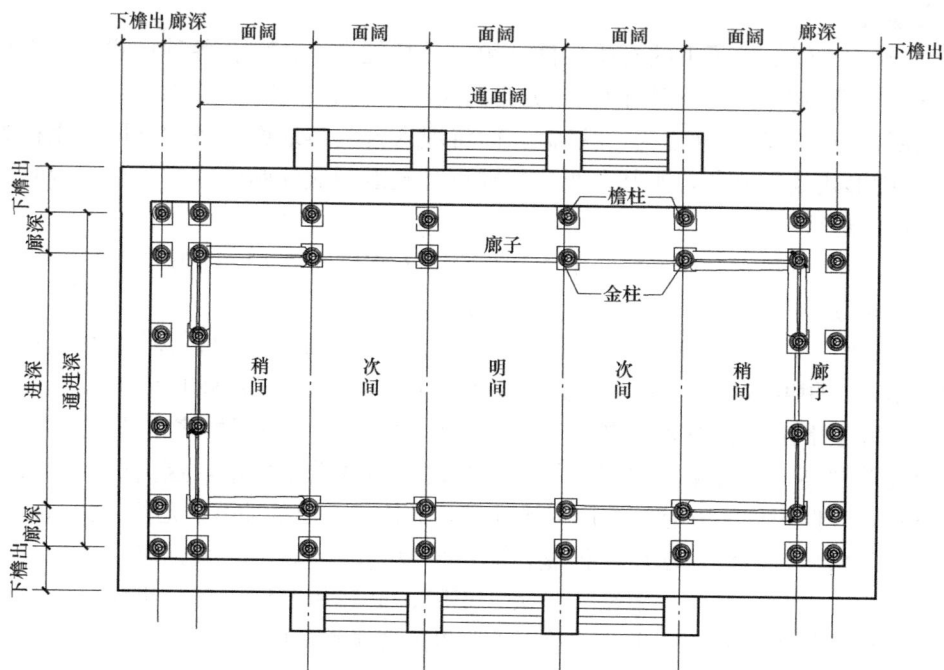

图 1-2-8　古建筑的"面阔"与"进深"

三、屋身

古建筑的屋身包含内容较多，按照材料可分为砖作、木作，砖作主要指的是墙面部分，木作则是形成建筑框架的主体，又可以分为上架构件和下架构件，是构成建筑的主要框架，建筑的时代信息就反映在梁架结构或梁架的细部节点之上，是学习古建筑测量最重要的部分。

1. 墙体

墙体按照位置可分为槛墙、后檐墙、山墙、隔墙等；同一面墙按照部位又可分为下碱、上身、签尖、拔檐、山花象眼等；按照立面形式分类可分为五进五出、五花山墙、圈三套五等；墙体的砌筑方法按照建筑等级和要求，可以分为干摆、丝缝、淌白、糙砌等；按照砖砌体的摆放形式可分为一顺一丁、三顺一丁、五层一丁等。掌握了这些不同的名称，首先便于在测量时对墙体进行大样测量，还便于修缮方案中对墙体形制的描述，以及对于所修缮部位进行精准定位。

（1）按墙体位置分类

1）檐墙：古建筑檐柱间的墙体，可分为砖墙和土坯墙。檐墙为非承载墙体，一般在梁架立木后砌筑。

2）后檐墙：古建筑单体建筑后檐砖墙的统称。根据是否将椽子、额枋、垫板、桁檩等构件封闭，后檐墙分为封护檐墙和老檐出檐墙。后檐墙由下碱、上身、签尖三部组成。

3）老檐出檐墙：古建筑后檐墙的一种形式，简称"老檐出"，因与封护墙不同，椽子外露，所以又称"露檐出后檐墙"。老檐出，由下碱、上身、签尖三部分组成。签尖是区别封护檐墙与老檐出檐墙的主要部位。

4）封护檐墙：古建筑中墙体的做法，是清式做法，此做法的特点是墙体直达屋檐之下，墙外不露出椽子和檩枋等构件，墙上砌叠涩砖、菱角牙子、枭混线、砖椽等。

5）廊墙：古建筑中具有装饰性的部分，在建筑的檐柱和金柱之间，廊墙主要见于前后带廊或者前带廊建筑，园林中的带廊式建筑，以硬山建筑较为常见。

6）槛墙：古建筑中凡窗下矮墙都称为槛墙，位于木装修之下。槛墙一般为砖墙，内、外包金相同，也有一些地方建筑中，槛墙为土坯墙做法。

7）山墙：古建筑中房屋两尽端的外横墙。在建筑结构中，一般不起承重作用，材料一般为土坯砖砌或烧制砖砌。下碱、上身、山尖等是山墙的基本组成部分。山墙作为建筑外立面，砌筑形式多变，上身部分又可按照砌筑方式称为"五花山墙"、"五进五出"等。

8）金刚墙：古建筑隐蔽部分墙体，起支撑、贴附或替代其他构件的作用，此种墙体统称金刚墙。

9）护身墙：古建筑砖砌墙体，用于人们经常行走的地方，如山路两旁、马道一侧、阶梯旁等，其高度约至人体胸部，以保护行人为目的，较为考究的护身墙需砌琉璃墙帽。

10）女墙：处于建筑物上的矮墙，称为女墙，又称为女儿墙。常见于城墙和平房楼顶部，民居建筑有些风水墙也做成女墙形式，出于保护宅主人自身的目的。

11）院墙：古建筑平面构图要素。对外防卫，对内封闭，是中国古建筑的功能区划和基本理念，院墙便是这种理念的产物，也称"围墙"。根据材料可以将其分为夯土院墙、土坯院墙、石砌院墙、砖砌院墙、混合材料院墙、竹木院墙。院墙包括下碱、上身、砖檐等部分。

12）城墙：古建筑墙体形式，是古代城市中的重要建筑物，是统治者便于对内进行统治，对外防御敌人的堡垒。

13）马面：城墙向外突出的部分，城墙的附属部分，呈墩台形制。做法与城墙做法相同，表面为砖砌，上有垛口，并建敌楼，唐代称为"却敌"。

14）雉堞：古代城墙的组成部分。一雉为高度一丈，长度为三丈，古城墙上的矮墙，故称"雉堞"。古代城墙上掩护守城人用的矮墙，也泛指城墙。

15）堞眼：古代城墙上砖垛子的孔洞，用以向外眺望和向下窥探。

16）羊马墙：古代沿城墙外墙于壕内所筑的墙体，又称养马塬，其规模小于城墙，实际上是附属于城墙的砌体，作用是防止外敌入侵。

（2）按墙体部位分类（图 1-2-9）

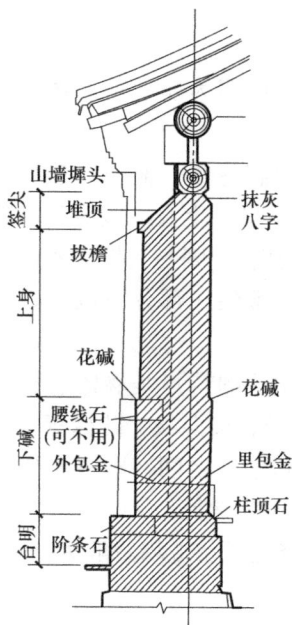

图 1-2-9 墙体构造及各部位名称示意图

1）下碱：又有"下肩"或者"隔碱"之称，位于墙体的下部，一般用砖石垒砌，在下碱墙和上身之间用苇秆、青灰等隔开，以防止碱化、潮湿的部分向山墙上部侵蚀，高度一般为檐柱高的 3/10，单数砖层。

2）上身：位于古建筑墙体的中部，比下碱稍薄，退进的部分称为花碱，占据山墙高度的 1/3，根据材料来分，上身有土坯墙上身和砖墙上身之分，根据墙体是否露明，分为露明和抹灰上身两种形式。

3）挑檐：古建筑山面的出檐部分，一般用砖石在山墙上屋檐端部伸出墙体如同悬挑，分为砖挑和石挑，属于硬山顶山墙墀头施工技术，若挑出部分为木作，则称为挑檐木。

4）签尖：古建筑中沿墙体紧贴梁架的部分，位于墙体上部，又称为肩墙，墙体顶部用叠涩砖或者抹灰斜面，主要用于防止雨水倒灌进屋内。

5）拔檐：古建筑墙体顶部出檐形式，主要见于老檐墙、山墙以及墙体上部签尖交界线，砖体向外伸出，边缘为混砖做法，是墙体部位之间的过渡做法。

6）山花：古建筑墙体顶部，解释有两种，其一是歇山式屋顶山尖做法，位置在两坡相交形成的三角形部分；其二是泛指所有建筑屋顶坡面相交形成的三角形，并附着艺术效果的做法与部位。

7）墀头：山墙各部位的总称，俗称"腿子"。根据位置，有两种情况：其一是山墙前后两端均有墀头；其二是有些山墙后檐是封护的，因此，仅于前端设墀头。墀头从台基到檐，包括盘头、上身、下碱三大部分。墀头做工比较讲究。

8）盘头：古建筑墙体墀头的上部组成部分，也称稍子。

9）戗檐：古建筑墙体砖件，硬山式墀头盘头主要部分，位于盘头最上端，其下部由二层盘头承托，上顶大连檐，向前倾斜，称为"扑身"。

10）墙帽：古建筑中院墙的砖檐部分，花瓦顶、蓑衣顶、眉子顶、花砖顶等均为院墙"墙帽"的常见做法。

11）蓑衣顶：古建筑砖墙墙顶做法，墙顶条砖分层向上收分，成三角形砌体。

12）花瓦顶：古建筑中院墙墙帽形式，为小式建筑院墙及园林院墙常见做法。花瓦顶由层层叠置的板瓦和筒瓦组成各种图案。

13）眉子顶：古建筑砖墙墙顶形式，又称"硬顶"。墙顶条砖分层收分叠砌成三角形，顶部做突出的一道条砖称为眉子，墙体抹灰。

14）道僧帽：古建筑院墙墙帽形式，此做法大多位于后檐墙的签尖部分，签尖随墙体抹灰，制成圆角，形同道僧帽。

15）花砖顶：古建筑院墙墙帽形式。与花瓦顶类似但是有区别，使用的是直砖，所以只能表现直线图案，常见于北方民居的风水墙、屋顶女儿墙、影壁墙等构筑物。

16）砖檐：古建筑墙体顶部，代替木作的出檐，形式多样，出檐小，厚度薄，俗称为"檐子"。

17）鸡嗉檐：古建筑墙体形式，为普通院墙墙帽做法，比菱角砖多一层半混砖。

18）菱角檐：古建筑墙体形式，为普通院墙墙帽做法，盖板和头层檐之间，砌一层两看面的斜置的条砖。

19）抽屉檐：古建筑墙顶形式。为小式建筑或民居后檐墙的墙顶做法。抽屉檐其上丁头砖向外突出，在丁头砖之间，又采用间隔退进的做法。其上层为盖板，下层为头层檐。

20）冰盘檐：古建筑砖墙出檐形式。有叠涩砖檐和仿木构砖檐两种，多为后檐封护檐墙做法。另外，平台房、影壁、院墙等，亦广泛使用。（图1-2-10）

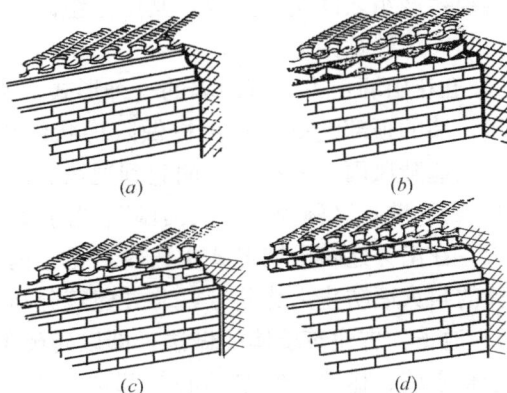

图 1-2-10 古建筑封后檐墙体砌法
（a）鸡嗉檐；（b）菱角檐；（c）抽屉檐；（d）冰盘檐

（3）按墙体立面形式分类（图1-2-11）

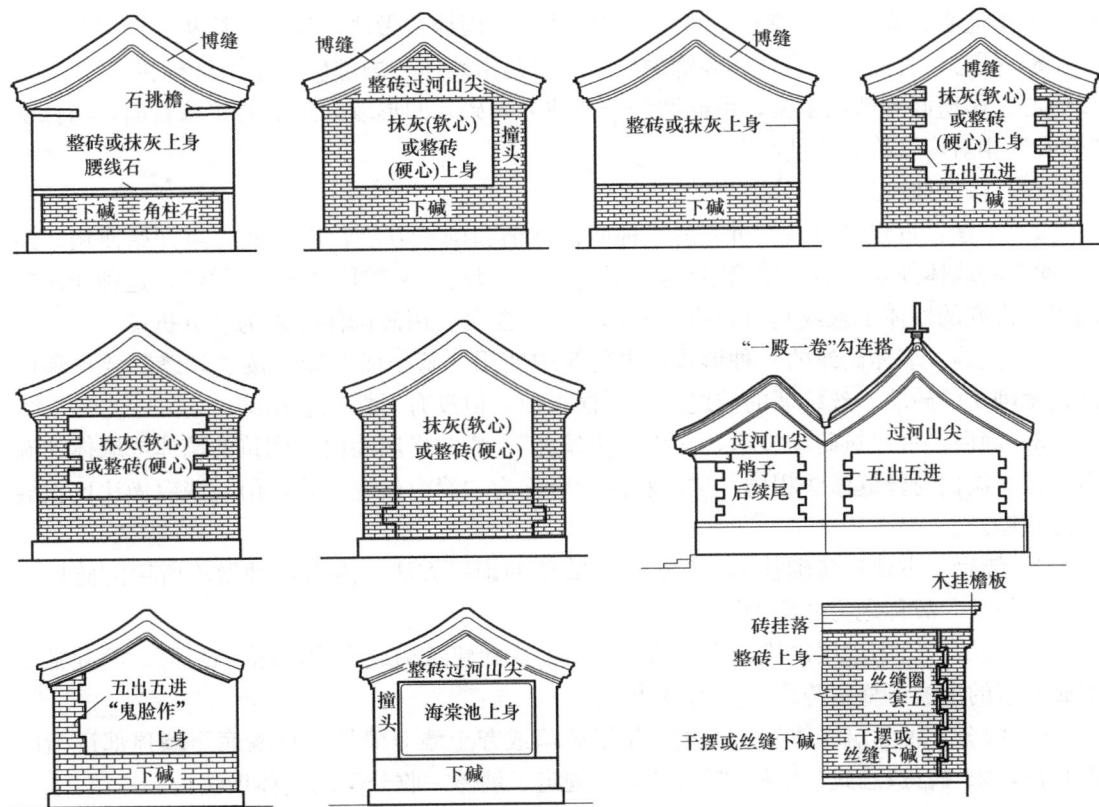

图 1-2-11 硬山山墙外立面形式

11

1）圈三套五：明清时期古建筑山墙摆砌方式。一般用于山墙墙角的施工方法，即出的部分为三层砖，进的部分为五层砖。

2）五进五出：古建筑墙体上身的一种砌筑方法，一般位于砖墙墙角。每组五层砖，总共两组，两组之间交叉叠放，其中一组砖相比于另一组砖突出一个丁头砖，这组砖称为五出，另一组砖称为五进。

3）五花山墙：古建筑山墙的一种形式，常为悬山式建筑所应用。五花山墙也称为悬山山墙，墙的顶部随梁架和瓜柱做阶梯状结构并且露出梁架，悬山屋面出挑的屋盖（出际）足以遮蔽风雨，五花山墙面起到通风、防潮、防腐作用。

4）封火墙：又称为"封火山墙"、"防火墙"等，为高出屋顶的砖砌山墙，主要作用是防火，在南方建筑山墙形式中比较常见。南方建筑密集相连，故在建筑衔接处做高出建筑本体的封火墙防止火势蔓延，北方建筑分布分散，故很少使用。

5）池子：古建筑墙体的做法，即以砖雕砌出四周边框，边框内的面积称"池子"，主要见于廊心墙、槛墙、影壁墙心等部位，"池子"内砌龟背锦、方砖心、雕花砖等图案，最常见为海棠池子与方池子。

6）海棠池：古建筑砖墙墙体装饰部位，矩形或方形轮廓，其四边由砖券构成，内部凹进，形成池心。因其四角相交时，表现为弧形结合形式，类似海棠花瓣，故名。

7）软心：古建筑砖墙墙体装饰做法，是指墙体装饰部位的使用材料和施工工艺，多施于池子池心、廊心、影壁心等部位，砖墙墙壁表面抹灰做法，比如纸筋灰、麻刀灰等。

8）硬心：古建筑砖墙墙体装饰做法，主要是指墙体装饰部位的使用材料和施工工艺，以廊心、影壁心等部位多见，由砍磨的条砖或方砖砌入凹形墙面形成的砖墙看面，与抹灰"软心"相对应，称为"硬心"。

（4）按墙体砌筑方法分类

1）干摆：古建筑中最为讲究的一种墙体称谓和砌筑方法，唐代就已经开始使用。经"干摆"的墙体外表整洁，砖缝很细，不易辨别，因此，又俗称"磨砖对缝"，这种作法常用于较讲究的墙体下碱或其他较重要的部位，干摆墙所用砖砌体必须为"五扒皮"。

2）丝缝：墙体砌筑的一种形式，古建筑中使用"膀子面"砖，按"丝缝"要求和以此技术砌筑的砖墙。丝缝墙的砖缝虽与干摆类似，但没有干摆工艺精细。

3）淌白：古建筑砖砌技术，又称"仿丝缝"，通常指用淌白砖砌筑的墙体或墙体的淌白做法。淌白与丝缝做法相仿，常常将两者合称为"淌白丝缝"墙，但是淌白做法比丝缝做法粗糙。

4）糙砌：古建筑砖砌技术。糙砌是较简单的砌墙方法，因为这种做法所用的砖均未经砍磨加工，故称之为"糙砌"。

5）叠涩：运用层层出挑或内收技术，所形成的建筑构成形式，称"叠涩"。叠涩常见于砖石塔的出檐、墓室砖顶、砖砌藻井等。

6）收分：古建筑墙体施工方法，是指砖墙或夯土墙等墙体，自墙底至墙顶部逐渐向内收进，宋《营造法式》中称"斜收"，并规定了墙体"收分"的具体做法。

7）拱券：特指由黏土砖砌筑的结构形式，又称"砖券"，其施工技术称"发券"。包括早期拱券、筒拱、穹窿拱、叠涩拱以及常见的平口券、木梳背、圆光券等构造形式。

（5）按墙体砌筑形式分类

1）一顺一丁：古建筑砖墙墙体砌筑方式，多见于明代建筑，即每层砖由一顺面和一丁面结合放置，也称为"梅花丁"，至清代已不多见，但城墙的砌筑还保持有这种砌法。

2）三顺一丁：古建筑墙体砌筑方式，又称"三七缝"，是清代建筑具有代表性的砌筑方法，也是明代一顺一丁做法的发展，做法为三块顺砖和一块丁砖为一组结合放置。

3）五砖一丁：古建筑墙体的砌筑方法，在砌筑上与三顺一丁类似，做法为五块顺砖和一块丁砖一组结合放置。

4）×层一丁：是指砌筑几层或十几层顺砖，再砌一层丁砖的做法，这种做法常见于地方做法。

5）五伏五券：明清皇城城门和大型城门砖砌拱券形式，象征着至高无上的皇权，属于建筑中等级最高的做法。实物中有多于五伏五券的做法。

（6）其他术语

1）影壁：古建筑墙体形式。现存"影壁"实物，多建于明清时期，影壁又称"照壁"，一般放置于院门内或者院门外侧，起到装饰和阻挡遮蔽的作用，所以又称为"隐蔽"。

2）座山影壁：古代影壁形式之一。因这种影壁处于院落建筑山墙之上，故名"座山影壁"。

3）撇山影壁：明清时期影壁形式，这种影壁在北方民居中十分常见。此种影壁成斜向分立于庭院大门两侧，如果影壁分为两折，则称为一封书式"撇山影壁"。

4）一字影壁：影壁形式之一，其平面一字展开，为各类影壁的基本模式。有砖雕和琉璃两种不同的材料做法。

5）八字影壁：古建筑中墙体组合形式，从平面看为八字排列，呈八字形，得名"八字影壁"。

6）砖博风：古建筑屋顶山墙砖构件，位于硬山山顶两侧山墙上部的拔檐部分，又写作"砖博缝"、"博风砖"等，主要起到装饰作用。

7）博风头：古建筑博风板或博风砖下端部位，各个时代的形制风格各不相同。博风头在保护檐头的同时，又起着装饰作用。

8）方砖博风：古建筑山墙砖头博风做法，即用方砖砌筑的博风，一般以硬山式建筑较为多见。

2. 梁架

一般来说，梁架可分为上架构件和下架构件两部分。上架构件指的是柱子以上的部分，包括斗栱、梁架、檩子等；下架构件指的是柱、额等。

对梁架的认识首先从整体结构开始，对于梁架的描述按照建筑时代不同分为两类：早期建筑（元代及以前）按照椽子数进行描述，将椽数、最底层梁栿名称、柱子数全部组合之后确定整座梁架的构架名称，如"八架椽屋乳栿对六椽栿用三柱"；晚期建筑（明、清）按照檩子数进行构架描述，主要将构架的檩数以及是否出廊表达清楚就可初步判断梁架结构，如"六檩前出廊式"等。其次，要对不同位置的梁、檩子、枋子、角背等构件的位置及形式进行定位，这就需要对梁架的基本组成单位——构件有初步的认识，方便测绘时操作测量人员与记录人员的交流。

（1）早期建筑（元以前）的梁架结构名称

1）十架椽屋前后各劄牵乳栿用六柱：宋式建筑大木作构架形式，即檐步屋架改用劄牵，将檐柱与内柱连接，劄牵缩短了两步之间的跨距。进深方向为五个空间布局，平梁以上为两椽进深，采用穿斗式构架，中部两内柱上承四椽栿，构成内柱间进深四椽梁架（图1-2-12）。

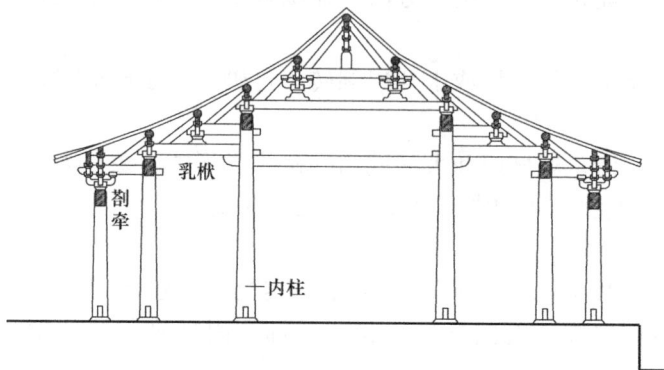

图1-2-12　十架椽屋前后各劄牵乳栿用六柱

2）八架椽屋前后劄牵用六柱：宋式建筑大木作构架形式，此构架与十架椽屋前后各劄牵乳栿用六柱结构，柱网排列和劄牵位置相同，其突出特点是八架椽屋所用梁栿，均为月梁造，两内柱直接支撑平梁，不施四椽栿，丁头栱于梁栿端头承载构件（图1-2-13）。

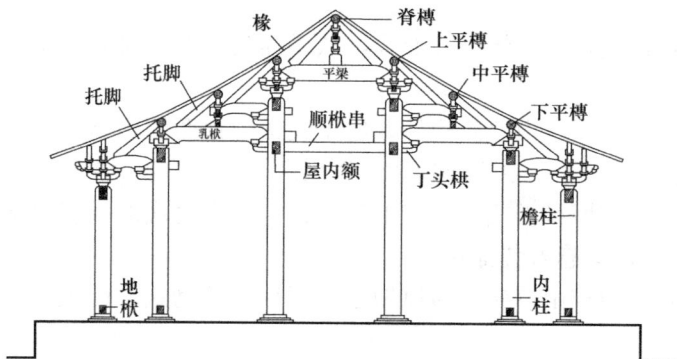

图1-2-13　八架椽屋前后劄牵用六柱

3）八架椽屋分心用三柱：宋式建筑大木作构架形式，与十字椽屋分心用三柱结构基本相同，区别于八架椽屋分心用三柱构架，其梁栿均采用月梁做法，分心柱（内柱）置单栱丁头栱，以承挑乳栿、三椽栿、四椽栿等构件，这种构架多见于南方民居厅堂建筑（图1-2-14）。

4）八架椽屋前后三椽栿用四柱：宋式建筑大木作构架形式，与"八架椽屋前后乳栿用四柱"构造在用柱数量和梁栿形制上完全相同，此式结构，将两内柱拉近，扩大了前后空间，内柱柱高抬至平梁下皮。三椽栿连接檐柱与内柱，此点是区别八架椽屋前后乳栿用四柱结构突出特点（图1-2-15）。

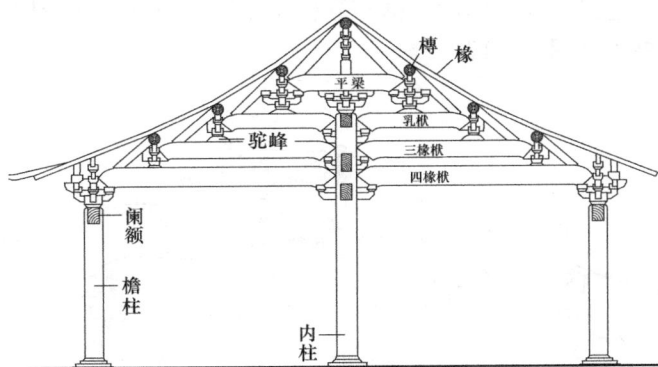

图 1-2-14 八架椽屋分心用三柱

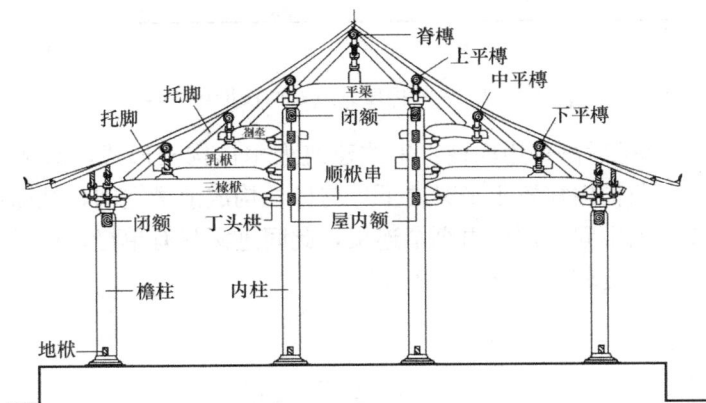

图 1-2-15 八架椽屋前后三椽栿用四柱

5）六架椽屋分心用三柱：宋式建筑大木作构架形式，以分心柱（内柱）顶至平梁下皮，将六椽进深分为前槽和后槽两个空间，所有梁栿均为直梁造，但柱栿结点置绰幕头，这种做法，是六椽以下厅堂梁架的共同特点（图 1-2-16）。

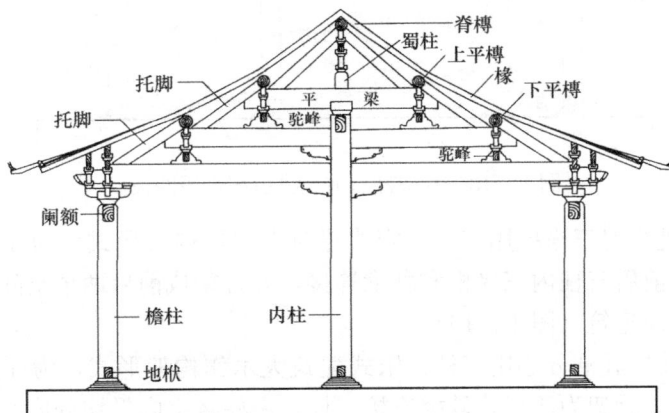

图 1-2-16 六架椽屋分心用三柱

6) 六架椽屋乳栿对四椽栿用三柱：宋式建筑大木作构架形式，即进深六架椽，后槽内柱与檐柱，有乳栿连接，前槽的四椽栿与乳栿位于同一位置，间缝排列三柱，内柱四椽栿与乳栿节点置绰幕头（图1-2-17）。

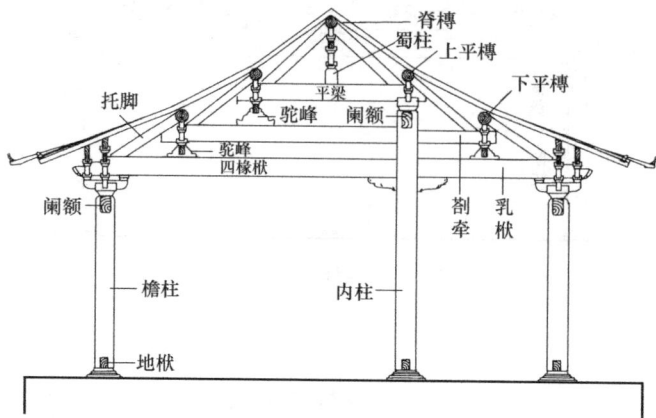

图 1-2-17　六架椽屋乳栿对四椽栿用三柱

7) 六架椽屋前乳栿后劄牵用四柱：宋式建筑大木作构架形式，屋架为进深六椽，内室梁架由四柱支撑，前槽内柱置于平梁之下，与檐柱构成前槽空间，乳栿连接两柱；后槽内柱与后檐柱构成后槽空间，两柱由劄牵连接，此间进深只有单椽，柱子排列不均匀，这在多柱柱网布列当中，比较少见（图1-2-18）。

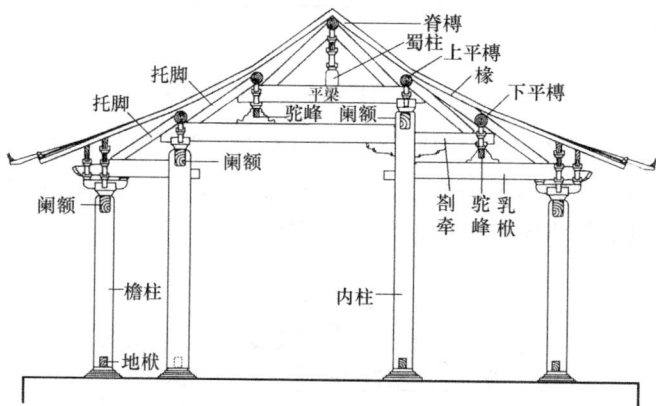

图 1-2-18　六架椽屋前乳栿后劄牵用四柱

8) 四架椽屋乳栿对三椽栿用三柱：宋式建筑大木作构架形式，为厅堂梁架侧样，即梁架以上为四椽，前后三柱内三椽栿和乳栿连接，并分割成前后两个空间布局，但前槽小于后槽，多用于普通建筑（图1-2-19）。

9) 四架椽屋前后乳栿分心用三柱：宋式建筑大木作构架形式，为厅堂梁架侧样，这种为三柱两间进深，梁架为四椽，乳栿连接三柱，中柱将室内平均分成两个空间，即前后槽，是屋宇门梁架的常见做法（图1-2-20）。

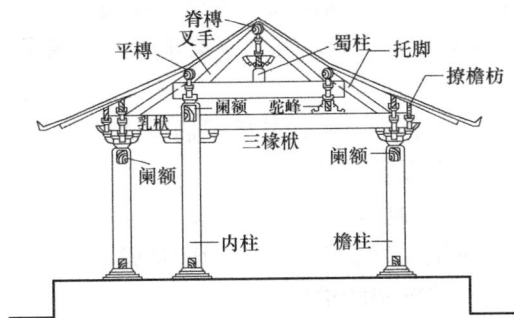

图 1-2-19 四架椽屋乳栿对三椽栿用三柱

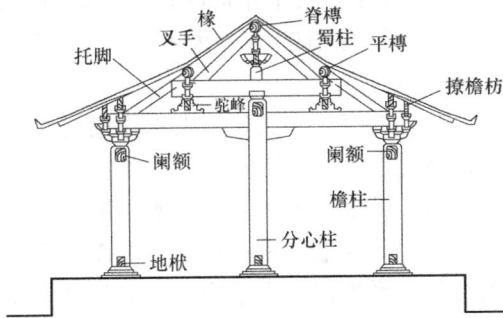

图 1-2-20 四架椽屋前后乳栿分心用三柱

10）四架椽屋前后劄牵两椽栿用四柱：宋式建筑大木作构架形式，为厅堂梁架侧样，梁架以上为四椽，前后劄牵，即前后槽分别由两柱构成，劄牵将四柱连接（图 1-2-21）。

11）四架椽屋四椽栿用两柱：宋式建筑大木作构架形式，为厅堂梁架侧样，此形式较为简单，即梁架以上为四椽，四椽栿通达前后檐柱，构成室内单槽空间（图 1-2-22）。

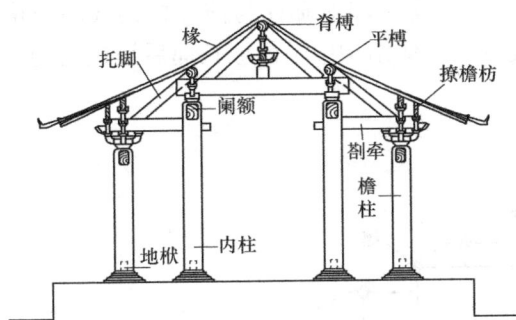

图 1-2-21 四架椽屋前后劄牵两椽栿用四柱

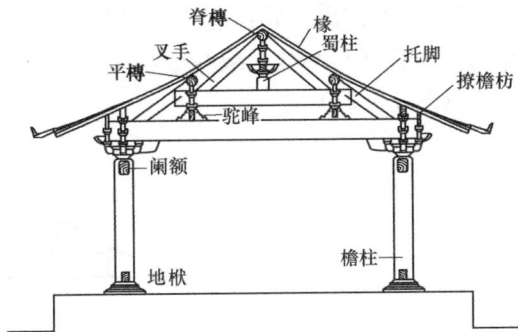

图 1-2-22 四架椽屋四椽栿用两柱

（2）早期建筑常见的木构件名称

1）槫：宋式建筑大木作梁架构件，最早是从椽子演变过来的，作用是承托椽子和望板，横向与梁栿相交，构成梁架与屋顶。

2）脊槫：宋式建筑大木作梁架构件，即正脊下的槫。

3）平槫：宋式建筑大木作梁架名称，圆形断面，长随间广，位于各梁栿端头之上，位置的高低尺度，决定了建筑的举折缓陡曲凹。

4）蜀柱：古建筑大木作构件，是对矮柱的统称。其一指勾栏上承托寻杖的矮柱；其二专指平梁上支撑脊檩的立柱。

5）驼峰：宋式建筑大木作梁架名称，作用是支持上层梁栿，因其形状酷似骆驼的背峰，故名驼峰。

6）叉手：古建筑大木作梁架名称，平梁上支撑脊檩的木构件做法，此构件为两根方木，叉手的下端分别交于平梁的两头，上段交于脊檩，为斜向承重构件。叉手与脊檩相交处的相对位置关系是建筑年代断定的重要标志。

7）托脚：宋式建筑大木作梁架名称，安装于平梁以下的各梁栿之间，其上端支顶檩子，以防檩子下滑。

17

8）合㭼：大木作构件，宋式称谓，处于平梁之上，用以辅助蜀柱的结构性构件。

9）平梁：宋式建筑大木作梁架名称，宋代以承椽数定梁栿名称，平梁承载两道椽子，称两椽栿。

10）剳牵：宋式建筑大木作梁架名称，从位置上分析，第一、其后尾插入通长的山柱中代替三架梁的使用；第二、是在檐柱与内柱之间，架在乳栿之上。

11）乳栿：宋式建筑大木作梁架名称，因此件横跨两椽，又称两椽栿。

12）四椽栿：宋式建筑大木作梁架名称，清式建筑称三步梁。但仅为厅堂梁架檐柱与内柱的联系构件，在结构形式上与乳栿相同，承载上部梁架的重量。

13）六椽栿：宋式建筑大木作梁架名称，清式建筑称七架梁。即承载六架椽的梁栿，为殿堂和大型厅堂梁架构件。

14）八椽栿：宋式建筑大木作梁架名称，因其上承八椽屋架而得名。

15）丁栿：宋式建筑大木作梁架构件，置于檐柱或金柱之上，上承八椽栿与下平槫，是梁架中最下层的梁栿。

（3）明清建筑的梁架结构名称

1）八檩前出廊式：清式建筑梁架结构形式。前出廊，即前廊柱与前金柱构成的前槽空间，两金柱与廊柱承载八檩，因前廊布架的设置，整体结构中呈前坡长而后坡短的构架形式（图1-2-23）。

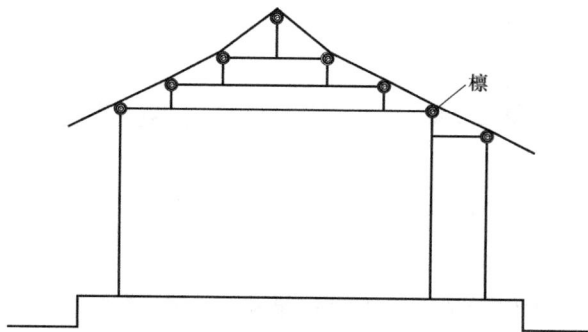

图1-2-23　清式八檩前檐廊木构架

2）八檩卷棚前后廊式：清式建筑梁架结构形式。由前后廊柱和金柱构成外槽与内槽空间，四柱支承檐檩和两架、四架与六架梁柁，及其六道檩子，卷棚式屋顶（图1-2-24）。

3）八檩卷棚无廊式：清式建筑梁架结构形式。即前后金柱承载八架、六架、四架、两架等梁架，八架梁以上则置八檩，两脊檩与罗锅椽构成卷棚式屋顶。此结构多用于小式建筑（图1-2-25）。

4）七檩中柱式：清式建筑梁架结构形式。七檩即由中柱柱头置脊檩，三架梁、双步梁与单步梁分别承载三、五、七檩，中柱与前后金柱构成屋内前后槽空间。此种梁架实际上是穿斗式与抬梁式结构的混合做法（图1-2-26）。

5）七檩前后廊式：清式建筑梁架结构形式。即五道檩子分别由三架和五架梁承载，檐檩则置于廊柱柱头之上，构成七檩屋架，前后廊柱由单步梁连接，形成前后廊式空间。此结构也包括回廊式柱网布置（图1-2-27）。

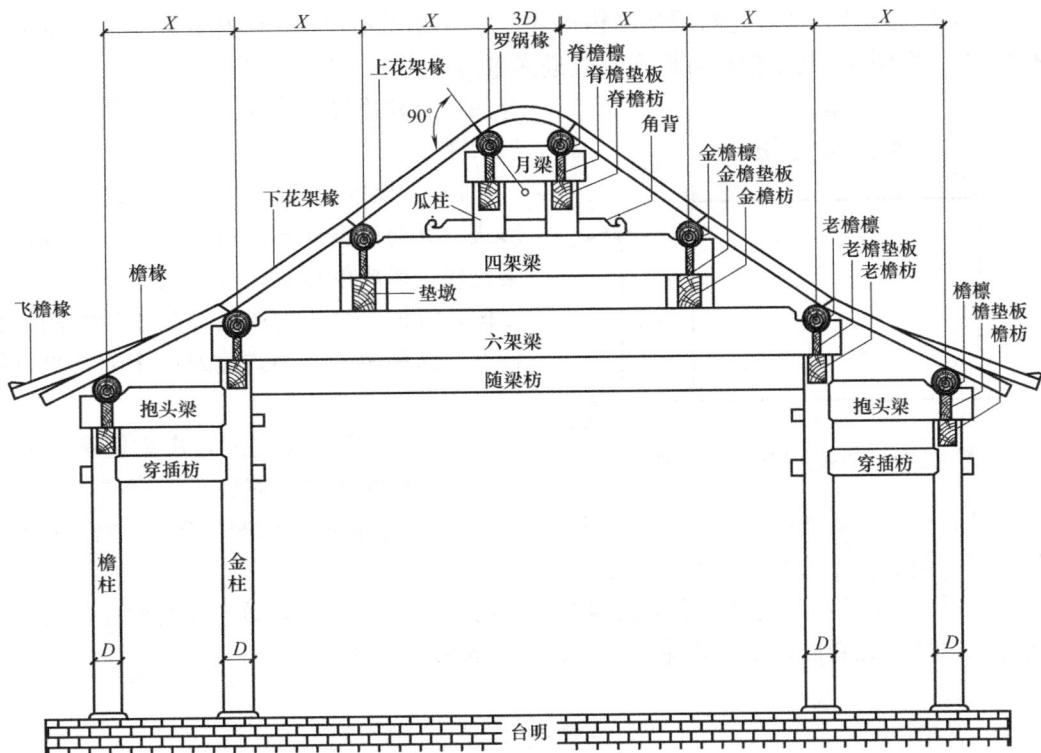

图 1-2-24 清式八檩卷棚前后廊式木构架

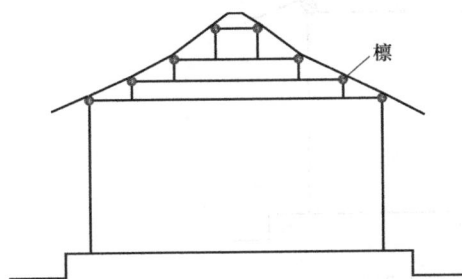

图 1-2-25 清式八檩卷棚无廊式木构架

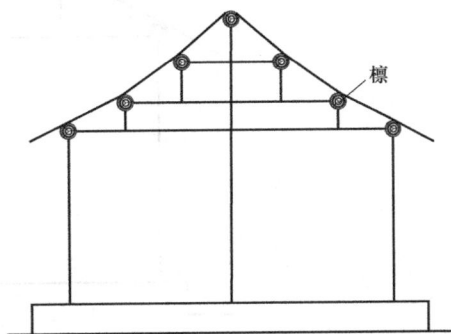

图 1-2-26 清式七檩中柱式木构架

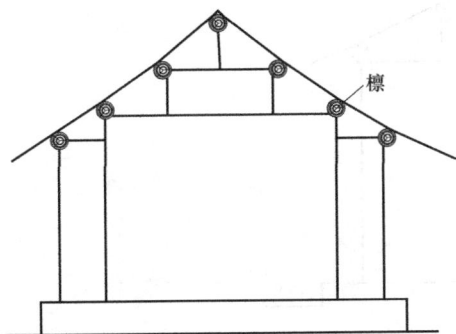

图 1-2-27 清式七檩前后廊式木构架

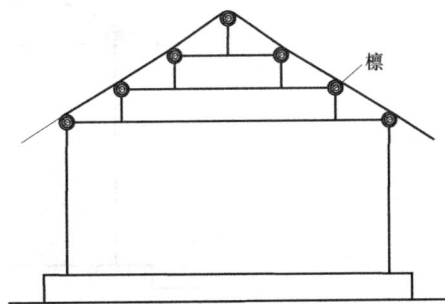

图 1-2-28 清式七檩无廊式木构架

6）七檩无廊式：清式建筑梁架结构形式。与五檩无廊式梁架结构相同，在进深和檩数分配上二者不同，此结构较五檩无廊式进深多两椽，三、五、七架梁承载七檩，七架梁与前后金柱连接，构成无廊式建筑布局（图1-2-28）。

7）六檩前出廊式：清式建筑梁架结构形式。其前后檐柱与金柱，由抱头梁或挑尖梁连接，形成单步廊，前坡为三檩，后坡为二檩，脊檩中分，构成前坡长于后坡的结构特点。这种做法在小式建筑中十分常见（图1-2-29）。

8）六檩双步廊式：清式建筑梁架结构形式，从横断面看，前后布列三柱，前后檐柱与金柱，由双步梁连接，构成前槽双步廊空间，由檐檩中分，前坡梁架为三檩，后坡梁架置二檩，前坡长于后坡（图1-2-30）。

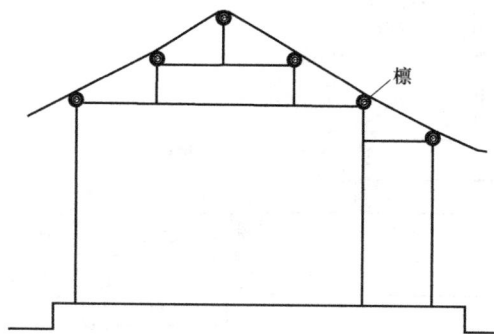

图 1-2-29　清式六檩前廊式木构架

9）六檩卷棚式：清式建筑梁架结构形式。前后用二柱，六架梁连接两檐柱，前后坡均等布列六檩，无脊檩，是小式建筑中十分常见的形式（见图1-2-31）。

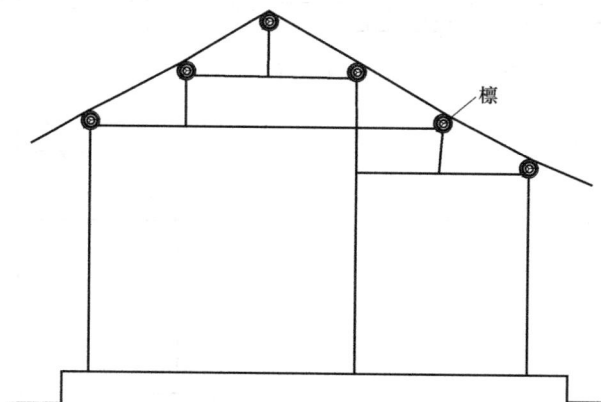

图 1-2-30　清式六檩双步廊木构架

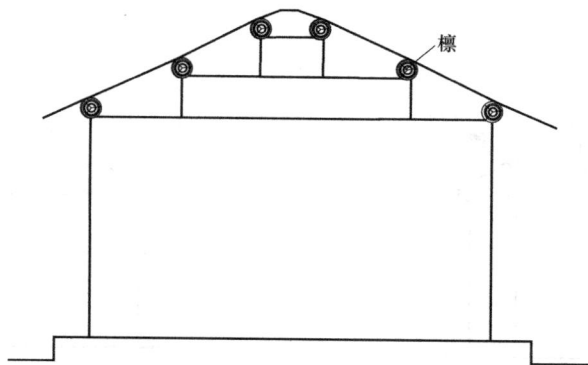

图 1-2-31　清式六檩卷棚式木构架

10）周围廊式：古建筑平面构成，即身内空间四周以廊柱合围，形成四面带廊的结构形式，此平面结构在宋《营造法式》中，被确定为副阶周匝，"周围廊式"常用在歇山顶和庑殿顶式构架的重要建筑中。

11）前后廊式：古建筑平面构成，即前后布廊柱，廊柱后施檐柱，檐柱与前后檐墙构成身内空间。现存前后廊式结构，其梁架多见于悬山顶和硬山顶形式。

12）前出廊：古建筑平面构成，即身内空间前端施廊柱，由廊柱组成前出廊式平面形式，因历史原因和风俗习惯，院落式建筑更多使用前出廊式结构，如明清时期北方民居的四合院，其正房多为前出廊。

13）无廊式：古建筑平面构成，由柱网布局体现，即单体建筑前后均不出廊，直接施檐柱，或于柱间做装修，这种形式多见于北方小型建筑或民间小式建筑。

（4）明清建筑常见的木构件名称（图1-2-32）

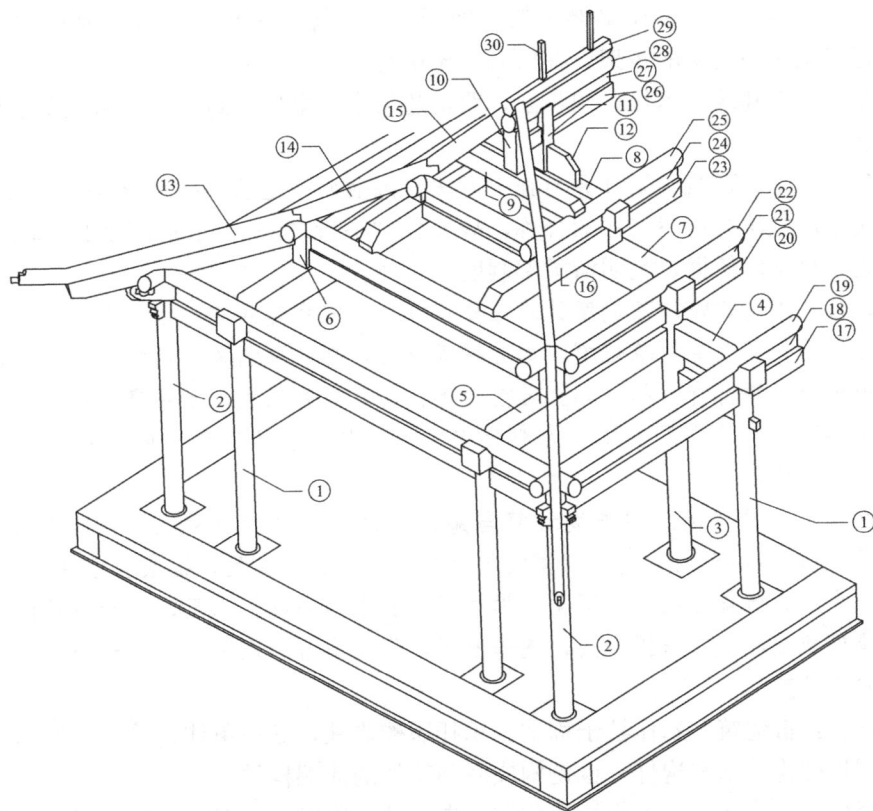

图1-2-32 清式大木构架构件名称示意图

1—檐柱；2—角檐柱；3—金柱；4—抱头梁；5—顺梁；6—交金瓜柱；7—五架梁；8—三架梁；
9—太平梁；10—雷公柱；11—脊瓜柱；12—角背；13—角梁；14—由戗；15—脊由戗；16—趴梁；
17—檐枋；18—檐垫板；19—檐檩；20—下金枋；21—下金垫板；22—下金檩；23—上金枋；
24—上金垫板；25—上金檩；26—脊枋；27—脊垫板；28—脊檩；29—扶脊木；30—脊桩

1）脊檩：清式建筑称谓，位于建筑正脊之下，一般尖山建筑为一根脊檩，卷棚建筑最高处的两根对称的檩子都称为脊檩。

2）脊垫板：清式建筑中，位于脊檩之下的垫木，断面为方形，与脊檩下部相切。

3）脊瓜柱：清式建筑大木作梁架构件，置于三架梁中部，其作用与宋式的蜀柱相同。

4）金檩：一般为三架梁（尖山建筑）或四架梁（卷棚建筑）两端的檩子，顺面阔方向的通长构件。在清式古建筑中，除脊檩、檐檩外都称为金檩，按照上下位置不同，则又分为上、中、下金檩，是形成古建筑屋面曲线的主要构件。

5）金垫板：位于金檩之下的垫木，有稳固檩子的作用。

6）金瓜柱：古建筑大木作梁架构件，位于卷棚顶梁架内，其两根瓜柱，分别承以平梁的两端与端头脊檩。

7）檐椽：古建筑大木作构件，即屋檐上的椽子，通常断面为圆形，故也称圆椽。架在老檐檩和檐檩之上，以承挑屋檐。

8）檐步：古建筑大木作梁架步架，即檐柱中到下金桁或下金檩中水平梁架尺寸。

9）金步：古建筑大木作梁架步架，即位于檐步以里，金檩至金檩或金桁至金桁中到中水平梁架距离，因金檩或金桁的多少，可分为上金步，中金步，下金步等。

10）脊步：古建筑大木作梁架步架，即脊桁或脊檩至金桁或金檩中到中水平梁架距离，也是建筑梁架最上层的步架，在所有步架中脊步举高最大。

11）举架：古建筑大木作梁架步架，明清建筑中使梁架升高，屋面由上至下形成曲线的施工方法。

12）举折：宋式建筑梁架计算与施工方法。包括举屋之法与折屋之法两个步骤。"举折"实际是举屋之法与折屋之法的合称，故又称"举折之法"，举折制度为中国古建筑屋顶造型奠定了科学的依据，是明清举架制度的先声。

举屋之法：宋式建筑屋顶坡度计算与施工方法，宋式建筑中举折步骤之一。"举屋之法"的操作，首先要确定建筑规模，如为殿阁楼台，则先要测量前后撩檐榑间距，并分为三分，从撩檐榑至脊榑背举起一分。若前后撩檐枋距离为三丈，则举高为一丈。宋《营造法式》规定筒瓦厅堂的举屋制度，为四分中举起一分，显然较之楼阁式平缓；若板瓦廊屋，则举高为十分之三。

折屋之法：宋式建筑屋顶坡度计算与施工方法，宋《营造法式》中举折步骤之一。"折屋之法"在举高确定之后进行。据文献记载，如举高为一尺，每架自上递减半为法则。具体做法是先从脊榑背上取平，下至撩檐枋背，其上第一缝折二尺，然后再从此缝榑背取平，下至撩檐枋背，第二缝折一尺，逐缝取平，依次类推。取平时使用线绳，从脊榑至撩檐枋由上向下拉直。

13）檐柱：古建筑大木作柱子称谓。承托屋檐之柱，处在单体建筑的最外四周，是构成古建筑围护结构的基本构件，也是构成屋顶梁架的前端构件。

14）金柱：清式建筑大木作柱子称谓。在檐柱一周以内，但不在纵中线上之柱，称之为殿身内柱。

15）角柱：其一是指方形断面的石制构件，处在台基的转角处，用于支顶台基上的角石，保护台基转角处不受损坏。其二是指木制的角柱，安置在建筑台基转角处的檐柱位置。

16）山柱：古建筑大木作梁架构件，明清时期柱子称谓之一，即位于山墙内的柱子的统称。

17）中柱：古建筑大木作梁架柱子，位于室内中央，其顶端直接承托脊桁，在所有柱子中最高。

18）通柱：古建筑大木作梁架构件，即通向上下二层楼阁的柱子，此柱柱径以檐柱柱径并加二寸定之。

19）掰升：清式建筑柱子制作与施工技术，柱子向室内和檐柱方向同时倾斜，此做法只适用于角柱。

20）侧脚：古建筑柱子的制作与安装方法。即柱子的上端与下端的柱脚，其中心线不在一条垂直线上，即与地面成斜角，称为侧脚。

21）三架梁：古建筑大木作梁架构件，抬梁式结构中最上一道梁，承载着脊槫和前后金檩，故称为三架梁。

22）月梁：宋式建筑大木作梁架构件，因其造型弯曲形如弯月，故名月梁。

23）五架梁：古建筑大木作梁架构件，承载五根檩子，称为五架梁，位置位于三架梁之下，七架梁之上。

24）七架梁：古建筑大木作梁架构件，构件上承七根檩子而得名。

25）承重梁：古建筑大木作梁架构件，即多层建筑的承重木构件，此构件承载上面的楞木、楼板以及上层空间的全部重量。

26）抱头梁：清式大木作梁架构件，属大小式做法，适用于小建筑中，与挑尖梁同在一个位置，但梁头形制不同，抱头梁平直切方，不做任何装饰。

27）双步梁：古建筑大木作梁架构件，由于这个构件跨越两步步架，所以称为双步架。

28）递角梁：清式建筑大木作梁架构件，即连接角柱与檐柱的斜梁，位于转角部位。

29）踩步金：清式建筑大木作梁架构件，其正身似梁，两端似檩，是构成歇山的主要组成部分，实际上采步架为梁栿的一种做法，称为踩步金梁。踩步金背上凿有许多椽挑，以承山面椽子，并支撑山面屋檐，置于五架梁或三架梁之下，与金桁相交，在清工部《工程做法》中属大木大式做法。

30）顺梁：清式大木作梁架构件，位于梁架之中，连接金柱与檐柱，上承交金墩或梁架的节点。

31）顺扒梁：古建筑大木作梁架结构，用于庑殿顶梁架结构时也称为"扒梁"。一端落于桁檩之上，另一端置于柁上，分为若干层次，因顺扒梁与各金桁相交，而金桁又有上下之分，故"顺扒梁"又有"上金顺扒梁"和"下金顺扒梁"之分。

32）太平梁：古建筑大木作梁架构件，用于庑殿顶梁架结构，为庑殿推山做法的特殊构件。位于脊桁之下，架于前后上金桁两端，上承雷公柱。

33）大连檐：即宋式建筑小连檐，位于屋檐檐头，安装于飞椽之上，其上安置瓦口木，长度至仔角梁端头，随翼角起翘而缓缓上升。

34）小连檐：即宋式建筑大连檐，置于檐椽之上，与大连檐的主要区别是其断面为矩形，起遮挡望板的作用，厚度与望板相同。

35）瓦口：顾名思义，"瓦口"是安装瓦件的位置，瓦口形状随着屋面盖瓦形式的变化而变化，长度与大连檐相同，制作"瓦口"应根据分中号垄情况和瓦样尺寸先做出样板，再依样画出瓦口线。

36）普拍枋：宋代建筑阑额与柱顶上四周交圈的一种木构件，犹如一道腰箍梁介于柱子与斗栱之间，既起拉结木构件的作用，又可与阑额共同承载补间铺作。明、清称为平板枋。

37）阑额：联络檐柱、上承补间铺作之枋料，清代称为额枋。如位于室内柱头上，则称内额；若于阑额下再加一层枋木，则称为由额；如不穿入柱头而在柱顶上放一根通长于建筑物立面的硕大枋料，则称为檐额，檐额下用绰幕枋承托。

38）绰幕枋：位于大檐额下串联角柱与檐柱的枋料。因大檐额仅搁置于柱头上，故需用绰幕枋把檐柱连接起来，以增加其稳定性。绰幕枋向内止于心间的补间铺作下，出头做成蝉肚形或楷头形，以后演变为明清的雀替形式。

（5）斗栱构件

斗栱，是中国古代建筑上特有的构件，用于柱顶、额枋和屋檐或构架间，它的产生和发展有着非常悠久的历史。从两千多年前战国时代采桑猎壶上的建筑花纹图案，以及汉代保存下来的墓阙、壁画上，都可以看到早期斗栱的形象。宋《营造法式》中称为铺作，清工部《工程做法》中称斗科，通称为斗栱。斗是斗形木垫块，栱是弓形的短木。栱架在斗上，向外挑出，栱端之上再安斗，这样逐层纵横交错叠加，形成上大下小的托架。斗栱最初孤立地置于柱上或挑梁外端，分别起传递梁的荷载于柱身和支承屋檐重量以增加出檐深度的作用。唐宋时，它同梁、枋结合为一体，除上述功能外，还成为保持木构架整体性的结构层的一部分。明清以后，斗栱的结构作用蜕化，成了在柱网和屋顶构架间主要起装饰作用的构件。

在斗栱的测量中，最重要的工作是要熟悉构件名称。宋、清两个时代的斗栱名称又多有不同，首先要针对不同时代的建筑对构件进行初步了解后再开始测量。

在测量前首先要观察斗栱的整体结构，确定斗栱类型，可对所测量的斗栱形成初步的整体印象，如"五铺作一抄一昂"、"单翘单昂五踩柱头科斗栱"等；其次，再从下往上逐层测量，确定其用材及尺度。本书将对一些常见的早期建筑斗栱的基本形制进行简述，对于明清斗栱，由于其种类较多，则以列表的方式对其名称及作用进行简要介绍。

1）斗：古建筑大木作斗栱组件，宋式建筑对所有斗件的统称，清式建筑只对坐斗、十八斗称之为斗。方形平面，立面与古代的度量器具斗近似。根据位置不同，分为栌斗、交互斗、齐心斗、散斗、平盘斗，斗内刻有十字开口或顺身口，以安装栱或昂（图1-2-33）。

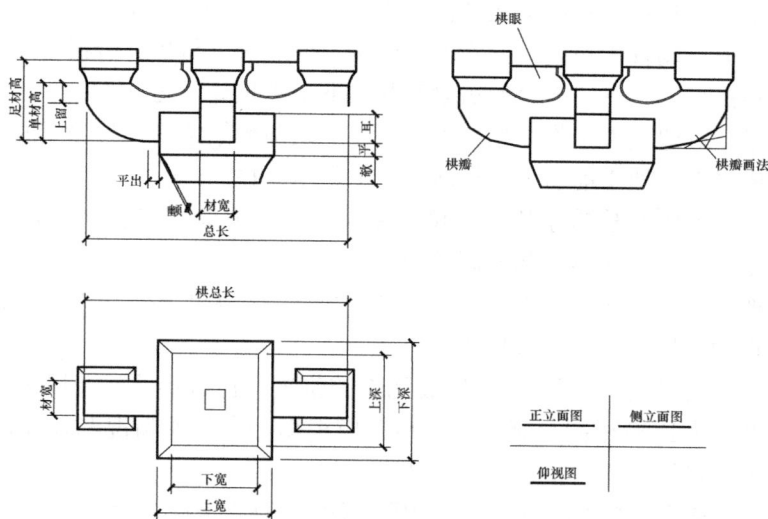

图1-2-33　斗、栱分件图

2）上宽：古建筑大木作"斗"之附属部分，是斗件顺面阔方向的最大长度。

3）下宽：古建筑大木作"斗"之附属部分，是斗件顺面阔方向的最小长度。

4）上深：古建筑大木作"斗"之附属部分，是斗件顺进深方向的最大厚度。

5）下深：古建筑大木作"斗"之附属部分，是斗件顺进深方向的最小厚度。

6）斗耳：古建筑大木作"斗"之附属部分，即所有开口斗的上部分尺寸，具有放置昂或栱的作用，平盘斗则无耳。

7）平：古建筑大木作"斗"之附属部分，清式建筑称为"腰"，是斗栱上部斗耳之下，至斗栱弯曲部分的称谓。

8）欹：古建筑大木作"斗"之附属部分，清式建筑称为"底"，位于斗下部的四向斜面，其做法按照时代不同可分为两类，元代以前的建筑作弧线向内弯曲，称为斗颐，而清代开始则为直线形。

9）颐：因斗栱的斗欹部分向内凹进，形成凹曲的四个面，弧线部分与对应直线间的间距称为颐。

10）栱：古建筑中大木作斗栱分件，与建筑面阔呈横向或纵向安置，或单层或重叠，承以斗或昂。

11）上留：古建筑大木作"栱"之附属部分，是栱与斗相接处自斗下皮起至栱向内侧弯曲部分的直线。

12）平出：古建筑大木作"栱"之附属部分，是栱自斗耳横出部分的直线长度，止于栱向上部弯曲的部分。

13）栱瓣：古建筑大木作"栱"之附属部分，常见于元以前的建筑斗栱之上，是栱的弧线弯曲部分，明清一般为一条弧线，不设栱瓣，早期建筑则采用切割法制作栱之弧度，由几段直线组成则形成几个栱瓣，一般为三到五个。

14）翘：清式建筑大木作斗栱中栱之形式称谓，宋式建筑称为"华栱"。由斗栱中心前后伸出，与横栱成垂直角度。

15）材：古建筑设计所依据的模数制度。亦称为"材分"。斗栱经过不断的演变，逐渐成为定型化构件，为设计需要，便于估算工料和构件的安装与制作。材的大小分为八个等级，又有足材、单材之分。建筑类型、构件长短，举折高低，均以材为标准。

16）栔：宋式建筑大木构件计算模数，即用于枋材之间的斗以及足材华栱斗之平与欹的部分。宋《营造法式》中规定，栔之广为六分，厚为四分，与材同样分为八等。栔作为材的补充，常常成为运用材分制度设计的模数体系，如将构件的大小，称单材和足材，而足材则是材加栔后的整体。

17）单材：宋式建筑大木作构件尺度标准。单材高十五分，厚十分。源于古建筑梁架中的方桁，即枋。

18）足材：宋式建筑大木作构件尺度标准。宋《营造法式》中规定的衡量单位，与单材相对应，是指比单材尺寸加大的材分。即"材上加栔者，谓之足材"。它与斗和栱有着密切的联系。

19）斗口：清式建筑模数制形式之一，亦称"口份"。斗口是经宋代材分制度演变来的，并由清工部《工程做法》予以确定，斗口只以平身科坐斗面宽方向的刻口宽度为衡量单位。一般用于大式建筑的计算，小式建筑大多使用柱径模数制。狭义是古建筑坐斗或栌

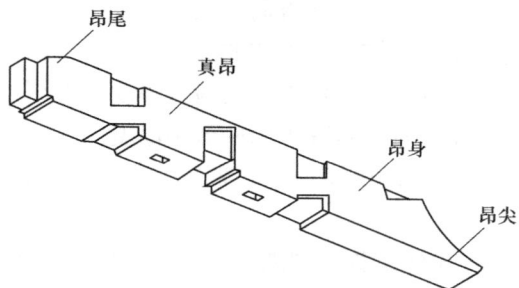

图 1-2-34　昂

斗的刻口，以安置翘、华栱或昂；广义的斗口泛指所有斗件上的刻口。

20）昂：古建筑中大木作斗栱分件，包括上昂、下昂。一般特指下昂。是指在斗栱上前后中线上，向前后伸出，前端有尖向下斜垂之材。按做法也有真昂、假昂之分。昂件使用于斗栱铺作的实物，最早出现在唐代（图 1-2-34）。

21）耍头：古建筑中大木作斗栱铺作构件，宋《营造法式》记载与令栱垂直相交，在昂或华栱上端，这一构件的形式变化，随着时代的不同，形式多样。

22）华头子：宋《营造法式》中大木作制度构件名称，是承托昂的构件。真昂的使用，势必导致具有结构作用的昂，出现向下的压力和向外的推力，从而造成整朵斗栱倾斜，解决这一问题的最好办法，就是在昂下衬一垫木。华头子源此产生。

23）楷头：宋式建筑大木作构件做法称谓，常见于斗栱铺作和梁架之间，为枋木出头的一种形式。

24）六分头：清式大木作斗栱构件做法，多用于斗栱昂尾和耍头后尾（图 1-2-35）。

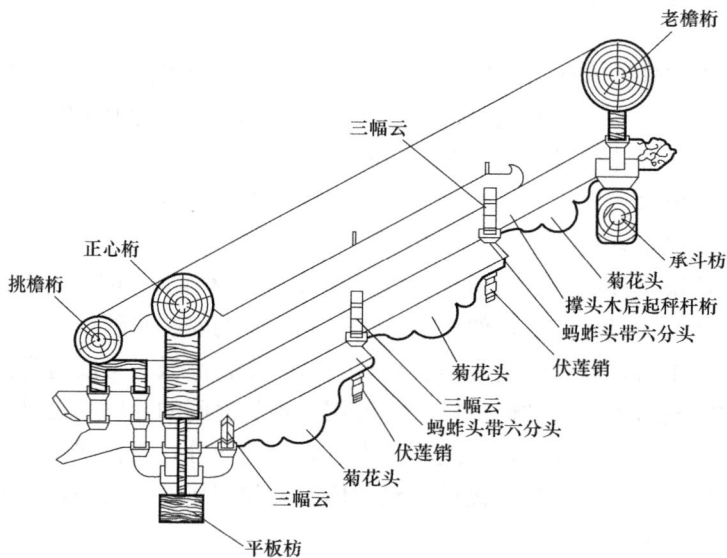

图 1-2-35　菊花头、六分头、蚂蚱头

25）菊花头：清式大木作斗栱构件装饰物，位于昂或翘之后尾，由三道弯弧组成，起装饰作用。

26）蚂蚱头：清式大木作斗栱构件之一，位于挑檐桁之下，与厢栱相交，属平身科斗栱做法，其形制由宋代的耍头演变而来。

27）宝瓶：古建筑中的附属构件，解释有二：①角科斗栱由昂之上，承托老角梁下之瓶形木块，属于斗栱的装饰构件。②塔顶上塔刹的一种形式，与斗栱的宝瓶完全不同，其造型为圆球状。

28）挑斡：宋式大木作构件，有两种形式一种为前端出昂尖，一种为前端不出昂尖，特点为①设置灵活，可用于外檐也可用于内檐，甚至可以同时用于内外檐；②减少铺作构件的重叠，可替代铺作增高出檐；③与上昂有显著的区别，上昂是铺作的平衡构件，而它是直达下平槫，与斗栱铺作与梁架平衡的联系构件（图1-2-36）。

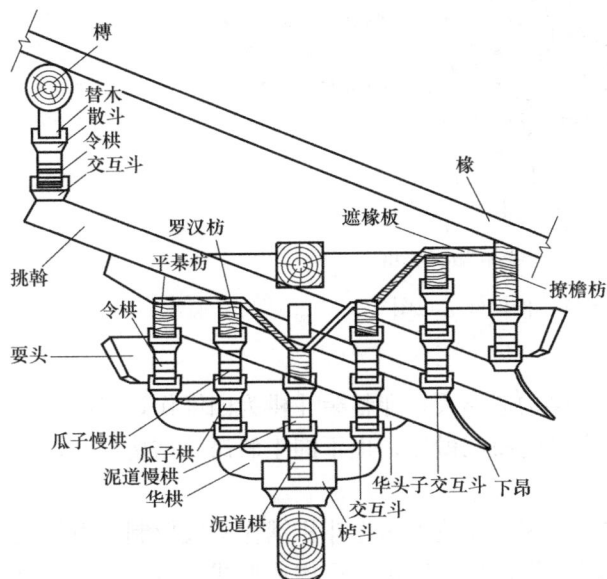

图1-2-36 挑斡

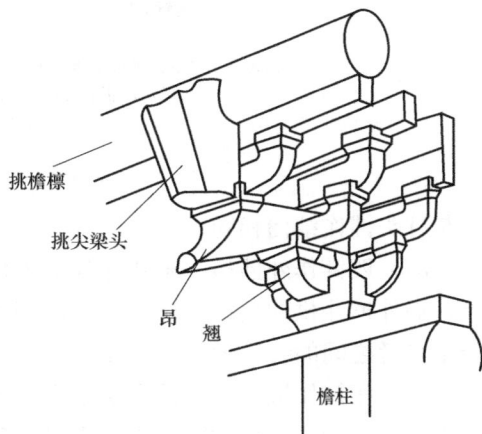

图1-2-37 柱头科斗栱构件示意图

29）撑头木：清式建筑大木作斗栱构件，在位置上与宋式建筑相同，后者称为衬方头，位于桁椀要头之上，为一长方木块，按其所处位置，分为角科的斜撑头木，和平身科，柱头科撑头木等。

30）凤凰台：古建筑大木作斗栱部位，即清式建筑昂嘴上部的一个小面，由十八斗之外端至昂嘴上棱，为凤凰台位置。二是石构件部位，即清官式券桥与平中，金刚墙之外向外宽出的小台。

31）柱头科：清式建筑大木作斗栱组合与位置，与宋式建筑中的柱头铺作相同，即在柱头上的一攒斗栱（图1-2-37）。

32）平身科：古建筑大木作斗栱称谓，即清式建筑的斗栱位置的称谓，即柱头与柱头之间，立于额枋上之斗栱。宋代称为补间铺作。

33）角科：古建筑大木作斗栱称谓，即清式建筑的斗栱位置的称谓。宋式建筑则称为"转角铺作"，由角柱承托。故名角科。在角柱上之斗栱（图1-2-38）。

34）柱头铺作：古建筑大木作斗栱称谓，即宋式建筑的斗栱位置的称谓，位于抬梁式结构柱头上的整朵斗栱的组合形式。清式称"柱头科"。

35）补间铺作：宋式建筑大木作斗栱名称，清称为平身科。补间即两柱之间的开间，补间铺作就是两柱间的斗栱组合。

36）转角铺作：宋式建筑大木作斗栱名称，清称为角科。特点是：①位于角柱之上；②因其上承翼角梁架；③只使用于大式建筑上；④因屋顶的形式不同，虽位于角柱之上，

27

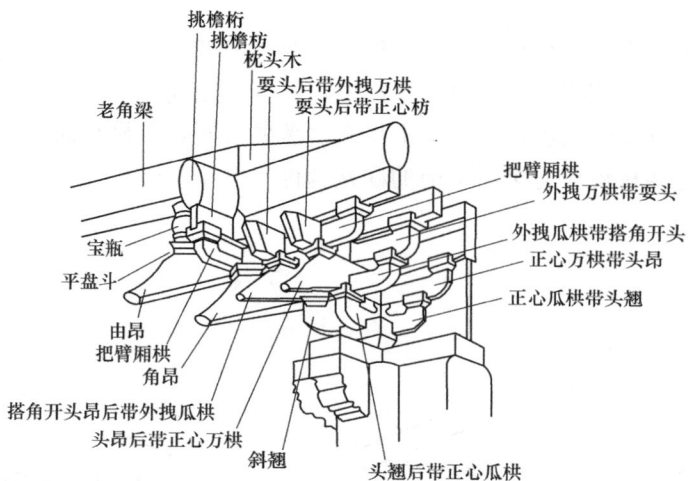

图 1-2-38　角科斗栱构件示意图

但与柱头铺作结构相同。

　　37）四铺作外插昂：宋式建筑大木作斗栱构造形式。即整朵斗栱为四铺作，只出里外跳，而外檐斗栱的出跳为插昂，既不同于真昂的昂尾做法，也不同于假昂的结构形式，是介于二者之间的装饰形式（图 1-2-39）。

　　38）四铺作里外并一抄卷头壁内用重栱：宋式建筑大木作斗栱铺作构成形制，里外跳只出华栱，无昂，华栱即卷头，出跳也称抄，泥道栱与慢栱为重栱造形式。清式建筑的单翘品字斗栱与此结构形式相同（图 1-2-40）。

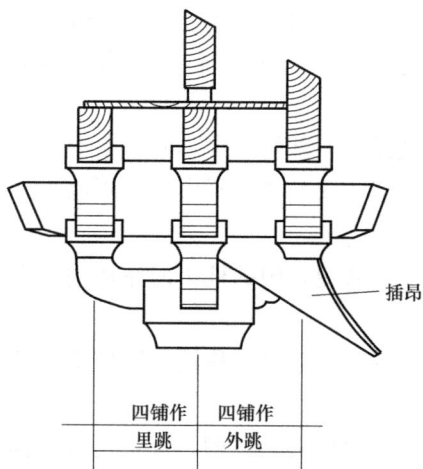

图 1-2-39　四铺作外插昂

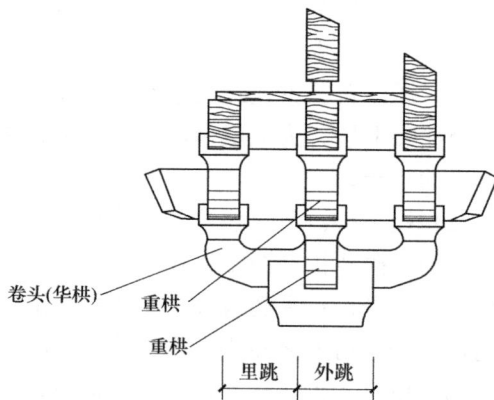

图 1-2-40　四铺作里外并一抄卷头壁内用重栱

　　39）五铺作一抄一昂：宋式建筑大木作斗栱铺作构造形制，即出跳为两跳，一跳为无昂出单抄，二跳为下昂，计五铺作。头跳偷心造，壁内施泥道栱与慢栱重栱。

　　40）五铺作重栱单抄单下昂里转五铺作重栱出双抄并计心：宋式建筑大木作斗栱铺作构造形制，即出跳为两跳，与清式的五踩相同，每跳头之上的横栱为重栱造，跳心为计心结构，第一跳为单抄，只出华栱，第二跳为下昂；里跳同外跳出跳数量相同，均为出两跳，但只出华栱，无昂（图 1-2-41）。

41）六铺作一抄两昂：宋式建筑大木作斗栱铺作构造形制，即出跳为三跳，一跳为无昂出单抄，二、三跳为下昂，计六铺作，头跳偷心造（图1-2-42）。

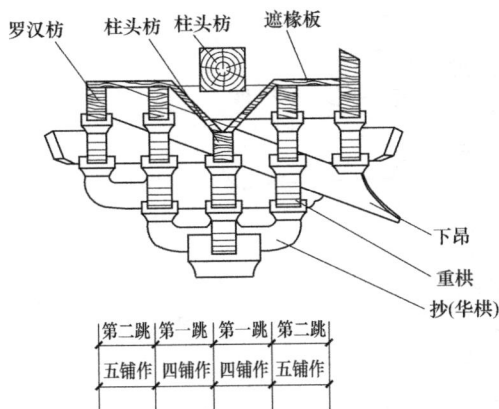

第二跳	第一跳	第一跳	第二跳
五铺作	四铺作	四铺作	五铺作

图1-2-41 五铺作重栱单抄单下昂里转
五铺作重栱出双抄并计心

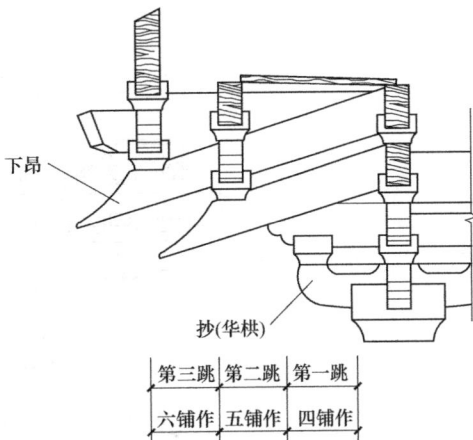

第三跳	第二跳	第一跳
六铺作	五铺作	四铺作

图1-2-42 六铺作一抄两昂

42）六铺作两抄一昂：宋式建筑大木作斗栱铺作构造形制，即出跳为三跳，一、二跳为无昂出双抄，三跳为下昂，计六铺作，头跳偷心造（图1-2-43）。

43）六铺作重栱单抄双下昂里转五铺作重栱出两抄并计心：宋式建筑大木作斗栱铺作构造形制，即出跳为二跳，与清式的五踩相同，每跳头之上的横栱为重栱造，跳心为计心结构，第一跳为单抄，只出华栱，第二跳为下昂；里跳同外跳出跳数相同，均为出二跳，但只出华栱，无昂（图1-2-44）。

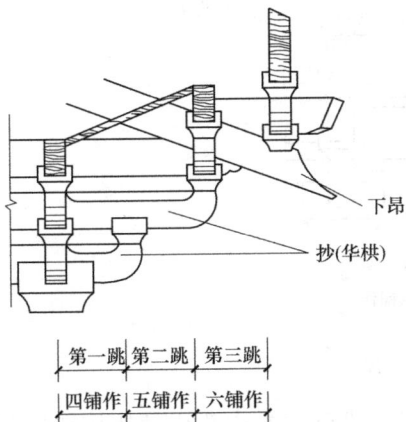

第一跳	第二跳	第三跳
四铺作	五铺作	六铺作

图1-2-43 六铺作两抄一昂

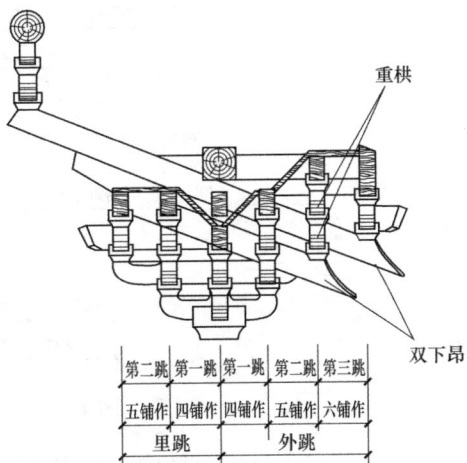

第二跳	第一跳	第一跳	第二跳	第三跳
五铺作	四铺作	四铺作	五铺作	六铺作
里跳		外跳		

图1-2-44 六铺作重栱单抄双下昂里
转五铺作重栱出两抄并计心

44）七铺作重栱出上昂偷心跳内当中施骑斗栱：宋式建筑大木作斗栱铺作构造形制。外檐斗栱为六铺作，内檐斗栱为七铺作出四跳，三、四跳重置上昂，第二跳设骑斗栱，一、三跳为偷心造结构，此做法减少了内檐斗栱层次，缩短了出跳尺寸，是斗栱的减件做法（图1-2-45）。

45）单栱七铺作两抄两昂：宋式建筑大木作斗栱铺作构造形制，外跳为华栱重置和下昂重置结构，即"两抄两昂"，由第一跳至第四跳，隔跳偷心，二、四跳计心，横栱为单栱造形制（图1-2-46）。

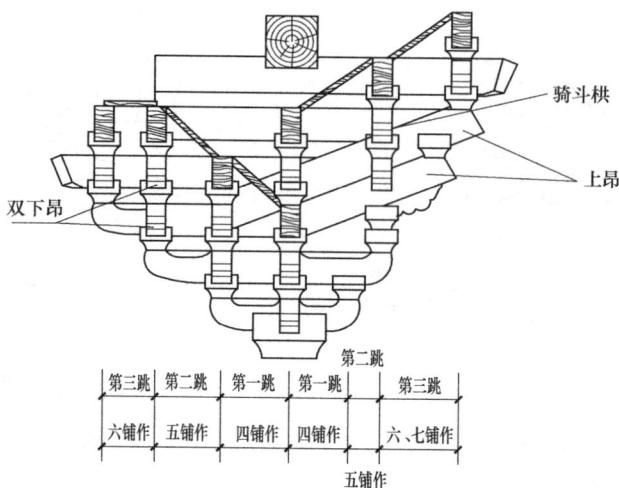

图1-2-45　七铺作重栱出上昂偷心跳内当中施骑斗栱

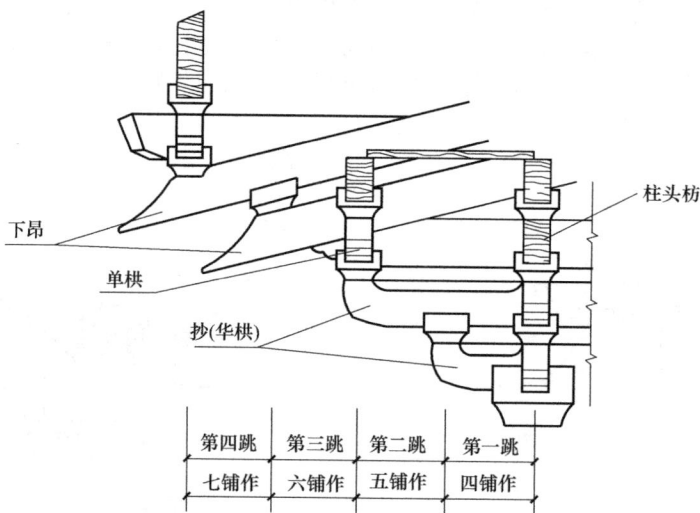

图1-2-46　单栱七铺作两抄两昂

46）八铺作重栱出上昂偷心跳内当中施骑斗栱：宋式建筑大木作斗栱铺作构造形制。外檐斗栱为六铺作，内檐斗栱为出八铺作，五跳；第四、五跳重置上昂，第二跳为骑斗栱，在构件组合上为减件做法，与七铺作重栱出上昂偷心跳内当中施骑士栱构造形制大致相同（图1-2-47）。

47）单栱八铺作两抄三昂：宋式建筑大木作斗栱铺作构造形制，外跳出五跳，与单栱七铺作两抄两昂的区别在于：①第一、四偷心造，不同于隔跳偷心做法；②正心泥道栱与慢栱重叠，反映重栱造结构（图1-2-48）。

（6）明清建筑斗栱特点（表1-1、表1-2）

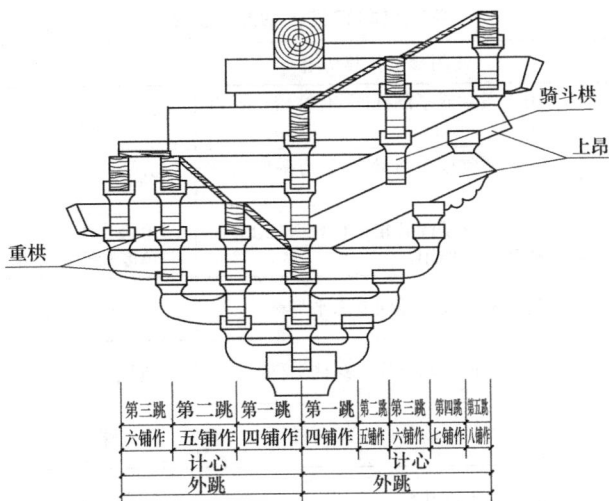

第三跳	第二跳	第一跳	第一跳	第二跳	第三跳	第四跳	第五跳
六铺作	五铺作	四铺作	四铺作	五铺作	六铺作	七铺作	八铺作
计心					计心		
外跳			外跳				

图 1-2-47　八铺作重栱出上昂偷心跳内当中施骑斗栱

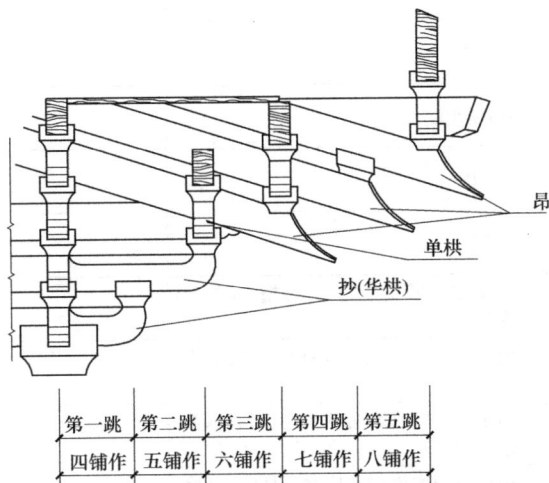

第一跳	第二跳	第三跳	第四跳	第五跳
四铺作	五铺作	六铺作	七铺作	八铺作

图 1-2-48　单栱八铺作两抄三昂

清式不出踩斗栱种类、功能一览表　　　　　　　　　　表 1-1

名称	使用部位及其功用	备注
一斗三升斗栱	①用于外檐、隔架作用 ②用于内檐、檩、枋之间,有隔架作用	明代建筑或明式做法中,常在内檐檩,枋之间安装一斗三升襻间斗栱
一斗二升交麻叶斗栱	用于外檐、隔架作用	
单栱单翘交麻叶斗栱	用于外檐有隔架和装饰作用	常用于垂花门一类装饰性强的建筑
重栱单翘交麻叶斗栱	(同上)	(同上)
单栱(或重栱)荷叶雀替隔架斗栱	用于内檐上下梁架间,有隔架及装饰作用	

斗栱出踩种类、功能一览表

表 1-2

名称	使用部位及其功用	备 注
单昂三踩平身科斗栱	用于殿堂或亭阁柱间,有挑檐和隔架作用	属外檐斗栱
单昂三踩柱头科斗栱	用于殿堂柱头与梁之间,有挑檐和隔架作用	(同上)
单昂三踩角科斗栱	用于殿堂亭阁转角部位柱头之上,有挑檐和承重作用	角科斗栱用于多角形建筑时,构件搭置方向角度随平面变化
重昂五踩平身科斗栱	使用部位及功能同三踩平身科	属外檐斗栱
重昂五踩柱头科斗栱	使用部位及功能同三踩柱头科	(同上)
重昂五踩角科斗栱	使用部位及功能同三踩角科	同三踩角科斗栱
单翘单昂五踩平身科斗栱	同重昂五踩斗栱	外檐斗栱
单翘单昂五踩柱头科斗栱	(同上)	(同上)
单翘单昂五踩角科斗栱	(同上)	
单翘重昂七踩平身科斗栱	功能同上	外檐斗栱
单翘重昂七踩柱头科斗栱	(同上)	
单翘重昂七踩角科斗栱	(同上)	
单翘三昂九踩平身科斗栱	用于主要殿堂柱间,有挑檐、隔架及装饰作用	
单翘三昂九踩柱头科斗栱	用于主要殿堂柱间,有挑檐及承重作用	
单翘三昂九踩角科斗栱	用于主要殿堂转角柱头之上,有承重挑檐作用	
三滴水平座品字平身科斗栱	用于三滴水楼房平座之下柱间,有挑檐,承重隔架作用	
三滴水平座品字柱头科斗栱	用于三滴水楼房平座之下柱头之上,有挑檐,承重作用	
三滴水平座品字角科斗栱	用于里转角柱头之上,有承重挑檐作用	
三、五、七、九踩里转角角科斗栱	用于里转角柱头之上,有承重作用	
单翘单昂(重昂)五踩牌楼楼品字平身科斗栱	常用于牌楼边楼或夹楼柱间,有承重挑檐作用	
单翘单昂(重昂)五踩牌楼楼品字角科斗栱	常用于庑殿或歇山式牌楼边楼转角部位有挑檐承重作用	
单翘重昂七踩牌楼品字平身科斗栱	常用于牌楼主、次楼或边楼柱间,作用同上	
单翘重昂七踩牌楼品字角科斗栱	用于庑殿或歇山式牌楼柱头,作用同上	
单翘三昂九踩牌楼品字平身科斗栱	用于牌楼主、次楼	

名称	使用部位及其功用	备　　注
单翘三昂九踩牌楼品字角科斗栱	用于庑殿或歇山式牌楼主、次楼柱头	
重翘三昂十一踩牌楼品字平身科斗栱	用于牌楼主楼	
重翘三昂十一踩牌楼品字角科斗栱	用于庑殿或歇山式牌楼柱头之上	以上均为外檐斗栱
重翘五踩牌楼品字平身科斗栱	用于夹楼	
内檐五踩品字科斗栱	用于内檐梁枋之上与外檐斗栱后尾交圈有隔架与装饰作用	内檐品字科斗栱做法常见者有两种,一种头饰与外檐斗栱内侧头饰相对应。另一种每一层均做成翘头形状
内檐七踩品字科斗栱	同上	同上
内檐九踩品字科斗栱	同上	同上
重昂或单翘单昂五踩溜金斗栱平身科	用于外檐需拉结或悬挑的部位,有承重,悬挑等功能,并有很强的装饰性	
重昂或单翘单昂五踩溜金斗栱角科	用于转角柱头部位	溜金角科斗栱用于多角形建筑是其构件搭置角度随平面变化
单翘重昂七踩溜金斗栱平身科	同上	
单翘重昂七踩溜金斗栱角科	同上	
单翘三昂九踩溜金斗栱平身科	同上	
单翘三昂九踩溜金斗栱角科	同上	

注：1. 明清溜金斗栱柱头科同一般柱头科斗栱。
　　2. 溜金斗栱通常有落金做法和挑金做法两种,落金做法主要以拉结功能为主；挑金做法以悬挑功能为主。

四、屋面

屋顶是古建筑的第五立面,是古建筑等级的象征。古建筑按照屋顶形式进行等级区分,依次为重檐庑殿顶、重檐歇山顶、单檐庑殿顶、单檐歇山顶、卷棚歇山顶、悬山顶、硬山顶、杂式建筑屋顶等。屋顶并不是一个整体,而是由吻兽、脊饰、瓦件、仙人走兽等组成,甚至瓦件都会按照建筑等级进行分类,对古建筑屋顶的测量首先要对屋面构件及其位置进行初步了解。

1. 屋顶形式

（1）重檐建筑：我国古代的多层建筑,层数是二层到十层以上,一般有两种形式：一种为上下层之间留出高度空间，之间联系紧密，中间以斗栱或者阑额与普拍枋过渡；另一种是上下檐有充分的高度，此种为阁楼式建筑，根据形式的不同，可分为重檐庑殿顶、重檐歇山顶、重檐卷棚顶等（附图8）。

（2）庑殿顶：屋面有四大坡，前后坡屋面相交形成一条正脊，两山屋面与前后屋面相交形成四条垂脊，故庑殿顶也被叫作四阿顶、五脊殿，是最高等级的建筑屋面形式（附图9）。

（3）歇山顶：又称"九脊殿"，它是以悬山顶和庑殿顶两种形式相结合演化而来的，因屋顶有一条正脊、四条垂脊和四条戗脊，所以又被称为九脊殿，歇山的山尖部分称作"小红山"（附图10、附图11）。

（4）悬山顶：屋面有前后两坡，且两山屋面悬出于山墙或山面屋架之外的屋面，称为悬山顶（附图12）。

（5）十字歇山顶：它是由两个歇山垂直相交结合而成的，这样形成十字相交的正脊，因此被称为十字歇山顶（附图13）。

（6）硬山顶：屋面仅有前后两坡，左右两侧山墙与屋面相交，并将檩木梁架全部封砌在山墙内的屋顶，叫作硬山顶（附图14）。

（7）卷棚顶：屋面顶部呈圆弧状，正脊为过垄脊或鞍子脊（附图15）。

（8）攒尖顶：建筑物的屋面在顶部交汇为一点，形成尖顶，被叫作攒尖顶。

（9）盝顶：是一种古建屋顶形式，是在平屋顶的基础上，对正脊的灵活运用，形式是在平屋顶上沿四周围四条正脊，四条正脊的相交处，安置四条垂脊。这种形式被称为盝顶。

2. 屋面瓦样式

（1）筒瓦屋面：布瓦屋面做法，其瓦件由筒瓦和板瓦构成，板瓦作底瓦，筒瓦作盖瓦形成瓦垄（附图16）。

（2）合瓦屋面：合瓦在北方又叫阴阳瓦，在南方地区叫蝴蝶瓦，合瓦屋面的特点是盖瓦也使用板瓦。合瓦屋面主要见于小式建筑和民居建筑（附图17）。

（3）干槎瓦屋面：主要特点是不使用盖瓦，仅有底瓦，瓦垄间也不用灰垄遮挡。这种屋面重量轻，省料，不易生草，防水性能好（附图18）。

（4）布瓦屋面：古建筑屋面材料，又称为灰瓦、青瓦或布灰瓦等，区别于琉璃瓦，是用灰陶瓦件铺设屋面的总称。

（5）琉璃剪边：一般见于古建筑筒瓦屋面，屋面瓦件为灰陶瓦，檐头瓦件则用琉璃瓦件铺设，这种形式的屋面称为琉璃剪边。

（6）琉璃集锦：一般见于古建筑筒瓦屋面，屋面多数瓦件为灰陶瓦，仅心部采用集锦的形式用琉璃瓦件铺设出菱形块，一般瓦垄数采用单数。

3. 屋面构件

（1）脊刹：古建筑屋面构件，位于建筑屋面中轴线之上，是屋面最高点之所在（附图19）。

（2）正吻：古建筑屋脊艺术品，位于正脊两端。早期建筑中将其称为"鸱吻"或"鸱尾"，为张口獠牙、头顶犄角的兽类；明清则在其背部安装剑把造型，而称为"剑把吻"（附图20、附图21）。

（3）垂兽：古建筑瓦作屋脊艺术构件，《清式营造则例》称"垂脊近下端之兽头形雕饰，亦称角兽"（附图22）。

（4）戗兽：古建筑瓦作和石作构件：①戗脊上的装饰构件；②支顶戗柱的石构件，因其多雕刻为兽形，故名，以牌坊石柱多见。

（5）仙人：古建筑瓦作屋脊艺术构件，因仙人骑有一只鸡，故称为骑鸡仙人，是清代官式建筑屋顶檐角最前端的装饰构件（附图22）。

（6）走兽：古建筑瓦作屋脊艺术构件。《清式营造则例》曰：走兽是垂脊下端之雕饰，又称为蹲脊俗称小跑、小兽。"走兽"一名最早出现于《营造法式》，清式沿用，走兽处于仙人之后（附图22）。

（7）套兽：古建筑屋面瓦作艺术构件，套于子角梁之上，是翼角木构件的保护性构件，表面为龙头形，中空。传说为"龙生九子"之一，叫"蒲牢"，也叫"流龙"，喜好游走，终无栖所，遇风声则藏于屋檐下，此龙便被长期钉在翼角的角梁（附图22）。

（8）正脊：古建筑瓦作屋顶部位，也称"大脊"。位于屋顶最高处，与屋面平行，为前后两坡相交的脊饰。

（9）垂脊：古建筑瓦作屋顶部位，南方称"竖带"。①垂直于正脊；②下垂的脊。在歇山、硬山、悬山屋顶形式中，垂脊垂直于正脊，而在庑殿和攒尖顶中，则相交于正脊或宝瓶，具有垂下之意。

（10）戗脊：古建筑瓦顶部分，也称为岔脊，为歇山顶的屋脊形式，其高度明显低于垂脊，并与垂脊呈45°相交，是区别于庑殿顶的显著特点。

（11）博脊：歇山屋顶小红山与撒头相交处的脊。

（12）围脊：重檐建筑中，下层檐与木构件相交处的脊。

（13）角脊：重檐建筑中，下檐屋面的坡面转折处，沿角梁方向所做的脊。

（14）宝顶：俗称"绝脊"，是在攒尖屋面最高点汇合处所做的脊。

（15）兽前：古建筑屋顶脊饰部分与做法，清式建筑称谓，即戗兽或垂兽前的设置。兽前，主要是垂脊和角脊的组成部分。

（16）兽后：古建筑屋脊脊饰部分与做法，清式称谓，即垂兽或戗兽之后的部位。兽后做法，可分为琉璃大式与小式以及大式布瓦屋面等形式。其共同特点是兽后无小兽安置。通常为垂通脊砖砌垂脊。

（17）排山勾滴：勾滴是勾头瓦和滴水瓦的统称。歇山、硬山或悬山博风板上的一排勾滴瓦即为排山勾滴。

（18）披水排山脊：排山脊的一种，将排山勾滴改作披水砖所形成的脊为披水排山脊。

五、建筑装修

装修是古建筑中对小木作的统称，包括门窗、藻井、隔扇、隔断、栏杆、家具等。外墙之间的门窗、垂花门、屏门等为外装修或外檐装修；用于屋内的隔扇、天花等称为内装修或内檐装修。装修的主要作用是调整平面布局，分隔室内空间，一般不具有承重作用。在本书中仅对古建筑寺庙及民居中常见的装修形式及构件进行简单说明，作为对古建筑测量实践中的知识补充。

1. 板门及其相关构件

（1）板门：是指古建筑中最常见的实榻门、攒边门（又名棋盘门）、撒带门和屏门四种（附图23）。

（2）实榻门：是用厚木板拼装起来的实心镜面大门，是各种门板中等级最高的、体量最大、防卫性最强的大门，专门用于宫殿、坛庙、府邸及城垣建筑。

（3）撒带门：是街门的一种，常用作木场、作坊等一类买卖作坊的街门。

（4）余塞板：清式建筑小木作中外檐装饰木构件，在门框、抱框之间，形成有关门的外围结构组织，因门是经常开启活动的部件，两边的槛框牢固问题至关重要，"余塞板"起到了加固槛框的作用。

（5）穿带：古建筑小木作构件，清式建筑称谓，也谓之"楅"，附属于板门之材料，与大边连接，为实榻大门和棋盘大门多用，"穿带"位于门心板的背面，门钉则钉在"穿带"上将门心板固定。

（6）伏兔：宋式建筑板门所属木构件。因形似俯卧的兔子，故名，后世均有沿用。两扇门板各设一个对称排列，中空而有方眼，用于手栓的自由出入。

（7）手栓：宋式建筑门板开关的栓手，插于伏兔之间，用于双扇门板的开启。

（8）鸡栖木：宋氏建筑小木作装修构件，根据宋《营造法式》的规定，"鸡栖木"位于门额顶部里侧，为与门同长的木板，两端由板门转轴传入，使用于高七尺以上板门，门簪从"鸡栖木"中通过，并连接固定。现存板门辅助部分，大多采用"鸡栖木"与门簪结构形式。

2. 隔扇及其相关构件

（1）隔扇：古建筑小木作装修的一种形式，常指隔扇门，又写作"格扇"。一般为四扇一组，由子桯、边梃、抹头、裙板四部分组成，其中子桯和边梃，是构成隔扇的核心部分，子桯富于变化，在小木作中最具有审美价值。边梃将子桯合围，突出"桯心"，抹头不但起区分隔扇上下部位作用，而且是稳固隔扇门的重要构件。"隔扇"的桯心千变万化，图案非常丰富，根据桯心的组合方式，可概括为：平桯构成的桯心、曲桯构成的桯心、棱花构成的桯心、斜桯构成的桯心四种形式。裙板也常常被雕刻成各种艺术形式和图案，民间建筑中的"隔扇"，其艺术形式，取材广泛，寓意深刻，情趣盎然，是中国古建筑中的艺术奇葩。"隔扇"最早可追溯到我国的汉代，正方格、斜方格、直桯等式样，在出土的大量汉代陶屋上有突出的表现；现存最早的"隔扇"，出现于河北涞源辽代的阁院寺，山西朔州金代建筑崇福寺的"隔扇"图样多达20多种；宋《营造法式》规定了"四抹隔扇"制作方法，因此，"四抹隔扇"成了宋代建筑的主要特征，元明两代多为五抹隔扇。隔扇门的高宽比，在宋代大多为3∶1，明清为4∶1，呈现出由粗犷向纤细的演变趋势（附图24）。

（2）二抹隔扇：古建筑小木作隔扇做法，即抹头为二抹的隔扇门。"二抹隔扇"在现存建筑中十分罕见。

（3）三抹隔扇：古建筑小木作隔扇做法，即抹头为三抹的格扇窗。"三抹隔扇"出现于西周，以后各代有使用，但并不常见。

（4）四抹隔扇：宋氏建筑的一种门式，属小木作之列，因"四抹隔扇"上下有四根抹头，故曰"四扇隔扇"。

（5）六抹隔扇：清式建筑小木作装修名称，亦称"六抹隔扇门"即由六条横向抹头构成，相对于四抹隔扇，"六抹隔扇"在结构上优于前者，外观上显示出对称平衡的美感。

（6）抹头：与隔扇边挺构成外框的水平构件。

（7）边梃：与格栅抹头构成外框的垂直构件。

（8）隔心：心屉又称"隔心"，是隔扇上部中心或槛窗中心部分，有多种图案。

（9）绦环板：宋称腰华板。隔扇中裙板上部和下部安装一种扁长木板。可作彩画或雕饰。是隔扇的一个组成部分，它的位置在裙板的上下，裙板上下各有两根抹头，两抹头之间的板材就叫作绦环板。其中处在裙板上边的绦环板，也就是处在隔心与裙板之间的绦环板。绦环板相对于隔心和裙板来说，其高度或者说所占隔扇的比例要小得多。

（10）裙板：宋时称障水板，语意不详；也写作障板，障碍之板；另有俗称挡板，仅指素板而言。

3. 其他常见的装修

（1）直棂窗：直棂窗是中国古代木建筑外窗的一种，窗格以竖向直棂为主，是一种比较古老的窗式。唐代及唐以前的窗的形式，比较常见的是直棂窗，窗格以竖向直棂为主，固定不可开启，现存窗棂主要分两种，一种面朝内、外，横截面为矩形或正方形，窗纸贴在里侧；另一种楞朝内、外，截面为菱形，不贴窗纸，这种窗用于公共建筑如寺庙等；还有一种窗棂的截面呈三角形，棱对外，面对内，可以贴窗纸，这种窗叫"破子棂窗"，宋《营造法式》有记载（附图25）。

（2）槛窗：古建筑外窗的一种，形状与隔扇门的上半段相同，其下有风槛承接，水平开启。位于殿堂门两侧各间的槛墙上，它是由隔扇门演变来，所以形式也相仿，但相比门，它只有格眼、腰华板而无障水板。

（3）连楹：安在中槛上用来开关门扇之用，长按面阔减一柱径。

（4）抱框：抱框是古建筑木构件，紧贴木柱或随檩枋、阑额等木作构件，一般厚度与随檩枋、阑额、地栿等相同，或略小于地栿，常作抹边装饰。其作用一是为弥补门窗等制作安装时产生的误差，根据误差大小，改变抱框的宽度，可以使门窗安装紧凑得当；其二，弥补木柱上下柱径不同而产生的门洞或窗洞尺寸的不规整，达不到门窗的安装效果；最后则是其具有较高的装饰作用。

（5）短抱框：槛框中的垂直构件为框，其中紧贴柱子安装，位于中槛与上槛之间的抱框叫短抱框。

（6）横披：古建筑内装修中位于隔扇上槛和中槛之间的狭长部分。多用小立柱划分为几段，每段做成带棂花格的小窗或与隔心做法相同。

（7）天花：天花是室内梁架之下设置的部件，它既可遮挡梁架，又可施各种彩绘，所以是室内重要的装饰部件。同时，还可以界定室内空间高度，保温、隔热及防尘。汉代已使用天花。宋代天花分为平暗、平棊、海墁天花三类。

（8）藻井：藻井是常见于宫殿，坛庙建筑中的室内顶棚的独特装饰部分。一般做成向上隆起的井状，有方形、多边形或圆形凹面，周围饰以各种花藻井纹、雕刻和彩绘。多用在宫殿、寺庙中的宝座、佛坛上方最重要部位（附图26）。

（9）悬鱼：悬鱼位于悬山或者歇山建筑两端的博风板下，垂于正脊。悬鱼是一种建筑装饰，大多用木板雕刻而成，因为最初为鱼形，并从山面顶端悬垂，所以称为"悬鱼"（附图27）。

（10）惹草：惹草是古代建筑钉在博风板边缘（一般处于檩头位置）的三角形木板。门楼外民居惹草用得不多，所见的也是做成长方形，不刻纹饰，简朴率性。绘制或雕刻与水有关的形象在观念上有防止建筑失火之意（附图27）。

（11）雀替：安置于梁或阑额与柱交接处承托梁枋的木构件，可以缩短梁枋的净跨距离。也用在柱间的挂落下，或为纯装饰性构件。在一定程度上，增加梁头抗剪能力或减少梁枋间的跨距。宋代称"角替"，清代称为"雀替"，又称为"插角"或"托木"（附图28）。

（12）骑马雀替：当二柱距较近，并在梁柱交接处还要用雀替，此时两个雀替因距离过近而产生相碰连接的现象，骑马雀替就此形成。但其装饰意义远大于实用意义（附图片29）。

第二章

古建筑测绘方法和技术 ←

第一节 测量前准备工作

古建筑多数存在于乡野之中，地理位置偏僻，条件艰苦，为了安全、顺利地完成测量任务，在实地测量之前应做好充分的准备工作，包括工具、资料等物质准备和测绘人员的心理准备。

一、测绘工具

在古建筑测量中，应用的工具一般比较简单，要便于随身携带。对于即将实施修缮工程的项目的测量，要携带水准仪等进行梁架、柱子变形测量，其余作为存档资料类的测量只需要携带简单的测量工具即可。以下将对常用的测量工具进行说明。

1. 测量工具

（1）小钢尺。使用频率最高的测量工具，常用的规格有 3 米、5 米、7.5 米、10 米。在挑选钢卷尺时尽量选择尺条硬度较高的卷尺，在测量中可以将其作为简易铅垂使用，可不用梯子或脚手架直接测量古建筑的椽出、飞出等尺寸。

（2）水平尺。用于在测量时找平，保证构件的水平。一般选用镁铝合金制作的水平尺，重量轻、不易变形，可单手操作，便于使用。

（3）铅垂。利用重力作用，通过与铅垂线的比较，确定测量的构件是否竖直。多用于测量建筑物梁架的"升起"、"侧脚"等数据，多个铅垂配合可用于在地面上测量梁架的步架尺寸。

（4）钢卷尺。测量建筑物总平面图时常用的工具。常用的规格为 30 米或 50 米，其缺点是测量误差较大。

（5）激光测距仪。利用激光对目标距离进行准确测定的仪器。激光测距仪在工作时向目标射出一束很细的激光，由光电元件接收目标反射的激光束，计时器测定激光束从发射到接收的时间，计算出从观测者到目标的距离。常用的为手持式激光测距仪，测量距离在 0~300 米之间。其特点是操作简便，精度较高，但在露天环境阳光直射时不易操作，可作为钢尺的辅助仪器进行使用。

（6）水平管。常用的柱子抄平工具，原理简单，测量精度较高，缺点是冬天水易结冰，使用有局限性，且受外界因素影响较大，现在已基本被水准仪取代。

（7）水准仪。建立水平视线测定地面两点间高差的仪器。原理为根据水准测量原理测量地面点间高差。在古建筑测量中，用于测量梁架、柱子、台明的沉降及变形，精度较高，其组成部分塔尺还可作为测量距离及垂直高度的辅助工具使用。

2. 记录工具

（1）数码相机。用于记录建筑的图像资料，在现在的古建筑测绘中具有重要的作用。对于梁架结构、节点大样、艺术构件等的记录极为重要，可节省大量绘制艺术构件的时间。在相机的选择上，可根据所测量项目的大小及时间，选择合适的内存卡，相机配置尽量选择像素高（拍摄艺术构件及节点大样）、镜头相对较长（用于远距离拍摄建筑群全景照片）的相机。

（2）A4 或 A3 画板。绘制草图时常用来垫画纸的平板，一般选用塑料或木制品。具体尺寸根据所绘制建筑的大小确定，在满足将建筑清晰表达的前提下，可选用手感轻盈、光滑的画板。

（3）铅笔。用于勾画草图，便于修改。软硬度宜选用 H、HB 等类型。

（4）橡皮。选用美术专用橡皮，选用较软的 4B 或 6B 橡皮，以防擦破图纸。

（5）转笔刀或小刀。

（6）中性笔。用来记录数据。为方便辨识草图，一般绘制草图用铅笔，而标注数据可选用中性笔，除黑色中性笔外，也可选择蓝色、红色中性笔进行标注，使图纸一目了然。

二、测量前其他准备

在进行一项测量项目之前，首先要对测量对象有初步的了解，可上网查阅基础资料，对建筑群的规模、建筑类型进行初步了解，这样便于准备工具及制定测绘计划；其次，对于一些国家级或省级重点文物保护单位来说，"四有"档案或普查资料中对建筑或建筑群会有专业的描述或专业地形图纸等，在测量之前可进行整理、复印等，便于对建筑群形成初步印象。

1. 测量前准备的资料

（1）测量对象所在的区位图，可以是地形图，也可以是百度地图之类。

（2）测量对象所在地的水文、地质、气候等资料。

（3）历史测绘图、一些论文内的插图等（见图 2-1-1～图 2-1-7）。

（4）"四有"档案等。

2. 测量人员的心理准备

古建筑多坐落于山野之间，测量条件艰苦，因此在测量之前要做好充分的思想准备，夏季的蚊虫叮咬，甚至偶尔会遇到土坯墙里面的马蜂、梁架吊顶内潜伏的蝙蝠等，因此，在测量前准备服装时，尽量选择长袖、长裤等，一次性口罩也是必备品，可以避免梁架上面的粉尘等的吸入。总之，在衣服的选择上以舒服为主，选择一些宽松的运动型衣服会适度地缓解疲劳；筒瓦屋面或一些脊部举架较陡的屋面会比较滑，在没有搭设测量脚手架而仅利用铝合金伸缩梯进行屋面测量的情况下，选择防滑性较好的鞋底是必要的，雨后尽量避免进行屋面测量。

3. 安全准备

"安全第一"是古建筑测量贯穿始终的重要法则，包括测绘人员的安全和文物建筑的安全，在进入现场之前要进行安全教育，尤其是一些濒危的建筑，测量人员的安全就显得尤为重要。

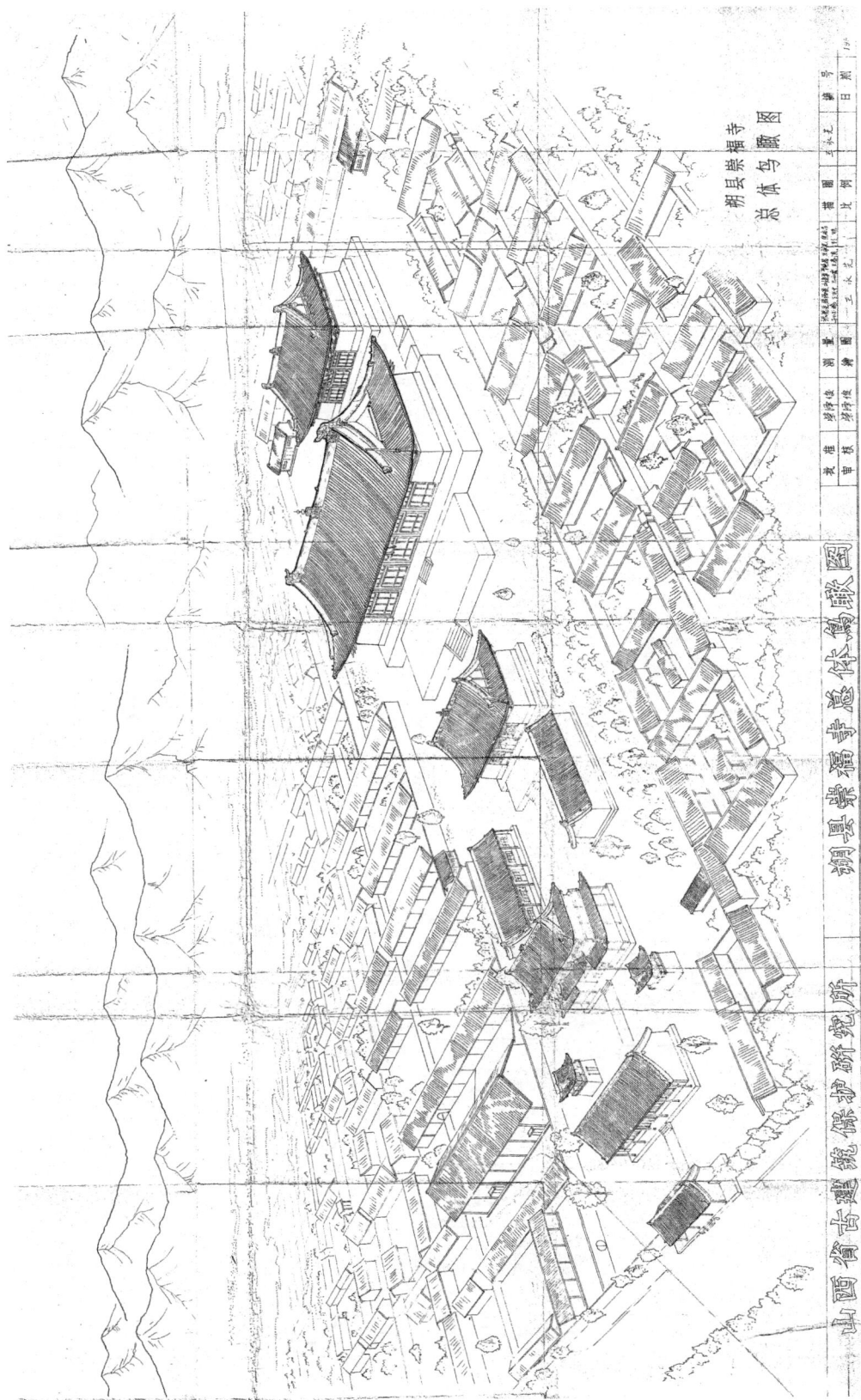

山西省古建筑总体鸟瞰图（建议）

图 2-1-1

朔县崇福寺总体透视图

山西省古建筑保护研究所	朔县崇福寺总体透视图	批准	沈淳俊	绘 图	王永先	编 号	2
		审核	俘师俊	描 图	王永先	日 期	

图 2-1-2

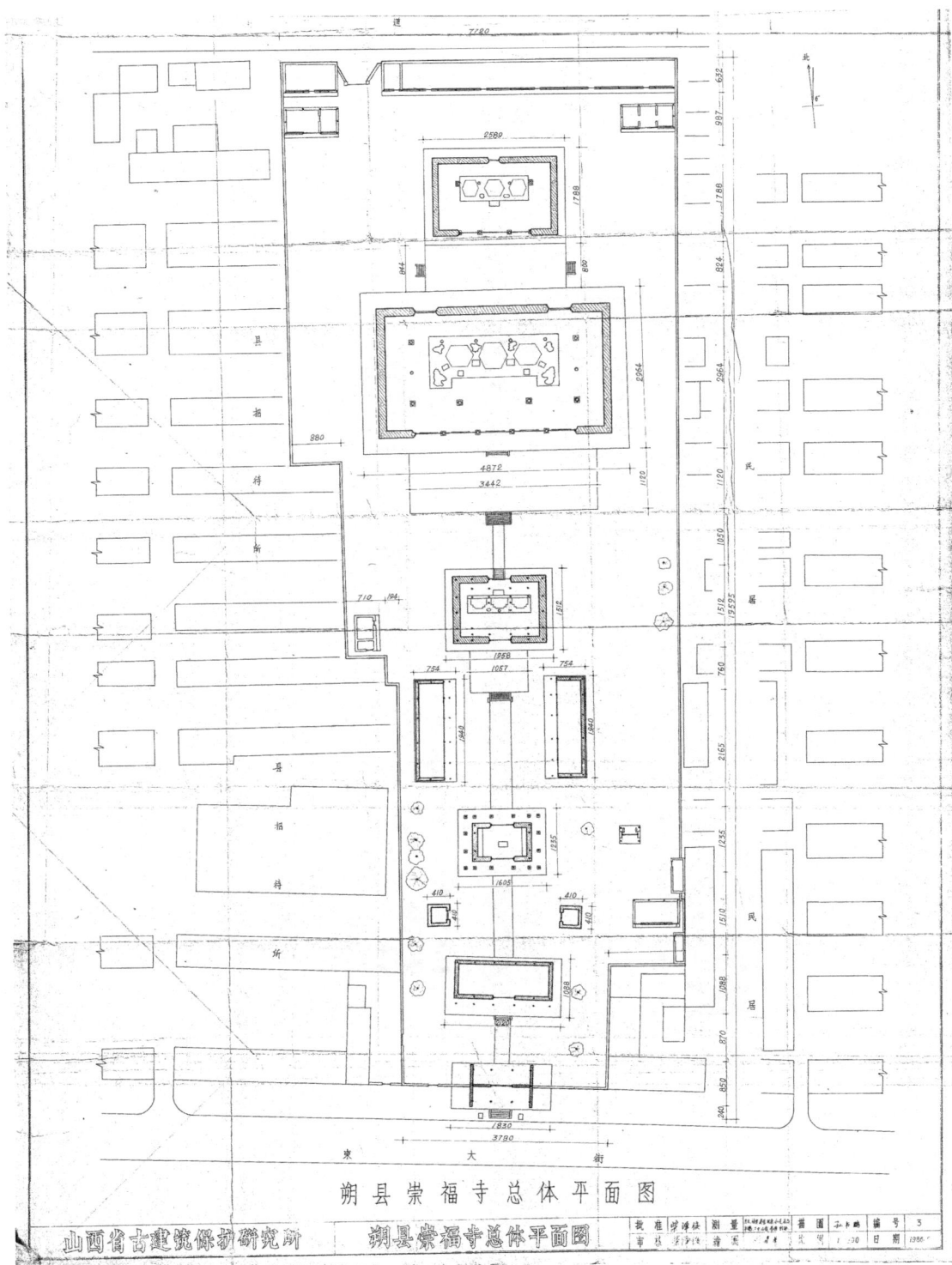

朔县崇福寺总体平面图

图 2-1-3

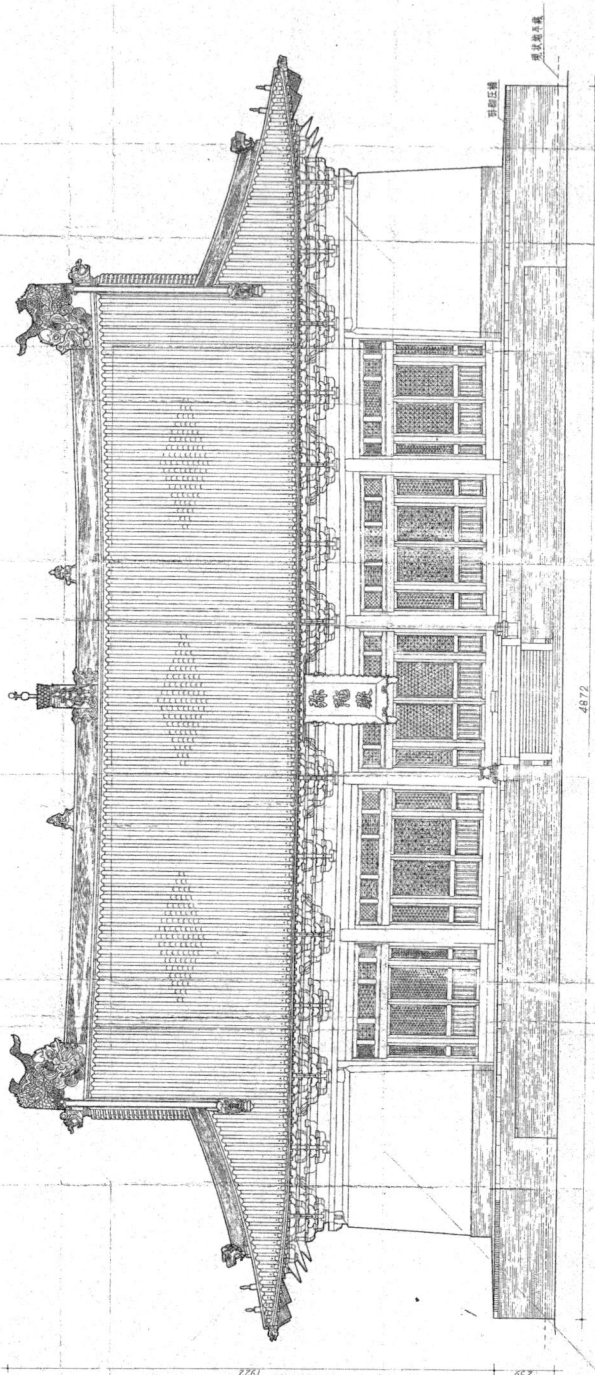

弥陀殿正立面图

山西省古建筑保护研究所

朔县崇福寺弥陀殿实测图

图 2-1-4

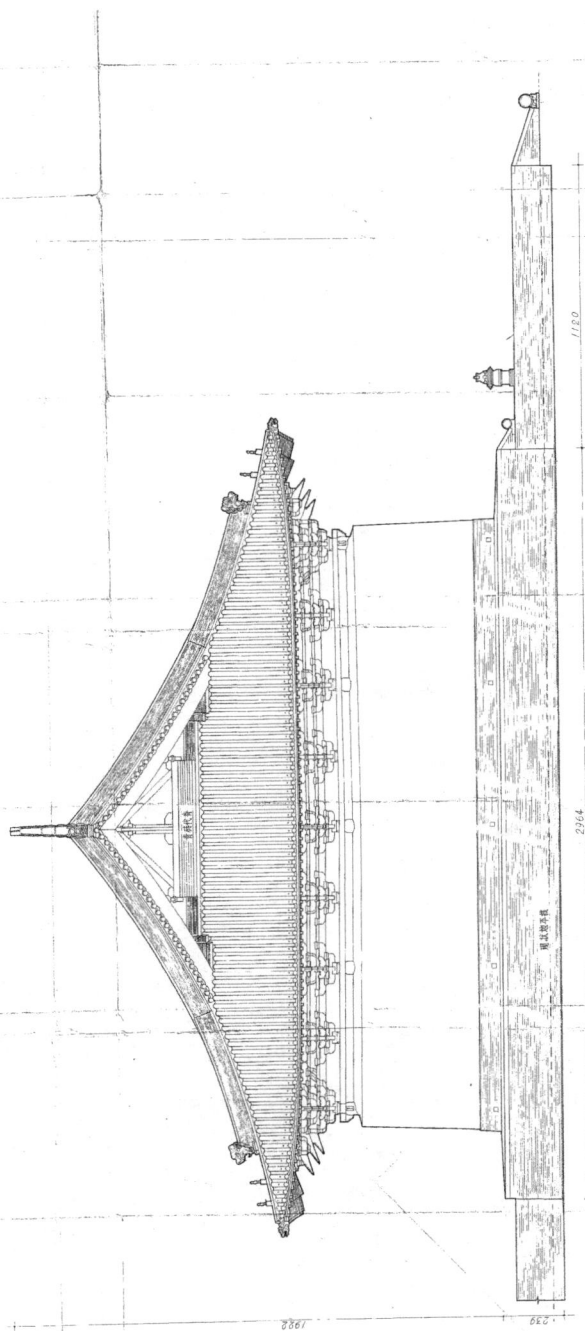

弥 陀 殿 侧 立 面 图

图 2-1-5

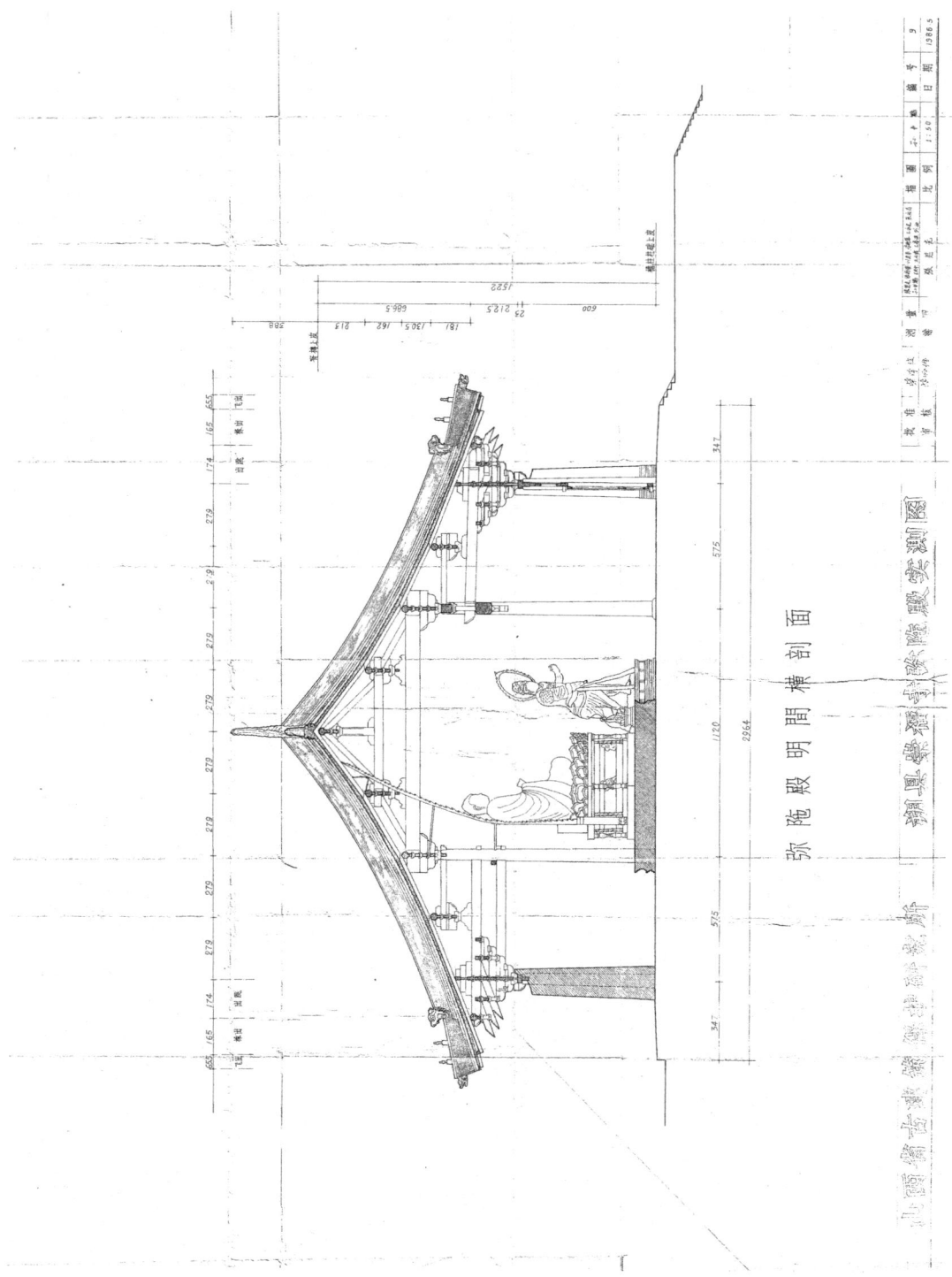

图 2-1-6

弥 陀 殿 明 间 横 剖 面

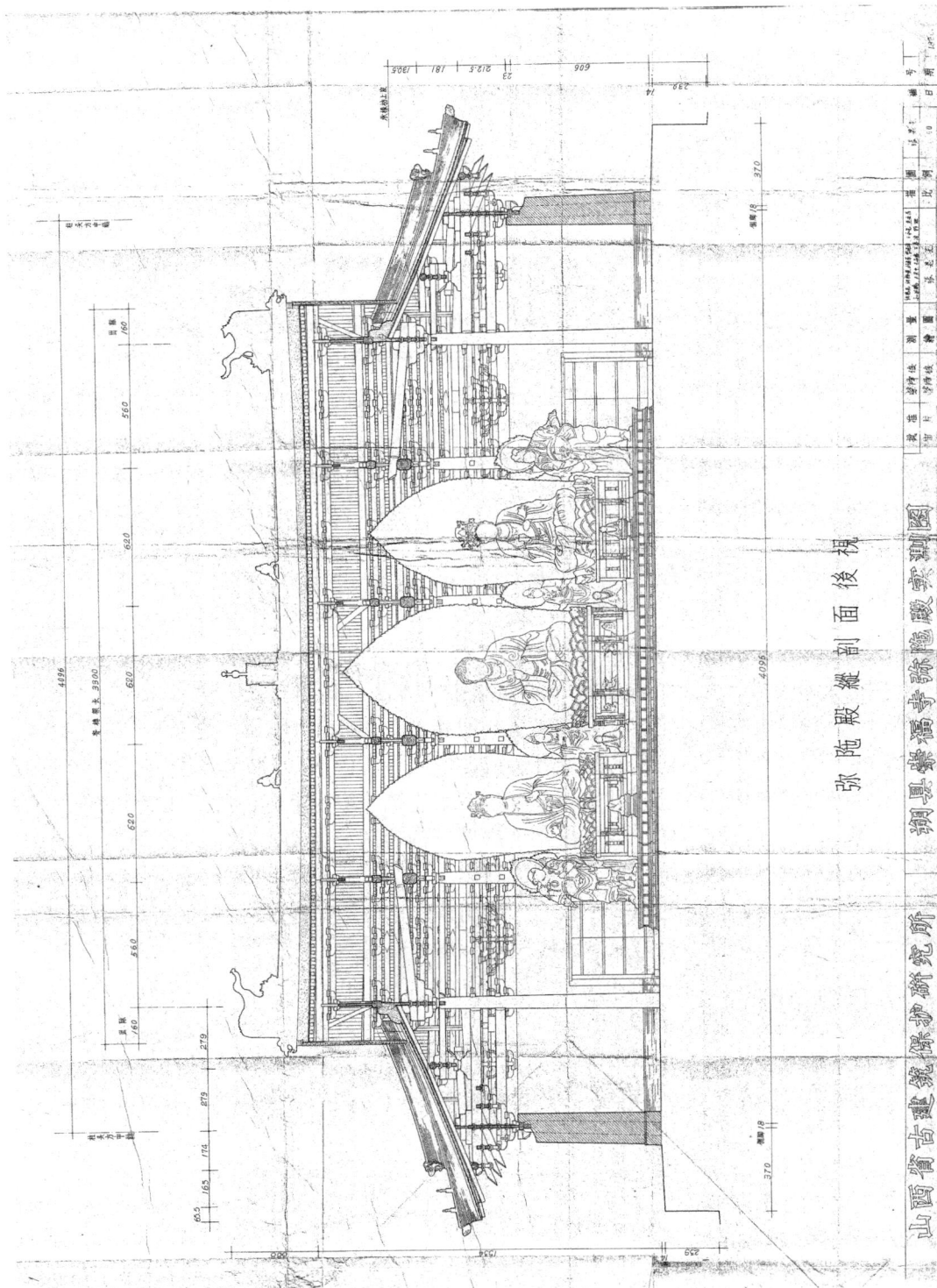

弥陀殿纵剖面后视

调查实测绘图

山西省古建筑保护研究所

图 2-1-7

（1）人员的安全。在测绘中，一般以小组为单位，每组为 2～3 人自由组合，并设小组长一名，负责统一指挥及调度，包括安排工作进度、统筹工作量、与其他成员或当地人进行交流等。组内其余人员要服从小组长安排，对于一些高空作业等危险较高的工作，组内成员互相商量解决。以下为一些安全注意事项：

1）支搭梯子时要选好位置，既便于测量，又要保证人员的安全，上下梯子必须有人保护。

2）工作现场严禁吸烟或使用明火。

3）衣着得体，攀爬梯子时不穿凉鞋、拖鞋、高跟鞋等。

4）雨雪天严禁进行屋面测绘。

5）严禁酒后作业。

（2）文物建筑的安全。测量人员要时刻注意保护文物建筑的安全，严防造成保护性的破坏。对建筑进行测量时，尽量避免破损测量，在建筑整体歪闪或墙体开裂不严重的情况下，墙体内柱子等隐蔽构件可在施工过程中进行补充说明其现状；对于那些可能是引起梁架下沉、变形等残损的原因分析时选择应隐蔽部位进行破损勘测，尽量减小创面；屋面测量时，沿着垂脊周边进行攀爬，既可以保证人员安全，又可以尽量减少对屋面瓦件的踩踏。

第二节　古建筑的测量过程

通过前面内容的叙述，对于古建筑测量已经有了初步的认识，准备工作也已经完成了，从本节开始将要分类介绍古建筑的测量顺序及方法。我们知道，从用途上区分古建筑，可分为公共建筑和民用建筑。公共建筑一般指的是城垣城楼、宫殿府邸、坛庙祠堂、寺观塔幢等，本书介绍公共建筑的测量方法时，按照寺庙中常见的测量殿宇的方法进行叙述，其余类型建筑在构件测量时可作为参考；民用建筑一般为宅邸民居，建筑一般较为简单，但群体组合方式灵活多样，本节在介绍这部分内容时，着重介绍总平面的测量方法，对于民居建筑群内的单体建筑，只进行简单叙述。

古建筑测绘包含四方面的内容：绘——绘制草图；测——建筑测量；录——数据或文字资料登记；拍——图像资料；以下将对其进行逐一说明。

一、绘制草图

草图，在初始表达建筑形体的概念阶段，具有大致的比例和形体结构的准确度。绘制草图是古建筑测绘的基础，草图的准确性直接关系到所绘制的方案图或施工图的准确性，也是进行正确数据录入的基础。

1. 草图类型说明

一般来说，对于一座单体建筑而言，所需要绘制的草图有：

（1）平面图

多层古建筑需分层绘制平面图，平面图一般按照位置进行命名，如"××庙××殿一层平面图"、"××庙××殿二层平面图"等。

（2）横断面图

明间、次间、梢间梁架结构不一样的话需要一一绘出；横断面图的命名一般为"××庙××殿明间横断面图"、"××庙××殿次间横断面图"等，也可以在平面图上用剖切线标明其位置后，直接以"1-1剖面图"、"2-2剖面图"命名。

（3）斗栱大样图

首先仔细观察一座建筑内的斗栱形制，理论上来讲，需要将所有不同形制的斗栱全部绘出，但在实际测绘中，因为古建筑材分制的特点，一座建筑内的斗栱用材一般为同一等材，因此，为缩短测量周期，可将同一类型的柱头科、平身科斗栱仅绘制一组即可，在测量数据时将不同的构件尺寸单独表明位置即可，如耍头厚度、梁头高度、长度等分别用文字标明。但是，前后檐、山面斗栱形制、出跳数不同时，需要分类绘制。对于角科斗栱，应单独绘制。

（4）装修大样图

首先分析一座建筑内包含的全部装修，首先分为外檐装修、内檐装修，其次按照明间、次间等对不同类型、式样的装修全部一一画出。

（5）翼角大样图

对于歇山、庑殿顶建筑，除了需要绘制以上的常规草图之外，还需要将翼角部位单独绘制大样图，以明确翼角结构，角梁的搭接方式、椽子排列方式等。

（6）屋面构件大样图

包含屋面正吻、正脊、垂兽、垂脊、戗兽、戗脊等的搭接结构、数量等，可绘制草图进行记录，也可以用文字、表格等进行登记。

（7）院落总平面图

表达各建筑之间相邻关系而绘制的图纸，只有一组院落时可绘制于一张图纸上，如果遇到民居院落群等较为复杂的建筑群可单独绘制。

以上所列出的图纸类型为常规的草图类型，可满足一般的建筑测绘需求，事实上，在实际的工作中，常常遇到一些结构特殊、节点复杂的建筑类型，这时以上图纸就不能完全表达建筑的全部需要，可根据实际情况随时补充图纸，可以是完整的梁架表达，也可以是大样图的形式。总之，为了真实、完整的表达古建筑的全部内容，可以根据实际需要绘制多种草图。

2. 草图所要表达的内容

每一张草图都有特定的表达意图，因此在绘制草图时，要将本张图纸要表达的重点突出便于记录文字或标记尺寸，其余部分则可以进行弱化。以下将对各类图纸所需要表达的内容进行描述。

（1）古建筑平面图

在古建筑平面图中主要表达建筑的通面阔、面阔、通进深、进深、柱网、墙体间距、厚度、台明、阶条石等，可适当表达周边建筑的相邻关系，只需将这些主要的意图表达清楚即可，附属的装修等表明位置即可。

在绘制平面图时，首先绘制柱网，将平面内所有的露明柱子、柱础等按照现状布局表示清楚，明显系后人添加的柱子可附带文字标识；其次绘制墙体，将墙体与墙体、墙体与柱子之间的关系表示清楚，山墙、后檐墙退花碱的尺寸、墙体的厚度、外墙软心、八字墙等逐一画出；最后，绘制台明及阶条石、好头石、踏跺等，阶条石宽度、长度不一时应逐块画出。

以上为平面图主要需要表达的内容，对于建筑装修在平面图中的表示方法，可只绘制抱框，内部棂条、隔扇等全部省略，以大样图的形式进行绘制。

在图形完成后，可用中性笔画出标注尺寸线，将上述尺寸清晰的表达在图纸上。

平面图中还可以表达的内容是台明、柱子、墙体的变形情况，若在同一张图中表达，在抄平时可用红色笔进行编号，其对应的测量读数登记于另外的空白纸上，在绘制正式的图纸时配合使用即可，这样可节约绘制草图的时间；对于特别复杂的单体建筑，建议单独绘制简易的示意图表示变形、沉降，以免错记、漏记。

另外，与正式的图纸相同，平面图中还需要绘制指北针来明确建筑的方位；在尺寸线下方要标明所绘制图纸的名称，一般以"××庙××殿×层平面图"进行表示；在图纸的右下角还需标明绘制草图的时间及人名。这是所有草图均需要表示的内容，以下不再说明（见图 2-2-1～图 2-2-5）。

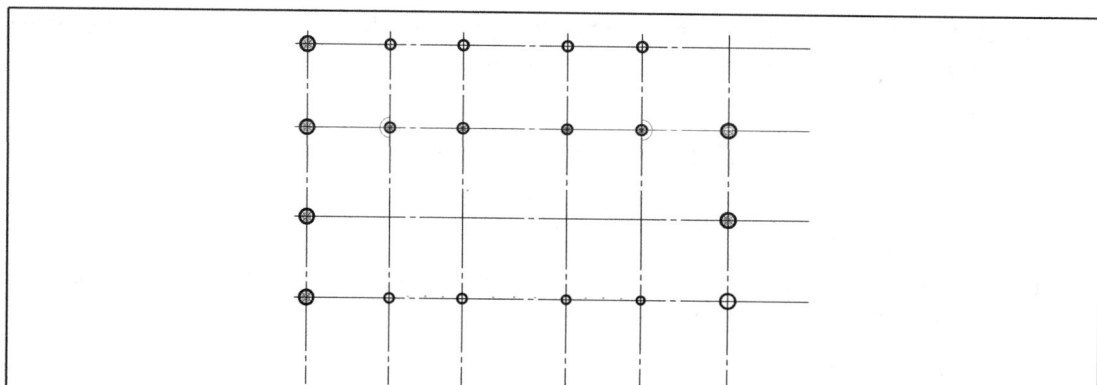

图 2-2-1　山西朔州崇福寺观音殿
平面图（第一步：绘制轴线柱网）

草图绘制		测绘		照片编号	
温/湿度		风向		日期	

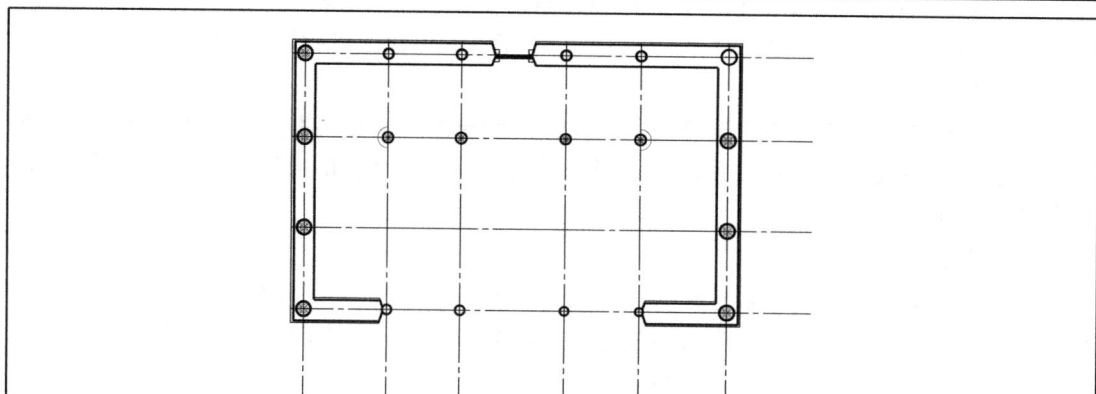

图 2-2-2　山西朔州崇福寺观音殿
平面图（第二步：绘制墙体）

草图绘制		测绘		照片编号	
温/湿度		风向		日期	

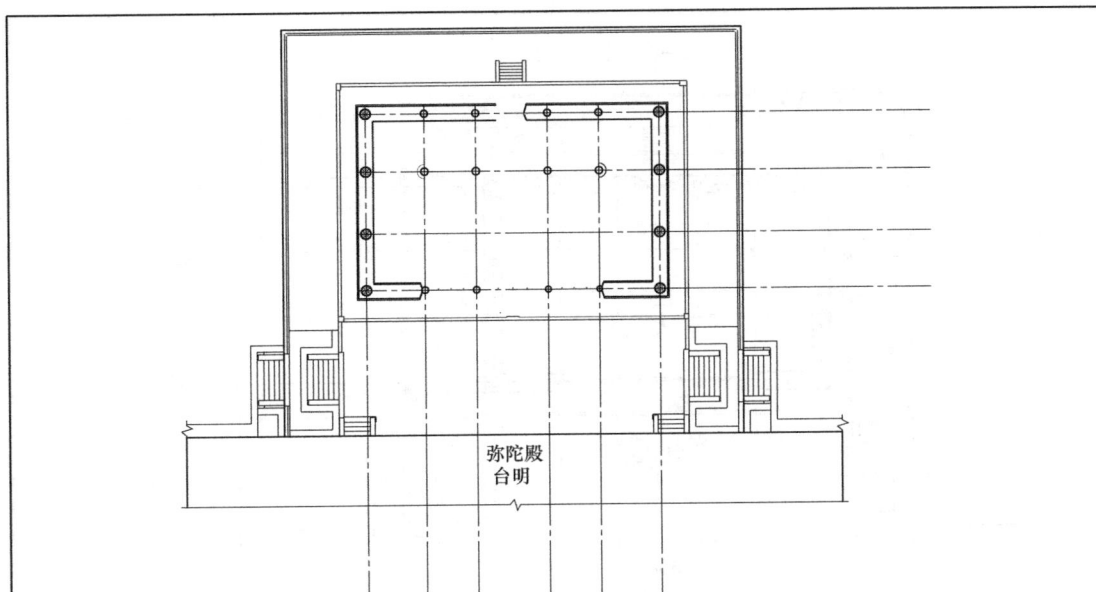

图 2-2-3　山西朔州崇福寺观音殿平面图（第三步：绘制台明及相邻关系）

草图绘制		测绘		照片编号	
温/湿度		风向		日期	

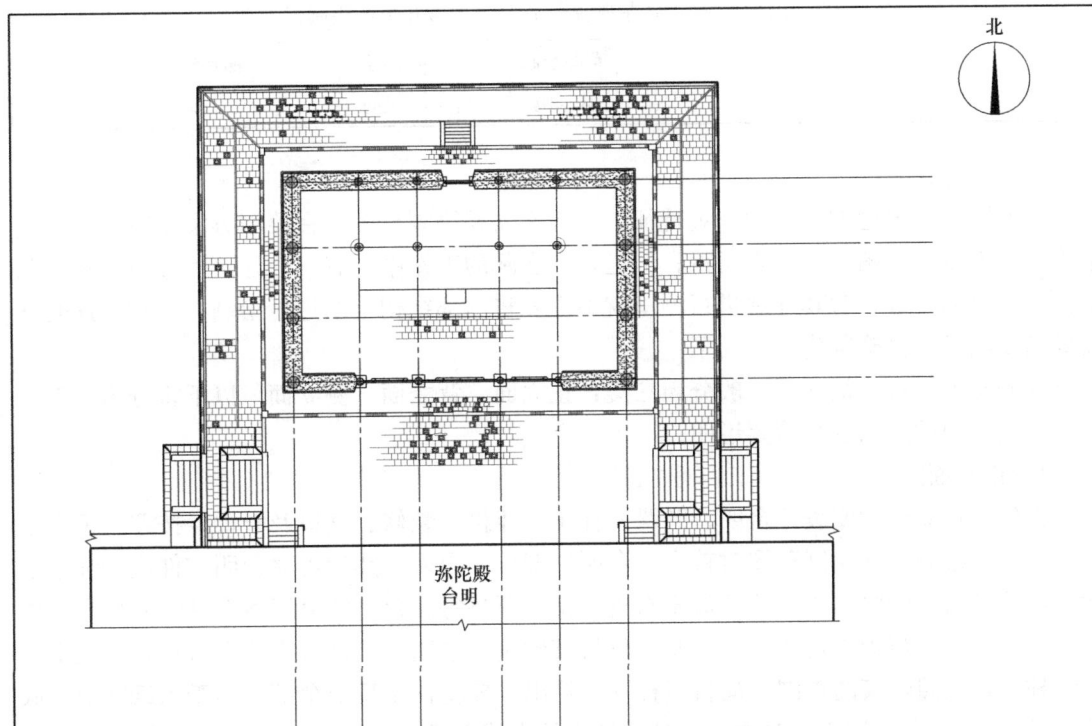

北

图 2-2-4　山西朔州崇福寺观音殿平面图（第四步：细化）

草图绘制		测绘		照片编号	
温/湿度		风向		日期	

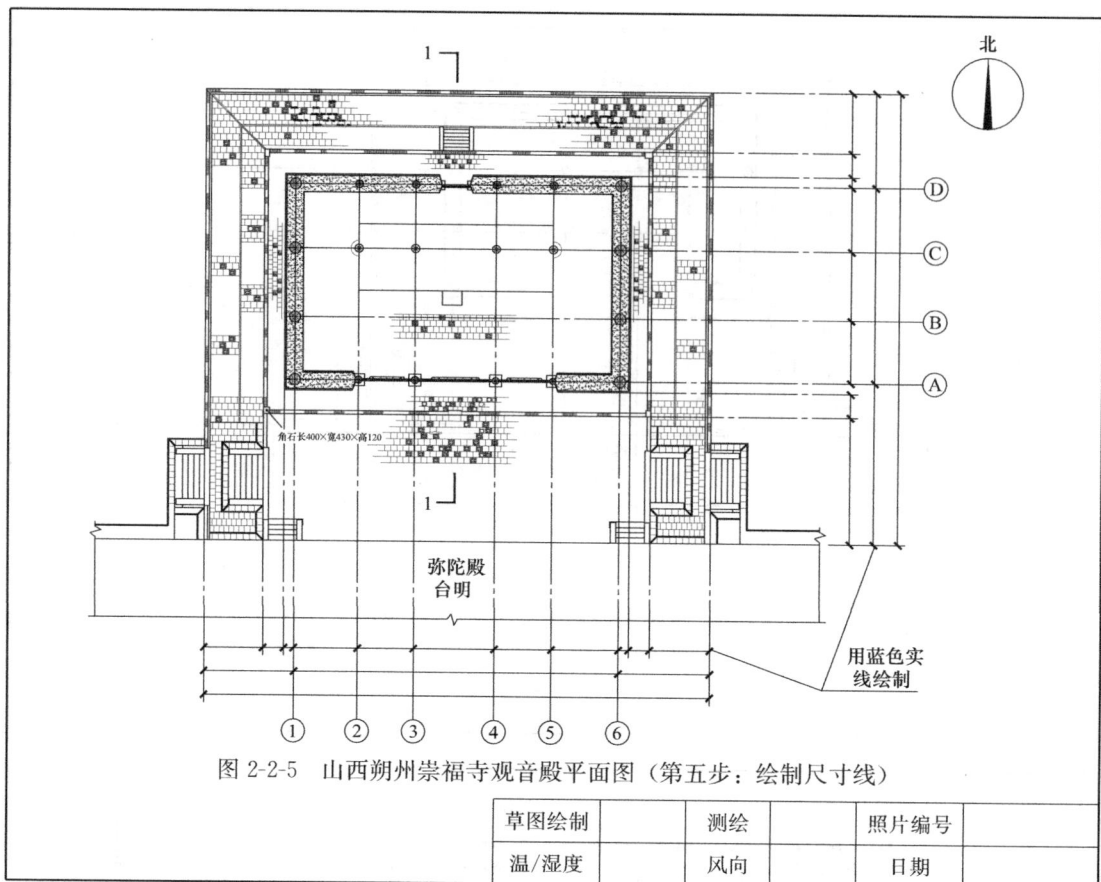

图 2-2-5 山西朔州崇福寺观音殿平面图（第五步：绘制尺寸线）

草图绘制		测绘		照片编号	
温/湿度		风向		日期	

（2）古建筑立面图

立面图主要表达古建筑的外观特征，一般不需要绘制草图，在绘制方案图时主要通过平面、断面及大样图进行投影所得；但是，在实际的工作中，有一些建筑测量只要求绘制平面图、立面图等，对其外观进行测量就不需要将内部结构全部进行绘制并测量，这时就需要简单的尺寸去确定建筑立面了。

我们知道，古建筑立面一般分为三类：正立面、背立面、侧立面。以下将分为三部分对立面图草图的绘制进行简要说明。

1）正立面图

古建筑正立面主要表达台明、踏跺、柱子、斗栱、装修、檐口及脊饰，按照从下至上的顺序进行绘制。在绘制草图时首先将台明框架绘制出来，然后再对台明构件进行细致表达，如阶条石、踏跺、角石等，对于石砌台帮，要将每层台帮的分层线全部绘制出来，虎皮台帮和条砖台帮则不需要一一绘制，仅将其砌筑方法用文字进行表述即可；台明之上先绘制柱子，按照建筑的轴网布局将檐柱一一绘出，要将柱子特征全部表达于图纸之上（收分、卷刹等）；平板枋绘制时要注意其在柱头的搭接方式；柱间的额枋、雀替等补充完整；平板枋之上的斗栱先标注其位置及类型，时间允许的情况下可全部绘制出来，若测绘时间较紧则只选取不同类型的斗栱进行绘制即可；檐口的确定是立面草图绘制的关键，将檐椽椽底及飞椽椽底的位置与斗栱（或是无斗栱建筑的装修）的投影线进行对应后将椽子全部绘制出来，椽子数与实物相对应；接着绘制屋面，主要是檐头瓦件及正吻、正脊的绘制，檐头瓦件先通过投影面确定位置后逐一画出即可；确定屋面吻兽时先将正吻的位置固定后，再绘制正脊。正吻只需要将其轮廓线表达清楚即可，正吻吞口的位置关系到正脊的高度也需要绘制出来；然后顺着吞口位置将扣脊瓦及正脊线绘制出来，正吻下部的脊座砖、抱口瓦也要一一绘出；然后是垂脊的抱口瓦、脊座砖、脊筒、垂兽、扣脊瓦等（见图2-2-6）。

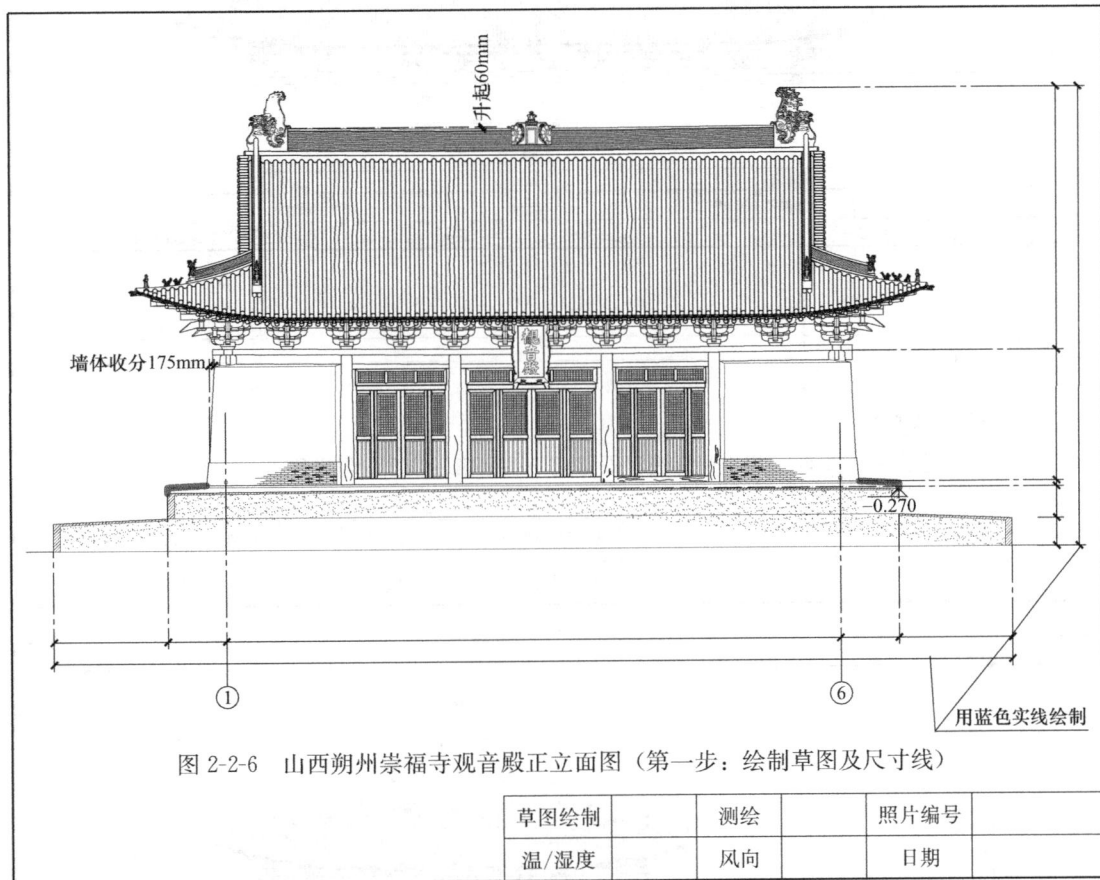

图 2-2-6　山西朔州崇福寺观音殿正立面图（第一步：绘制草图及尺寸线）

草图绘制		测绘		照片编号	
温/湿度		风向		日期	

　　2）背立面图

　　古建筑背立面图的绘制与正立面图基本相同。一般情况下，正立面与背立面的区别主要体现在装修上，正立面一般设置木装修，而背立面则将装修改为墙体或是仅在明间设板门装修，在草图绘制时，将外露的构件全部绘制出来即可（见图2-2-7）。

　　3）侧立面图

　　古建筑侧立面主要表达建筑的台明、山墙、山面梁架、悬山建筑的博风板及垂脊、垂兽、戗兽、戗脊等。一般采取从下向上绘制的顺序进行。首先绘制台明（包括阶条石、台帮、踏跺、角石等）；然后绘制廊柱、墙体等，将墙体的下碱、上身、签尖、拔檐等全部表达出来，对于早期建筑，还要将墙体收分在草图上表达清楚，将山面檐柱突出山墙的高度也要绘制出来；对于硬山建筑，要将山墙的式样全部表达清楚；接着绘制山面斗栱，绘制顺序与正立面相同；然后绘制博风及屋面构件，将博风板的位置确定后，在博风与斗栱之间将梁架补充完整（图2-2-8）。

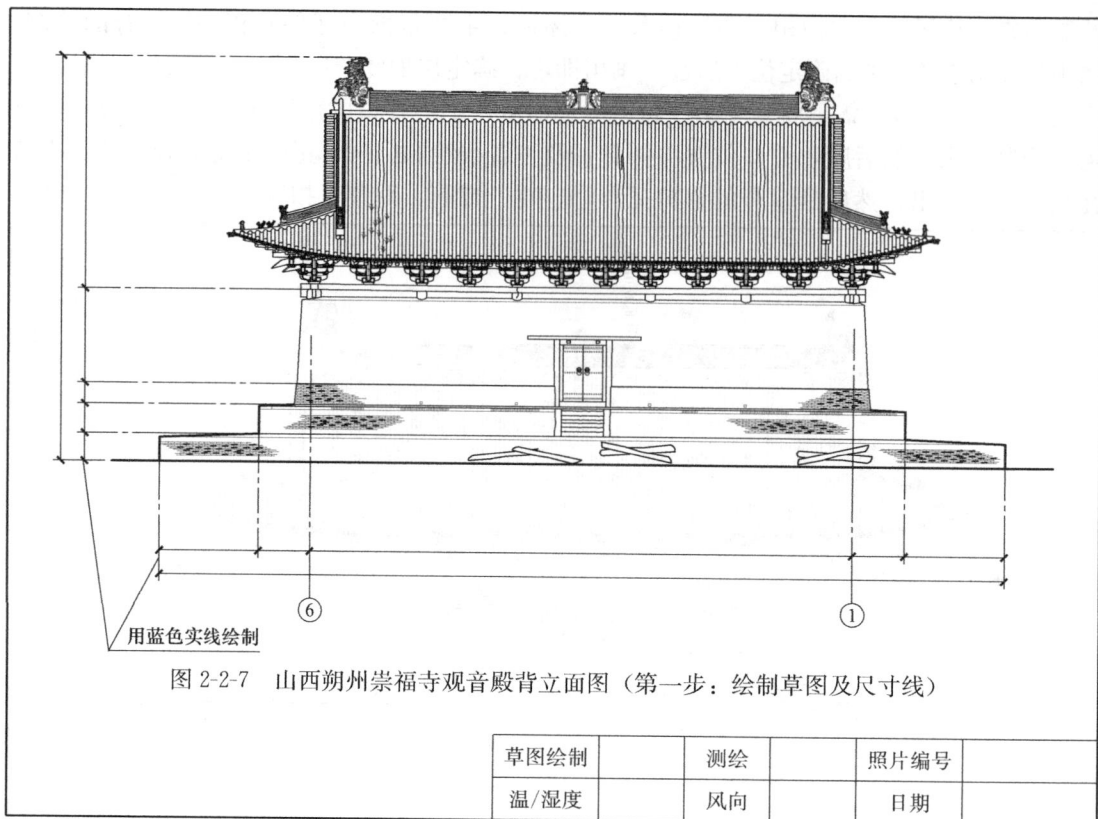

用蓝色实线绘制

图 2-2-7　山西朔州崇福寺观音殿背立面图（第一步：绘制草图及尺寸线）

草图绘制		测绘		照片编号	
温/湿度		风向		日期	

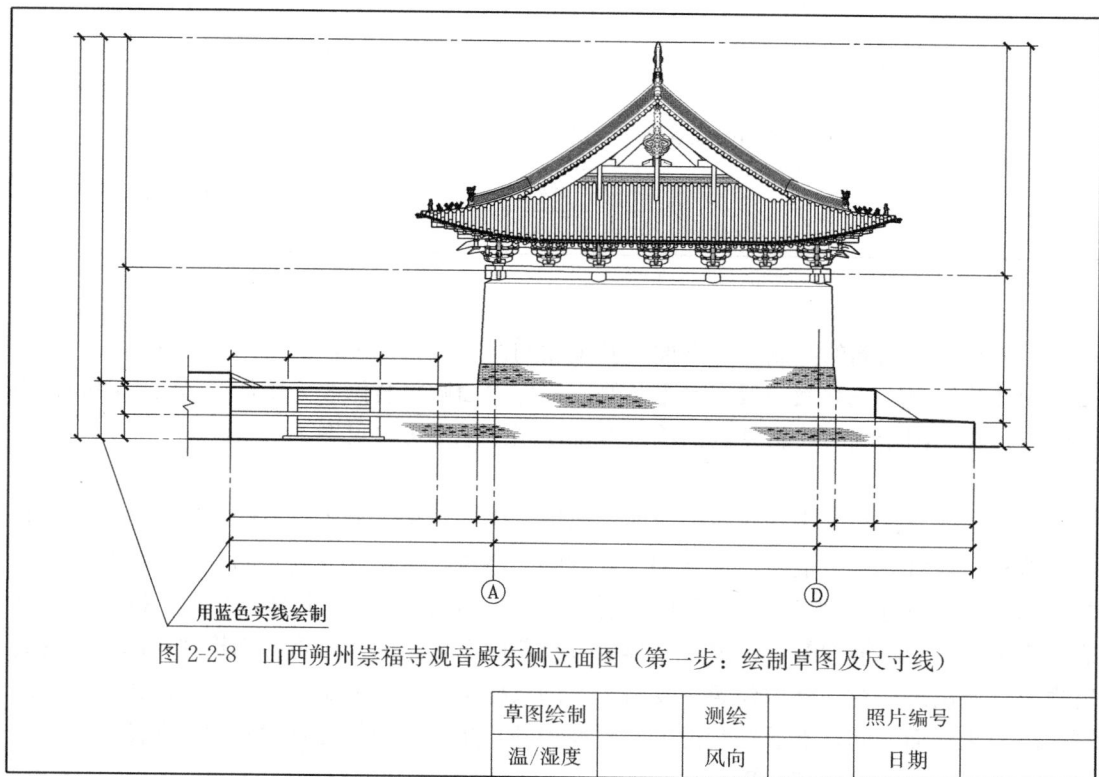

用蓝色实线绘制

图 2-2-8　山西朔州崇福寺观音殿东侧立面图（第一步：绘制草图及尺寸线）

草图绘制		测绘		照片编号	
温/湿度		风向		日期	

（3）古建筑横断面图

古建筑横断面图是反映殿宇的梁架结构的图纸，可分为明间横断面图、次间横断面图等，将一座殿宇不同的梁架结构全部进行绘制。

古建筑横断面的草图绘制以早期古建筑常见的"六架椽屋乳栿对四椽栿用三柱"形式的梁架结构为例进行说明。横断面图的绘制从脊槫开始，首先确定脊槫、上下金槫的位置，按照建筑构架，合理安排纸面布局。确定了槫的位置后，将顺脊串、襻间隔架科、蜀柱、平梁等从上往下进行绘制即可；平梁的位置确定后，将其下部的驼峰、襻间斗栱等绘制于与金槫相对应的位置上，需要注意的是，一定要将所有的构件以及他们之间的搭接关系表达清楚，通长构件（如顺脊串等）要进行木纹填充，以免在电脑制图时将其误以为是实拍栱；然后绘制内柱及阑额、普拍枋等，柱子、柱础要全部绘制出来，这时，室内地平面已基本确定。

根据内柱的位置，将后檐的四椽栿绘制出来，顺着四椽栿尾部的方向绘制后檐柱头斗栱的断面图（此部分在此不进行详述，可参考斗栱大样图的草图绘制方法），确定四椽栿出头位置，并确定后檐撩檐枋的位置；同理，依据乳栿插入内柱的位置，可将前檐柱头铺作、撩檐枋进行定位；在确定了前后檐柱头铺作的位置后，将斗栱之下的阑额、普拍枋以及前后檐柱一一绘出，这时，建筑的一缝梁架基本搭置完成，剩下的工作就是将非承重构件进行补充完善。

一座单体建筑的承重构件体现的是建筑的荷载传递体系，而非承重构件往往可反映建筑的年代特征：平梁之上的叉手、乳栿或三椽栿之上的托脚等，在绘制草图时要将其完整的表达于图纸之上，待测量阶段，依据实际情况，将其与脊槫、金槫的相交处真实的表示出来，以反映建筑的时代特征。

最后在横断面图上绘制椽子、飞子。只需要在相邻两檩之间依次画出即可，是为了标注尺寸的方便，椽、飞在草图上也可以省略不画，这时就需要将椽出、飞出尺寸在其对应位置用文字的形式说明。

在横断面图的绘制中，需要注意的有三点：一是当心间横断面图要将室内地平线、前后檐台明高度、踏跺等全部完整的表示出来，甚至室内外地面高差都可以通过柱子或装修下槛等进行准确表达；二是建筑的装修断面图，在横断面图中可以省略，专门绘制单独的大样图进行表示；三是遇到次间、梢间梁架结构不一样的情况时，可以仅绘制上部结构到柱子中部即止，下部地面与台明的情况省略即可，以节省绘制草图的时间，提高工作效率（见图 2-2-9、图 2-2-10）。

（4）斗栱大样图

对于一般斗栱而言，只需要绘制侧立面图和仰视图即可，转角斗栱需要绘制 45°剖面图，一些特殊构件需要绘制大样图单独表示，如昂、耍头等。

斗栱最重要的是要列表说明各构件尺寸。一攒斗栱一般用两张图纸进行表示，一张绘制侧立面图和仰视图以及一些构件大样图，另外一张图纸可以叫作"××庙××殿明间柱头斗栱尺寸表"，可以是测绘之前制作并打印好的统一表格，也可以是现场绘制的表格（如图 2-2-11 所示），将斗栱的所有构件尺寸全部以表格的形式进行表示，在计算机制图时，只需要读取表格即可绘出斗栱。

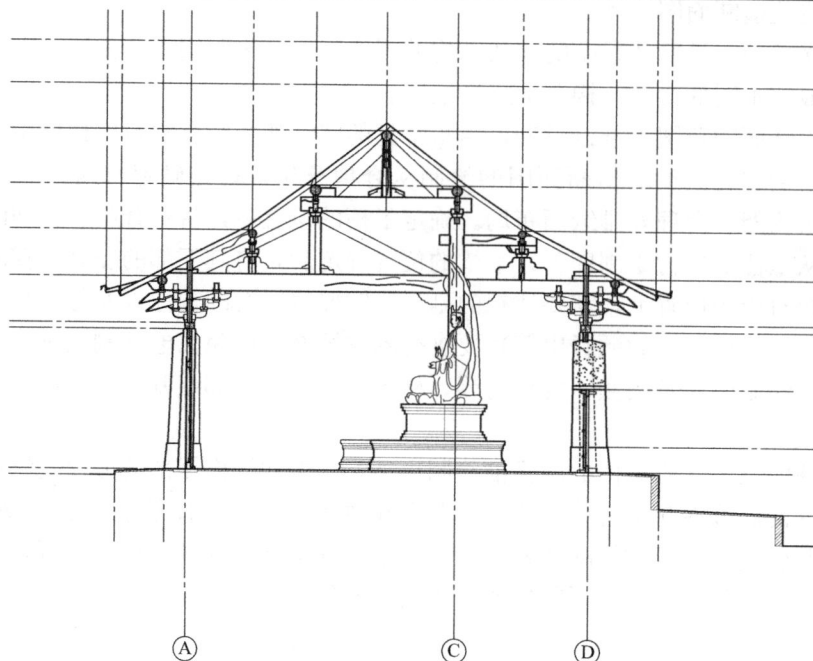

图 2-2-9 山西朔州崇福寺观音殿 1—1 剖面图（第一步：绘制草图）

草图绘制		测绘		照片编号	
温/湿度		风向		日期	

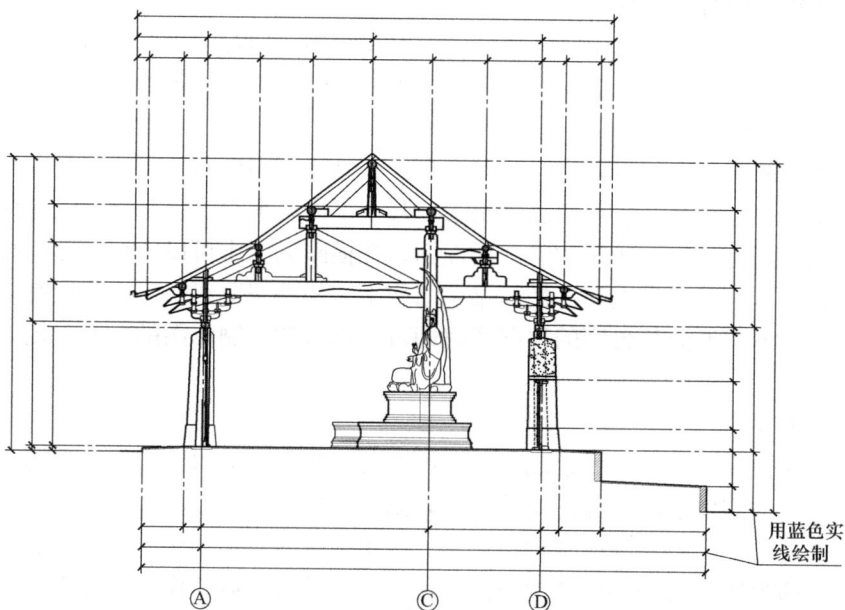

用蓝色实线绘制

图 2-2-10 山西朔州崇福寺观音殿 1—1 剖面图（第二步：绘制尺寸线）

草图绘制		测绘		照片编号	
温/湿度		风向		日期	

斗栱尺寸表

足材高	300	单材高	220	材宽	160					
	上宽	下宽	上深	下深	耳高	平高	欹高	颛	总高	
栌斗	480	370	400	320	100	60	100	10	260	
正心上散斗	235	185	220	170	60	30	50	5	140	
瓜子栱上散斗	220	170	250	180	60	30	60	5	150	
瓜子慢栱上散斗	220	170	230	180	60	30	55	5	145	
外转一跳交互斗	220	170	250	180	60	30	60	5	150	
令栱上散斗	240	190	230	180	40	20	50	5	110	
外转二跳交互斗	260	210	250	180	60	30	60	5	150	
里转一跳交互斗	220	170	220	170	60	30	50	5	140	
里转二跳交互斗	270	220	240	170	40	50	55	5	145	
里转令栱上散斗	270	220	220	180	65	25	55	5	145	
平盘斗	280	220	230	180		15	65	5	80	
	总长	材宽	材高	上留	平出	栱眼（高×深）		备注		
泥道栱	960	160	300	100	50	120×30		足材		
泥道慢栱	1420	160	220	80		40×30		单材（隐刻）		
华栱	1105	160	300	90	180	125×10		足材		
二跳华栱（至华头子前）	1685	160	300	90	100	120×30		足材		
外转瓜子栱	960	160	220	90	170	40×30		单材		
外转瓜子慢栱	1440	160	220	90	85	40×30		单材		
令栱	1120	160	220	90	170	40×30		单材		
异形栱	930	60	300							

图 2-2-11　山西朔州崇福寺观音殿前檐桩头辅作尺寸表

草图绘制		测绘		照片编号	
温/湿度		风向		日期	

1）斗栱侧立面图

斗栱草图的绘制，首先是侧立面图。按照从下向上的顺序，依次画出，将斗、栱以及枋子的叠加顺序依样画出，一般情况下，一攒斗栱的用材基本相同，材宽、单材高、足材高都是一个确定的数据，这是大式建筑的基本尺度关系。见图 2-2-12（a）。

2）斗栱仰视图

斗栱的仰视图表示斗栱在平板枋之上向上作正投影，从下向上逐层绘制。先绘制正心部分，依次画出大斗、正心瓜栱、三才升、正心万栱、正心枋；然后绘制第一跳，将所有斗、栱构件全部绘制完成后，依次向外画第二跳、第三跳；然后是内拽部分，绘制顺序相同，见图 2-12（b）。

《清式营造则例》中对昂的表述是这样的："斗栱上在前后中线上，向前后伸出，前端有尖向下斜垂之材"。因其位置及形状的确定所需要测量的数据很多且不方便列于斗栱尺寸表之中，因此，需要单独绘制大样图进行表示。以琴面昂为例：首先将大斗的侧面绘制出来，只绘制一侧轮廓线即可；接着绘制昂平出，并绘制昂嘴；将昂的大致形状勾勒出来后，再将昂上部的交互斗画出，顺交互斗确定雀台的位置，并与昂尖相交，昂大样图基本完成。见图 2-12（c）。

同样的，在上面所绘制的交互斗上将令栱补充完整后，在交互斗"平"上皮的对应位置绘制耍头的起点线，并绘制其轮廓线，沿着其平行的位置确定雀台的外皮线，这样耍头的位置及细部绘制完成。

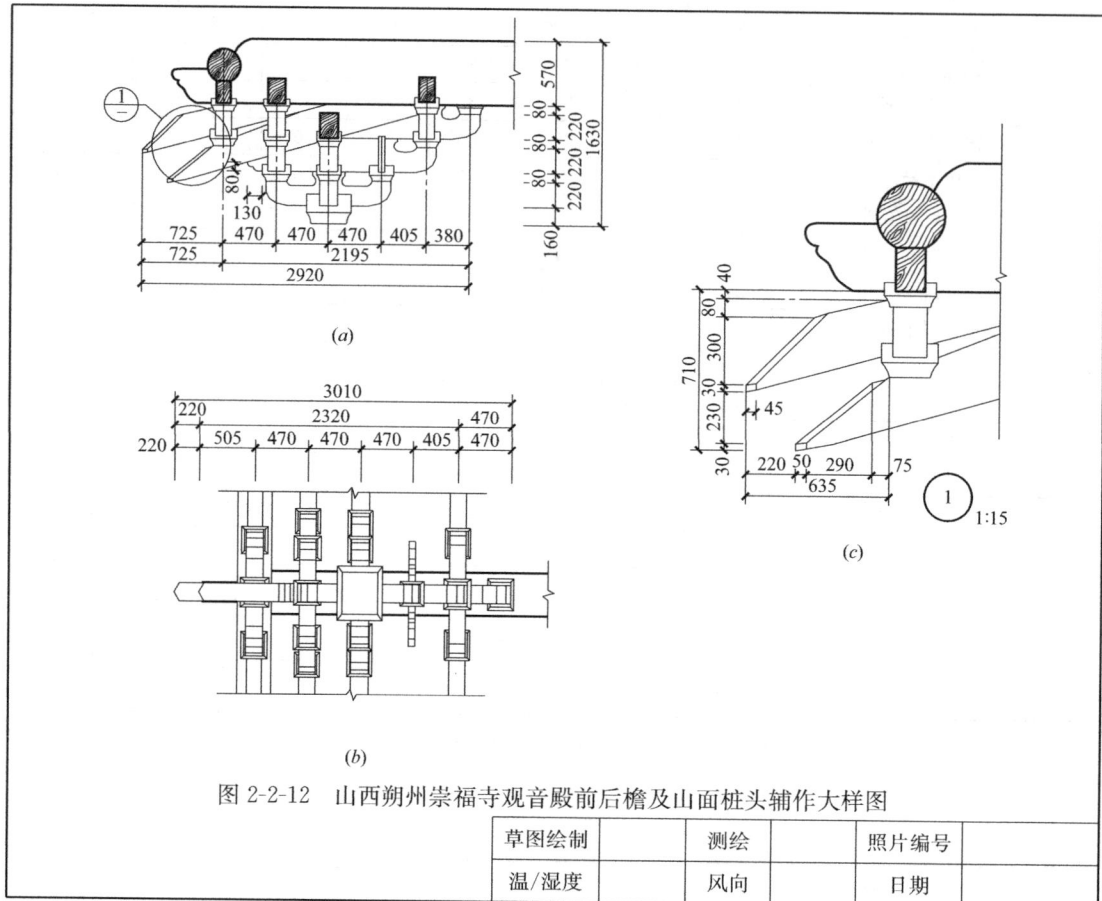

(a)

(b)

(c)

图 2-2-12　山西朔州崇福寺观音殿前后檐及山面桩头辅作大样图

草图绘制		测绘		照片编号	
温/湿度		风向		日期	

（5）翼角大样图

翼角是古建筑屋檐转角部分的总称，它由老角梁、仔角梁、翼角椽、翘飞椽以及联系翼角和翘飞椽头的大小连檐、钉附在翼角椽和翘飞椽上面的檐头望板和垫起翼角椽的衬方头等附属构件组成。对于歇山、庑殿建筑，翼角大样图为必不可少的图样，主要是绘制与形成翼角密切关联的大角梁、仔角梁、续角梁、隐角梁及其角科斗栱等的仰视图，确定各构件的截面尺寸以及互相搭接的位置关系，与檐檩、金檩的位置关系等。翼角测量最主要的尺寸是测量翼角的"冲出"和"起翘"尺寸，但是在翼角大样图中，一般只能绘制出翼角的"冲出"，"起翘"尺寸需要以文字进行说明。

首先将角科斗栱仰视图绘制完成后，沿 45°斜栱方向将老角梁、仔角梁及套兽一一绘制，并确定梁后尾与金檩的搭接关系，梁头与檐檩的位置关系等。

翼角椽飞不需要在草图中一一绘制出来，可以确定正身椽、翼角椽的数量及位置，将翼角椽分位线绘出即可。

（6）装修大样图（见图 2-2-13）

首先统计一座建筑全部装修式样，形制、规格相同的装修用同一张草图表示即可；将不同类型的装修全部单独绘制。一般情况下，装修大样图包括平面图、正立面图、背立面图、断面图，可绘制于一张图纸之上，图纸以"××殿（明、次、梢）间装修大样图"命名，装修的绘制基本遵循"先整体后细部"的方法进行。

1）装修平面图

装修的绘制首先是平面图。一般将其放置于图纸的左下角，首先表示相邻关系，如墙体、柱子等，这样可对装修进行定位。以隔扇装修为例，将相邻的柱子、柱础等全部绘制完成后，绘制抱框及下槛，将剖到的抱框内进行木材填充，下槛用看线表示；然后绘制隔扇，将边梃、仔边、棂条等全部绘制出来，主要表示的是构件的宽度、厚度。见图2-2-13（a）。

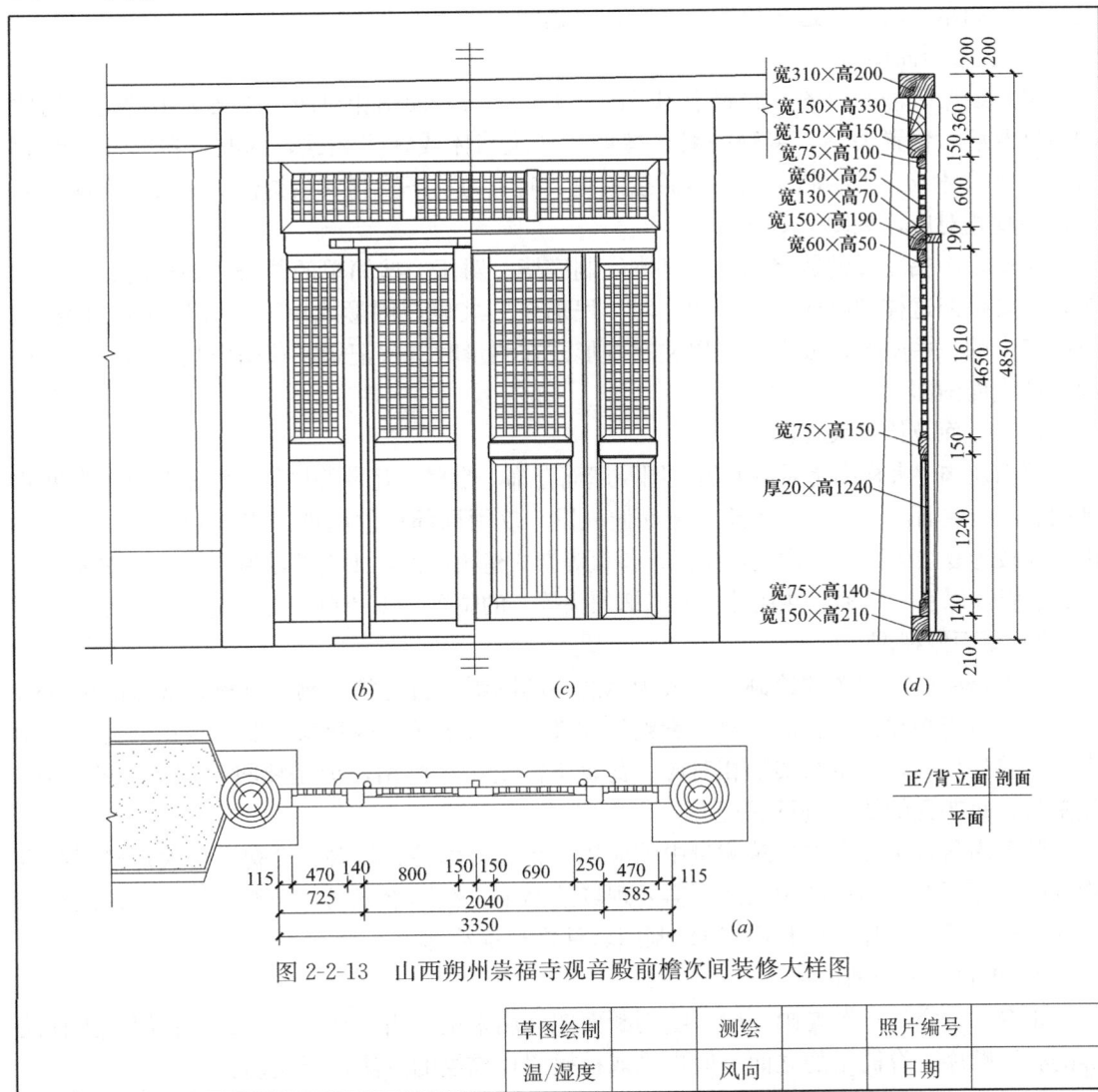

图 2-2-13　山西朔州崇福寺观音殿前檐次间装修大样图

草图绘制		测绘		照片编号	
温/湿度		风向		日期	

2）装修立面图

一般情况下，古建筑装修为对称构件，所以在立面图中可利用对称轴将正立面、背立面绘制于同一幅图纸之上，一般将其放置于图纸的左上角，与平面图相对应。与平面图相同，装修立面图首先表示的是与装修相关的相邻关系，然后按照从下向上的顺序依次绘制下槛、抱框、中槛、短抱框、上槛等，将装修的基本框架搭置好后再绘制细部构件，主要是隔扇的正立面和背立面，正立面要将边梃、抹头、隔心、绦环板、裙板等全部绘制出来，对于构件之间的细部关系（如边梃与抹头的搭接、抹头大样、起线的尺寸、绦环板以及裙板的雕刻等）可单独绘制大样图进行表示，大样图可放置与本张图纸的右下角。见图2-2-13（b）。

3）装修背面图

装修的背立面图要表示的是装修的结构特征，为了正立面的整洁，古人一般将结构部分放置于背面。边梃的固定方法、与中槛的连接、鸡栖木的位置等都需要表示于背立面之上，在绘制草图时要将这些位置关系全部表达清楚。见图2-2-13（c）。

4）装修断面图

最后绘制装修断面图，放置于图纸的右上角，与立面图相对应。主要表示的是各构件的厚度及前后位置关系。装修一般设榫卯与建筑墙体或柱子相连，因此，在断面图绘制时，先将墙体或柱子绘制出来，然后按照由下向上的顺序绘制其余构件，尽量与立面图的构件高度相对应，见图2-2-13（d）。

至此，一幅完整的装修大样图基本绘制完毕。对于一些简单的装修，如板门、直棂窗等，也要按照这样的顺序进行绘制。对于民居中的装修，因形式单一，可勾画简图表示，省略其中的一些图样，或者干脆以文字的形式在测量时进行记录，草图中只绘制平面图和简单的立面图即可。

（7）屋面及构件大样图

屋面及构件大样图是对屋面俯视图及屋面脊饰、吻兽、瓦件等构件的绘制。对于常见的硬山、悬山屋面，一般不需要绘制屋面俯视图，仅用局部构件图即可以准确记录；对于歇山、庑殿等复杂的屋面形式或者盝顶、盔顶等杂式建筑屋面，则需要绘制屋面俯视图来表示吻兽、脊饰以及一些标志性瓦件（如螳螂勾头等）的位置，以免单凭文字说明将位置弄错。

1）屋面俯视图

首先是屋面俯视图的绘制。一般为示意性的图纸，首先将正吻、垂兽、戗兽的位置确定之后，再将扣脊瓦、脊筒等可以看到的构件在吻兽之间连接起来，要注意扣脊瓦之上仙人、走兽的位置，基本与实物相对应；瓦垄不需要一一画出，但是要将琉璃集锦的位置、瓦垄数、每垄瓦的块数进行登记。

随着高科技手段在古建筑测量中的应用，正吻、垂兽、戗兽、套兽、仙人走兽等造型构件的立面图在绘制草图中已经不需要现场绘制了，在测绘现场，一般只需要用相机在其正面拍摄正投影照片，再利用CAD制图软件进行描绘即可。

2）正脊、垂脊断面图

正脊、垂脊的草图勾画一般只绘制断面图，用来记录当勾瓦、脊坐砖、脊筒、扣脊瓦等的叠压顺序。脊筒子的立面一般也采取拍摄照片描绘的方法进行绘制。

3）瓦件大样图

瓦件大样一般不需要在现场绘制，对于屋面上各种型号明显不同的瓦件可以将其范围表示于屋面俯视图之上，各类瓦件的规格只需要用表格进行登记。

4）屋面大样图

对于窑洞等平屋顶建筑，顺建筑屋面边缘线将建筑大体轮廓绘制出来后，还需要绘制屋面女儿墙、排水口，而且屋面大样图在测绘时还可以兼做屋面排水大样图进行使用，用于标注屋面标高。

（8）院落总平面图

总平面图反映的是建筑群内各单体建筑间相邻关系及院落环境，因此，在绘制总平面图时，单体建筑只绘制台明轮廓线，可采取边看边绘制的工作方法。

首先要对建筑群有了初步认识之后再进行排版，若是顺面阔方向并列的几座院落（常见于民居院落）则采用横向的图幅；若是顺进深方向延续的几进院落，则采用纵向图幅。

确定了图纸排版之后，则从最后一进院开始依次绘制。首先绘制大殿，然后是与之相邻的耳殿，接着绘制东西配殿，则一进院落基本绘制完成；同理，过殿、东西厢房、山门、钟鼓楼等全部采取这种方法进行绘制。建筑名称要随手标记于图纸边框内，以免混淆。

但是，当院落内有甬道、放生池、花池或是一些临时建筑时，应先将所有主体建筑全部画完之后再进行填充，以保证图纸布局合理。

需要注意的是，一座院落的外部台明或墙体往往容易被忽视，因此，在总平面图的绘制过程中切不可主观臆断认为同一侧的建筑后墙全部处于同一直线上，一定要本着实事求是的态度，绕建筑群一周，甚至还需要将后檐台明被掩埋的部分进行局部清理后再绘制草图。

若是建筑群规模较大，可将每一进院单独绘制一张平面图，与周边院落的相邻关系可以反映在建筑一角，但是要在图纸中进行文字说明。

指北针要放置于图纸右上角，尤其是对于非坐北朝南的特殊建筑群，指北针显得更加重要；总平面图的图名一般标记为"××县××村××庙总平面图"，然后标明绘制人及日期。

总平面图一定要干净、整洁、全面，因为这张图反映的是建筑群的整体布局，在这张图纸之上要测量、标记的内容极多，不仅是建筑的相邻关系，还有建筑群标高示意等全部要标注于此图之上，一定要保证图纸能真实、完整的反映该建筑群。

3. 小结

以上所描述的绘制草图的类型基本涵盖了测量寺庙或民居所需要的全部图纸，事实上，在实际的测量中，有些数据是需要直接记录的，并不需要单独绘制草图来反映，如悬山建筑的出际、博风板的高度、厚度等。

同时，草图的绘制只是绘制"大图"，并没有节点详图，主要是为了提高详图的准确性，因为绘制草图时一般只是在地面上观察所得，只能绘制建筑的基本框架，尤其是对于横断面图来说，因为建筑较高的原因，加上殿内采光较差，不可能清楚地看到所有的节点构件，只有在测量时才可近距离的观察建筑构件，因此，建筑的节点详图可以随时进行补充，采取边画边测的方法进行。

在现场进行草图绘制的时候，为了在有限的时间里表达更多的测绘信息，加快测绘工作速度，经常采用"简化画法"：就是将对称的部分只绘制一半，并绘制对称线，如果有两条对称线，就只需绘制该视图的1/4，并绘制两条对称符号。这样的绘制方式，在保证数据信息完整的情况下，节约了大量的时间和工作，在测量中要善于观察，找出事半功倍的方法来提高效率。

二、建筑测量与标注

将可以直接反映建筑外形或通过三面正投影的方法间接确定建筑外形的草图全部绘制完成后，依据建筑从下到上的顺序进行测量。测量是一个笼统的概念，测量的目的是为了记录数据，因此，本部分在描述测量方法时，将数据的记录也一并进行说明。

一般来说，测量一座单体建筑可由三个人一组进行，一人负责记录数据，另外两人合作进行测量。数据记录一般由熟练掌握整座建筑的人员负责，不仅要记录测量数据，对读数错误或漏量的数据能及时汇报，同时还应该能及时制定测量方案并进行优选，提高工作效率；测量人员一人负责找测量点，另外一人读数，除总平面图以"米"为单位外，一般要求以"毫米"为单位进行报数，记录人员应一边重复读数一边进行记录，可防止记错数据。

单体建筑的测量首先从建筑平面开始，依次是平面图、横断面图、斗栱大样图、装修大样图、翼角大样图、屋面大样图等，因测绘时的天气情况或考虑梯子的支搭，可临时调整测量顺序，这时就更加需要记录人员能及时、准确的调配人员，尽量减少不必要的时间损耗。

1. 平面图的测量与标注

（1）测量柱网

柱网尺寸是整个单体建筑测量的关键，一般情况下，柱网测量均在柱底进行。首先确定每根柱子的"中"，有两种方法，一种是根据柱顶石的"中"确定柱子的"中"，此方法适用于柱顶石为规则方形的情况；另一种是用直角三角尺卡紧柱子的两边，另一边用水平尺作辅助工具确定圆形柱子的另外一边，则三角尺正对人的一边为其直径，用粉笔在对应的位置做记号，待所有柱子的中线全部确定后，逐间测量建筑面阔、进深尺寸，可得建筑的轴线及柱网。

对于早期建筑，不仅要测量柱底的柱网，还要依据上述第二种方法测量建筑柱头的面阔、进深尺寸，柱底中线与柱头中心垂直线之间的水平距离即为柱子的侧脚尺寸，是早期建筑的重要标志。

柱底面阔、进深的尺寸标注于平面图之上，在所绘制的平面图下部、右侧进行标注，（见图2-2-5）；柱顶面阔、进深的标注可单独绘制一张简易的柱网图，在此图仅表示柱头的面阔、进深尺寸，也可以在柱底面阔、进深尺寸的旁边用括弧进行标注，这时，可在本张图纸的左上角用文字标明"括弧内数据为柱头面阔、进深尺寸"字样，以防止正式图纸非本组测绘人员绘制时造成误解或作为资料存档时对不熟悉的人员产生困解。

（2）测量柱子

1）柱子尺寸的测量包括

① 柱径：柱头、柱底分别测量，柱头的测量还包括柱头卷杀的测量。

测量方法：圆形柱子借助三角尺及水平尺进行测量；也可以用小钢尺测量柱子的周长计算所得，但此种方法误差较大；柱头直径的测量需搭设梯子进行，为节约测量时间，可在测量柱头面阔、进深尺寸时同时进行；方形柱子直接用小钢尺测量即可；柱头卷杀一般需要测量三个尺寸：长度、高度、深度，长度用小钢尺直接测量即可；高度、深度用两把小卷尺进行测量，一把紧贴柱高，一把平置于柱头，两把小钢尺垂直相交处的俩读数即为柱头卷杀的高度及深度。

每根柱子的柱底直径与柱头直径之差即为柱子的收分。

② 柱高。

测量方法：用小钢尺测量即可，钢尺头部勾于柱头或顶于平板枋之下，柱底读数即为柱高。需要指出的是，明间柱高与次间柱高之差、次间柱高与梢间柱高之差即为柱子生起尺寸。

③ 柱础高度、直径（圆鼓径的顶面直径和鼓径直径）；须弥座柱础的分层尺寸。

测量方法：常见的圆鼓径柱础的高度用水平尺和小钢尺配合进行测量。水平尺放置于柱础上皮，小钢尺与其垂直相交于地面或柱顶石之上，垂直距离即为柱础高度；柱础直径包括顶面直径与鼓径直径，顶面直径用小钢尺在柱子中线位置测量柱础较柱径多出的数据即可；鼓径直径的测量用两把水平尺紧贴鼓径平行放置，并在柱顶石或地面上画线后用钢尺测量。

须弥座柱础的测量：须弥座柱础较为复杂，应单独绘制构件立面大样图进行表示。须弥座的测量，按照绘制的立面图逐层测量，方法参考柱础测量方法进行。

④ 柱顶石的顶面尺寸。

测量方法：一般为方形，用小钢尺测量即可。

2）柱子尺寸的标注

一般标注于平面图之上，在对应的柱子旁边依次标注，可用简写表示，如：柱头 $\phi\times\times$、柱底 $\phi\times\times$、柱高 $\times\times$、柱础顶面 $\phi\times\times$、鼓径 $\phi\times\times$；柱顶石 $\times\times$（宽×深）；须弥座柱础的尺寸标注于大样图之上，各层用引线引出。

（3）测量平面墙体

建筑墙体在平面图中所表示的内容有：墙体外侧、内侧的长度、墙体厚度、花碱的宽度、墙体与柱子交接处八字墙的处理等。

在墙体测量中，最重要的工作是为墙体定位。槛墙的定位首先从与其交接处的柱子开始。一般情况下，墙体与柱子的连接为八字墙形式，测量时需要以柱底中线为参考线进行定位：水平尺紧贴墙体放置，调平后，小钢尺在柱底中线处与水平尺垂直相交，这时交点刻度与墙体砍八字处的刻度之差即可确定八字墙的面阔方向投影距离；同理可确定其顺进深方法的垂直投影，这时槛墙的起点位置即可确定。

确定了槛墙的起点之后，用钢尺即可测量槛墙长度，山墙长度等；槛墙内侧的测量方法同外侧相同。在内侧测量时，要同时确定退花碱的宽度，将其标注于草图之上。

墙体厚度的测量：前后檐槛墙厚度可以透过装修进行测量，将外墙、抱框厚度、内墙、花碱尺寸全部相加可得；对于明间设板门的墙体，可通过测量门枕石的厚度确定墙体厚度（通常情况下，门枕石厚度同墙厚）；山墙的厚度可通过测量外墙距离和内墙间距之差进行计算，可用测距仪进行测量以减小钢尺弯曲变形造成的测量误差。

古建筑寺庙的殿宇在近几十年或上百年的历史进程中，可能因为各种历史原因而对建筑本体进行了改制，最常见的就是为达到防潮的目的而在墙体内侧垒砌砖墙的情况，这时在测量中应将后代添加的墙体厚度标识于平面图之上，以确定原山墙厚度。

（4）台明的测量

台明测量首先用测距仪确定其开间、进深尺寸，这两个总尺寸是确定整座建筑体量的依据。一般情况下，总尺寸与测量的各开间尺寸相加之和是一致的，但在测量中每个分尺寸测量的误差累积会导致分尺寸之和大于总尺寸，这时，应以测量的总尺寸为准，适当调整分尺寸。台明总尺寸可在平行于面阔、进深方向作为第二道尺寸标注，也可以用文字进行描述。

确定了台明的总尺寸之后，用小钢尺测量台明四周与墙体或柱中线的间距、好头石、阶条石规格等细部尺寸，当阶条石规格不一致时应分别测量。台明边线与墙体间距标注于测量所对应的位置即可，好头石、阶条石尺寸采取引出标注的形式。

（5）踏跺测量

首先为踏跺进行定位，一般情况下，踏跺中线与建筑中线重合。从上至下，将每一级踏跺的宽度、高度全部进行测量，并标注于相应的位置上。垂带宽度、厚度、燕窝石的宽度要逐一进行测量。

（6）地面测量

地面测量分为台明地面和室内地面。主要记录地面铺装形式，若只是同一规格的砖墁地，则测量几块完整的砖规格即可；若地面铺装较为复杂，则可单独绘制地面铺装大样图，并对图样进行测量；若地面为后代改制之物，则应在建筑不显眼的位置剖开现存地面进行勘测，尽量找出原地面铺墁形式，不仅可以确定室内标高，还为地面形制的恢复提供依据。

在古建筑中，一般认为前檐明间檐柱柱顶石上皮为整座建筑的±0.000点，对于台明沉降变形的建筑，一般以最高处台明标高定为设计标高的±0.000点，若台明地面被改制或掩埋将柱顶石覆盖后，在测量中应进行发掘勘测。

至此，一座建筑的平面图所表达的建筑结构及数据全部测绘完成，见图2-2-14。

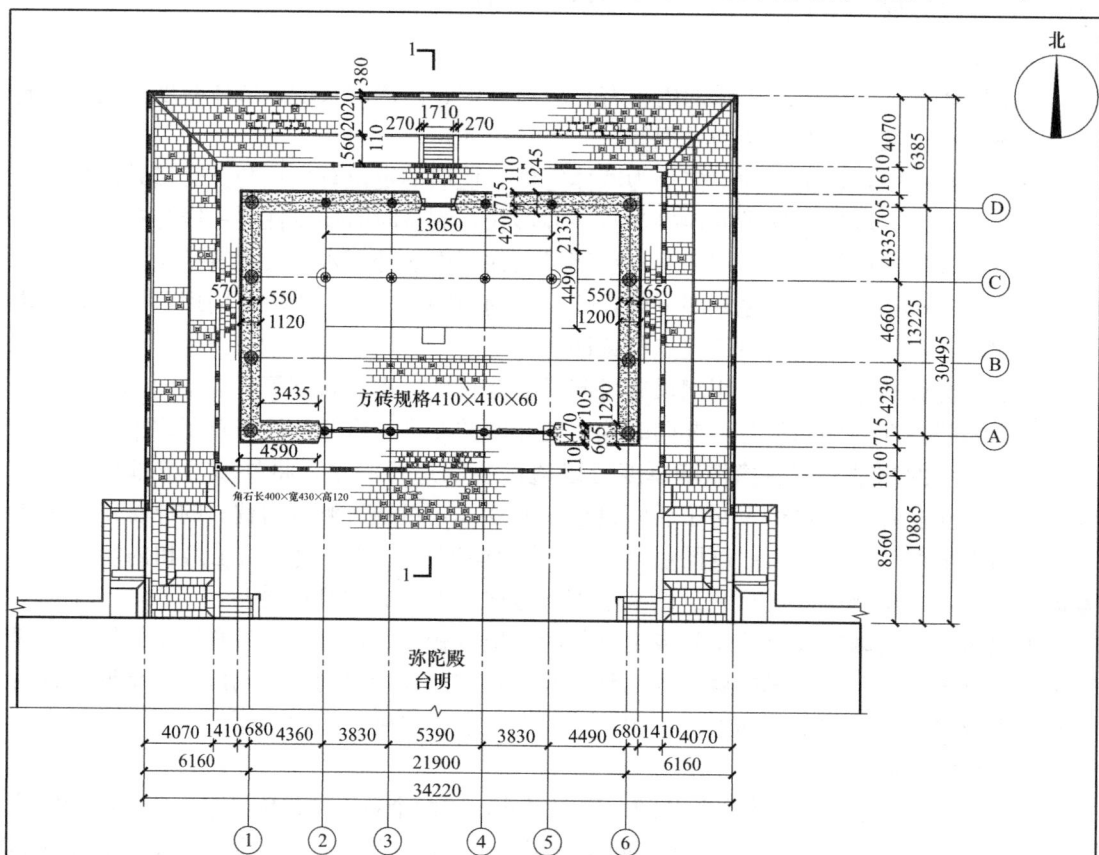

图2-2-14　山西朔州崇福寺观音殿平面图（第六步：测量并标注）

草图绘制		测绘		照片编号	
温/湿度		风向		日期	

在民居建筑中，可能并没有如此复杂的平面结构，在测量中则可以省略以上一个或几个步骤，也可以随时调整测量顺序，但民居建筑中相邻建筑关系较为复杂，应在测量时将相邻关系全部表达于平面图之上，包括墙体的连接、台明的连接等。

2. 立面图的测量与标注

（1）正立面图的测量

本书以常见的歇山建筑为例进行说明。

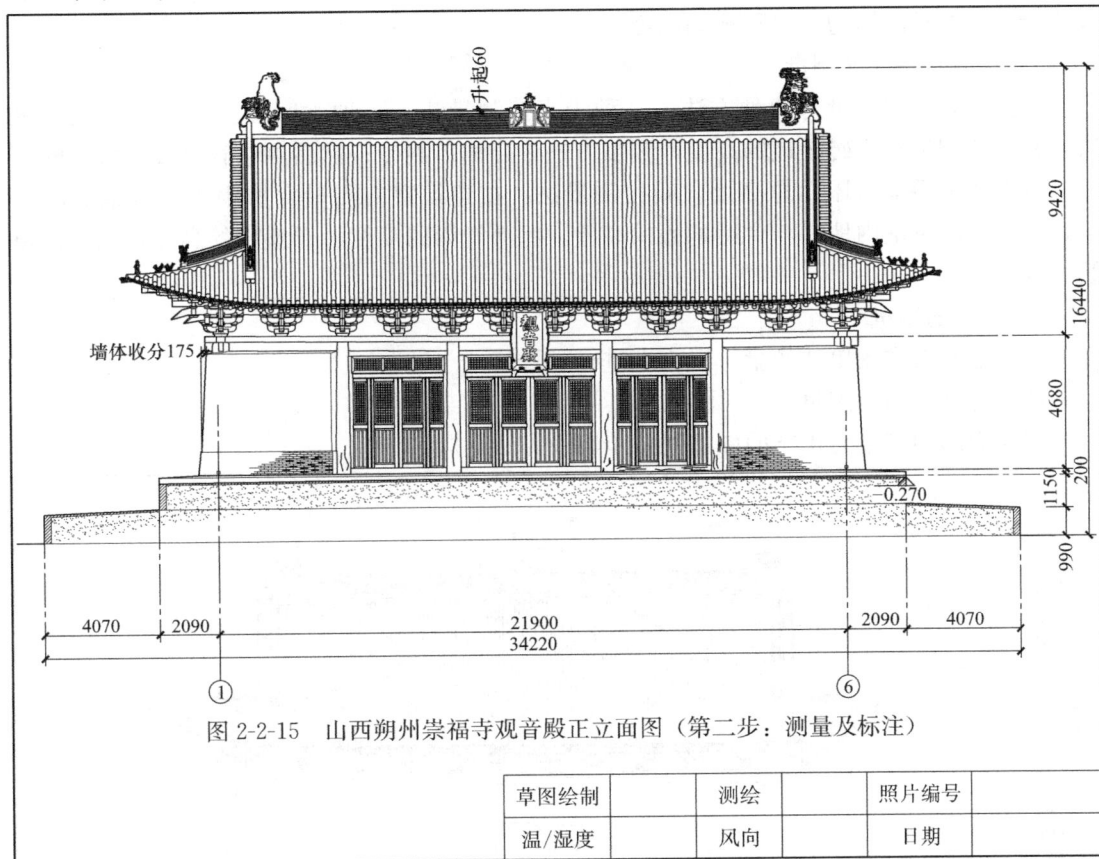

图 2-2-15 山西朔州崇福寺观音殿正立面图（第二步：测量及标注）

草图绘制		测绘		照片编号	
温/湿度		风向		日期	

1）台明的测量

对于台明无收分的建筑，在平面图中已经将台明通面阔进行了测量，则立面图测量时就不需要重复进行，但是对于一些有收分的早期建筑或高台建筑，往往台明顶部与底部的通面阔是不一样的，这时就需要在立面图中将其分别测量后通过台明高度确认其收分。在高度方向上，首先是确定台明总高度，然后将阶条石高度、长度、角石的高度、宽度等逐一测量；踏跺可单独作为大样图进行测量也可在立面图中进行简单测量。

2）柱子的测量

首先确定柱径、柱高，将檐柱逐一进行测量，包括柱子的收分及侧角（柱子的测量在平面图中已进行了详细的描述，此处不再赘述）。

墙体的测量。依次测量下碱、上身、签尖、拔檐的高度，对于有收分的墙体要分别测量各部分底部和顶部的长度，确定墙体收分。对于民居建筑的清水墙面，要分别测量墙基石及槛墙的高度。

3）斗栱的测量

只测量斗栱的正立面也需要将斗栱的分构件逐一测量，可参考下文中斗栱的测量方法进行，此处不再赘述。

4）檐口的测量

檐口测量是正立面测量的关键，檐口高度即建筑屋面的起始高度，在测量时可利用铅垂悬挂于正身飞椽顶部外侧进行垂直测量，铅垂确定了檐口投影线之后，用钢卷尺顺铅垂线测量其垂线长度即为檐口距地的高度。

5）屋面总高度的测量

屋面总高度的测量有两种方法，一种为直接测量法，一种为间接测量法。直接测量法：在山墙测量脊座砖距地的高度，测量方法参照檐口测量；然后测量脊筒及扣脊瓦的高度，分别相加后即为屋面总高度。间接测量法：在建筑室内测量脊檩距离室内地面的高度，再通过测量室内地面与台明地面的高差、屋面脊筒的高度、脊座砖的高度相加得出建筑总高度。

6）装修的测量

一般绘制大样图单独测量，后文中进行了详述。

（2）背立面图的测量

背立面图的测量与正立面图的测量步骤及方法相同。

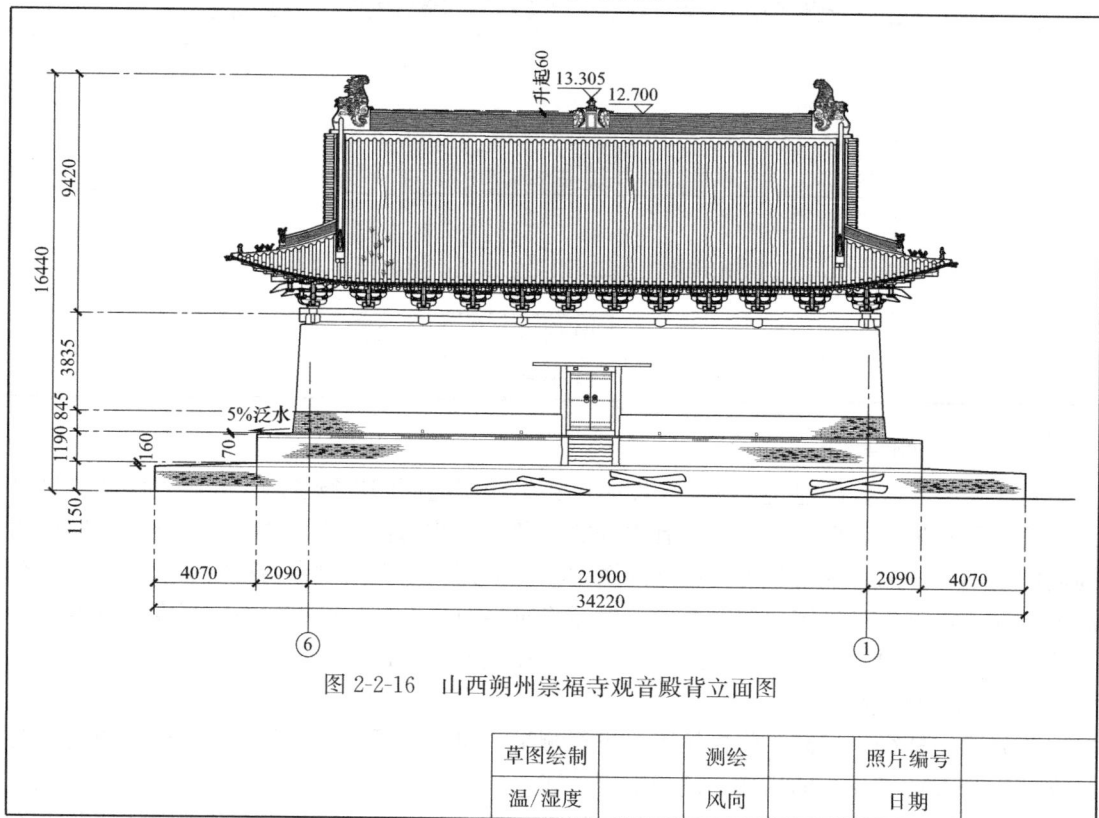

图 2-2-16　山西朔州崇福寺观音殿背立面图

草图绘制		测绘		照片编号	
温/湿度		风向		日期	

（3）侧立面图的测量

1）台明的测量

与正立面图中台明测量方法相同，不再赘述。

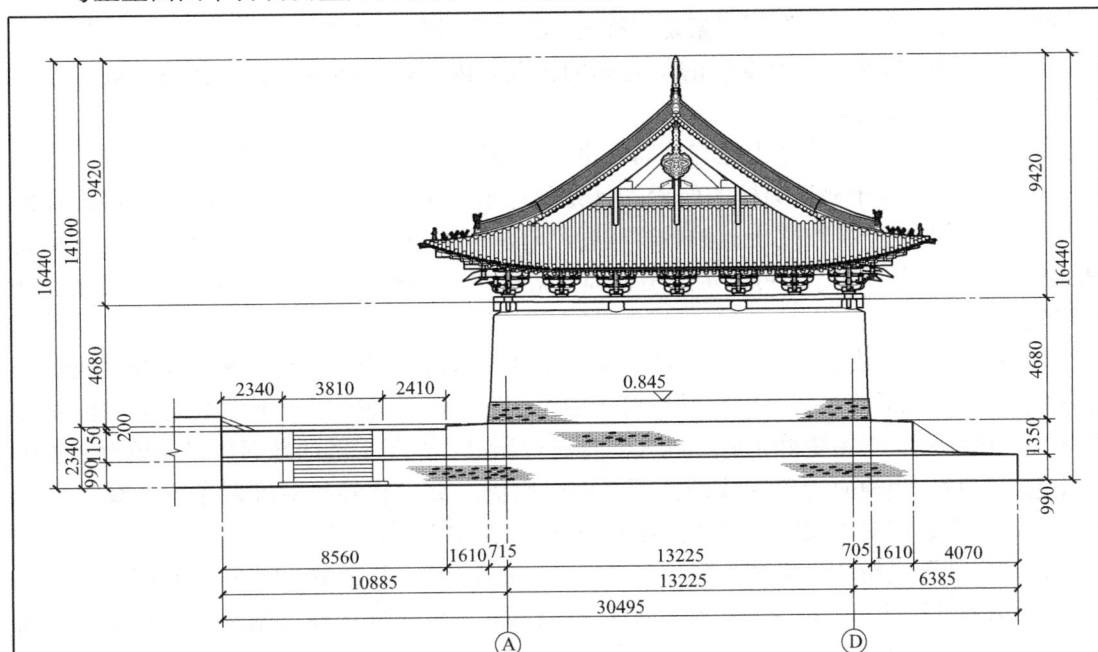

图 2-2-17 山西朔州崇福寺观音殿东侧立面图

草图绘制		测绘		照片编号	
温/湿度		风向		日期	

2）墙体的测量

首先要测量下碱的长度及收分；上身墙面测量时要将绘制出来的上身砌筑形式分段测量，用钢卷尺直接测量即可。

3）梁架的测量

从墙体开始，将外露的梁架全部进行测量。首先测量举高和步架（方法与剖面图测量时相同），然后测量梁架的截面，依次记录即可。

4）屋面测量

首先测量博风板，确定其宽度及厚度，前后坡博风板交点距离台明地面的高度也是侧立面测量中极为重要的数据，要通过铅垂线进行精确测量。一般情况下，测量屋面脊座砖或正吻基座距离地面的高度后，结合山面梁架的举高、步架即可绘制出侧立面的大致框架，剩余的工作就是将屋面垂脊的总长度，垂脊脊筒的高度、垂兽等屋面构件进行测量即算完成（见图 2-2-15、图 2-2-16）。

3. 剖面图的测量与标注

剖面图的测量与标注仍然以"六架椽屋乳栿对四椽栿用三柱"为例进行说明。剖面图的测量主要是确定建筑的举高、步架，进而确定屋面举架尺度。在测量中一般采取从上到下的方法进行。首先是人员准备。在没有搭设脚手架而只用梯子进行测量的情况下，一般需要三人配合进行，一人负责扶梯子，一人测量，一人记录数据。

（1）测量举高、步架

只要测量了古建筑的举高和步架，古建筑的"骨骼"就可大致确定。首先是步架。一般情况下，前后坡屋面的脊部步架是对称的，但也不排除有些建筑尤其是民居建筑因为就地取材或是后期修补的原因发生的不对称的情况，因此，在测量时，要将前后坡屋面步架、举高全部进行测量。

1）"步架"是指"梁架上檩与檩间之水平距离"，测量时有两种方法：

① 将梯子搭设于靠近蜀柱的位置，首先通过水平尺确定蜀柱中线，将其认定为脊槫中线，用铅笔标记于蜀柱之上；然后再用卷尺勾住平槫顺脊串外皮，其到蜀柱中线的距离减去顺脊串宽度的1/2，即可确定为是脊部步架尺寸；同理，后坡屋面脊部步架尺寸也可以确定。

② 采取铅垂吊线的方法进行测量。先"找中"，即蜀柱中线、前后平槫中线（或顺脊串中线），确定之后将带铅垂的小铁钉钉于中线位置，慢慢地使铅垂下垂至地面之上约10厘米左右的位置，待铅垂静止后，俩人配合进行测量，对于平整的地面可以在地面上画线后用卷尺测量，当地面砖碎裂或凹凸不平时，则俩人分别将卷尺对准两条铅垂线进行测量，因此，在悬挂铅垂线时尽量选择在同一直线上，以减小测量误差。

2）"举架"是指"梁架之中檩与檩之间的垂直距离"，测量举高同样也有两种方法：

① 用钢卷尺伸至平槫上皮，用水平尺校核其水平度，确定卷尺水平后，在蜀柱上画直线，然后测量脊槫上皮至该直线的垂直距离，即为脊部举高；当然，为方便测量，也可以测量脊槫下皮至该直线的垂直距离，加上脊槫直径，同样可得出脊部举高。

② 对于相对较平整的室内地面而言，可以测量脊槫下皮至地面的距离，再加上相对应的槫直径，即可得出槫上皮距地的垂直距离，相邻的两个距地之差即为对应步架的举高。在使用铅垂测量步架时，悬挂铅垂线尽量选择伸缩性较差的钓鱼线，可顺带测量举高；这种测量方法因铅垂线的变形以及测出的尺寸为分尺寸相加的所得，因此误差较大，除非有特殊困难，否则仅以此数据作为校核数据使用。

步架、举高测量完成后，要在现场验算其举架尺度，如清工部《工程做法》规定："檐步五举，飞檐三五举。如五檩脊步七举，如七檩金步七举，脊步九举……"。依据规则，举架从脊步开始应依次减小，如脊步九举，则金步应为七举，檐步五举等，若出现金步五举，檐步七举之情况，则称为"反举"，不符合《法式》规定，且不利于组织屋面排水，则应重新测量之后再进行验算。

（2）测量构件尺寸

确定了建筑的举高、步架之后，要对构件尺寸进行测量。同样也是采取从上向下的顺序，在这部分的叙述中，不仅要对测量方法进行描述，还要对一些容易被忽略的构件特征作简要介绍。

1）脊槫直径的测量

脊槫与椽子、叉手等距离较近，增加了测量难度，可以用水平尺与卷尺相互配合进行测量，水平尺紧贴顺脊串上皮，用卷尺顶至与脊槫相交的椽下皮，与水平尺相交处的尺寸即为脊槫直径，所有槫的直径均可以用这种方法进行测量；另一种方法是借助测距仪进行测量，在槫上皮和下皮各测量一个距地的高度，其差值即槫的直径。

2）襻间斗栱的测量

襻间斗栱若仅有一层，可直接测量并标注于其旁边，采用引出标注的方法；若较为复杂，则建议绘制节点大样图并进行测量，只在横断面图中引出其节点大样图的位置即可。重新绘制的节点详图可只绘出断面，反映建筑结构，而主要的数据则采取表格形式记录在其旁边。斗栱构件的测量以及记录在下文会详细阐述，此次不再赘述。

3）梁栿的测量

依据梁栿的断面形状进行分类，常见的有圆形、方形、方形抹棱、异形（主要是元代建筑的自然弯材），不同形状要采取不同的测量方法：

① 方形：最简单的梁栿断面，只要测量其高度、厚度即可。

② 方形抹棱：较为常见的梁栿断面，尤其是民居建筑的首层承重梁多采用这种形式。这时，不光要测量其高度、厚度，还要确定其抹角的尺寸，一般为倒圆角的形式，借助水平尺和卷尺两个工具即可完成。

③ 圆形：最常见的梁栿断面，测量时操作难度较大。最简单准确的方法是用一根棉线在两端系重物的方法进行测量，待重物静止后，两端棉线之间的距离即为梁的直径；也可以用伸缩性较小的钓鱼线绕梁一周，测量其周长的方法来确定直径；在实际的测量中，为减少测量人员携带的工具，一般会用卷尺代替线绳进行测量，但是这种方法测量误差较大，且极易损坏钢卷尺，一般不建议采用这种方法。

④ 异形：一般为圆形，只是其形状不顺直，尺寸不均匀。测量方法与圆形梁栿相同，不同的是需要测量三处数据，最大值、最小值和紧靠蜀柱部分的断面，这是为了在绘制纵断面图时确定其直径作准备。

4）蜀柱的测量

蜀柱断面分为三类：圆形、方形和方形抹棱。

① 圆形。一般见于民居中。测量其直径和高度即可。

② 方形。需要测量三个数据，宽度、厚度、高度。一般情况下，宽度和厚度相同，但也会经常见到宽度、厚度不一样的情况，则要分别测量。

③ 方形抹棱。最常见的蜀柱形式，一般为倒角形式，需要分别测量其宽度、厚度、抹角的宽度和厚度；对于有收分的蜀柱，要分别测量其柱头和柱底的尺寸。

5）叉手的测量

首先要确定叉手的规格：即叉手的宽度、厚度；其次要对叉手进行定位。需要四个数据：

① 叉手与平梁的交点和蜀柱之间的水平距离；

② 叉手插入丁华抹颏栱的位置与平梁顶面的垂直距离；

③ 一般情况下，叉手尾部并没有全部插入平梁内，而是翘起一个小角，这时，需要测量该点与平梁的垂直距离；

④ 叉手顶端与脊槫的交点距离脊槫中点的距离。

至此，叉手的规格及在梁架中的位置已基本确定。需要注意的是，叉手顶端与脊槫中点的位置可作为建筑年代判定的依据之一，因此，在测量时一定要注意其精确性。

6）艺术构件的测量

艺术构件一般分为两种类型，一种为规则形状的艺术构件，如楷头式角背等；一种为不规则的艺术构件，如雕花驼峰等。测量时针对不同的形式要采取不同的方法。

① 规则构件。指的是由单一的几何体或几何体组合而成的构件，这时，测量的主

要工作是确定其尺寸并对其进行定位。尺寸主要由长度、厚度、高度组成，分别测量即可；在为其定位时，主要问题是参考系的选择，尽量选择有确定轴线的构件，如柱子、顺脊串等，选择一个点与参考系的相对位置确定其定位即可。有些构件虽然是规则的构件，但需要记录的数据太多时，可选择绘制大样图的方法进行记录，将其周围的1~2个可作为测量参考系的构件绘制出来，既可以清晰地表达构件位置，同时也方便数据记录。

图 2-2-18　山西晋祠舍利生生塔顶琉璃构件立面图

② 不规则构件。对于不规则的艺术构件，主要是确定其大概尺寸，长度、宽度、厚度等，尤其是表面有花饰的构件，一般是利用数码相机在其正面拍摄正投影照片后利用CAD软件后期来描绘，不需要在现场测量其花饰的尺寸（见图 2-2-18，附图 30）。

（3）数据的记录

在横断面图测量前，应由记录员先将需要测量、标注的构架及构件尺寸线全部引出，这样做既可以保证测量工作的有序进行，同时还可以避免遗漏。

1）大木构架的尺寸线

一般采用逐点标注的方法进行绘制，将步架尺寸标记于断面图上方的位置，需要引出的轴线依次为：飞出、椽出、前檐檐步步架、前檐脊步步架、后檐脊步步架、后檐檐步步架、椽出、飞出。一般需要在对应的槫中线用单点长画线进行引出；同理，在高度方向上要绘制出构件的举高尺寸线，引出位置为草图的左侧或右侧，对于前后不对称的建筑要分别在左右两侧引出标注尺寸线。先是引出轴线，以对称结构为例，从上向下依次为脊槫上皮、平槫上皮、柱头铺作的素枋上皮、普拍枋上皮、柱头、柱底、台明地面、阶条石底部、室外地面等，然后在距离图纸的合适位置绘制一条通长的尺寸标注线，用于尺寸的记录。

2）构件的引出标注线

采取从上到下的顺序，将脊槫、顺脊串、丁华抹颏栱、实拍栱、蜀柱、叉手等全部标出。所有的槫下面的构件看作一个节点大样，将构件尺寸引出到就近的位置，但要注意"主要尺寸线不能交叉"原则。构件复杂的节点已经绘制了节点大样图的部分，在大样图中引出尺寸线或列表表示襻间斗栱的尺寸。

这样基本就把所有需要测量的尺寸全部标注于图纸之上了，在开始测量后，只需要在尺寸线上填数据即可（图 2-2-19）。

对于一些简单的民居建筑，也可以省略其中的一些步骤，举高、步架全部标注于上部尺寸线之上，依据测绘顺序，先标注步架，在步架的数据之后标注举高，将举高的测量数据标注于括弧之内，这种情况下，要在图纸左上角添加备注说明，同时，在测量数据表示槫上皮与上皮间距时要及时进行计算相加，确保标注于括弧内的数字为与步架相对应的举高。

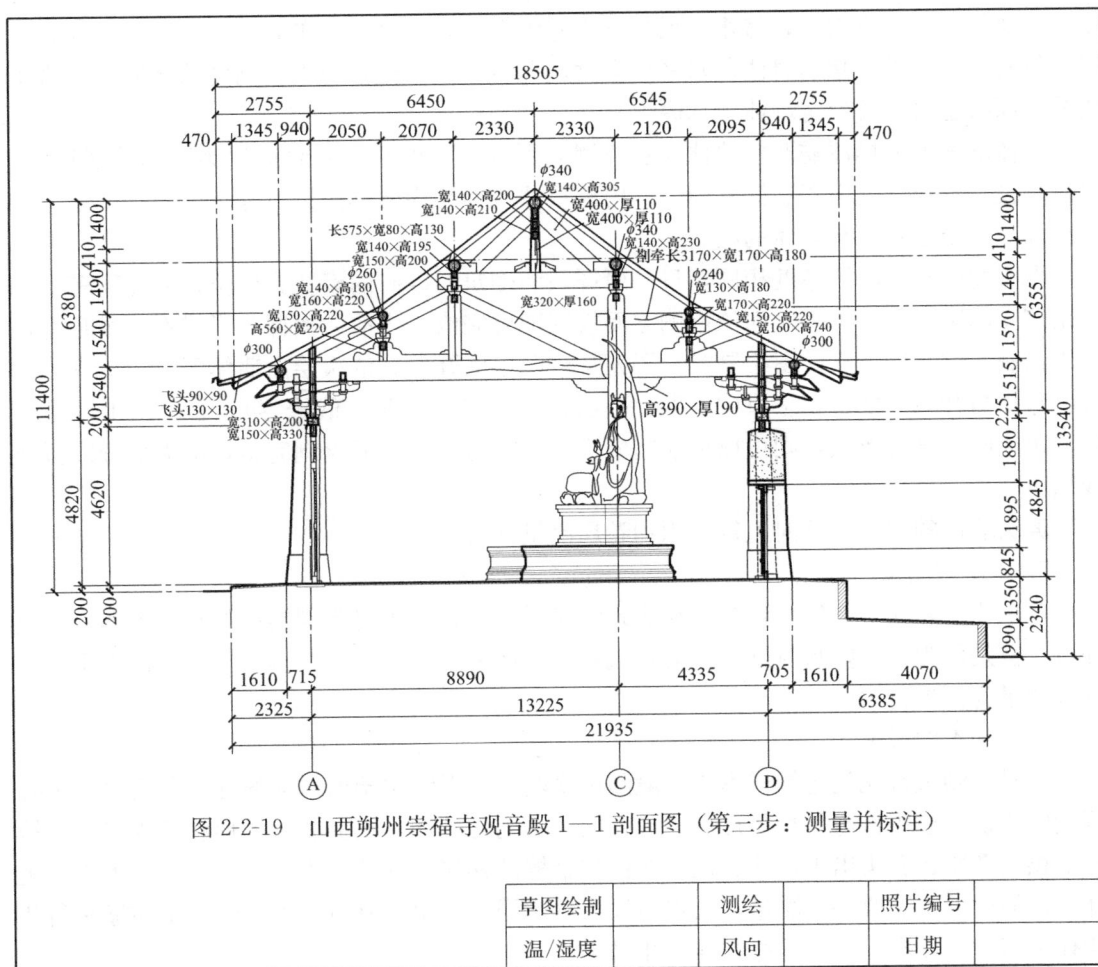

图 2-2-19 山西朔州崇福寺观音殿 1—1 剖面图（第三步：测量并标注）

草图绘制		测绘		照片编号	
温/湿度		风向		日期	

4. 墙体的测量与标注

墙体是古建筑的围护结构，一般情况下，在草图绘制阶段只在平面图中体现，横断面图中往往只体现其后檐墙，且由于绘制草图时视角较低，往往会忽视墙体上部结构，因此，墙体草图的绘制一般在测量时进行，采取边绘边测的方法。

（1）墙体平面图的测量

墙体平面图的测量在建筑平面图中已经进行了详细描述，此处不再赘述。

（2）墙体剖面图的绘制

可以选择放在横断面草图中，也可以单独绘制详图，图纸名称为"××庙××殿后檐（东山、西山）墙体断面图"。一般采取从下向上的顺序绘制，图纸中需要表现的墙体结构为：室内、室外地平线；外侧、内侧下碱墙体的高度；花碱厚度；上身墙体高度；内墙收分；拔檐砖的厚度、层数；签尖的位置及高度；突出墙体的柱子直径及高度；普拍枋、阑额的截面尺寸等；对于封护檐形式的后檐墙体，还要逐层绘制出其封护檐的高度及叠涩出檐的宽度。

墙体剖面图的测量比较简单，从下向上按照草图依次测量即可，主要是墙体收分的测量，需要借助铅垂及水平尺进行。首先将铅垂悬挂于水平尺之上，铅垂线的长度以铅垂上皮搭至墙体下碱上皮为宜，将水平尺放置于签尖下皮，水平尺调平后，逐步移动铅垂的位置，待其与墙体下碱相切时读取水平尺上读数即可，水平读数与垂直高度的比值即为墙体收分，同时也可间接确定墙体上部厚度。

墙体剖面图的标注需要在墙体左右两侧分别标注，外侧尺寸线标注为墙体外部尺寸，可用来投影建筑背立面图和侧立面图，内侧尺寸线标注为墙体内侧尺寸。

（3）硬山建筑墀头墙体的绘制

墀头宽度与廊心墙厚度相同，且一般墀头墙砌筑时以砖的模数为单位，因此只需要绘制出侧立面图即可，墀头立面依据侧立面投影即可完成，当前后檐墀头形式不一致时需要分别绘制。墀头墙侧立面图绘制时，要先从台明地面开始，依次绘出墙体下碱、上身、盘头（包括荷叶墩、混砖、炉口中、枭、头层盘头、二层盘头、戗檐等）；若硬山山墙为五进五出或圈三套五形式，则可以在绘制墀头墙体时将山墙立面绘制完整，山尖部分以折断线结束。

墀头墙体的测量从下向上依次用钢卷尺测量即可。

5. 斗栱的测量与标注

斗栱代表着建筑的年代特征，在法式测量时一般只要求将不同类型的斗栱各测量一攒即可，但是作为存档资料时则需要对建筑包含的所有斗栱全部进行测量登记，以下主要以法式测量为例进行说明。

（1）样本的选择

斗栱的测量首先是选择样本，一般测量横断面的那缝梁架所对应的柱头科为第一组要测量的斗栱；柱头科与平身科形制一般相同，不同之处在于出檐耍头的形状及规格、内拽异形栱的形制、耍头出头尺寸、挑金斗栱与金檩的连接方式等，平身科斗栱一般为第二组样本，但构件不需要一一测量，只将与柱头科不同之处单独测量即可；然后是前檐角科斗栱作为第三组样本。后檐顺序与前檐相同。

在同一类型的一攒斗栱中，尽量选择原构件留存较多的一组进行测量，所得数据真实性较为可靠。

（2）总测量顺序

依据绘制斗栱仰视图顺序进行。依次为正心部分、外拽第一跳、外拽第二跳；接着测量进深方向的构件昂、耍头、梁头等；然后是内拽部分，依次测量内拽第一跳、第二跳等，内拽进深方向的构件后尾。

从坐斗开始，按照从下向上的顺序进行。坐斗、正心瓜栱、三才升、正心万栱、三才升、正心枋等，在正心部分还需要测量栱眼壁相比于正心瓜栱等构件后退的尺寸，在内外拽分别测量这两个数据，可依据材宽确定栱眼壁的厚度。每一条斗栱的测量顺序全部以此为例，不再赘述。

（3）构件所需测量数据

构件所需测量数据以不同类型构件为序进行说明。

1）斗：宋式建筑对所有斗件的统称，平面为方形或异形（讹角斗），立面与古代的度量器具斗相似，依据其所处的位置，一般称为栌斗、交互斗、齐心斗、散斗等；清式建筑只对坐斗、十八斗称之为"斗"，增加了"三才升"、"槽升子"的叫法。尽管时代、位置不同，但在测量中确定每一个斗件的规格的数据是相同的，对于方形斗来说，只要测量其上宽、下宽、上深、下深、耳、平、欹等七个尺寸就可将一个斗在各个投影面的尺寸全部确定，对于早期建筑还需要测量的一个数据是斗颐（斗欹向内凹进的弧面），但在晚期建筑中取消了这一做法。

测量方法：分为直接测量和间接测量两类，对于各面都外露的构件采用直接测量的方法，用卷尺测量即可；但是正身部分的栌斗等由于被栱眼壁分隔，需要采用间接测量的方法确定，首先要确定栱眼壁的厚度（可依据普拍枋厚度相减确定），然后依据栱眼壁厚度确定斗的上深、下深尺寸，记录时要分别记录分尺寸的数据，以免错记、漏记或相加时出错造成的测量错误；斗颐的测量用两把卷尺十字交叉测量弧度来完成。

2）栱：斗栱中的斗上部开槽，一般为单槽、十字槽、米子槽等，这是安装栱的位置。"栱"是安置于斗之上，与面阔或进深平行的弓形之木。根据其位置不同，可称为泥道栱（正心瓜栱）、泥道慢栱（正心万栱）、华栱（翘）、瓜子栱［外（内）拽瓜栱］、瓜子慢栱［外（内）拽瓜子万栱］、令栱（厢栱）等；依据用材不同，可分为单材栱、足材栱。不论其名称有多少变化，在测量时所有的栱的尺寸确定只需要以下数据：上留、平出、材宽、单材高、足材高、栱总长等，这样，一个栱的轮廓可大致确定，接下来要对栱进行细化，主要由以下数据组成：栱眼的长度、高度、深度以及定位、栱瓣数等。

测量方法：上留、平出尺寸最好用水平尺进行测量，将水平尺紧贴栱表面，可准确定位栱开始起弧度的位置，同时，若是上下同时用水平尺测量还可同步确定栱的半面长度和单材高。

除令栱、异形栱的栱长可直接测量外，栱的长度一般需要测量三个数据相加所得，即与所测量的栱垂直相交的另外一个栱的材宽加上两侧分别测量所得的长度，当然，通常两侧为对称结构，测量一边的长度即可，但若该栱由明显的后人改造的痕迹或是开裂变形较严重的构件则需要分别测量。

栱瓣的测量一般只需要数其数量即可，不需要将每一个栱瓣的长度、高度单独测量，因为弧度的关系所导致的误差较之斗栱加工时栱瓣的画线尺寸更大，因此，统计好栱瓣的数目后在计算机制图时依据栱瓣画线原则进行绘制即可。

栱眼的测量属于直接测量，用卷尺即可完成，不再说明。

3）枋子：一般只需要测量其截面尺寸即可，用卷尺完成。

4）昂：按照其大样图所示，测量时最主要的工作是选择参考系，将一些位置已经确定的构件作为参考点或参考线，将组成昂嘴轮廓线的点分别在水平和垂直两个方向上与参考系进行对应，一般选择从雀台的点开始，这样对于昂嘴较长的情况下雀台上的点也可以作为参考点。测量最好选择用两个水平尺进行，便于建立直角坐标系。昂的材宽和材高也需要直接测量后标记于大样图上。

5）耍头：测量方法与昂相同，就近选择参考系，一般选择令栱为其参考面。

6）艺术构件：如宝瓶、龙形耍头、蚂蚱头、菊花头等。首先是测量其自身尺寸，然后是为构件准确定位。构件尺寸依据不同的形状确定其三维尺寸，异形构件主要是确定其某个方向的最大值，比如最高值、直径最大处等，然后拍摄正投影的照片后利用作图软件描绘其细部尺寸。

艺术构件的定位也要就近选择确定位置的构件作为参考系。

（4）斗栱的标注

在将斗栱全部拆分为单独构件认识清楚后，记录是较为简单的工作，复杂的是确定斗栱各构件的名称，此处先将平身科和转角科的各构件名称进行确认，然后再统计其尺寸表。

斗栱尺寸如表 2-1 所示，首先需要将所需测量构件全部列出来，以常见的单翘单昂斗栱为例进行说明，然后逐个测量即可。

斗栱尺寸表 表 2-1

斗尺寸表								
	上宽	下宽	上深	下深	耳	平	欹	总高
大斗								
槽升子								
十八斗								

栱尺寸表							
	上留	平出	材宽	单材高	足材高	栱眼	栱瓣
正心瓜栱							
正心万栱							
素枋							
外拽瓜栱							
外拽万栱							
令栱							
内拽瓜栱							
内拽万栱							
异形栱							
华栱							
昂							
昂后尾							
耍头后尾							

6. 翼角的测量与标注

翼角的测量分为三部分：

（1）确定构件的尺寸

在翼角测量时，需要确定的构件包括：老角梁、仔角梁、抹角梁、套兽、翼角椽、宝瓶、衬方头、大小连檐、瓦口木等。

以上构件属于大木构架和木基层的范畴。确定木构件的尺寸主要是确定其三维尺度，可以将该构件在三面正投影中所需的数据全部反映出来。例如：老角梁的长度（可分段测量，结果相加即可）、宽度（分梁头宽度和梁尾宽度）、高度，老角梁梁头的尺寸等，将所有构件全部测量完成，可以标示于翼角大样图之上，也可以单独制作表格标注尺寸，或者两者结合完成。

（2）确定位置关系

将构件尺寸确定后，要将所有构件进行定位。比如：老角梁尾与角科斗栱的位置关系，梁头、梁尾距离室外或室内地面的高度等。这些尺寸一般以文字说明的形式表示于翼角大样图附近。

（3）测量"冲出"、"起翘"

这是翼角测量最重要的数据。"冲"和"翘"是对仔角梁而言的两个过程，水平距离为"冲"，垂直距离为"翘"。首先要将"冲出"和"起翘"的概念弄清楚，是测量之前的关键工作。

"冲出"尺寸指的是仔角梁梁头与正身椽平出长度之间的水平投影距离，《清式营造则例》规定，一般"冲出"尺寸为三椽径；"起翘"尺寸指的是仔角梁梁头的上棱线与正身飞椽椽头上皮的垂直距离，《清式营造则例》规定，一般"起翘"尺寸为四椽径，我们习惯上在画线时将其称作"冲三翘四"。

在实际的测量中，一般采取吊铅垂线的方法进行测量。首先在仔角梁上部居中吊铅垂线，然后在最后一根正身椽外皮吊线，垂线挂好后，可以用钢卷尺或水平尺在台明地面上测量其与台明阶条石外皮线之间的距离，其水平距离之差即为翼角"冲出"的尺寸。对于翼角部分有变形、下沉时，首先要观察并选择变形最小的翼角进行测量，可作为翼角"冲出"的"原状"，然后要将四个翼角逐一测量，了解其变形程度便于后期编制修缮方案时进行参考。

"起翘"的测量利用铅垂、水平尺、水准仪的塔尺配合进行，测量数据较为准确。铅垂钉于仔角梁上皮居中位置，一人用塔尺支搭与正身椽上皮后，利用水平尺找平，塔尺端头与铅垂线相交的位置与仔角梁上皮的垂直距离即为翼角起翘的高度。这是传统测量法。也可以采用现代仪器进行测量。在现代测量中，经常利用水准仪测量翼角起翘的高度，用塔尺分别顶于仔角梁上皮和正身椽上皮后，分别记录水准仪读数后，数据之差即为翼角起翘的高度。

7. 装修的测量与标注

装修的测量首先测量总尺寸再测量分尺寸，因为测量记录时习惯以"5"或"0"结束，因此对于装修构件零散构件较多会导致误差的累积，为避免这类问题产生，首先要测量抱框"边——边"的距离，再测量分构件的尺寸，在计算机制图时也要控制总尺寸，分尺寸可进行微调。

装修的测量不能从平面图再到立面图、剖面图这样的顺序进行，应以构件为单位进行，以抱框为例，将抱框的宽、后、高三个尺寸一次性全部测量完成，有记录员将尺寸分别登记到其所对应的不同的图纸中，一般将宽度和厚度采用引出标注的方式标记于平面图之上，将高度标注于立面图或剖面图即可；同理，逐步测量其余所有的构件三维尺寸即可。

装修的标注主要集中于平面图和断面图中，因为，所有的构件基本上全部在这两张图纸中能够体现出来，立面图纸用来标注一些总尺寸或裙板、绦环板之类的构件。

另外，对于边梃、抹头、仔边等重复性较强的构件只测量一组即可，同时，还可以将尺寸标注于单独绘制的大样图中，尤其是对于雕刻多重起线的构件，更需要单独绘制边梃断面图进行测量及标注。

8. 屋面的测量与标注

屋面的测量主要是构件的测量，以下分类进行说明。

（1）艺术构件的测量

主要是确定其总高度、厚度和宽度，对于正吻来说还需要确定其吞口和背兽的高度，细部尺寸及式样依据照片描绘确定。

（2）脊筒的测量

对于形制及图案完全相同的脊筒，在测量时只需要测量一块即可，确定其长、高、厚三个尺寸，然后统计其数目后，在计算机制图时，先将正吻位置固定后将脊筒平分即可；同时，还需要测量正脊、垂脊的总长度，便于根据中线对称的方法确定正吻的位置，正吻位置确定后还可以依据垂脊总长来确定垂兽的位置。正脊、垂脊的测量用卷尺沿着扣脊瓦测量。

对于硬山、悬山顶建筑来说，正吻、正脊、垂兽、垂脊的尺寸确定了之后，屋面构架基本上就已经确定了，只需要测量瓦件尺寸即可；对于歇山、庑殿顶建筑来说，还需要确定戗脊、戗兽的位置及尺寸，重檐建筑的围脊、角脊的测量方法与正脊、垂脊相同。要在屋面俯视图中标明所绘制的脊、兽、仙人、小跑的位置。

（3）瓦件的测量

一般选择有代表性的瓦件测量其规格即可，对于有明显不同时期修缮痕迹的屋面，需要将不同规格瓦件分类测量，并大致统计其与屋面面积的比例，标注于屋面俯视图之上，或用文字简单记录即可。

1）筒瓦的测量：一般用两把卷尺配合进行测量。瓦件的宽度、厚度、长度直接测量即可；深度可使用两把卷尺垂直测量；筒瓦熊头的宽度和厚度需要单独测量。瓦件的测量一般不需要绘制大样图，只将测量尺寸用文字标注即可。

2）板瓦的测量：首先是总长度、厚度的确定，然后确定板瓦两头的宽度，记录时可以叫作"大头宽××，小头宽××"，板瓦的深度用两把卷尺交叉测量后，将数据记录为"板瓦深××"。

3）勾头的测量：除了瓦当与筒瓦不同外，其余部分的测量参考筒瓦进行，瓦当一般为圆形较为常见，需要测量其直径和"猫脸"的大小，猫脸图案以照片的形式进行记录。关于勾头在测量中主要是仔细观察并记录其不同形式，分辨早期、晚期的不同特征并将数量进行统计，甚至确实的数目在测量中也可进行统计。

4）滴水的测量：滴水是在板瓦的基础之上加设"唇边"，其余尺寸的测量可参考板瓦，"唇边"的测量只要确定其高度和厚度，轮廓线及内部纹样通过计算机描图来完成。

5）脊坐砖的测量，要确定其厚度、长度和宽度。厚度和长度可在脊筒下直接测量，宽度需要以脊筒宽度为基数，加上两侧多出脊筒的宽度进行确定。

对于窑洞或者盝顶等平屋顶建筑的测量，需要借助水准仪或者水平管进行抄平测量，确定屋面标高及排水坡度。水准仪的原理及在古建筑测量中的应用会在后面的章节中集中进行描述，此处不再重复。

（4）攒尖顶建筑宝顶的测量

若搭设脚手架进行测量，则需要将每一层的直径及高度单独测量，最后控制其总尺寸；直径的测量从最底端开始，先用水平尺和卷尺配合测量一个直径后，上部每一层的直径可逐层测量其伸出或退回的尺寸进行确定；若是没有屋面脚手架的情况，由于攒尖顶举架一般会大于十举，屋面较陡，因此只依靠个人攀登屋面进行测量时，考虑到安全问题，一般不要求进行精确测量，只确定高度和直径最大处即可，其余部分依据照片描绘。

9. 总平面图的测量与标注

总平面图的测量分两步进行。

(1) 测量建筑之间的相邻关系

1) 首先是院落内的相邻关系，目的是为各建筑在院落中的位置进行定位。一般从建筑群的最后一进院落开始，将相邻建筑台明之间的距离用长钢尺进行确定，依次确定建筑群中的所有建筑的位置。正殿与朵殿的关系、朵殿与配殿的关系、两座对称的配殿之间的距离、正殿与献殿之间的关系等。依次将所有院落进行测量。

2) 在测量中还要将构筑物（香炉、保护标志碑等）或临时建筑的位置也进行定位，并对需要画在总平面图或实测总断面图中的临时建筑进行粗略测量，比如中轴线上的香炉就需要绘制其立面图，在总平面图测量时要将其位置和总高度进行单独测量；或者在原院落空地内搭设的临时建筑（厨房等），需要粗略测量其形制，包括简单的平面和立面，方便在实测图中表示，还可以方便在工程预算时统计拆除工程的工程量。

3) 在院内测量总平面图时还要注意表示排水口的位置。

(2) 院落外侧的测量

一般情况下，古建筑院落外部的后檐墙是位于同一直线上，这时只需要将内侧的位置确定后总平面图的测量即算完成；但是，遇到建筑群外侧墙体不在一条直线上时，则需要绕外侧一周进行测量外侧的相互位置关系。一般也是选择从最里侧的建筑开始，选择顺时针或逆时针方向进行测量，这时可以用台明作为测量标准，也可以选择后檐墙体为参考平面进行。大多数情况下，寺庙外侧的台明是处于被掩埋的状态，选择后檐墙体是为了测量的精确度。

在总平面图的测量中，可随时补充一些详图进行测量，如围墙大样图等。

(3) 测量院面高程

院面高程的测量，俗称"抄平"，主要目的是为了确定院落的排水方向及坡度，同时还可以对建筑下碱砖砌体酥碱原因提供数据支持。有两种方法，其一是利用传统的水平管进行测量；其二是利用现代专业的测量工具水准仪进行抄平，这两种方法各有利弊，在测量时依据实际情况进行选择。

水平管操作简单，携带方便，适合小型的寺庙或民居的抄平，但是在冬天不适合使用，且较之水准仪其精度不高，现代测量已很少使用。

水准仪适合所有的建筑群抄平，精度高，但是工具复杂，需要三个人配合才可以进行。水准仪的具体使用方法在以后的仪器测量中进行详细叙述。

总平面图中的数据记录：草图和正式图纸的总平面图尺寸记录是有区别的，在单体建筑的平面中，一般标注的是建筑本身的尺寸，但是在总平面图中标注的是相邻建筑之间"空档"的尺寸，在完成电脑制图时又需要标注建筑本体的尺寸，这是需要注意的一点。总平面图的标注一般标示于所测量位置就近的地方，以"米"为单位进行标注，以台明标注时不需要在标注数据之后进行备注说明，若是部分尺寸因为测量的原因测到了墙体或柱子时，则在数据之后用文字说明测量的位置。

建筑群整体的剖面图及侧立面图在现场测绘时不需要进行总体测量，仅将建筑群中除单体建筑之外的构筑物等单独测绘其详图即可，如围墙、排水口等；还有一些可移动文物单独测量即可，如香炉等。

另外，建筑群整体鸟瞰图可以更为直观的表现建筑群的空间组合关系，可辅助完成建筑群总平面的测量，但对于手绘的要求较高，本书中以傅熹年院士手绘的山西汾阴后土祠鸟瞰图为例来说明这一辅助方法（见图 2-2-20）。

图 2-2-20 山西汾阴后土祠鸟瞰图（傅熹年作）

三、图像记录——摄影测量

在古建筑测量中，还有一个重要的环节为图像记录，基本贯穿了古建筑测量的各个环节，从第一次见到所要测绘的古建筑，对整座建筑群进行大致的了解，往往会对所有建筑尤其是体现其价值的部分进行拍照记录；在测量的过程中，我们每测量到不同的部位，都需要用图像记录其构架特征，尤其是测量梁架时，在每一步架都可以拍到其相邻一缝梁架的正投影显示其结构，或是一些艺术构件的正立面照片，可在绘制正式图纸时作为草图之外的参考；一些构造节点更需要用照片记录其节点位置，可以真实地再现建筑的详细结构。因此，摄影测量被广泛地应用于现代古建筑测量中。

摄影测量分为动态和静态两种表现形式，动态即我们所说的摄影，可以借助航天器进行航拍，这样就可以看到古建筑的群落关系以及建筑与整个周围环境的关系；静态即摄像，拍摄的照片，在古建筑测量中，一般采用的是静态拍摄，常用摄影测量来完成对细部纹样的采集，例如：屋脊吻兽的纹样、荷叶墩的纹样等含有雕刻花饰的构件。

首先是摄影器材的选择。数码相机当然是功能越高端越好，可满足各类摄影的需要，但是，古建筑梁架上面千年尘土堆积，或是测量时并未搭设脚手架导致测量的危险系数极高，对于数码相机这样的精密仪器来讲，很多高性能其实是用不到的，对相机本身来讲也是一种浪费。当我们在测量建筑内部梁架，只是需要拍摄一些细部结构节点来讲，普通的数码相机都能满足条件，要选择携带方便，像素较高的相机来完成即可；若是为了存档需要，只是需要拍摄精美的建筑照片，则可以选择一些高端全幅相机进行拍摄。

然后是"拍什么"的问题。很多人在测绘拍照片时不知道应该拍什么，尤其是到了数码时代，拍错了浪费的只是内存，更加导致了一些人往往是乱拍一气，更有甚者在拍摄照片时都不看选景区内的图像，进去就360°无死角的对建筑进行拍摄，这种做法是不可取的。

当我们对古建筑进行拍摄时，和测绘建筑的顺序是一样的。首先要对建筑的全貌进行一个了解，这样就需要从远处拍摄其全貌，正面、背面、侧面、西北角等各个方位进行拍摄，有条件的话甚至可以在高处拍摄俯视图，这样一圈下来，至少会对建筑有了大致的了解。其次是对建筑结构的拍摄。梁架是什么形制？斗栱的式样？台明的做法？是否有壁画、塑像、石刻、题记等附属文物？这些照片要从大处着眼，选择好的角度进行拍摄，尽量在一张照片中可以反映整缝梁架的形制等。最后就是在测量过程中对构件节点进行的拍摄，一般要做到"随测随拍"。我们知道，古建筑梁架深远，室内采光受限，往往是在测量时才可以近距离观察到节点处的连接部分，可是，测量一般是由1~2个人进行的，有时候会由于测量条件的限制，只是实际操作测量的人才会接触到梁架，记录人员和辅助人员根本不能直观地看到梁架的节点，比如：叉手的端部和三架梁的交接到底是什么情况，到底是全部插入三架梁，还是尾部起翘了，叉手的顶端与脊檩的连接点到底在哪里等等。这些细节的问题就需要以照片的形式记录，便于后期电脑制图时对建筑进行真实的表示。这就涉及节点照片拍什么的问题了。

对于古建筑的节点照片，有的人在拍摄时往往会犯盲人摸象的错误，就是拍什么就只拍什么，然后在整理照片时就会发现拍了好多细节的照片，但是无法确定所拍摄的东西的具体位置，例如斗栱的照片就只是能看到一堆构件，无法锁定是哪一攒斗栱，柱子的残损照片就只拍到裂缝的部位，而无法对柱子进行定位。所以，我们在拍摄节点时，首先要对涉及节点位置的整体部位有一张全局的照片，然后再进行局部放大。例如先对所拍摄的一缝梁架的脊部进行全局拍摄，将脊檩、脊襻间斗栱、叉手、三架梁等全部融入一张照片中，然后再选取叉手底部节点、丁华抹颏栱的式样、三架梁梁头节点等进行单独拍摄，方便在电脑制图时进行图样的描绘。

摄影能够记录的范围十分广泛，可以通过拍摄建筑物外围环境、古建筑物立面整体效果、内部结构、构件细部、附属文物、装饰装修以及参与测绘的人员等完成图片记录。在测绘的过程中，镜头对被测物的角度选择要能够说明不同的内容，在这方面要进行有意识的选择，如整体古建筑物的拍摄及细部构件描图的拍摄，如果选用特殊的航拍俯瞰角度，还能观测到古建筑物组群之间的关系，建立总图。

快捷、直观、简便是其明显的优势，但是摄影是对视觉观察的记录，所描述的图像不可避免地具有透视的效果，因此是无法作为尺寸数据的参照依据的。

第三节　古建筑测绘后期处理

在测绘过程中对数据记录详尽程度的不同及数据包含被测对象现状记录的深度区别，

可以绘制不同的测绘图纸表达形式，即：理想状态测绘图、现状测绘图两种。理想状态测绘图也是大多测绘项目所选用的一种表达成果，主要以表现被测对象的结构形态及各构件完好样式，所绘制的也是假设古建筑在理想状态下没有任何损坏的设想图，其中不可避免的存在于原物之间的差异性表现，可以通过在图纸中添加文字注释的方法描述被测古建的现实状态，但毕竟文字描述过于简单，且不能有效表达具体的数字数据，可能还需要配合摄影资料。但另一种测绘表达：现状测绘图就很好地解决了这一问题，它忠实于所测绘的古建实物，即"所看即所测"，不再需要文字解释等内容，许多后续工作也可以通过直接在图纸上读数完成，但是这种图纸的绘制需要前期细致复杂的测绘，根据精细程度的不同，也会在不同程度上加大工作任务量。可以看到后一种测绘图纸表达形式对其真实性现状的记录更加深入，这里并不是说孰优孰劣，而是强调两种方式对于工作需求的不同应当各取所需，当需要不同深度的真实性要求时，选用合适的表达形式往往可以事半功倍。

一、测绘尺寸的调整

在一座单体木构古建筑中，按照常理，其平面或构架中各种构件相同部位的尺寸，各构件之间一些表示对应关系的尺寸，相同构件同一部位的尺寸，本应一致。但是，在对实物进行勘测时，遇到的情况往往不尽如人意，有时甚至误差还比较明显。这是我们经常会遇到并必须加以解决的实际问题。对那些本应一致而实际有差异的尺寸，必须遵循合理的原则，应用科学合理的方式加以统一。如果在测绘时忽略了这一点，那么，一座建筑物的平面柱网与剖面步架、立面与装修大样可能会有一些误差，也可能会因为结构交代上的错误，不能绘制出一套尺度准确、结构交代符合现状的图纸，当然，也不能单纯为了结构"交圈"，而毫无根据地把建筑物某一部位或某一构件的尺寸随意加大或缩小，在确定建筑结构合理的情况下，尽量保持建筑本体的真实性。

造成测绘尺寸不统一的原因是多方面的：首先是木构建筑本身的材料缺陷，要想找到同一规格、直径的柱子是比较困难的，因此同一类梁栿断面尺寸会有明显的差别；其次是木材材种性质，顺木纹与垂直木纹的不同，边材与心材的不同，使用时温度与湿度的不同等，经年累月总是会产生不同程度的收缩及变形，从而造成不同程度的变异；还有另外一个重要的原因是在现阶段古建筑测量所用的工具和方法都比较简单，除局部地方采用较精密的测量仪器外，一座建筑物的大部分构件都是用卷尺和钢尺等手工工具取得的。实践表明，钢尺与皮尺之间，不同的钢尺与钢尺之间都存在着不同程度的尺寸误差，尤其是在总平面图的测量中，因持尺者每次着力的不均匀，位置不正确，或是受风力等因素的影响，都必然造成明显的尺寸误差。这就涉及在记录及绘图时调整尺寸的几个问题了。

1. 调整尺寸应遵循的一般原则

（1）次要尺寸服从主要尺寸

首先要弄清楚哪些是主要尺寸，哪些是次要尺寸。一般情况下，主要尺寸指的是那些能够决定和影响建筑物形体高低大小与时代风格的尺寸，如各开间的面阔、进深、梁架中的举高、步架、柱高等，斗栱的出跳、材宽等尺寸；次要尺寸是指那些不构成建筑物结构框架的细部尺寸，或者通过间接方法可以获得的尺寸，如装修构件的宽度、厚度，墙体的厚度等。

（2）分尺寸服从总尺寸

当测量一座建筑物的某一部分结构或某一构件时，分次量出的分尺寸的和，常常是要大于一次量出的总尺寸，在现场，需针对所测的对象，进行仔细的核查，力求把胀出来的尺寸寻找出来，并从分尺寸的和里减去，使总尺寸和分尺寸之和达到吻合一致。

（3）少数服从多数

当一座建筑物中，对那些数量较多、形体一致的相同构件（如椽子、瓦件等），测量时不可能逐一进行测量的，当统一尺寸时要取其多数而定，依据少数服从多数的原则，确定统一的尺寸。需要注意的是，少数服从多数的原则，必须在"后换构件服从原始构件"的前提之下才可使用，这样做是为了避免由于后换构件较多造成错误的尺寸继续延续而改变建筑的真实性；同时，也不可以采用多数尺寸的平均值来决定统一尺寸。

（4）后换构件服从原始构件

每一座年代久远的木构古建筑，在经历过多次修缮之后，它的一些构件或结构就会被更换，修缮次数越多，真实性被破坏越严重，在勘测时就要认真仔细地观察，辨识建筑各个年代的构件特征，并加以确认后来统一尺寸。

2. 调整尺寸的范围

（1）数据较多的相同构件。如斗栱的材、泥道栱、令栱、慢栱等的长度；梁架中各檩子的直径；瓦件等。

（2）相对应部位的构件。如对称部位的建筑开间相差不大时可进行调整。

（3）有对应关系的结构。如平面柱网通进深总尺寸与前后撩檐槫总尺寸不一致（在柱子无侧脚的情况下）时，则一般校核柱网总进深无偏差后，以地面测量所得的通进深为准进行调整。

3. 尺寸调整的意义

在古建筑测绘中有精度、广度、深度的概念，这三种不同的评价对真实性的记录结果会产生不同程度的影响，而测绘后的尺寸调整是影响建筑真实性的主要因素。

（1）测绘精度：这一概念主要是指对古建筑中某一个数据测量时所出现的误差值的聚合或者分散的程度。这里需要指出的是误差并不等同于测量时出现的明显与实际情况不符的错误值，这些错误值往往是由于测量时人为操作不当造成的，是可以避免的，因此我们应当剔除这些在最终成果中的错误数据。而误差往往是由于一些不可避免的因素导致的，是无法克服的，如：读数时对小数估读的误差等。所以在误差中引入了误差容许值这个概念，这样既可以去除误差容许值之外的错误数据，同时又可以将误差控制在一个可控的范围内。由于误差不可避免，因此对于真实性的记录必然含有误差的因素在内，但是只要能够确定这里的数据不是粗差，就应当认为数据记录具有真实性。同时我们也应当通过各种途径尽量使误差值缩小，以达到提高真实性的目的。

（2）测绘广度：就这一概念而言，其主要针对的是对测绘过程中，存在的数据的多少以及所覆盖的范围来说的。对于古建的测绘，其中存在许多重复构件，如：斗栱，在许多情况下受条件所限，可以不用选择全部测量的手段，只对其中几个或者典型构件进行观测，但一定要覆盖所有类别的构件，对于不同类别而言不可遗漏。但是当涉及更精细的作业时，可能就需要增加数据量，对于每一个构件、部位都进行测量，覆盖至整个古建所有能够测量到的数据。由此可见，广度既涉及量也牵扯到质，只有保证在足够多的数据量的前提下，同时又加上合理的数据分布与结构，才能使广度达到更高的水平。而广度的提高也全面考量了古建的真实性，因为广度的提高意味着测量观测更加合理、全面、完整，对古建筑真实性的记录也更加细致。

（3）测绘深度：其主要体现在测绘图纸上反映的信息量上，即所谓通过图纸对测绘结果所表达的细微程度，其主要取决于测绘图上的比例尺大小这一因素。理论上说，比例尺越大，测绘图上绘制的内容缩小倍数也就越小，所绘制的图样中的细节内容也就越全面，更加体现出了测绘的深度。同时除去古建筑中外观、结构、构件等的形体记录，再加入其他的数据记录，如：颜色、变形、材料等的记录，也能够加深测绘深度。这些数据量的多少以及覆盖类别的多少都是影响测绘深度的因素。而测绘深度越高对于古建筑的真实性记录也就越完整。

通过以上的分析我们可以看到，测绘精度是满足测绘真实性的必要条件，只要能够满足测绘精度要求，就可以保证其真实性的记录。同时测绘广度与测绘深度同真实性的记录是递进的关系，成正向增长，也就是说测绘广度越高测绘深度越大真实性记录也就越全面完整。

二、古建筑电脑制图的基本知识

1. 绘图顺序

古建筑的研究离不开古建筑的测绘工作，对于测绘成果的表达，利用计算机图像技术进行的综合表达是我们目前常用的方式，二维和三维的图像结合，这种对于现代技术的综合利用，对于古建筑测绘来说，具有进步性。提高工作效率的同时，获得更完善也更安全、更易于保护和共享的古建筑资料。

计算机数字图像技术的出现使得计算机辅助设计在广大领域中都得到了飞速地发展。常用的计算机绘制图纸的软件是 AUTOCAD、3DMAX 等，CAD 用于二维图纸的绘制表达，包括古建筑测绘的总平面图、建筑平面图、立面图、剖面图、屋顶平面图以及节点大样图等；3DMAX 用于三维模型的绘制，可以绘制建筑单体的模型及结构大样模型，同时还有渲染的功能，能够在设置了对应材质和灯光的基础上，模拟表现出真实的灯光场景和环境空间，即形成古建筑测绘成果效果图。计算机软件具有修改容易、保存方便等特点。也便于资料的传播与共享。

古建筑测量完成后，对测绘草图进行整理后，要及时将测绘草图用绘图软件整理成电子版，便于后期对测量数据的应用，这就涉及图纸表达的问题了，以下将对电脑制图的顺序进行简要描述，便于初学者在初次制图时进行参考。

一般情况下，首先要将建筑平面图进行完整的表达，包括柱网、墙体、台明等，建筑装修可以单独绘制详图完成后再进行嵌入；然后绘制建筑横剖面图，一般从脊檩开始，先将脊檩、前后金檩、前后檐檩的位置确定后，与平面图中前后檐柱轴线进行对应后，再补充其余梁架、蜀柱等构件；这时，可同时绘制构件大样图（斗栱、装修等），将大样图的平、立、剖面全部绘制完成后可随时插入到所对应的大图中；平面图、剖面图完成后，建筑立面、纵断面图可一起绘制，依据三面正投影的方式进行绘制；梁架仰视图是依据斗栱仰视图、梁架及柱网轴线组装后形成的图纸，绘制较简单；屋面俯视图则利用正立面、侧立面进行投影即可得。

2. 图线的种类及用法

一张图样，是由许多粗细、虚实不同的各种线条组成。在建筑制图中有基本线、轮廓线、剖面线、折断面、虚线、尺寸线等组成。结合古建筑图样的特定需要及美观，对古建筑制图上常用的线性及用法进行简要描述。

（1）实线。这是表示实物体形的基本线条。为了使图形清楚、明确，在制图中经常同时使用几种不同粗细的线条来表示，线条的粗细设置将关系到建筑的前后层次及美观，以下将对建筑一般线形设置进行简单描述：

1）基本线：在建筑制图中使用最频繁，也是数量最多的一类，一般将其设置为线宽为0.2mm的实线，包括筒瓦屋面瓦垄线、立面图中门窗轮廓线等。

2）内轮廓线：在一张建筑图纸中表明建筑前后或上下层次的线型，一般设置为0.3mm的实线，如带抱厦的建筑中抱厦轮廓线、平面图中台明轮廓线等。在表示建筑结构的梁架大样图中，一般将形成梁架结构的主体构件轮廓（除檩子等为剖切线表示）用0.3mm的内轮廓线表示，其余角背、荷叶墩等构件用0.2mm的基本线表示。

3）外轮廓线：主要用于突出建筑整体的外轮廓，沿着建筑立面将所有构件最外一条线描绘而成，一般是在基本线的基础上沿着基本线的外边缘加粗而制成，在建筑制图的最后一步，一般将线型设置在0.7mm左右。

4）剖切线：凡建筑物的各个构件被切割，则用剖切线表示。剖切线的粗细取决于部件剖切面的大小，切面越大，剖切线就越粗，如柱子、墙体的剖切线一般在0.6mm左右，而随檩枋、抱框等剖切线一般设置为0.3mm即可。

以下情况常常容易被忽略：在图样中凡是建筑物的两个（类）构件彼此衔接（如横断面图中的脊檩与随檩枋），或者一个构件被另一个构件包含在内（平面图中柱子嵌入墙体内的部分）而整体被剖切时，将其作为一个整体对其轮廓进行加粗，而相衔接的部分共有线条，用一般基本线（0.2mm）进行绘制即可。

5）填充线：与剖切线同时使用，所有剖切线内全部要填充相应的材质，线型一般在0.05mm左右，如平面图中墙体、柱子等。一些古建筑常见的填充材料见图2-3-1所示。

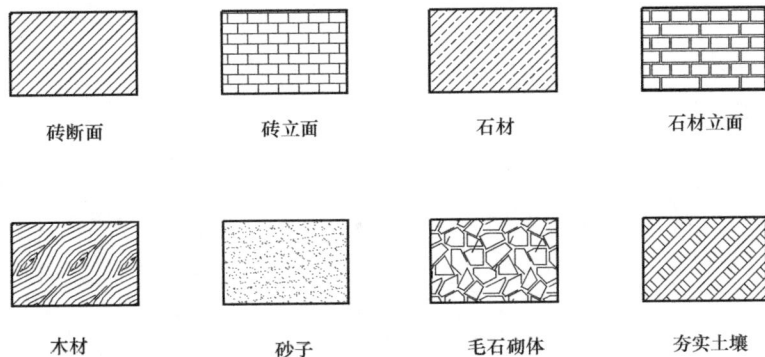

图2-3-1　古建筑常用填充材料图例

6）尺寸线：用基本线标注。

最后要说的是，实线线型的粗细是依据图样中比例的大小和繁简程度而确定的，在实际制图时可根据实际情况进行适度的调整，但一套完整的图应使用统一的线型。

（2）虚线。在古建筑制图中使用较少，一般有以下两种情况中需要用到虚线：一是遮挡关系时，将实际存在但在该图中被遮挡，但不绘制又难以表达结构关系的构件用虚线表示；另一种是在总平面图中将本来存在但现状已缺失的建筑用虚线绘制。虚线的粗细用基本线表示。

（3）点划线。在古建筑制图中，点划线一般只用于表示建筑的轴线，是表示物体的中心位置或轴线位置的线型，其首尾两端应为线段。

（4）折断线。表示建筑或构件被折断，常用于表示建筑相邻关系时，如正殿两侧的东西耳殿不需要全部绘出，使用折断线截断即可；在绘制梁架大样图时，主要目的是表示梁架构件的尺寸，将梁架自柱子截断也需要使用折断线。

古建筑制图常用线型统计表（单位：mm）　　　　表 2-2

序号	线 型		线宽	图 例	应 用
1	实线	基本线	0.2	———————	筒瓦屋面瓦垄线、立面图中门窗轮廓线
2		内轮廓线	0.3	———————	带抱厦的建筑中抱厦轮廓线
3		外轮廓线	0.7	———————	建筑整体的外轮廓
4		剖切线	0.6	———————	建筑物平面、剖面中被切割的构件
5		填充线	0.05	———————	所有被切割构件的内部
6		尺寸线	0.2	———————	标注建筑尺寸
7	虚线		0.2	— — — — —	表示遮挡关系中被遮挡的建筑；表示坍塌的建筑
8	点划线		0.2	— · — · — · —	建筑轴线
9	折断线		0.2	——／\———	表示建筑或构件被折断

第三章

现代测量仪器在古建筑测量中的应用

第一节 现代测绘仪器的测绘原理

一、现代测量仪器简介

在现代古建筑的测量中，越来越多的使用现代仪器，如表3-1所示，归纳概括了8种常见的现代的测量工具及方法，并分别介绍了这些设备的用途和工作原理：

现代测绘仪器用途与原理

表3-1

序号	名 称	用 途	原 理
1	激光测距仪	两点之间的距离（如檐口高、柱距、梁宽等）	通过激光束从发射到接收的时间,计算出从观测点到目标点的距离
2	经纬仪	水平角和垂直角的测量	将角度值变为信号,然后再将电信号转换为角度值
3	水准仪	对高程进行测量	通过读取前、后两个水准尺的不同读数来进行计算
4	电子全站仪	高精度的角度、距离、高程、坐标等测量	在软件控制的基础上,综合电子波测距仪和经纬仪的功能
5	全球卫星定位系统（GPS）	依靠多颗全球定位卫星提供的信号,进行坐标测定,计算所在经纬度和海拔高度	包括空间部分(卫星)、地面控制部分、用户接收部分(信号接收机)后方交会原理
6	三维激光扫描仪	快速采集建筑物表面数据,获得点云图形,建立 CAD 数据图以及立体模型	高速激光脉冲射向物体,遇到物体后又反射回来,通过测量整个激光脉冲发射及返回的时间而获得物体表面的形体信息,以"点云"的形式记录坐标
7	地理信息测量技术	以地理空间数据库为基础,对图纸信息、文字信息等资料进行编辑、分类,使其具有方便的查询功能	数据的分类管理
8	运用测绘、遥感与地理信息系统的集成	将测绘、遥感和地理信息系统三种的功能综合运用,在整体运行系统中,能够发挥各自的优势,提高建筑测绘及建筑遗产保护的工作效率,有利于建筑历史资料的分类整理和保存	地理信息技术是三者技术的核心和灵魂,使数据进行空间的叠加,实现技术集成

二、常见测绘仪器测绘原理

1. 测距仪

（1）测距仪的工作原理

测距仪是一种航迹推算仪器，用于测量目标距离，进行航迹推算。测距仪的形式很多，通常是一个长形圆筒，由物镜、目镜、测距转钮组成，用来测定目标距离。

按照测距基本原理，测距仪可分为激光测距仪、超声波测距仪、红外测距仪。在古建筑测量中常用的是激光测距仪和红外测距仪，这两种仪器的测距原理及适用范围是不同的，以下进行详述。

1）激光测距仪

作为一种精度高、结构小、安装调整方便的测量仪器，在直线距离测绘中有着重要的作用，在各个领域都有着广泛的运用。其测距原理是：由激光对被观测点发射一个激光信号（按某一频率变化的正弦调制光波），光信号打在观测点上被反射，由于激光信号的散射角小，方向性好，激光信号反射后沿原始路径反方向回到激光测距仪，激光测距仪的接收端获得调制光波的回波，经鉴相和光电转换后，得到与调制光波回波相位完全相同的电信号，回波电信号放大后与电源的驱动电压相比较，测得两个正弦电压的相位差，根据相位差可以测算出激光测距仪与被观测点之间的直线距离。

假设距离为 L，激光信号所走路程为 $2L$，

则：$t = 2L/c$

即：$L = tc/2$

式中　　c——光在空气中的传播速度，$c \approx 3 \times 10^8$ m/s;

　　　　t——光信号所往返所经过的时间（由相位差测得），s;

　　　　L——检测目标的距离，m。

2）红外测距仪

利用的是红外线传播时的不扩散原理：因为红外线在穿越其他物质时折射率很小，所以长距离的测距仪都会考虑红外线，而红外线的传播是需要时间的，当红外线从测距仪发出碰到反射物反射回来被测距仪接收到再根据红外线从发出到被接收到的时间及红外线的传播速度就可以算出距离。红外测距的优点是便宜、易制、安全，缺点是精度低、距离近、方向性差。

（2）测距仪在古建筑测量中的应用

测距仪在古建筑精确测量中可以测量很多无法用尺规精确测量的直线距离，测量精度高，可提高测量速度与精度。可测量的尺寸有：檐口的高度、面阔、进深、周围廊的总长度等不易于上人测量，或者尺规测量不精确的直线距离。

2. 经纬仪

（1）经纬仪的工作原理

经纬仪，测量水平角和竖直角的仪器；是根据测角原理设计的。目前最常用的是光学经纬仪。

在控制测量中，需用经纬仪进行大量的水平角和垂直角观测。使用经纬仪进行角度观测，按其精度分，有 DJ6、DJ2 两种。表示一测回方向观测中误差分别为 6″、2″。

1）水平角测量原理

相交于一点的两方向线在水平面上的垂直投影所形成的夹角，称为水平角。水平角一般用"β"表示，角值范围为 $0° \sim 360°$。

如图 3-1-1 所示，A、O、B 是地面上任意三个点，OA 和 OB 两条方向线所夹的水平角，即为 OA 和 OB 垂直投影在水平面 H 上的投影 O_1A_1 和 O_1B_1 所构成的夹角 β。

如图 3-1-1 所示，可在 O 点的上方任意高度处，水平安置一个带有刻度的圆盘，并使圆盘中心在过 O 点的铅垂线上；通过 OA 和 OB 各作一铅垂面，设这两个铅垂面在刻度盘上截取的读数分别为 a 和 b，则水平角 β 的角值为：$\beta = b - a$

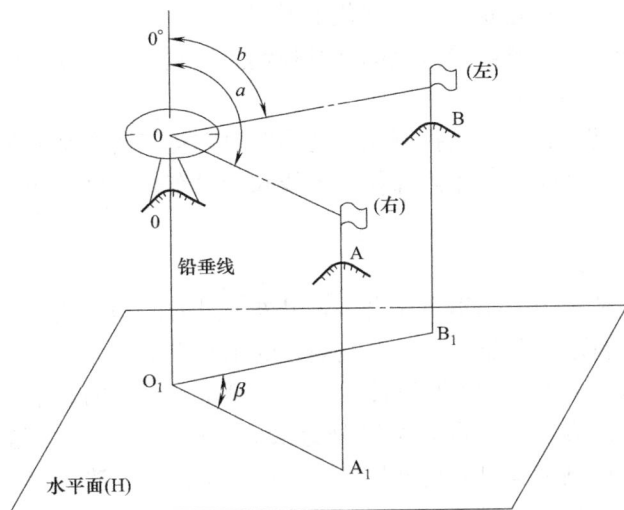

图 3-1-1　水平角测量原理

用于测量水平角的仪器，必须具备一个能置于水平位置度盘，且水平度盘的中心位于水平角顶点的铅垂线上。仪器上的望远镜不仅可以在水平面内转动，而且还能在竖直面内转动。经纬仪就是根据上述基本要求设计制造的测角仪器。

2）垂直角测量原理

在同一铅垂面内，观测视线与水平线之间的夹角，称为垂直角，又称倾角，用 α 表示。其角值范围为 $0° \sim \pm 90°$。如图 3-1-2 所示，视线在水平线的上方，垂直角为仰角，符号为正（$+\alpha$）；视线在水平线的下方，垂直角为俯角，符号为负（$-\alpha$）。

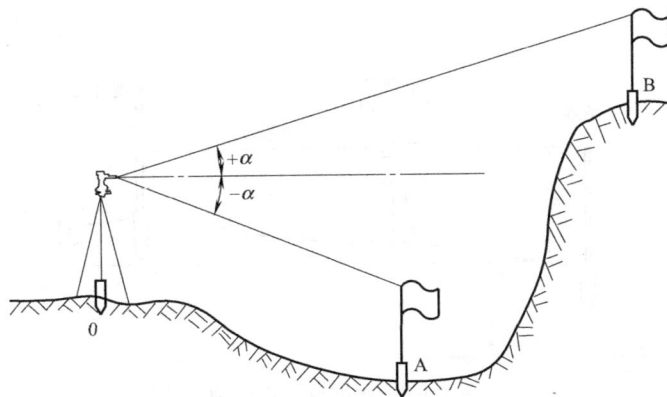

图 3-1-2　垂直角测量原理

垂直角测量原理：同水平角一样，垂直角的角值也是度盘上两个方向的读数之差。如图 3-1-2 所示，望远镜瞄准目标的视线与水平线分别在竖直度盘上有对应读数，两读数之差即为垂直角的角值。所不同的是，垂直角的两方向中的一个是水平方向。无论对哪一种经纬仪来说，视线水平时的竖盘读数都应为90°的倍数，所以，测量垂直角时，只要瞄准目标读出竖盘读数，即可计算出垂直角。

（2）经纬仪在古建筑测量中的应用

经纬仪在古建筑测绘中主要用于几个方面：

与水准仪相配合测绘古建筑周边数字化地形图。

与水准仪相配合，根据测绘局提供的临时控制点（至少三个），在古建筑周边布设永久性控制点。

利用经纬仪、水准仪、古建筑控制点、地形图对古建筑所在平面位置进行准确定位。

古建筑进行落架大修时，利用经纬仪、墨线和卷尺布控柱网轴线。

3. 水准仪

（1）水准仪工作原理

高程测量是测绘地形图的基本工作之一，另外大量的工程、建筑施工也必须测量地面高程，利用水准仪进行水准测量是精密测量高程的主要方法。

测定地面点高程的工作，称为高程测量。高程测量是测量的基本工作之一。高程测量按所使用的仪器和施测方法的不同，可以分为水准测量、三角高程测量、GPS高程测量和气压高程测量。水准测量是目前精度最高的一种高程测量方法，它广泛应用于国家高程控制测量、工程勘测和施工测量中。

水准测量的原理是利用水准仪提供的水平视线，读取竖立于两个点上的水准尺上的读数，来测定两点间的高差，再根据已知点高程计算待定点高程。

如图3-1-3所示，在地面上有a、b两点，已知a点的高程为H_a、为求b点的高程H_b，在a、b两点之间安水准仪，a、b两点上各竖立一把水准尺，通过水准仪的望远镜读取水平视线分别在a、b两点水准尺上截取的读数为a和b，可以求出a、b两点间的高差为：$H_{ab}=H_a-H_b$

设水准测量的前进方向为a点至b点，则称a点为后视点，其水准尺读数a为后视读数；称b点为前视点，其水准尺读数b为前视读数。因此，两点间的高差等于：$h_{ab}=$后视读数—前视读数

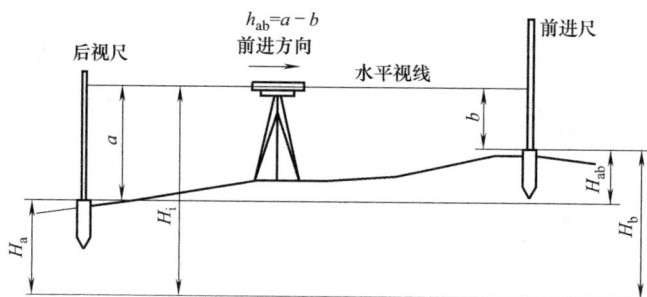

图3-1-3　水准仪工作原理

若后视读数大于前视读数，则高差为正，表示b点比a点高，$h_{ab}>0$；若后视读数小于前视读数，则高差为负，表示b点比a点低，$h_{ab}<0$。

如果 a、b 两点相距不远，且高差不大，则安置一次水准仪，就可以测得高差 h_{ab}。此时 b 点高程为：$H_b = H_a + h_{ab}$

b 点高程也可以通过水准仪的视线高程 H_i 计算，即：

$$H_i = H_a + a \qquad H_b = H_i - b$$

（2）水准仪在古建筑大木构架抄平测量中的应用

利用水准仪可代替传统水平管进行古建筑大木构架的抄平。

1）工具准备：水准仪（可配备塔尺 1～2 根）。

2）图纸准备：将所测绘的单体建筑柱网绘制出来后，将所有柱子进行编号，便于在空白处按照柱子编号进行记录。

3）测绘过程：

首先是选择水准仪的位置，尽可能选择在便于观察测绘点的位置，要尽可能多的观察到测绘点，以减少观察点的数量。测量一般需要三人配合来完成，一人负责观察仪器并读数，一人负责在测量点撑塔尺，一人负责记录数据。

测量原理：使用水准仪和塔尺通过原有永久控制点对所需测量的控制点进行标高测量（柱头和柱底），获得两点之间的标高差，已知原有控制点标高，即可得到现有控制点的标高，标高数值进行闭合误差检查无误后，记录到相应的图纸位置上。

4）记录：有两点需要注意：一是记录要清晰，到底是柱头还是柱底的数据，要标明；二是由于水准仪不能一次支搭就将所有控制点全部测量完成，在重新选择控制点时要将上一个控制点记录清楚。

（3）水准仪在古建筑群总平面图中的应用

一般使用水准仪与经纬仪配合进行总平面图的测绘，测绘过程如下：

1）测绘准备

经纬仪、水准仪、卷尺、塔尺、粉笔、测绘钉、绘图板、绘图纸、尺规、铅笔以及草纸。

2）进行测绘控制点布控

根据实际情况使用粉笔或者测绘钉在古建筑群放置控制点，测绘点应尽量放置在建筑四角、地形起伏、附属文物等有测绘控制意义的点位上。

3）使用经纬仪通过原有永久控制点对新的控制点进行水平角度测绘，使用卷尺测出两点之间的直线距离，得到的数据经过闭合误差检查无误后，绘于图纸上转化成控制点位置平面图，通过原有永久控制点平面坐标、水平角度和直线距离可以求的新的控制点在平面图上的坐标。

4）使用水准仪和塔尺通过原有永久控制点对新的控制点进行标高测量，获得两点之间的标高差，已知原有控制点标高，即可得到现有控制点的标高，标高数值进行闭合误差检查无误后，记录到相应的图纸位置上。

5）通过现场测绘的数据和图纸就可以进行古建筑总平面图的测绘了。

4. 电子全站仪

（1）全站仪的工作原理

全站仪作为集光学、电学、机械学于一体的先进测量设备，实现了在一个测站点能够快速进行三维坐标测量、定位和自动数据的采集、处理、储存等工作，较为完善的实现了测量和数据处理过程的一体化和电子化，全站仪几乎可以用于现在所有的测量领域。

电子全站仪的主要组成：电源部分、测角系统、测距系统、数据处理部分、通信接口，以及显示屏和键盘等组成。

同电子经纬仪、光学经纬仪相比，全站仪增加了许多特殊部件，因此而使得全站仪具有比其他测角、测距仪器更多的功能，使用也更方便。这些特殊部件构成了全站仪在结构方面独树一帜的特点。

1）同轴望远镜

全站仪的望远镜实现了视准轴、测距光波的发射、接收光轴同轴化。同轴化的基本原理是：在望远物镜与调焦透镜间设置分光棱镜系统，通过该系统实现望远镜的多功能，即既可瞄准目标，使之成像于十字丝分划板，进行角度测量。同时其测距部分的外光路系统又能使测距部分的光敏二极管发射的调制红外光在经物镜射向反光棱镜后，经同一路径反射回来，再经分光棱镜作用使回光被光电二极管接收；为测距需要在仪器内部另设一内光路系统，通过分光棱镜系统中的光导纤维将由光敏二极管发射的调制红外光传也送给光电二极管接收，进而由内、外光路调制光的相位差间接计算光的传播时间，计算实测距离。同轴性使得望远镜一次瞄准即可实现同时测定水平角、垂直角和斜距等全部基本测量要素的测定功能。加之全站仪强大、便捷的数据处理功能，使全站仪使用极其方便。

2）双轴自动补偿

在仪器的检验校正中已介绍了双轴自动补偿原理，作业时若全站仪纵轴倾斜，会引起角度观测的误差，盘左、盘右观测值取中不能使之抵消。而全站仪特有的双轴（或单轴）倾斜自动补偿系统，可对纵轴的倾斜进行监测，并在度盘读数中对因纵轴倾斜造成的测角误差自动加以改正（某些全站仪纵轴最大倾斜可允许至$\pm6'$），也可通过将由竖轴倾斜引起的角度误差，由微处理器自动按竖轴倾斜改正计算式计算，并加入度盘读数中加以改正，使度盘显示读数为正确值，即所谓纵轴倾斜自动补偿。双轴自动补偿的所采用的构造：使用一水泡（该水泡不是从外部可以看到的，与检验校正中所描述的不是一个水泡）来标定绝对水平面，该水泡是中间填充液体，两端是气体。在水泡的上部两侧各放置一发光二极管，而在水泡的下部两侧各放置一光电管，用于接收发光二极管透过水泡发出的光。而后，通过运算电路比较两二极管获得的光的强度。当在初始位置，即绝对水平时，将运算值置零。当作业中全站仪器倾斜时，运算电路实时计算出光强的差值，从而换算成倾斜的位移，将此信息传达给控制系统，以决定自动补偿的值。自动补偿的方式除由微处理器计算后修正输出外，还有一种方式即通过步进马达驱动微型丝杆，把此轴方向上的偏移进行补正，从而使轴时刻保证绝对水平。

3）键盘

键盘是全站仪在测量时输入操作指令或数据的硬件，全站型仪器的键盘和显示屏均为双面式，便于正、倒镜作业时操作。

4）存储器

全站仪存储器的作用是将实时采集的测量数据存储起来，再根据需要传送到其他设备如计算机等中，供进一步的处理或利用，全站仪的存储器有内存储器和存储卡两种。全站仪内存储器相当于计算机的内存（RAM），存储卡是一种外存储媒体，又称PC卡，作用相当于计算机的磁盘。

5）通信接口

全站仪可以通过通信接口和通信电缆将内存中存储的数据输入计算机，或将计算机中的数据和信息经通信电缆传输给全站仪，实现双向信息传输。

（2）全站仪在古建筑测量中的应用

全站仪的应用非常广泛，在古建筑测绘中全站仪有几方面的应用：

1）建筑物立面的测绘。全站仪可以通过直接读数获得某点的标高、水平距离的数据，或者更进一步，直接测绘两点之间的距离，得到建筑立面的全部数据，这对于古建筑立面图的测绘提供了极大的便利，免除了以前上人测量带来的数据不准确、高处作业危险等种种不便和风险；另一方面测绘数据可以直接通过全站仪进行保存，省去了人工数据处理和计算过程，提高了工作效率，尤其是对于高度较高的古建筑，由于安全方面的考虑，不适合进行人工测量其屋面构件时，则可以通过全站仪的两点测量方法进行其高度和长度测量。

2）全站仪也可用于地形图、古建筑群平面图、城墙等的测绘。

5. 全球卫星定位系统（GPS）

GPS即全球定位系统（英文名：Global Positioning System），又称全球卫星定位系统，中文简称为"球位系"，是一个中距离圆型轨道卫星导航系统，结合卫星及通信发展的技术，利用导航卫星进行测时和测距。GPS是美国从20世纪70年代开始研制，历时20余年，耗资200亿美元，于1994年全面建成，具有在海、陆、空进行全方位实施三维导航与定位能力的新一代卫星导航与定位系统。经过近十年我国测绘等部门的使用表明，全球定位系统以全天候、高精度、自动化、高效益等特点，赢得广大测绘工作者的信赖，并成功地应用于大地测量、工程测量、航空摄影测量、运载工具导航和管制、地壳运动监测、工程变形监测、资源勘察、地球动力学等多种学科，从而给测绘领域带来一场深刻的技术革命。

6. 三维激光扫描仪

三维激光影像扫描技术是20世纪90年代中期出现的新型三维测量技术。这一处于起步阶段的技术，是一种新型的获取空间数据信息的工具，是以非接触的方式，以高速的激光（激光发射器发射），通过计算接收器收到所测物体表面反射信号的时间差，获取物体的图形数据和影像资料，再由处理软件对其采集的"云点"信息进行坐标的转换，可根据需要不同数据库的需要输入不同的格式。

而"云点"则是高速激光扫描测量中采集到的北侧对象的点的集合，这个点的集合，就是被测物体的图像数据，数据有良好的通用性，通过标准接口可以被各种相关处理软件系统使用，从而快速生成所需要的三维模型。但是，大量的"云点"会占用大量的存储空间，对于所采集的无效信息要进行筛选删除，例如利用三维激光扫描仪测量古建筑的立面，而建筑前有树木的遮挡，这些树木的信息也会在测量时被采集。

在故宫的修复测绘中，使用了三维激光扫描仪，这样的方式，不仅取得了良好的测绘效果，而且为古建筑测绘的数字化提供良好的平台。

2008年底，广东省文物考古研究所在对莲塘何姓宗祠的古建筑扫描中成功使用该技术。并根据云点描绘得出该建筑的立面。对于弧形的不规则山墙，三维激光扫描仪可以一次扫描完成。

该项技术一般用来观测局部区域或单体建筑。目前主要应用方面是风景名胜区、文化遗产保护区的保护规划设计；异形建筑物、构筑物数据采集与处理、三维建模与正射影像图制作；微型建筑物精细测绘、精细建模以及虚拟展示等。

（1）三维激光扫描仪在辅助手工绘图方面的应用

古建筑整体点云模型完成后，沿着特定轴线剖切，获取点云切片，专业人员依据切片绘制多种线划图。

1）各层平面图：古建筑平面图是在窗户中间进行剖切并向下方投影所形成。为避免数据量过大无法在 CAD 中打开的情况，可以先在窗户中部、柱础、台阶处等关键部位进行剖切，然后叠加到一起。

2）屋顶俯视图：与平面图是相对应的关系，注意剖切线和看线间的协调。

3）正立面图、侧立面图：为了减少数据量可以把部分室内数据删除，主要保留室外数据。注意屋顶数据不能删除。

4）纵剖面图、横剖面图：剖面图主要表现古建筑各个层次、各个构件间的关系。横剖面系沿进深方向的剖面，纵剖面系沿着开间方向的剖面。

（2）三维激光扫描仪在古建筑结构研究与监测方面的应用

1）建筑物整体变形分析：通过对大量信息点测量、分析，得到建筑物整体变形信息，从而对古建筑梁架形变、立柱形变以及墙体形变部位作出预测，弥补传统变形监测的片面性和局限性。

2）歪闪分析：以点云剖面图为基础，结合法式测绘相关规定可以对木结构梁架歪闪、檩条滑滚、梁架下沉和挠度做出定性与定量分析。

3）立柱形变分析：利用点云数据拟合立柱，计算出各立柱高度、收分、升起与侧脚，将这些数据与史料或法式规定作比较，可得出古建筑各立柱现状具体形变数据。

4）建筑物墙体收分和病害分析：以墙体四个角点或柱网轴线为依据制作参考平面，依据营造法式相关规定可以计算出墙体倾斜度、墙面平整度并对墙面病害进行统计分析等。

5）古塔倾斜度分析：利用点云数据计算古塔倾斜度，在点云图片上标注。

（3）三维激光扫描技术在文化遗产保护应用领域

1）保存文物遗产现状资料，建立三维数据档案；

2）文物现状分析及维修方案设计；

3）古建维修检核资料，后期持续保护监测；

4）文物的虚拟现实应用；

5）考古现场测绘。

经过多年来的技术研究和项目应用实践，目前从建筑物信息获取、数据处理，到所需工程图制作以及结构分析等方面摸索出了较完整的技术路线。

三维激光扫描技术具有如下的特点（见表 3-2）：高效、精确度高、适应性墙、非接触性、全数字化采集等，这些都是传统测量方法是无法完成的，但同时，也具有相应的不足，例如，海量"点云"数据占内存，并需要删除多余数据信息、不适合树木繁茂处，不适合透明物体的测量等等，因而对于古建的测量，尤其是不规则墙面的测量，三维激光扫描技术不仅可以获得建筑物的三维空间的坐标信息，对于建筑物的细节部分以及材质的信息，也都能同时获取。

三维激光扫描仪优缺点 表 3-2

	优 点	缺 点	补 充
1	数据采样率高、采集信息量大、获得物体空间信息	海量"点云"数据占内存,并需要删除多余数据信息	与经纬仪、全站仪相比,数据多,但针对性不强
2	精确度高且精度分布均匀	测绘细部效率低	不用于细部的测量
3	受外界影响小,可在夜晚进行作业,不受时间和温度的约束	不适合树木繁茂处,不适合透明物体的测量	繁茂的树木对建筑产生遮挡,该技术并不能排除遮挡数据信息
4	非接触测量	避免在多植被、复杂的乱石环境中使用,不用于测绘地形、地貌	传统测量方法是无法完成的
5	数字化采集,兼容性好,可进行数据共享和交换	数据量大、因而文件大,占内存,传输需要时间长	可与 GPS 系统、外置数码相机配合使用

随着技术经验和仪器设备的进一步完善,地面三维激光扫描技术在古代建筑物精细测绘及文化遗产保护领域中将得到更广泛的推广和应用。(附图片 31～附图片 37)

三、传统测量与现代仪器测量相结合

1. 传统测量方法的利弊

传统测量方式具有以下特点(见表 3-3)。虽然传统测量方式操作简单,但对于大体型和构件复杂的建筑,由于测量尺寸多,所以更容易出现误差,其次,登高测量存在危险,且对建筑物的接触容易对建筑物造成破坏,而近距离的接触更利于了解构件的尺度。对于碑文或者题记、浅雕刻的纹样,如果被某些构件遮挡,就不能进行完整的拍摄或三维激光扫描,这时,就只能利用拓片制作的方式来获取其信息,最重要的是,传统测绘方式运用的仪器是卷尺等,工具成本低,测量虽有误差,但对于小构件的测量,体现优势,主要是斗口尺寸、材宽尺寸的测量中,误差不大,便于操作。学生在测绘过程中掌握古建筑的建筑类型、结构体系、建筑各构件等内容,加深对优秀古建筑遗产的认识,提高建筑审美和研究能力等,为后续课程打下坚实基础。

传统测量的利弊 表 3-3

优 点	缺 点
操作简单	大型、复杂建筑,精度不足
近距离接触建筑构件	高处构件测量危险
对遮挡构件及浅雕刻的近距离拓片制作	接触、易对建筑物产生破坏
工具成本低	测量误差大

2. 现代测量仪器的利弊

现代仪器测量特点如表 3-4 所示,简单概括了常见的集中现代测绘设备和技术的利弊,其中电子全站仪虽然是非接触测量的方式,但却是逐点对数据进行采集,可以测量复杂的地形,也可以对建筑的细部进行测量,但不适合于树木茂密的地方,也不适用于不规则的目标物;GPS 是接触式的测量方式,并且逐点测量、点位数据采集有限,还需要到达每一个测点,遇到登高取点时必然有危险性,所以只适用于如整个城市或者街道这样尺度大的目标,还由于信号的原因,并不适用于室内,而且除 GPS 外,其余三种设备均为非接触的方式（光学原理），不用到达测绘点，可以避免因接触建筑物而对其造成保护性的破坏。但相比传统的测绘工具，这四种设备都价格昂贵，前期投入大。三维激光扫面仪如长期野外测绘工作（超过4h），还需配备发电机，本身设备重，再加上发电机的重量，不便于携带。但与全站仪和GPS相比，却不需要到达每个测点，避免登高取点而存在的安全隐患。其具有高效、精确度高、适应性强、非接触性、全数字化采集等特点，都是传统测量方法是无法完成的，但同时也具有相应的不足，例如，海量"点云"数据占内存，并需要删除多余数据信息、不适合树木繁茂处，不适合透明物体的测量等，因而对于古建筑的测量，尤其是不规则墙面的测量，运用三维激光扫描仪，能获得建筑物的空间坐标信息，和一些细部或者材质的数据信息。但对于建筑细部的测量，通常不需用三维激光扫描仪。

其中无人机航空摄影测量系统，与可载人的航空摄影测量系统相比，成本降低，可低空飞行，拍摄更多建筑清晰的细部，但由于是飞行器，不仅容易受到天气因素的影响，而且对操作人员具有较高的专业技术性要求，尤其是在山区等环境复杂的情况下飞行需要操作手具有丰富的工作经验。通过摄影测量系统，我们可以得到更多色彩、材质等古建筑的全面信息，这些是传统测绘和表达方法无法做到的。这些数据的采集，将更有利于我们对古建筑的研究。摄影测量应用广泛，在建筑测绘方面可部分取代手绘绘制等方式，但设备性能要求高，资金投入大。尤其是室内摄影测量，往往对室内光线的要求比较大，需要辅助灯光的设置，并且地面拍摄需要摇臂等大量的辅助工具，对于设备的使用，也需要专业人员进行操作，因而，在其具有不可替代的优势的同时，也具有不可避免的局限性，在选择合适的测量方式前，应综合考虑。

现代测量仪器的利弊　　　　　　　　　　　　　　　　　　　　表 3-4

全 站 仪	GPS	三维激光扫描仪	无人机航空摄影测量系统
非接触测量	接触式测量	非接触测量	非接触测量
逐点测量、点位数据采集有限	逐点测量、点位数据采集有限	海量"云点"数据，但也有很多无意义测点需要删除	无需逐点测量，同时获取各种信息
不需到达每一个测点，设备能"看到"即可	需要到达每一个测点，登高取点有危险	不需到达测点	不需到达测点
可测绘复杂的地形，也可测绘建筑细部	适用于如整个城市或者街道这样尺度大的目标	避免在多植被、复杂的乱石环境中使用，不用于测绘地形、地貌	短时间内对大面积目标进行拍摄，工作速度快，除了数据，还有航空照片
不适合树木繁茂处	适合树木繁茂处	不适合树木繁茂处	适合树木繁茂处
适合测不规则物体	适合测不规则物体	测不规则物体效率高	适合测不规则物体
测绘细部效率低	测绘细部效率低	测绘细部效率低	测绘细部效率高
速度快	速度快	速度快	速度快
设备价格贵	设备价格贵	设备价格贵	设备价格贵
可用于室内	不用于室内(信号弱)	不用于室内	不用于室内
适合透明材质	适合透明材质	不适合透明材质	适合透明材质
设备较重	设备不重	设备很重(主机加附加件，总重量80kg)	设备很重
需配电池	需电池	需配电池箱、发电机	需配电池箱

综上所述，在针对不同的测绘类型、不同的测绘环境时，各种现代的设备和技术都有不可避免的缺点，比如，由于古建筑测绘需要大量的数据信息，使用全站仪，还仅仅停留在逐点的测绘中，并不适用于大体量、大范围的古建筑测绘，此时，三维激光扫描仪即可满足，但对于细部构件的测绘，传统的测量方式往往操作更简单、精度更高。

现代的测绘数据处理及表达方式也可综合利用，包括摄影和摄像资料、计算机软件生成图纸、绘制图纸等，针对不同情况、不同的测绘要求和测绘类型，综合运用各种数据处理和表达方式。古建筑的研究离不开古建筑的测绘工作，对于测绘成果的表达，利用计算机图像技术进行的综合表达是我们目前常用的方式，二维和三维的图像结合，这种对于现代技术的综合利用，对于古建筑测绘来说，具有进步性。因为每一种方式，或者说每一个技术，都有其优缺点，系统地整合各种资源，利用各种仪器的优势，形成综合的测量系统，这样，提高工作效率的同时，获得更完善也更安全、更易于保护和共享的古建筑资料。例如，新型的电子全站仪可以与 GPS 模块整合，记录坐标信息的同时，形成绝对的地理坐标信息。还有在三维激光扫描仪的扫描窗口内设置摄像头，在扫描工作进行的同时，可以对扫描的目标进行拍摄，"点云"信息与实景的照片相结合，用于辅助内业工作的处理。因此在大范围的古建筑测绘中，结合传统的测绘方式，在条件允许的情况下，应当综合运用全站仪、三维激光扫描技术、摄影测量技术等现代测绘工具和技术。

3. 传统测量方法与现代技术的结合

传统测量方法与现代技术的结合，即根据测量的实际需求，结合各种方式的利弊，选择合适的方式结合使用，从而提高工作效率。

可见单独使用现代技术或传统的手工测量技术难以完成所有类型的测绘任务，所以应当将它们整合起来，取长补短，形成综合的测量系统。例如，天津大学建筑学院曾在 20 世纪 50 年代和 60 年代对避暑山庄及外八庙进行测绘，当时并没有十分先进的技术，因而，对于大面积的水体和假山，并没有精细详细的测量，直到 2012 年的暑假，天津大学建筑学院又对其进行测量，这次使用的现代测量设备和技术有：三维激光扫描仪和无人机航空摄影测量系统，现代技术的使用，实现了对不规则的水体和假山的测量，尤其是空中飞行器对园内假山叠石和水岸的拍摄测量。

2005～2006 年，清华大学与山西省古建筑保护研究所合作测绘的山西省五台山佛光寺东大殿，也是传统测量方式与现代测量设备结合的实例，运用的设备是三维激光扫描仪。由于佛光寺东大殿斗栱出檐深远，即使有梯子、脚手架等设备，还是无法用手工测绘的方式找到合适的测量位置。因而在手工测绘的基础上，选用三维激光扫描仪对斗栱进行测量。

传统的测量方式工具成本低，测量虽存在一定的误差，但对于小构件的测量体现优势，主要是斗口尺寸、材宽尺寸的测量中便于操作。建筑学本科古建筑测绘课程在有建筑学专业的高校都会开设，但只有清华大学、同济大学、天津大学等几所高校有三维激光扫描仪等现代测绘设备，其他还是采用传统的测绘方法，对于本科生古建筑测绘教学，同样需要把传统的测量方式与现代的测量技术相结合，并综合运用现代技术表达古建筑测绘的成果，即对计算机软件的应用。让学生通过亲身体验感受中国古建筑博大精深的同时，掌握对现代测量仪器的使用，并针对不同的限制条件，选择出恰当的组合方式。

还要将传统的数据表达方式与现代技术相结合，即手绘与计算机绘图相结合，计算机图纸便于携带，将图片存储在存储设备中，随时使用，还可多次打印和复制，便于资源共享，而手绘的方式通常运用于现场的记录工作，比较方便。当然，对于本科生古建筑测绘教学来说，手绘的基本功需要培养，计算机绘图的技能也要学习，这是作为学生，也是作为建筑设计工作者必备的素质。

第二节　利用现代测绘仪器测绘实例

一、全站仪测绘方法

太原纯阳宫是一处以道教祭祀为主的古建筑群，又名吕祖庙。因其供奉吕洞宾，而"纯阳"二字正是吕洞宾的号，故其称为纯阳宫。纯阳宫地处太原市核心地段，紧靠城市广场五一广场，是一处全国重点文物保护单位，现已开辟为山西省艺术博物馆。

据考证纯阳宫是宋代修建，之后又经历了元及明清历代的修缮与扩建才有了如今的规模，在近代对纯阳宫也进行了维修。现有的建筑群体坐北朝南，呈狭长形布置有五进院落，占地面积有一万多平方米，整体保存完好。

本案例将通过全站仪对山西省太原市纯阳宫古建筑群进行实地测绘，借此说明其使用方法。（见图 3-2-1～图 3-2-2）

利用全站仪测量建筑平面图的原理，是在测量场地布置测量坐标网络，利用所布置的测绘控制网络中的控制点，在控制点上读取建筑物上各点坐标，所以，全站仪测量建筑平面图的关键在于测绘控制网的建立及合理性。下面我们以太原市纯阳宫第一进院落的测绘为例，介绍如何建立科学有效的测绘控制网。

1. 控制点位置的选取

（1）在实验场地上选择一点 A，作为测站，另外三点 B、C、D 作为观测点；

（2）将全站仪安置于点 A，对中、整平；

（3）首先在 B、C 两点分别安置棱镜。（要求选取的 A、B、C、D 四点可以很完整地测量到实验场地各文物建筑的转折点，选择控制点的基本要求是：尽可能选取较少的点来形成闭合平面，以减小测量误差。）

2. 测量仪器的调平

调平分两步进行：

（1）粗平

看圆气泡（精度相对较低，一般为 1 分），分别旋转仪器的 3 个脚螺旋将仪器大致整平。

（2）精平同时进行检验

使仪器照准部上的管状水准器（或者称长气泡管）平行于住意一对脚螺旋，旋转两脚螺旋使气泡居中；然后，将照准部旋转 180°，此时若气泡仍然居中，则管状水准器轴垂直于竖轴（长气泡管没有问题）。如气泡不居中，就需要校正。

校正方法：首先确定偏差量，即气泡偏离中间的差量；然后用改针调整长气泡管的校正螺钉，使气泡返回偏差量的 1/4。若前面的差量无法精确知道，这里可大概改正；然后重复检验（同第二步）。每项检验完毕后必须旋紧有关的校正螺钉。

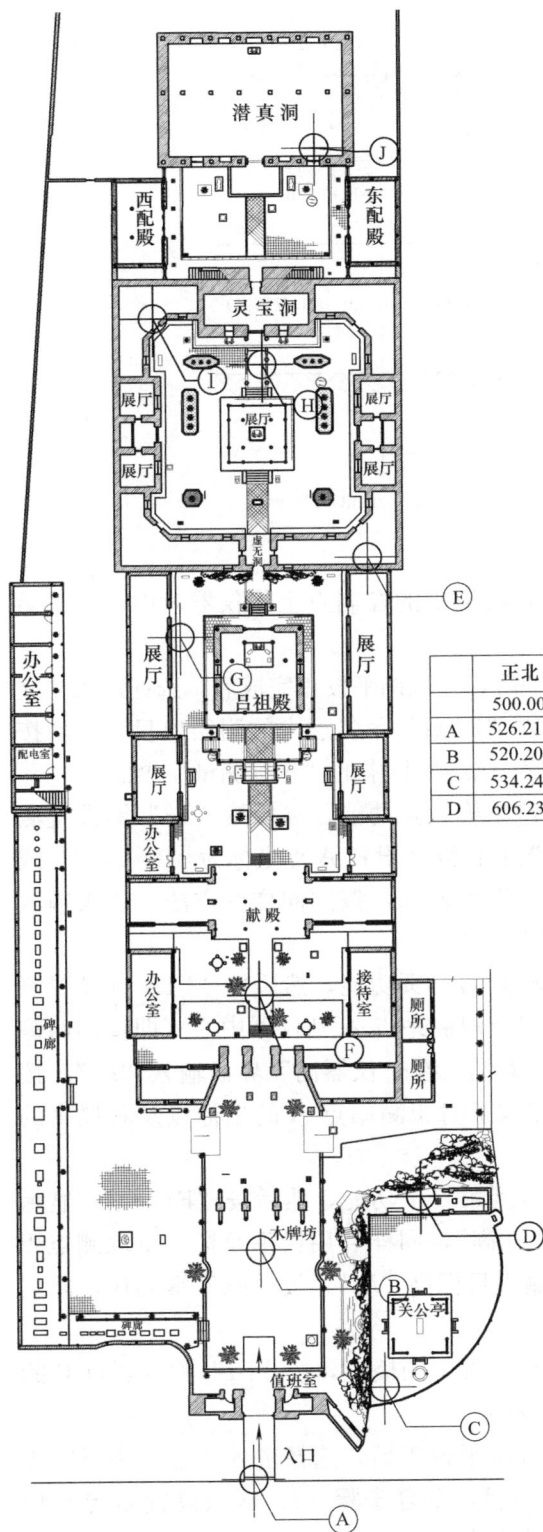

	正北	正东	高程		正北	正东	高程
	500.000	1000.000	800.000	E	559.483	1010.330	799.383
A	526.211	1104.624	799.590	F	599.553	1006.668	799.399
B	520.207	1018.723	808.618	G	626.328	1020.217	804.206
C	534.246	1025.779	807.802	H	635.892	1011.171	803.177
D	606.233	1024.974	803.142	I	650.914	1030.492	805.852

图 3-2-1　太原市纯阳宫总平面图（测点示意图）

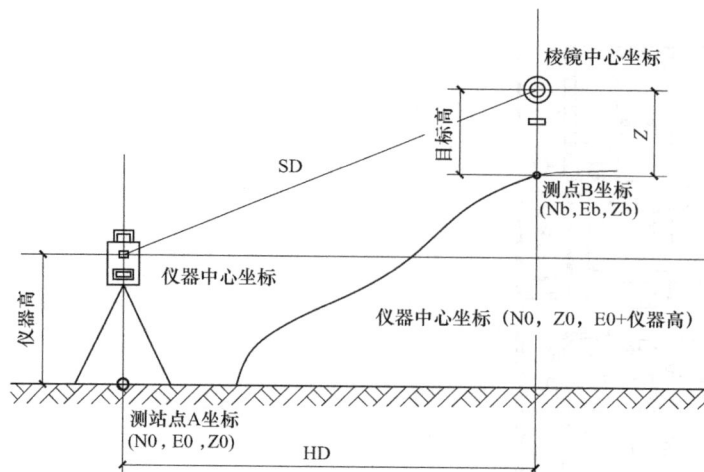

图 3-2-2　太原市纯阳宫全站仪测量站点示意图

3. 闭合平面的验证

以"南方 NTS360 型"全站仪为例，在实验场地中的控制点上将仪器对中、整平后按以下步骤进行：

（1）将仪器架设于已知坐标点 A，对中整平后，开机调平校正完成后，选择进入"坐标测量"界面，这时需要建立测量文件，我们以"CYG"命名这次的测绘项目，然后按"F4"确认键后，就可以进入我们建立的"CYG"测绘项目中的"坐标测量"界面。

（2）在"坐标测量"界面，按"F4"键，转到第二页功能，然后按"F3"键设置测站点 A，此时需要添加测站点 A 坐标〔通常情况我们默认设置 A 点坐标为（0，0，0）或者（100，100，100）〕，输入 N 坐标，并按"F4"键确认，按照同样的方法，依次输入 E、Z 坐标，输入完毕，屏幕返回到"坐标测量"模式。

（3）在"坐标测量"界面，按"F4"键，转到第二页功能，然后按"F1"键设置测站点 A 的仪器高度，这里我们将利用铅垂及标尺量取测站点 A 到仪器中心（即仪器两侧的刻划线）的垂直距离"h_0"，即我们所需的仪器高，在"仪器高"界面输入"h_0"，按"F4"确认，回到"坐标测量"界面，此时就完成了对于测站点 A 的坐标点及其仪高的设置。

（4）在"坐标测量"界面，按"F4"键，转到第二页功能，然后按"F1"键，显示当前"仪器高"和"目标高"，将光标移到"目标高"，同样利用铅垂及标尺量取测点 B 的垂直高度"h_1"，即我们所需的"目标高"，输入目标高"h_1"，按"F4"键确认，回到"坐标测量"界面。

（5）在"坐标测量"界面，将镜头对准测点 B 设置的棱镜，按"F1"测量测点 B 的坐标点，即 A 点的前视点 B 点坐标（N_B，E_B，Z_B）。

（6）将全站仪移至 B 点，对中整平后，开机调平校正后，选择进入"坐标测量"界面，这时需要进入我们以"CYG"命名的测绘项目，重复步骤（2）输入设置 B 点坐标（N_B，E_B，Z_B），重复步骤（3）输入设置现 B 点的仪器高"h_B"，以及测点 C 的目标高"h_2"。

（7）重复步骤第五步，测量 B 点的前视点 C 的坐标（N_C，E_C，Z_C）。

（8）这时将镜头对准现测点 A 的棱镜，重复步骤（4），输入此时 A 点的目标高"h_{01}"。重复第五步，测量此时 A 点的坐标（N_A，E_A，Z_A），即 B 点的后视点 A 的坐标。

（9）若此时所得 A 点坐标（N_A，E_A，Z_A）和步骤（2）中，我们设置的 A 点坐标一致，即验证 B 点布置合理，依次类推，重复步骤（6）、步骤（7）、步骤（8），完成并验证"CYG"测绘项目的布点工作，并验证完成所布点组成的闭合平面的合理性。

（10）下面就可以利用在我们的"CYG"测绘项目所布的测绘网络，在 A、B、C、D 各点测量纯阳宫一进院落的建筑平面。

4. 台明节点的测量

（1）距离测量

1）首先从显示屏上确定是否处于距离测量模式，如果不是，则按操作键转换为距离模式。

2）照准棱镜中心，这时显示屏上能显示箭头前进的动画，前进结束则完成坐标测量，得出距离，HD 为水平距离，VD 为倾斜距离。

（2）坐标测量

1）首先从显示屏上确定是否处于坐标测量模式，如果不是，则按操作键转换为坐标模式。

2）输入本站点 O 点及后视点坐标，以及仪器高、棱镜高。

3）瞄准棱镜中心，这时显示屏上能显示箭头前进的动画，前进结束则完成坐标测量，得出点的坐标。

二、全站仪测量建筑群方法总结

本案例将运用全站仪对山西省陵川县小会岭二仙庙进行实地测绘，借此说明其使用方法。（见图 3-2-3、图 3-2-4、图 3-2-5、图 3-2-6）

第一部分：建筑群院面高差的测量。

第一步，在场地内部选择一点 A（足够测量到整个建筑群的地形高差）作为测站，选择各个高差平面内的点 1、2、3、4、5……（如图 3-2-1）作为要测点。

第二步，仪器在 A 测站点的位置，校准调平仪器，开始测量，将仪器对准要测量的点 1、2、3、4、5……进行测量得出高差，并记录。

第二部分：建筑群总平面图的测量。

全站仪测量建筑平面图的关键在于测绘控制网的建立及合理性，需要建立科学有效的测绘控制网。具体操作如下：

第一步，①在场地内仍选择 A 点作为测站，另外两点 B、C 作为观测点；②将全站仪安置于点 A，对中、整平；③在 B、C 两点分别安置棱镜。（要求选取的 A、B、C 三点可以很完整的测量到建筑群各单体建筑）。

第二步，仪器在 A 测站点的位置，校准调平仪器，开始测量，将仪器对准要测量的点 A1、A2、A3、A4、A5、A6、A7、A8……进行测量，并记录各点的平距及平角。

然后分别把全站仪架设于 B、C 点，校准调平，进行同样的操作，分别测出 B1、B2、B3、B4、B5……，测量并记录仪器在 B 测站点测出的结果即平距和平角；C 点作为测站的原理同上，不再赘述。

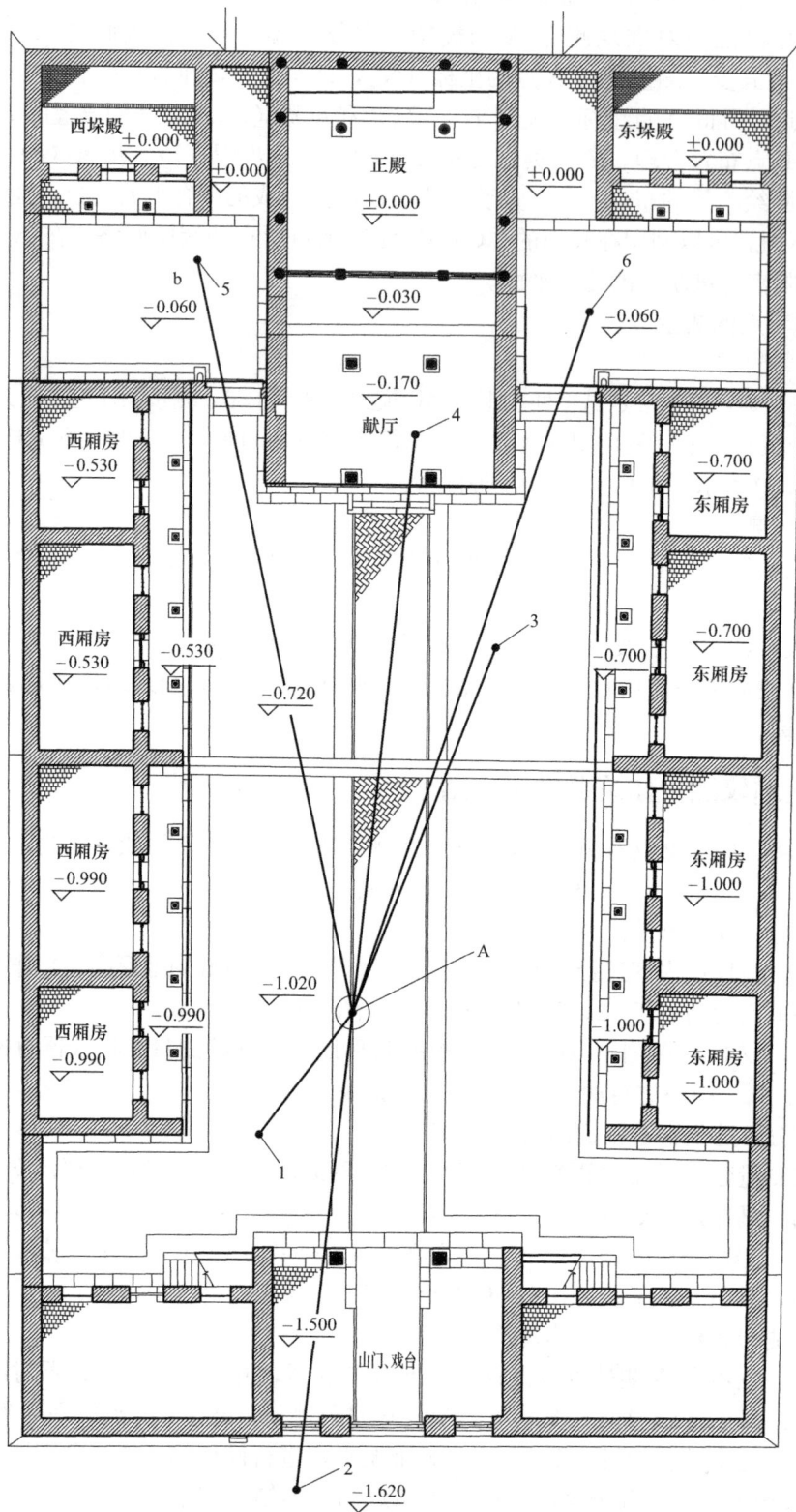

图 3-2-3　山西陵川小会岭二仙庙总平面图（一）（测点示意图）

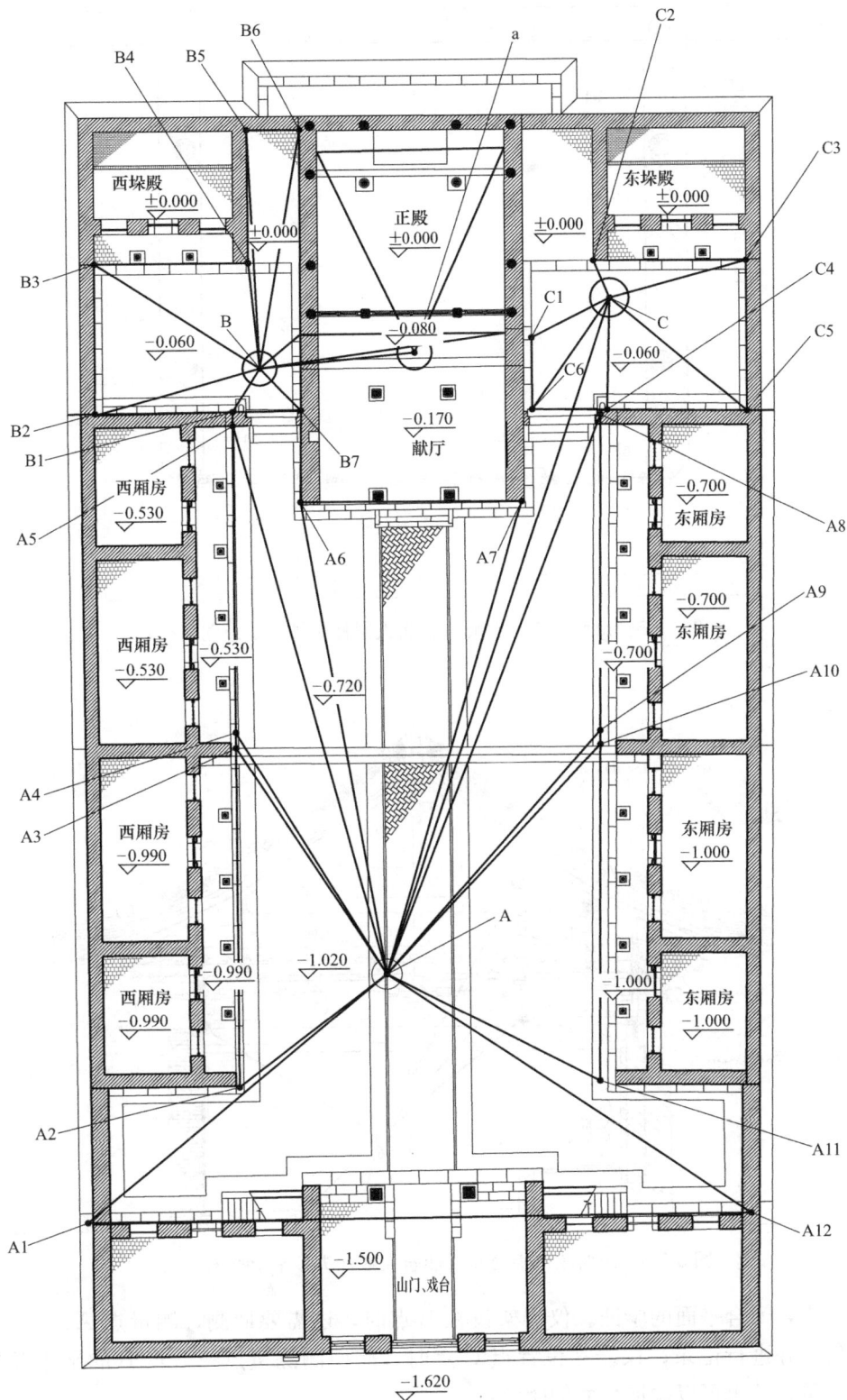

图 3-2-4　山西陵川小会岭二仙庙总平面图（二）（测点示意图）

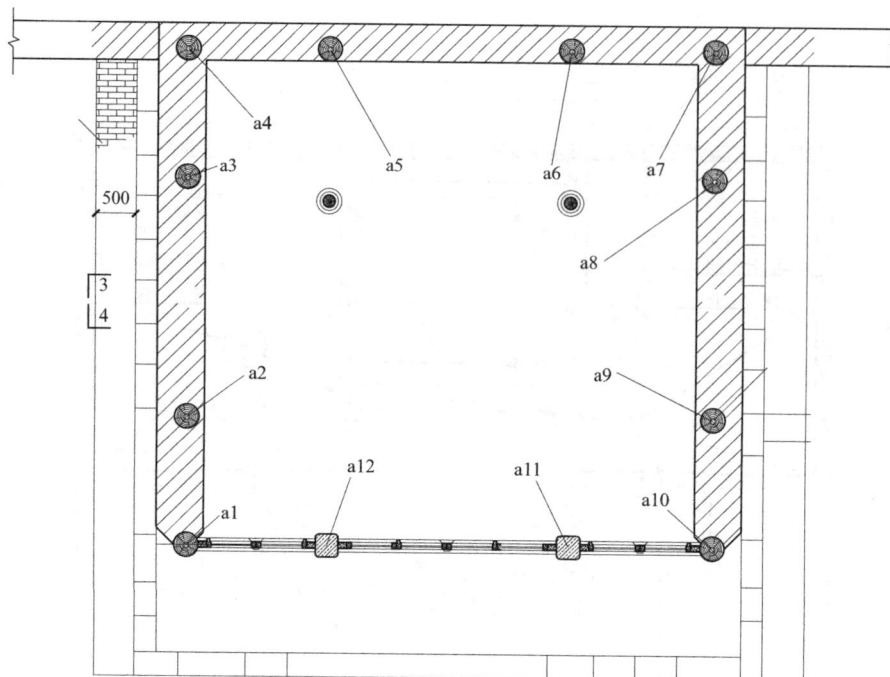

图 3-2-5 山西陵川小会岭二仙庙大殿柱头抄平示意图（一）

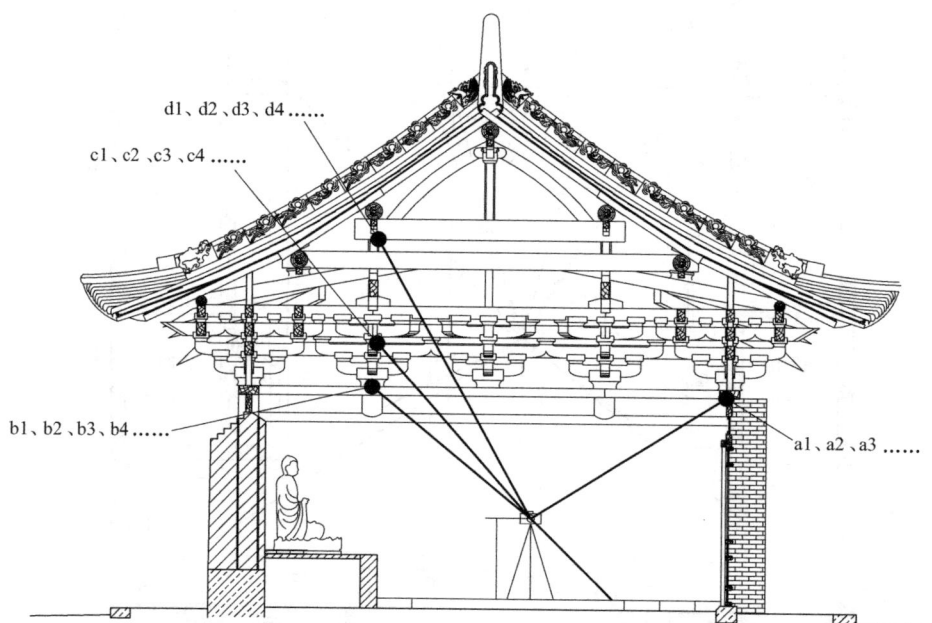

图 3-2-6 山西陵川小会岭二仙庙大殿柱头抄平示意图（二）

第三步，闭合平面的验证。仪器架设在 B 点时，还需要回测，测量点 A、点 C 的平距及平角，并进行记录；仪器在位置点 C 点时，需回测测量点 A、点 B 的平距及平角，并进行记录；结果可以验证平面的闭合性。

测量中遇到的问题：所瞄准的测量点可能有所偏离或者中间有遮挡物，导致测出的数据跟实际不符，主要出现在墙体的拐角处的位置，应该在得出的每个数据进行对比分析，及时调整，以免造成不必要的误差。

第三部分：单体建筑梁架及柱子沉降的测量。

由于需要对正殿柱子中心线、斗栱、梁架的沉降程度进行数据量化，所以需要测量出其现状高度，然后从现状高度数据中分析得出对应的沉降量。

具体操作步骤：

第一步，控制点的选取，主殿内选择控制点 a，作为测站，选择地面点 1，各柱头位置点 a_1、a_2、a_3、a_4、a_5……，各栌斗下的位置点 b_1、b_2、b_3、b_4、b_5……，梁下的位置点 c_1、c_2、c_3……，作为测量点；

第二步，在 A 点的位置安装全站仪，校准调平后，开始测量；

第三步，测量并记录各观测点的高程便于后期比较分析。

遇到的问题，由于殿内光线昏暗，在仪器瞄准要测点的过程中比较困难，在这里可以直接利用测量时仪器所照射出的红点，进行定位，更加方便快捷，具体操作如下，在瞄准要测点前按"F2"进入测量模式，仪器会照射出一个红色的点，然后再转动仪器，对准要测的点，固定仪器，按"F4"取消测量，再"F2"进行测量，得出数据，并记录。

第四章

古建筑现状评估与修缮

第一节 古建筑真实性记录

一、古建筑真实性

1. 古建筑真实性定义

古建筑真实性主要是指："信息来源的确实性和准确真实性"。而信息来源最根本的依据是文物建筑及遗址，即：古建筑的形式及设计、古建筑用途及功能、古建筑原料及建筑材料、古建筑所处的位置及其周边环境、有文字记载的传统知识体系、口头传统及传承下来的技艺、宗教信仰及精神、情感因素等。在古建筑修缮与修复的过程中不得改变信息来源的真实性，应将建筑材料、建筑构件的更换以及彩绘表面处理或重绘降低至合理的最低程度，以达到保留住历史原物的目的，从而最大限度地保持古建筑的真实性。

2. 古建筑真实性的意义

研究古建筑真实性的意义，首先必须明确应当如何对古建筑进行鉴定。祁英涛先生在《怎样鉴定古建筑》一书中提到：

（1）两查

研究古建现在留存的构件及结构组合的现状：

古代建筑与其他文物不同，体型大，结构复杂。一般建筑物至少要有几十或几百个构件组成，有的是由几千个构件组成（砖瓦、椽子等还不计算在内）。应对其各个方面甚至是里外上下仔细查看。有些隐藏的部分，如墙内的柱子，构件的榫卯搭接，要从残破暴露的地方去查看，一时看不到的要在施工拆开时才能看得到。木结构建筑有其特殊性，它不可避免地要经过历代的修理及构件更换，这就导致这些构件不可能与原来完全一致，会造成当时当地的一些制作手法的遗留，因而其结构真实面貌的复杂程度与修理次数有直接关系。那么对古建的时代鉴定的主要依据就要落实到建筑物的主体结构，并且要以一定的文献资料作旁证，绝不能以个别构件或附属艺术品为主要依据。具体地说，木结构应以现存整体梁架结构为主要依据；砖石结构应以它的整体结构式样（包括雕刻、垒砌方法、用料规格等）为主要依据；其他如装修、瓦件、彩画、塑像、家具等只能作为辅助依据。

搜集相关文献记载：

古代文献记载可以在事先查好。金石文字及题记等则必须在实地调查中收集。

金石资料以石碑、经幢和供器等上面的刻字为主。通过其了解某一建筑组群及其各个单体建筑的历史沿革、正确名称及历史兴废的变化情况。要注意辨别真伪，去除夸张虚假成分。

题记可以分为游人题记、刻于梁柱等上的文字以及刻于木牌上的题记。要注意最后一种题记的可靠性。

古代文献主要以各地志书为主，另外还有笔记、游记。应注意辨明内容的真伪。

（2）两比

a.目前遗留结构组合同已知古建或法式记录对比

进行对比时也要先从大处入手：先整体风格，再主体结构，然后再比细部特征。如果一上来就从细部特征上去下功夫，容易趋于繁琐，抓不住要领，还容易产生错觉。对比以后，一项一项的分开记录，哪一部分属于哪一时代的结构，其中哪些是后配的，什么时期的，都要尽量记录清楚。

b.目前遗留结构组合同历史文献对比

在对比过程中应当实事求是，并不是愈古愈好，也不能因为后代修缮过而否定其较早年代的价值。利用文献资料核对现存结构，搞清楚它的现状以便于今后的研究与保护。具体工作中要分清哪些是结构与文献一致的，哪些是不一致的，原建或重建时代的主体结构存在多少，完整程度如何，绝不能应主观偏爱任意取舍。许多古代的民居完全缺乏文献资料的，就要更多的找一些间接资料，工作也就要更复杂一些。

（3）断定年代

经过上述两查、两比之后，一座建筑物的时代或具体年代，多数都能够大体确定；但也有不好确定，难下结论的，古建断代常遇到有以下五种情况：

• 整体结构及装修构件基本时代一致，并且与文献资料符合。

• 主体皆为原始遗物，但附属部分为后代更换，应断为原建建筑。

• 建筑结构已完全脱离其创建时代的式样，应按现存结构情况来确定年代。

• 本体结构只有部分改变了原貌，另一部分仍为原建时的遗物，根据所占比重来定夺。

• 没有具体文献可查，只能完全依靠现存主体结构的时代特征来确定，一般只能断定其所属时代或具有某一时代的特征。

文物的价值，取决于文物的真实性，最大限度的保留文物的真实性，才能留住文物的艺术、科学、历史价值。《国际古迹保护与修复宪章》明确强调：历史古迹，是人类古老文明的活见证，它蕴藏着过去岁月可贵而丰富的历史信息。随着人类文明的不断发展，人们逐渐认识到古代遗迹是人类共同的遗产，保护古迹并将它们真实的、完整的传留下去是我们共同的责任。真实性决定了文物古迹的特性，具有无可替代的重要作用。文物古迹的真实性是它的灵魂和生命，古建筑真实性亦是古建筑的灵魂和生命，保持古建筑的真实性即是延续古建筑的和灵魂生命。

3.古建筑研究中不同类型对数据需求粗细程度

（1）对真实性数据需求较简单的研究活动

此类数据的特征：通常由比较简单明了的草图、搜集到的已有相关文献的内容，现场调查研究的记录，以及录像照片等资料构成数据需求，能提供古建筑的可视化信息、形象资料、大体比例关系等。总体而言这类研究活动对数据需求比较简单（见表4-1）。

真实性数据需求程度较简单的研究活动资料表   表 4-1

资料名称	分类	内容及要求
形象资料	草图	古建筑群布局、单体建筑的立面及平面布置、特殊部位的节点做法。草图无需比例尺,无需标注或者仅标注大的控制性尺寸。草图需准确表达其相对的位置关系和基本形象
	图像资料	建筑以及其周边环境的各个历史时期的地图、各历史时期的照片及新拍的照片、卫星拍摄的图片、地形地貌图、遥感图、各历史时期画作、古建筑的景观及其较大范围内的设施、建筑以及其周边环境的景观照片、古建筑的外立面照片及建筑典型构件照片
	录像资料	从动态的视角观察古建筑,提供古建筑及周边环境录像信息
文字资料		包括现场调查研究的记录及相关文献中的内容

古建筑研究方向均有对数据的需求,其中有些研究活动有数据需求和测绘需求,有些仅由简单数据需求即可得出结论,如经过外部特征比较,运用类型学方法进行断代;比如历史沿革的研究;又如中国古典园林的设计运用照片来表达;再如采用匠人口述的方法结合调查、研究绘出草图,从而进行古建筑结构及构造的研究。

（2）对测绘数据真实性记录需求一般的研究

此类数据的特征:由较简单的草图及调研的文字和文献资料组成测绘数据。可以包括下列一点或几点:按比例标注,重点是控制性尺寸的现状实测平面图;结构细部形式的测量图(主要的比例关系及控制尺寸)、能表明其结构交接关系的建筑部位剖面图、表达建筑装饰形式的建筑部位截剖面图。

形象资料包括:测绘图纸、建筑模型、照片、原有及现有的录像资料、图纸资料。

原有的图纸资料包括:原始设计图纸、历史及近期的测绘图纸、历史修缮设计图纸、各期竣工图纸。

建筑模型包括:历史上遗留的模型、手工制作的模型、电脑制作的三维立体模型。

录像资料包括:从动态的视角观察古建筑,提供古建筑的录像信息。

文字资料:包括现场调研的文字记录,文献资料。

这一级别的测绘图可画成对现状的真实记录或画为理想的模型。实践中,现状的真实记录实用性不大,画为理想模型的图即可满足测绘数据需求。

（3）对测绘数据真实性记录需求较高的研究

此类数据的特征:通常由草图、照片和文字记录构成。含有如下的一点或几点:建筑总平面图、建筑立面图、现状测量平面图(按比例或完全标注)、结构细节测量图、建筑剖截面图(表达出结构交接关系)、建筑装饰形式图。同时还包括:照片、形象资料、地图类资料、建筑模型、原有的图纸资料、文字资料、录像资料。

具体适用于该数据的研究类型:该数据适用于对真实性数据广度、深度需求较高的研究活动。例如:某历史价值非常高的古建筑,因战争、动乱被损毁,在仅留有台基柱础的情况下,我们要对其进行的复原研究,因此需求非常精准细致测绘成果,详细的解读工程籍本,对古建筑做时间性和地域性总结分析,对其进行断代以及构造做法研究等。这些都需要对古建筑所含有的真实性数据有很高的把握才能完成,否则做出的建筑必然不伦不类。

4. 现状评估对古建筑真实性的要求

现状评估主要是指对文物主体保护单位及主体周边环境的现状进行评价，主要包含有真实性、完整性、延续性等内容。其中真实性主要评估内容强调现存的本体及周边环境受到其他工程干扰的情况。完整性评估则说明文物本体及周边环境的内容含量是否完整，残损破坏的严重分析。延续性评估主要是为了说明破坏速度及导致破坏的因素等。

现状评估是对建筑本体现在状况的分析，其主要工作是调查研究本体建筑的残缺破损情况。包括：建筑构件残损情况：墙砖的破损、腐蚀、变形、酥碱、粉化、返潮、水渍、起碱、缺失、勾缝、凸凹不平情况；木材的破损、腐蚀、虫蛀、开裂、变形、起甲、油饰脱落情况；石制材质的破损、返潮、腐蚀、粉化、风化、酥碱的程度；彩画的缺损、褪色、起甲、剥落情况；瓦垄间有无野草、杂物；屋面的脊兽缺失、坏损情况；捉节灰、水泥砂浆情况以及建筑物台明、标子等的下沉、倾斜、变形的情况。此外，还需调研并记录柱、墙体、台阶、梁枋、椽望、门窗、斗栱、外檐等处装修的残损情况。在此基础上分析其形成的原因，归纳病害类型，并将调查研究情况详细地表达清楚。

在古建筑现状评估工作中，为了将古建筑残损现状调研的结果完整表达清晰，应该将原有构件、后换的构件、修缮后构件、年代不明构件都进行编号，并分别用不同的颜色标注在平面图、立面图及剖面测绘图上，按编号用文字记录下这些构件的完好或破损情况，并从不同角度拍摄图像资料，最后整理归纳，完整表达出建筑本体现状数据。

在参与古建筑现状评估工作中，我们体会到，有一些成果图可以画比较简单的现状图，还有一些图，如果能做到图与文字记录相结合，最后归纳成表格的形式，直观效果好，是较为理想的模式。图文并茂是非常有必要的，照片数量的多少及合适的拍摄角度，文字描述得详细程度都是真实的记录重要内容。尽可能多搜集建筑早期照片，多角度拍摄古建筑当前的整体及局部照片亦非常有用，文字叙述达不到照片所具有的真实、可靠性及直观性效果，我们通过这些照片和相对应的文字描述，可以看到建筑构件坏损的真实情况，节点连接出现的问题。此外，还应拍摄建筑周边地面、踏跺、台基、墙体、屋面的照片，并注明其初用年代，使用的材质。

5. 保护工程对古建筑真实性的要求

（1）施工干预前的要求

施工影响前我们需做好准备工作，详细熟悉修缮项目的基本情况，历史沿革情况、价值评估等方面的信息。

施工影响前的工作，主要是测绘平面图、剖面图、立面图、细部节点图、梁架仰视俯视等图纸。

为准确表达残损状况，测绘图还需附上对应照片、文字记录、表格。对于一般工程，可以选取重点构件测绘；也可以在同类构件中，选取典型的构件测量绘制。测绘真实性数据广度、深度的要求均较高的工程，应将所有构件统一编号，逐个测量记录，测绘成果画成严格的现状图。

对测绘图纸的具体需求，由保护工程的实际情况而定。在实际工作中，还常见采取上述测绘方式之间的折中形式，灵活实施。

（2）施工干预中的要求

古建筑保护工程施工中干预的内容，与一般建筑工程的施工管理有极大的差别，一般工程施工干预中的内容，古建筑保护工程都会涉及，除此之外，古建筑保护工程还需要记录施工中的很多特殊情况，通常从施工现场清理即开始测绘与记录：古建筑拆除解体、施工过程新的发现；施工中采用的检测、试验方法；新的施工方法；施工过程各项文书资料等。这些记录都必须以数字、文字、图片、影像等工具精准详实的表达。这些数据都是古建筑真实性数据中的组成部分。施工干预中测绘与记录要点如下（表4-2）。

施工影响中测绘与记录内容表 表4-2

项 目 名 称	测绘与纪录内容	备 注
现状	欲修复部位情况是否与原设计图相符，若不符，则要按现状测绘图纸，并说明其可能的原因	
施工过程	施工时间、施工部位、参与施工的人员、施工器械、施工材料、施工工艺、施工方法及施工中发现的新情况	
拆除工程	拆除施工过程、拆除部位、加建年代、拆除理由、拆除方式、参与拆除的人员、拆除器械、拆除中发现的新情况等，并全面详细的测绘与记录拟拆除的部分及构件	
解体与修复工程（解体与修复工程关联性极强，解体工程的发现和结果，直接影响到修复的部位和方法）	现状调查、修复设计、解体发现、设计变更、修复施工、施工过程记录（包括除尘、编号、测量、检查、拆除、构件抽换、节点连接、缝隙填塞、五金除锈、归安、完成工序）	发现新的重要文物，应立即停止施工，上报有关部门，妥善处理后再继续施工；若发现一般文物及壁画、题迹、碑体等，都应临摹绘图，拍摄照片，并采取相应措施予以保护，严防损坏。成果表达：图纸、文字说明、照片、录像图片等的形式记录
隐蔽部位测绘与记录	保护工程落架或局部落架大修时裸露的基础、望板厚度、墙体内部、飞椽后尾、榫卯、角梁上部乃至大木构件等构件和部位	隐蔽部位是指正常情况下不可见的部分
跟踪测绘	古建筑的原始状态和修复后的状态，即整个施工的全过程直到竣工为止的动态测绘记录	

工程隐蔽部位的测绘与记录是施工干预中的最重要内容。古建筑修缮过程中会涉及结构的拆除解体，常态下不可见的隐蔽部位有了检测的机会，隐蔽构件的材料测定，残坏部位的检查测量，连接节点的测绘，均可为古建筑研究提供可贵的资料，同时能为该古建筑工程的修复提供可靠的数据。根据工程修缮程度的不同，建筑形制的不同，拆除解体的深度亦不同，因而我们能够测绘的内容也不同，但对于每一项工程，每一个隐蔽部位，我们都应严肃认真对待。

可以看出在施工干预中对古建筑的真实性记录广度是由工程性质决定的。以山西长子县小张碧云寺的落架大修为例来说明在修缮过程中对建筑本体真实性的记录。（见图4-1-1～4-1-10）

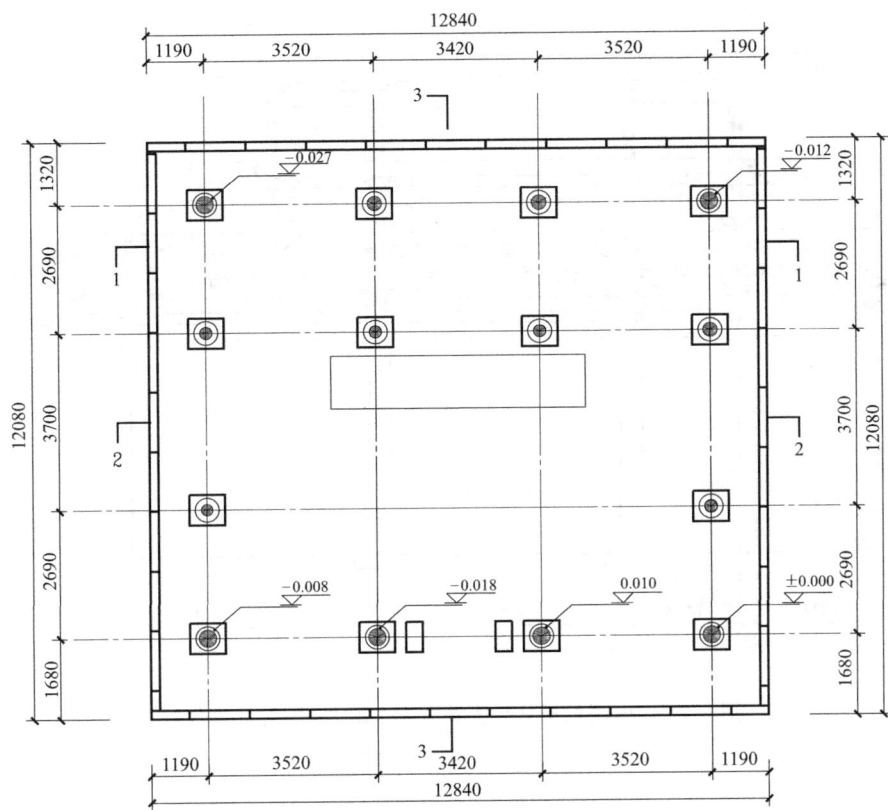

图 4-1-1 山西长子县小张碧云寺大殿柱头沉降示意图

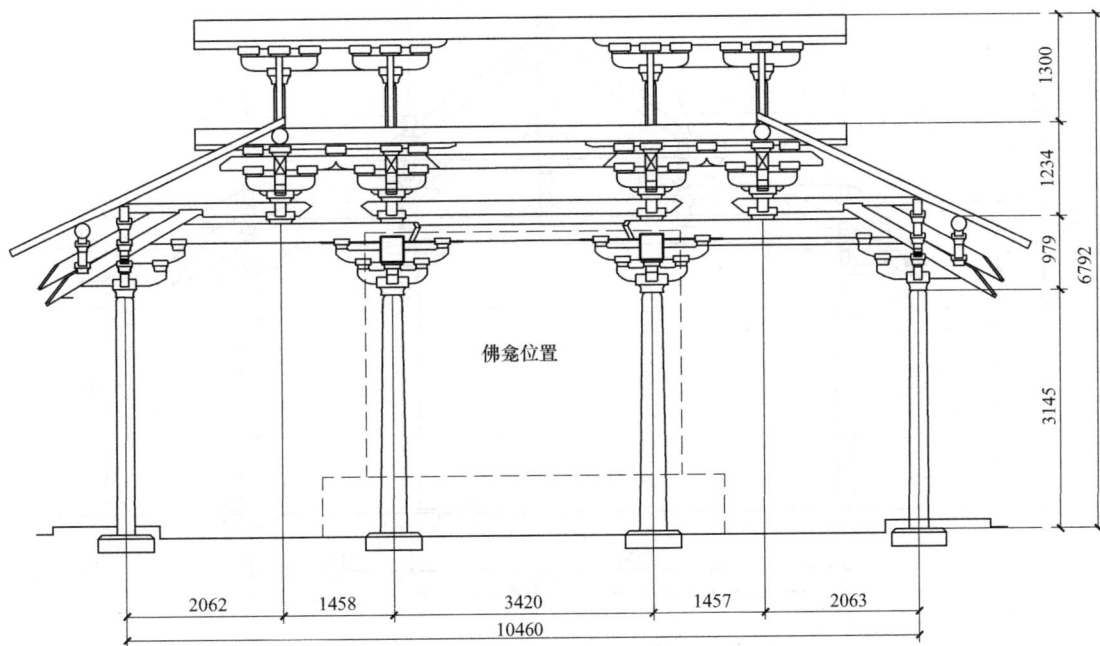

图 4-1-2 山西长子县小张碧云寺大殿 1—1 剖面图

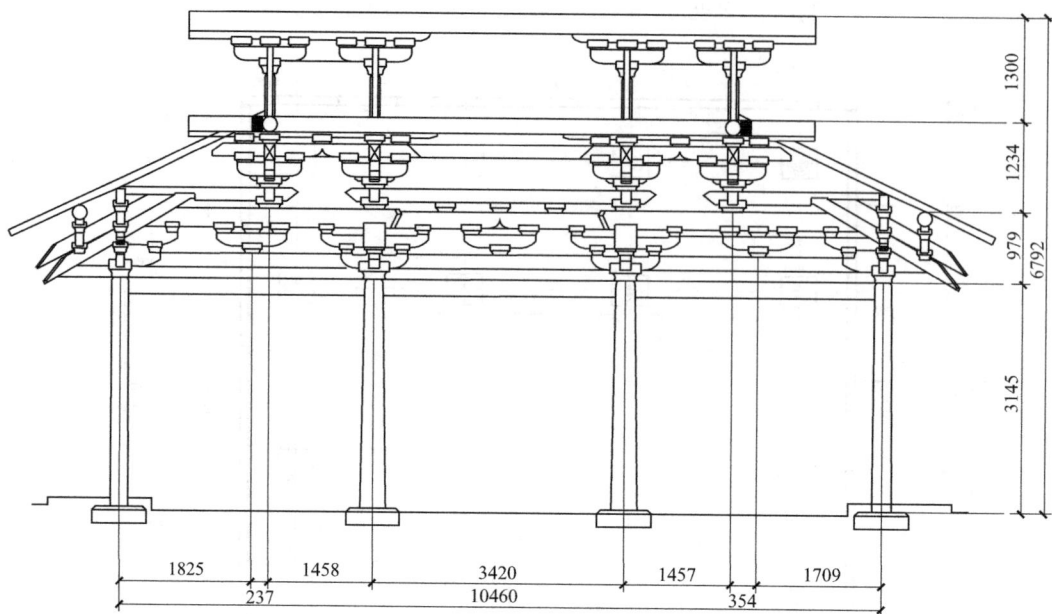

图 4-1-3　山西长子县小张碧云寺大殿 2—2 剖面图

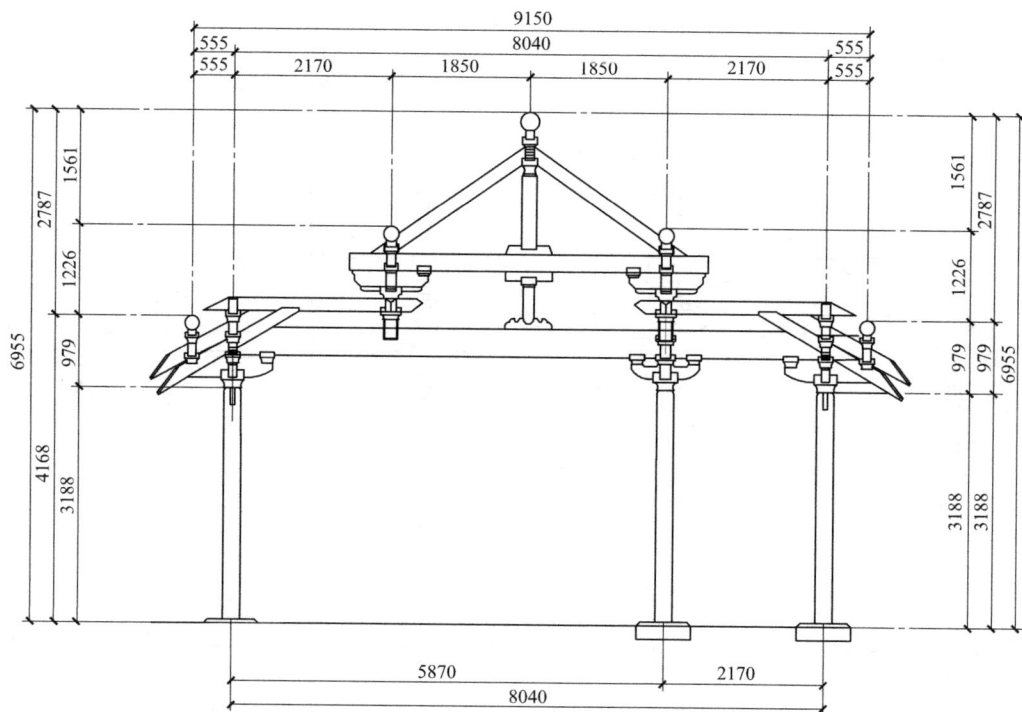

图 4-1-4　山西长子县小张碧云寺大殿 3—3 剖面图

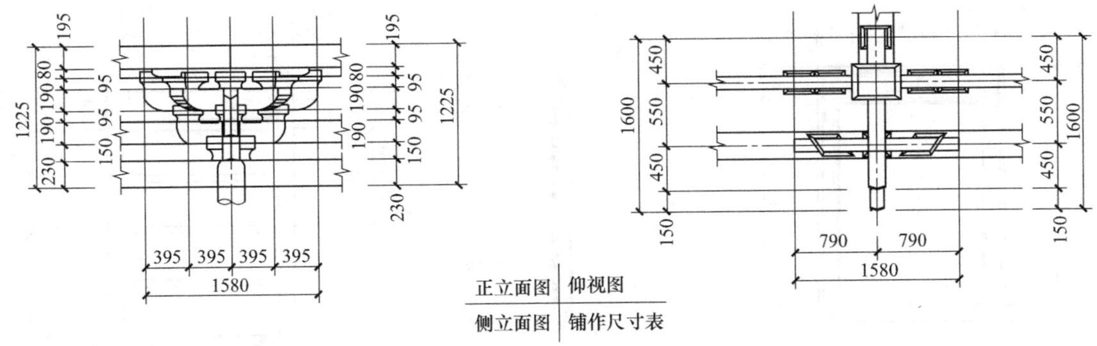
正立面图
仰视图
侧立面图
铺作尺寸表
1225
1600
1580
790
2260
1430

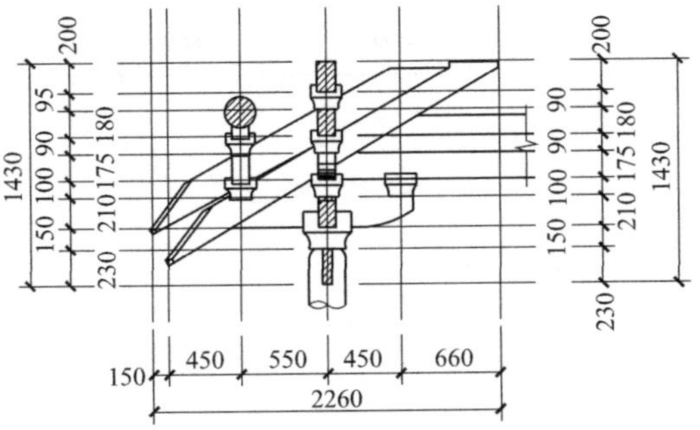

前檐西平柱柱头铺作尺寸表

斗尺寸	名称	上宽(mm)	下宽(mm)	上深(mm)	下深(mm)	耳(mm)	平(mm)	欹(mm)	䫜(mm)	备注
	栌斗	410	325	360	270	90	40	110	55	
	散斗	270	200	180	130	50	25	65	40	
	齐心斗	270	200	130	120	30	50	60	45	
	斜斗	240	160	200	130	30	40	65	80	
	交互斗	270	190	190	150	40	30	50	30	华栱上斗

栱尺寸	名称	长(mm)	宽(mm)	高(mm)	上留(mm)	平出(mm)	栱瓣(mm)	栱眼(mm) 长	高	深	备注
	泥道栱										单材
	泥道慢栱	1500	110	160	80	90	5				单材
	令栱	1100 (820)	125	180	80	160	5				单材
	华栱	430	170	200	80	180	5				足材

图 4-1-5　山西长子县小张碧云寺大殿前檐西平柱柱头铺作大样图

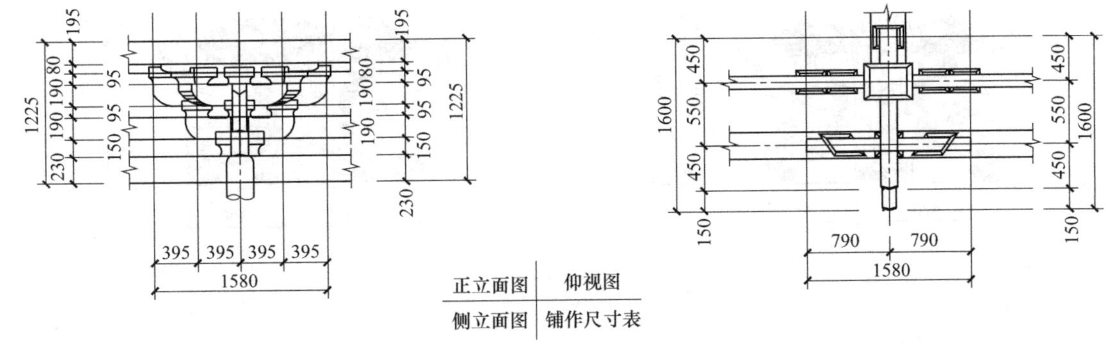
正立面图
仰视图
侧立面图
铺作尺寸表
1225
1600
1580
790
2260
1430

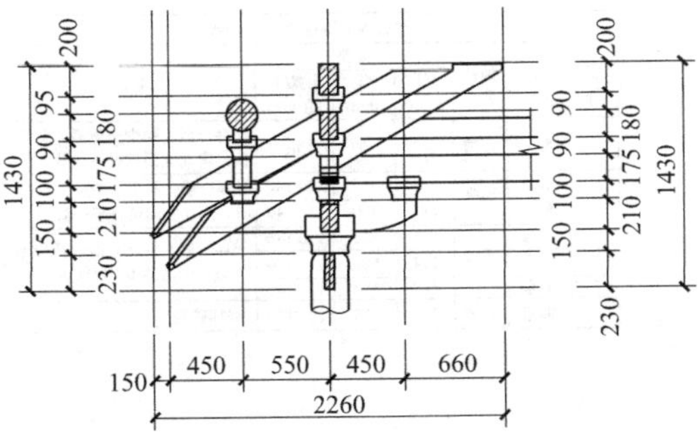

前檐西平柱柱头铺作尺寸表

斗尺寸	名称	上宽(mm)	下宽(mm)	上深(mm)	下深(mm)	耳(mm)	平(mm)	欹(mm)	䫜(mm)	备注
	栌斗	410	325	360	270	90	40	110	55	
	散斗	270	200	180	130	50	25	65	40	
	齐心斗	270	200	130	120	30	50	60	45	
	斜斗	240	160	200	130	30	40	65	80	
	交互斗	270	190	190	150	40	30	50	30	华栱上斗

栱尺寸	名称	长(mm)	宽(mm)	高(mm)	上留(mm)	平出(mm)	栱瓣(mm)	栱眼(mm) 长	高	深	备注
	泥道栱										单材
	泥道慢栱	1500	110	160	80	90	5				单材
	令栱	1100 (820)	125	180	80	160	5				单材
	华栱	430	170	200	80	180	5				足材

图 4-1-6　山西长子县小张碧云寺大殿前檐东平柱柱头铺作大样图

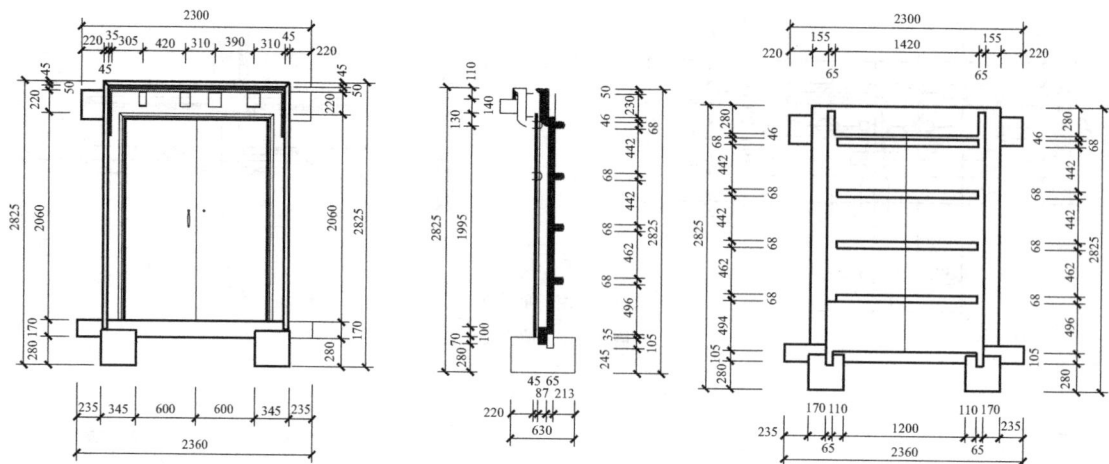

长治长子碧云寺门窗尺寸 — 门			
序号	名称	长(mm)	宽(mm)	高(厚)(mm)
1	上槛	1860	380	87
2	下槛	1890	170	87
3	抱框	2370	175	142
4	板门	2160	775	65
5	门簪	70	140	170
6	穿杆	680	68	80
7	门枕石	345	350	630

图 4-1-7　山西长子县小张碧云寺大殿前檐板门大样图

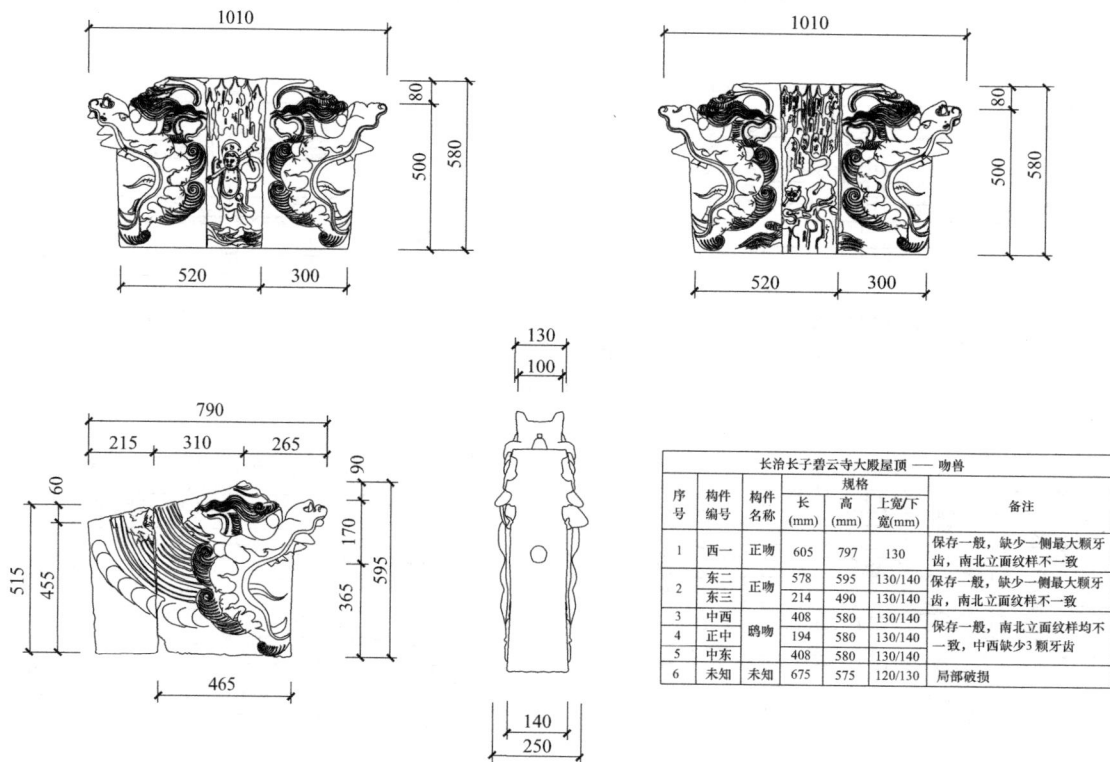

长治长子碧云寺大殿屋顶 —— 吻兽						
序号	构件编号	构件名称	规格			备注
			长(mm)	高(mm)	上宽/下宽(mm)	
1	西一	正吻	605	797	130	保存一般，缺少一侧最大颗牙齿，南北立面纹样不一致
2	东二	正吻	578	595	130/140	保存一般，缺少一侧最大颗牙齿，南北立面纹样不一致
	东三		214	490	130/140	
3	中西		408	580	130/140	保存一般，南北立面纹样均不一致，中西缺少3颗牙齿
4	正中	鸱吻	194	580	130/140	
5	中东		408	580	130/140	
6	未知	未知	675	575	120/130	局部破损

图 4-1-8　山西长子县小张碧云寺大殿吻饰大样图

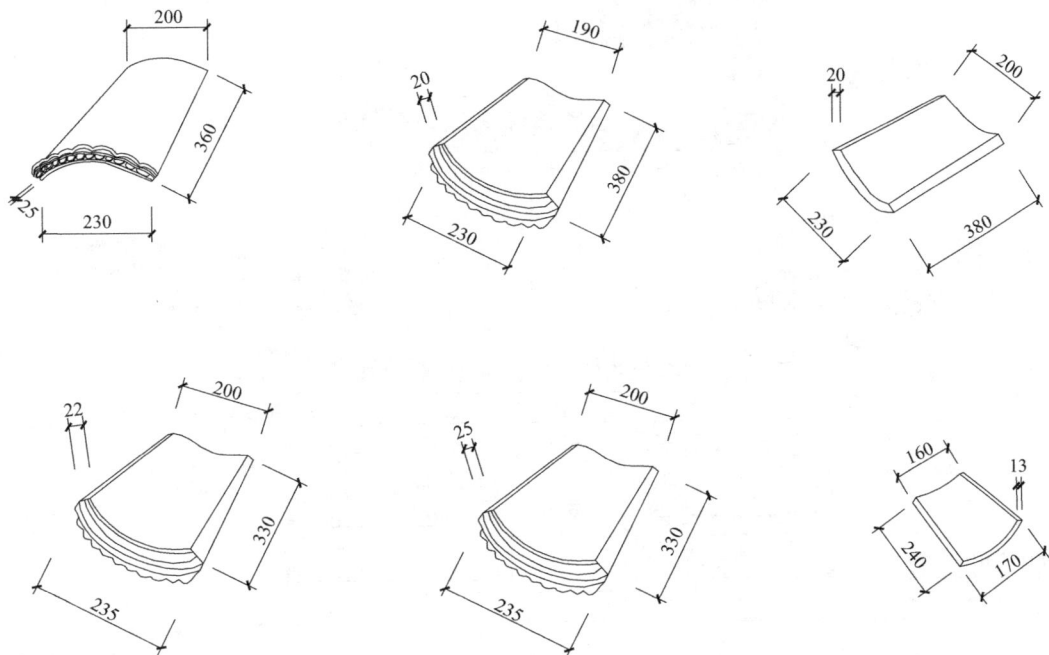

图 4-1-9 山西长子县小张碧云寺大殿板瓦大样图

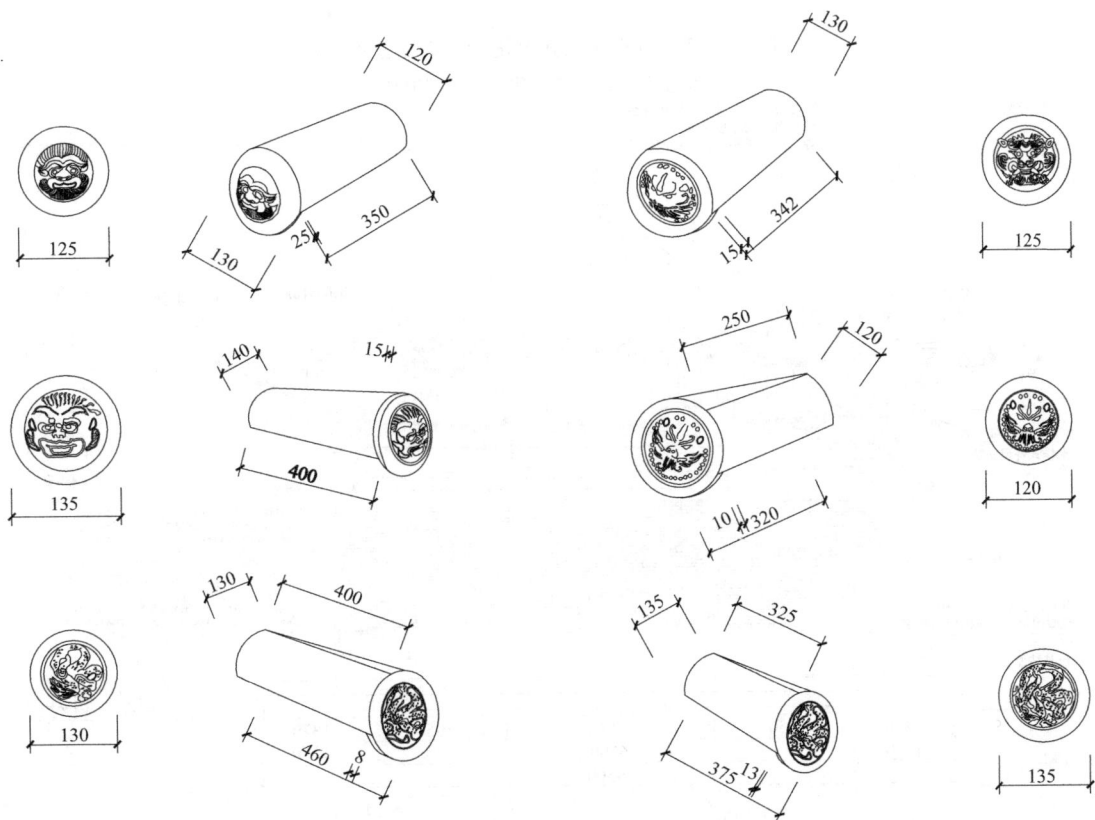

图 4-1-10 山西长子县小张碧云寺大殿筒瓦大样图

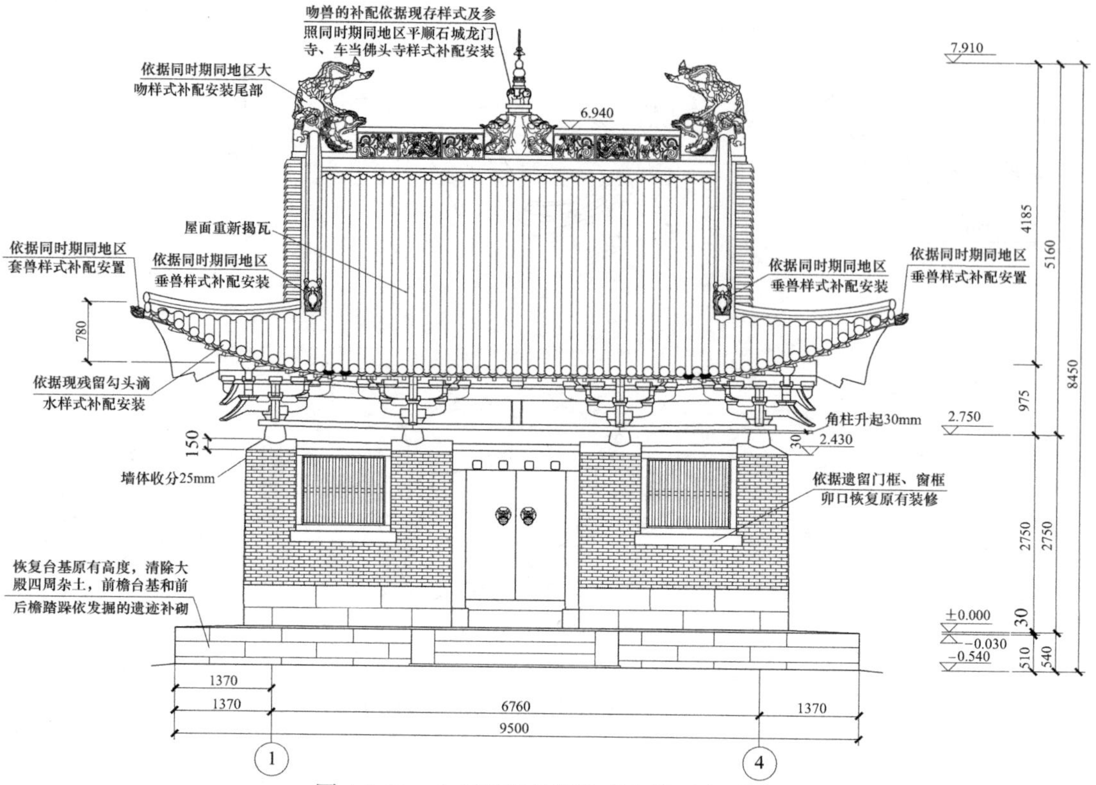

吻兽的补配依据现存样式及参照同时期同地区平顺石城龙门寺、车当佛头寺样式补配安装

依据同时期同地区大吻样式补配安装尾部

6.940

7.910

依据同时期同地区套兽样式补配安置

屋面重新揭瓦

依据同时期同地区垂兽样式补配安装

依据同时期同地区垂兽样式补配安装

依据同时期同地区垂兽样式补配安置

780

依据现残留勾头滴水样式补配安装

角柱升起30mm

150

30

2.750

2.430

墙体收分25mm

依据遗留门框、窗框卯口恢复原有装修

恢复台基原有高度，清除大殿四周杂土，前檐台基和前后檐踏踩依发掘的遗迹补砌

±0.000

−0.030

−0.540

30

510

540

1370

1370

6760

1370

9500

1

4

4185

5160

975

8450

2750

2750

图 4-1-11　山西平顺县淳化寺大殿正立面图

图纸来源：山西省古建筑保护研究所

吻兽的补配依据现存样式及参照同时期同地区平顺石城龙门寺、车当佛头寺样式补配安装

7.910

依据同时期同地区套兽样式补配安装

265×30

屋面重新揭瓦

依据同时期同地区套兽样式补配安置

780

依据现残留勾头滴水样式补配安装

150

墙体收分25mm

2.430

2.750

大殿墙体外侧十二层顺砖一层丁砖垒，下砌两层青石块高560mm，内侧以土坯砌筑。下砌青石块一层高260mm，内侧墙体抹灰三层。第一层粗泥：黄土65：白灰30：麦结3—4(重量比)，厚12—15mm；第二层中泥：黄土65：白灰30：麦壳、麻刀3—4(重量比)，厚5—10mm；第三层面泥：黄土30(白灰100：捣砂5)内掺麻刀少许，厚5mm。在内墙面钉设竹签梅花形并披麻，以此保证所抹新泥与土坯墙的有效结合。封墙后人新增设的窗户，以原砖规格按老办法恢复原有墙体样式

恢复台基原有高度，清除大殿四周杂土，前檐台基和前后檐踏踩依发掘的遗迹补砌台基按原有形式重新砌筑

±0.000

−0.030

−0.540

30

510

540

1370

1950

2860

1950

1370

1370

6760

1370

9500

A

B

C

D

4185

5160

975

8450

2750

2750

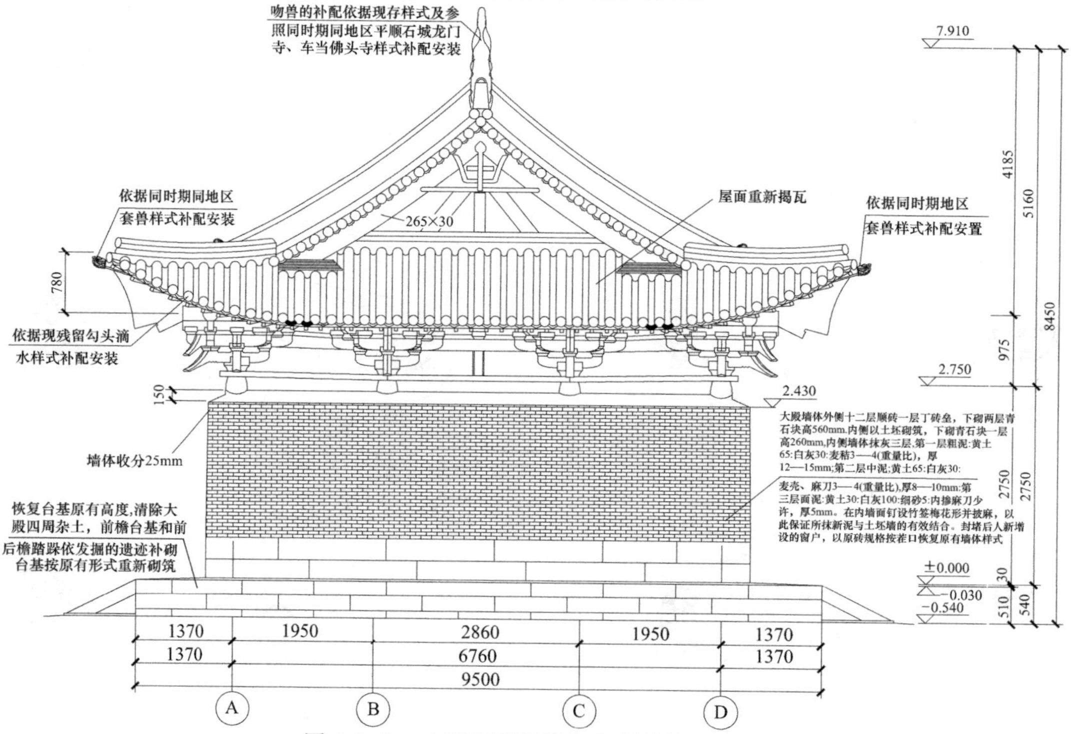

图 4-1-12　山西平顺县淳化寺大殿侧立面图

图纸来源：山西省古建筑保护研究所

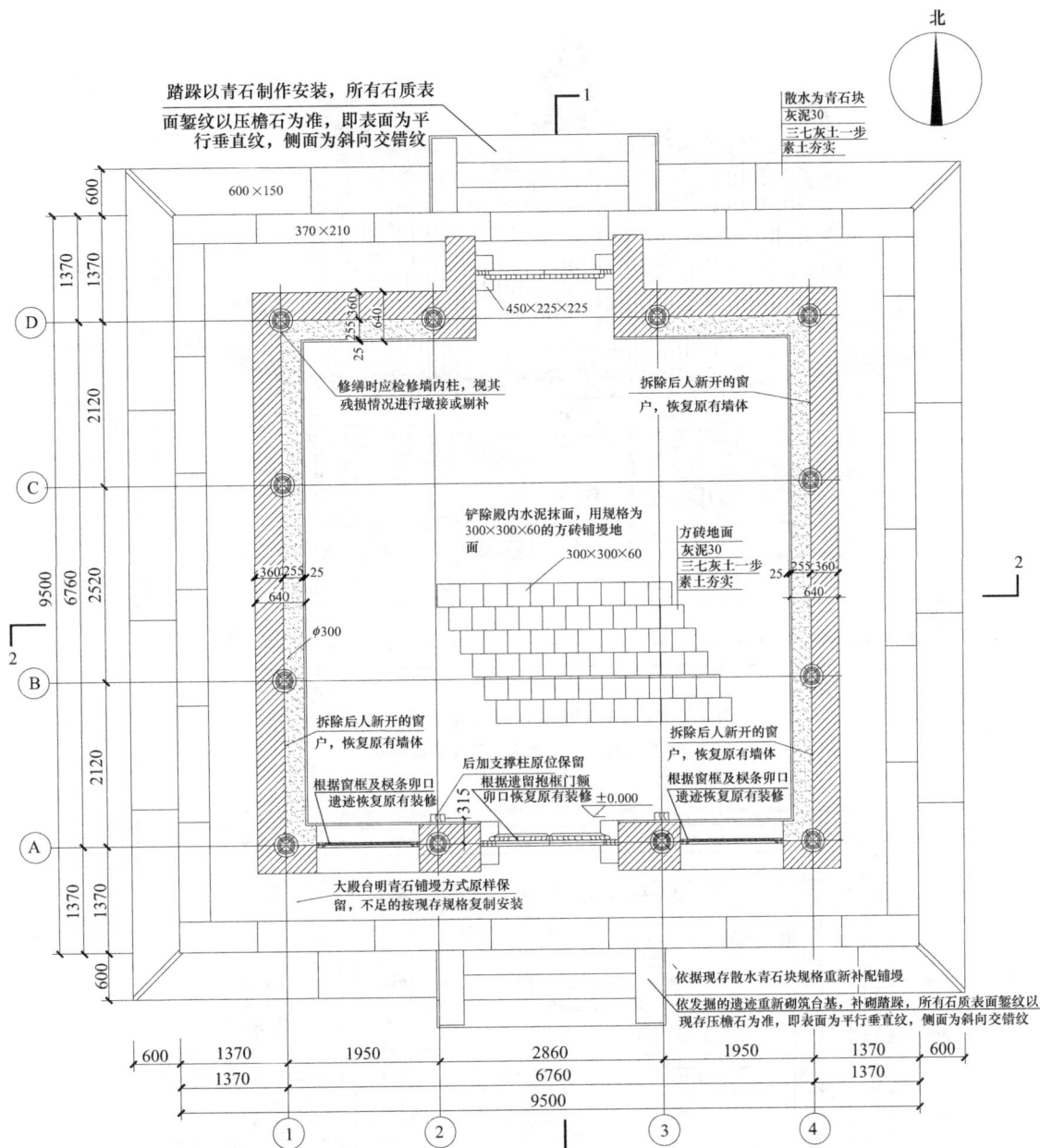

北

踏跺以青石制作安装，所有石质表
面錾纹以压檐石为准，即表面为平
行垂直纹，侧面为斜向交错纹

散水为青石块
灰泥30
三七灰土一步
素土夯实

600×150
370×210
450×225×225

修缮时应修墙内柱，视其
残损情况进行墩接或剔补

拆除后人新开的窗
户，恢复原有墙体

铲除殿内水泥抹面，用规格为
300×300×60的方砖铺墁地
面
300×300×60

方砖地面
灰泥30
三七灰土一步
素土夯实

拆除后人新开的窗
户，恢复原有墙体

φ300

拆除后人新开的窗
户，恢复原有墙体

后加支撑柱原位保留

根据遗留抱框门额
卯口恢复原有装修 ±0.000

拆除后人新开的窗
户，恢复原有墙体

根据窗框及棋条卯口
遗迹恢复原有装修

根据窗框及棋条卯口
遗迹恢复原有装修

大殿台明青石铺墁方式原样保
留，不足的按现存规格复制安装

依据现存散水青石块规格重新补配铺墁

依发掘的遗迹重新砌筑台基，补砌踏跺，所有石质表面錾纹以
现存压檐石为准，即表面为平行垂直纹，侧面为斜向交错纹

600 1370 1950 2860 1950 1370 600
1370 6760 1370
9500

9500 6760 2520 2120 2120 1370 1370 600 600

① ② ③ ④

一般说明：
    1.本设计图标高以米为单位，其他数据
以毫米为单位。
    2.本设计图采用相对标高，以大殿当心
间东平柱柱盘石上皮为±0.000。
    3.角柱的侧角为30mm，升起30mm。

主要修缮项目及依据：
    1.揭瓦瓦顶。屋面进行重点维修，依据现
存的样式照原形制原工艺补配缺失的构件，检
修望板、椽飞等木基层，更换糟朽的构件，做
防腐处理。依据现存的大吻样式对其残缺的大
吻进行修补，垂兽依据同时期同地区的样式重
新补配安装，悬鱼依据东山面样式补配安装。

    2.依据同时期同地区昂样式用燕尾榫补
配被锯的昂。
    3.拆除后人在前檐明次间封闭的墙体，依
据遗留抱框及卯口恢复原有装修样式。
    4.拆除后人在两山面新开的装修，重新砌
筑山面墙体，恢复原样式。
    5.恢复台基原有高度，前檐台基依据发掘
遗迹恢复砌筑，压檐石、散水石依现存的尺
寸和规格补配安装。
    6.铲除殿内地面水泥抹面，用方砖铺墁。
    7.拆除学校在大殿前檐及西面的临时用
房。

图 4-1-13 山西平顺县淳化寺大殿平面图
图纸来源：山西省古建筑保护研究所

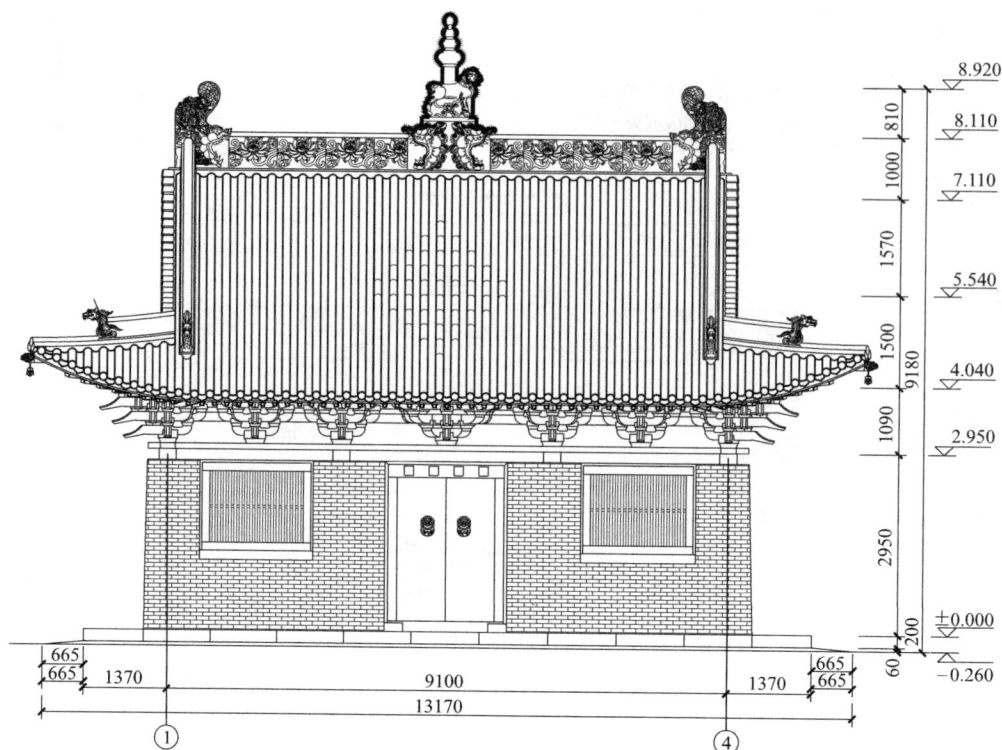

图 4-1-14　山西平顺县佛头寺中殿正立面图
图纸来源：山西省古建筑保护研究所

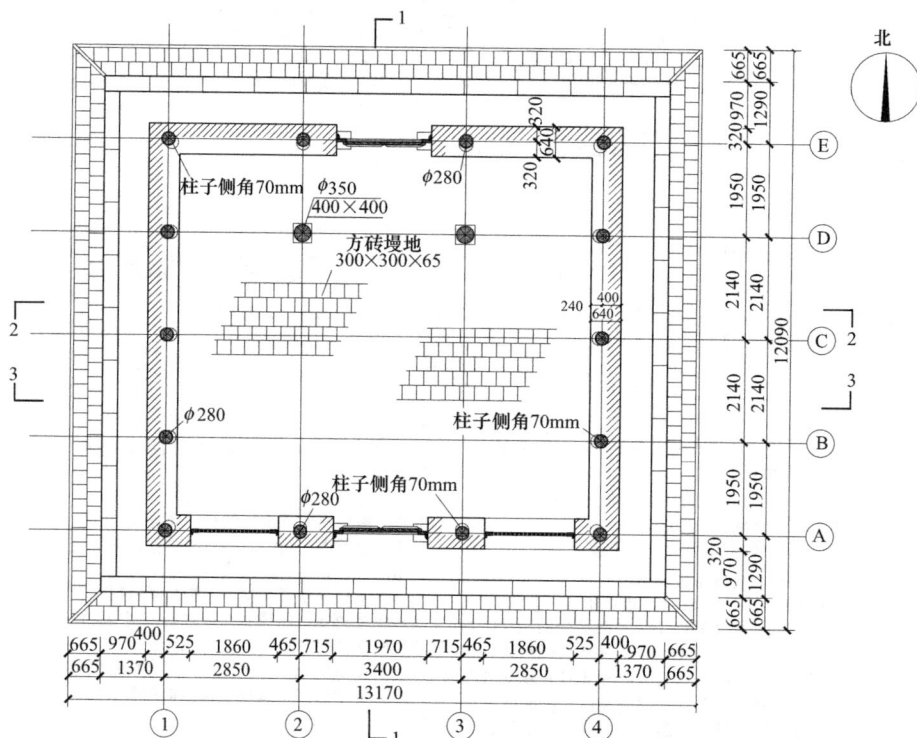

图 4-1-15　山西平顺县佛头寺中殿平面图
图纸来源：山西省古建筑保护研究所

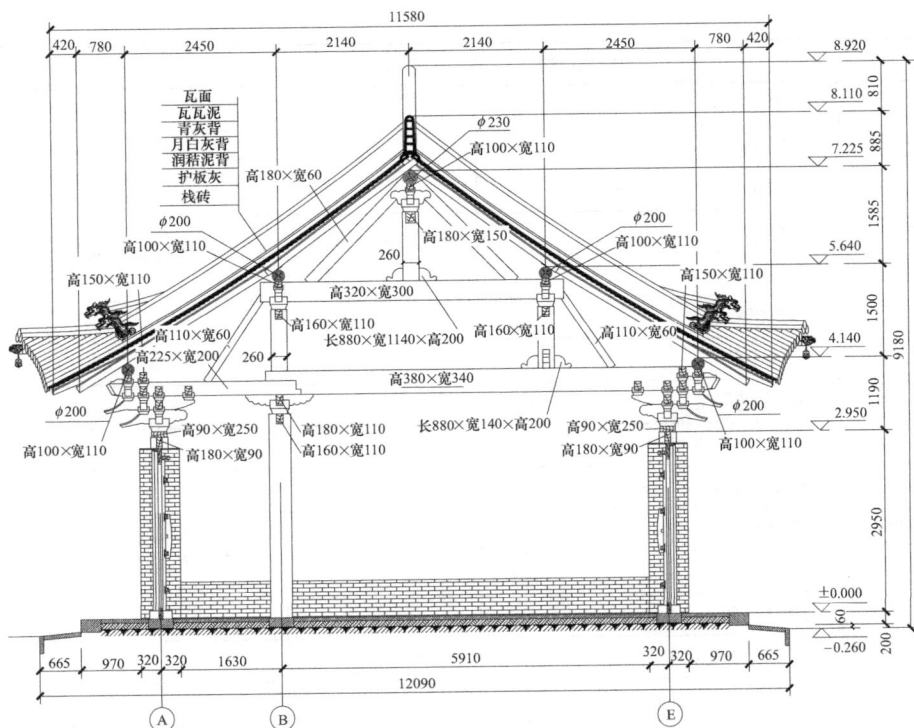

图 4-1-16　山西平顺县佛头寺中殿剖面图
图纸来源：山西省古建筑保护研究所

（3）施工干预后的要求

工程竣工后，文物保护单位应组织该修复工程设计单位、施工单位、监理单位及工程质量主管部门进行竣工验收、工程资料归档、设计施工评价（对该修复工程进行总结，提出建议，做出结论）。此外，对于工程有关的重要活动、所有的干预行为，未尽事宜等均详细记录归档。这项工作其实是对古建筑真实性数据记录的一项侧面补充（见图 4-1-11～图 4-1-16）。（附图片 38～图片 45）

二、常见的古建筑残损登记

在古建筑的形制测量结束后，需要对一座单体建筑各部位的残损形制进行记录，包括残损类型和残损量的记录，在建筑勘测之前将所需的表格打印好，按照建筑部位进行统计，大概样式可参考表 4-3：

常见古建筑现状残损登记表　　　　　表 4-3

部　　位		材质/规格	残损情况	残损量	备注
台明地面	阶条石				
	台面				
	台帮				
	踏跺				
	室内地面				
	散水				

部 位		材质/规格	残损情况	残损量	备注
墙体	前檐槛墙				
	后檐墙体				
	东山墙				
	西山墙				
	内墙				
	墙体壁画				
	栱眼壁				
大木构架	明间东缝梁架				
	明间西缝梁架				
	东山墙梁架				
	西山墙梁架				
	斗栱(可细化)				
	平板枋、额枋				
	柱子(可细化)				
木基层	椽子				
	望板				
	博风板				
	山花板				
	连檐瓦口				
屋面	前檐屋面				
	后檐屋面				
	吻兽				
	脊饰				
	檐头附件				
装修	前檐装修				
	后檐装修				
	内檐装修				
附属文物	石碑				
	牌匾				
	……				
	……				
	……				

一座建筑所要表达的残损基本已列出，此表可延续，将漏掉的项目延续至表格之外，或者也可以只设计表格，不填充内容，在现场测绘时依据实际情况进行列表，以下对所需要登记的残损内容进行简单介绍。

首先是顺序，为避免漏记一般以从下向上的顺序进行。先是台明，将台明所有部位分解后进行登记，可以采取顺时针登记，也可以采取逆时针进行登记，例如，记录阶条石的残损时一般先从前檐开始，将有裂纹、缺失、断裂等等有残损的阶条石全部进行登记，规整阶条石以"块"为单位进行定位，每一条阶条石都不规整时则以"第×米"等进行定位。然后是东山面、后檐、西山面等依次进行记录。同理，台面、台帮等也是一样的记录方法。

然后是各部位的残损情况记录。本部分内容以材料为例进行简单说明。

石作：主要用于阶条石、柱顶石、踏跺，在一些地区会使用石柱代替木柱等。石材的残损主要是缺失、开裂、风化或者表面有污渍、油渍等，缺失时要标明缺失的体积，开裂标明大概长度、宽度等，在备注中可标注需要剁斧见新或夹肋截头等修缮措施，所需要针对性修缮的部分进行简要说明。

木作：古建筑中，木作占了很大的比重，包括大木作和小木作，大木作一般指的是梁架、柱子、斗栱等，小木作一般为装修、栏杆、天花等。木作残损一般有以下几类：缺失（包括斗栱构件的缺失和艺术构件的缺失等）、构件劈裂、折断（主要是椽子等）、沤朽（各类木构件均会出现这种情况，尤其是望板沤朽较为普遍，墙体内柱子沤朽现象也较为常见，檩子上部因屋面漏雨造成的沤朽等）、风化（裸露木构件出现风化极为普遍，地仗层剥落后木构件一般都会出现风化现象，使构件表面出现裂纹）。

砖作：主要是墙体和地面的残损。墙体一般会出现墙根砖砌体酥碱、风化，或者局部砖砌体缺失、破损现象；墙体坍塌或者改制（机砖砌筑等）的现象也极为常见；地面墁地砖常见的残损现象是缺失、破损、被改制、掩埋等，如在寺庙中常见的在原地面之上为防潮而铺设一层机砖等，在勘测时需要将后人改制的部分局部清理后，找出原地面铺墁方式及墁地砖规格等。

瓦作：指屋面构件，包括屋面吻兽、脊饰、瓦件等，按照材料可分为普通灰陶瓦和琉璃制品。常见的屋面残损有吻兽破损，上部卷尾缺失，吞口残存；或吻兽被更换，形制不一；或垂兽、小跑等构件的缺失；或屋面瓦件的缺失、破损；或檐头附件被更换、缺失等。琉璃构件常见的残损类型还有脱釉。

彩画作：在文物本体的修缮时，一般不会涉及彩绘或壁画等工程，这些需要编制专项设计方案进行。对于墙面壁画或梁架彩绘，可在内墙的残损描述中简要说明彩绘的颜料层还是地仗层的残存即可。

最后是工程量的统计。一般与残损情况描述同步进行，将残损现象记录的时候同时对其残损量进行统计。如裂缝的宽度、深度、长度，砖砌体酥碱的面积、深度等，为后期编制修缮方案提供量化的依据，同时也是预算中工程量核算的第一手资料。

对于多数测量人员来说，残损的量化数据很难把握，梁开裂到底是多大，深度是多少，不可能一一去测量，就算做到了一一测量，在实际的施工过程中也不可能完全按照现状描述的残损去嵌补，而是要将裂缝周边的好木料剔除一部分后，整理出容易嵌补的形状后再进行，所以在残损登记时没有必要精确到"cm"级，大约表示出其位置和大致尺寸即可，但是梁架裂缝的深度会关系到梁架承载力的计算，则要进行估计；墙面的残损以"m²"为单位大致估摸一个数据即可，酥碱的深度会涉及修缮方案的制定，是局部择砌还是拆砌，或是抽换零星砖砌体即可解决，这是我们记录残损的主要目的。

备注部分也是极为重要的资料。可在记录残损现象时顺带将拟修缮措施简单标注于后，尤其是要更换的柱子或嵌补的梁架、拆砌的墙体等明显的残损应及时制定其对应的修缮措施，避免编制方案时间与测绘时间间隔太久将一些残损遗漏。

通过以上内容的描述，基本上对古建筑测量的程序及所要测量的内容有了较为整体、全面的了解，当面对一座单体建筑的时候不至于无从下手，按照以上步骤进行即可，测量是一门实践性较强的课程，或许在实际测量时还会遇到各类问题是本书所没有提到的，需要在实践中进行摸索、总结。

第二节　古建筑常见修缮措施

古建筑测绘的目的主要是为了编制修缮设计方案，所以，在测绘时就需要在测绘现场对建筑本体的修缮方案及措施有初步的认定，这就需要补充一些初步的修缮措施制定原则以及一些简单的构件加固方法，作为在测绘之前的知识准备。

一、保护措施的确定

依据《古建筑木结构维护与加固技术规范》（GB 50165—1992）中对古建筑结构可靠性的鉴定分类，可将古建筑分为四类：

Ⅰ类建筑：承重结构中原有的残损点均已得到正确处理，尚未发现新的残损点及残损征兆。

Ⅱ类建筑：承重结构中原先已修补加固的残损点，有个别需要重新处理；新近发现的若干残损迹象需要进一步观察和处理，但不影响建筑物的安全和使用。

Ⅲ类建筑：承重结构中的关键部位的残损点或其组合已影响结构安全和正常使用，有必要采取加固或修理措施，但尚不致立即发生危险。

Ⅳ类建筑：承重结构的局部或整体已处于危险状态，随时可能发生意外事故，必须立即采取抢修措施。

对古建筑保护措施的确定首先是基于对其残损现状的认识及评估之后得出的结论。依据 2015 年版的《中国文物古迹保护准则》中对文物古迹及环境进行保护、加固和修复所采取的技术手段可分为六类：保养维护与监测、加固、修缮、保护性设施建设、迁移以及环境整治。我们知道，保护措施是通过实施保护工程对文物古迹进行直接或间接的干预，这种干预可以改善文物古迹的安全状态，缓解或制止文物古迹的褪变过程，但无法恢复已经损失或遭到破坏的历史信息。本书中主要针对的是残损建筑及建筑群的测量，仅对所涉及的三类保护措施进行简要叙述。

1. 保养维护与监测

保养维护与监测是文物古迹保护的基础。保养维护能及时消除影响文物古迹安全的隐患，并保证文物古迹的整洁。监测是认识文物古迹褪变过程及时发现文物古迹安全隐患的基本方法。

监测包括人员的定期巡视、观察和仪器记录等多种方式。保养维护是根据监测及时或定期消除可能引发文物古迹破坏隐患的措施。及时修补破损的瓦面、清除影响文物古迹安全的杂草植物，保证排水、消防系统的有效性，维护文物古迹及其环境的整洁等，均属于保养维护的内容。

2. 加固

加固是直接作用于文物古迹本体，消除褪变或损坏的措施，是针对防护无法解决的问题采取的措施，如灌浆、勾缝或增强结构强度以避免文物古迹的结构或构成部分褪变损坏。

加固是对古建筑的不安全的结构或构造进行支撑、补强，恢复其安全性的措施。加固应特别注意避免由于改变文物古迹的应力分布，对文物古迹造成新的损害。由于加固要求增加的支撑应考虑对文物古迹整体形象的影响。非临时性加固措施应做出标记、说明，避免对参观者认识文物古迹造成误解。

3. 修缮

包括现状修整和重点修复。

（1）现状修整主要是规整歪闪、坍塌、错乱和修补残损部分，清除经评估为不当的添加物等。修整中被清除和补配部分应有详细的记录档案，补配部分应当可识别。

（2）重点修复包括恢复文物古迹结构的稳定状态，修补损坏部分，填补主要的缺失部分等。

对传统木结构古建筑应慎重使用全部解体的修复方法。经解体后修复的文物古迹应全面消除安全隐患。修复工程应尽量保存各个时期有价值的结构、构件和痕迹。修复要有充分依据。

传统古建筑测绘的主要目的就是对其实施修缮工程，排除结构险情、修补损伤构件、恢复文物原状。现状修整和重点修复是古建筑修缮中常见的修缮措施，在勘测的过程中要及时发现问题并做记录，最好在现状记录表中简单记录其修缮措施。主要原则如下：

1）尽量保留原有构件。残损构件经修补后仍能使用者，不必更换新件。对于年代久远、工艺珍稀，具有特殊价值的构件，只允许加固或做必要的修补，不许更换。

2）对于原结构存在或历史上干预造成的不安全因素，允许增添少量构件以改善其受力状态。

3）修缮不允许以追求新鲜华丽为目的重新装饰彩绘；对于时代特征鲜明、式样珍稀的彩画，只能做防护处理。

4）凡是有利于文物古迹保护的技术和材料，在经过严格试验和评估的基础上均可使用，但具有特殊价值的传统工艺和材料则必须保留。

（3）在制定保护措施时要遵循以下原则：

1）现状修整包括两类工程：一是将有险情的结构和构件恢复到原来的稳定安全状态，二是去除近代添加的、无保留价值的建筑和杂乱构件。现状修整的原则：

① 在不扰动整体结构的前提下，将歪闪、坍塌、错乱的构件恢复到原来的稳定安全状态，拆除近代添加的无价值部分；

② 在恢复原来安全稳定的状态时，可以修补和少量添配残损缺失构件，但不得大量更换旧构件、添加新构件；

③ 修整应优先采用传统技术；

④ 尽可能多的保留各个时期有价值的依存，不必追求风格、式样的一致。

2）重点修复工程对实物依存干预较多，必须进行严密的勘察设计，严肃对待现状中保留的历史信息。重点修复的建筑应遵循以下原则：

① 尽量避免使用全部解体的方法，提倡运用其他工程措施达到结构整体安全稳定的效果。当主要结构严重变形，主要构件严重损伤，非解体不能恢复安全稳定时，可以局部或全部解体。解体修复后应排除所有不安全的因素，确保在较长时间内不再修缮。

② 允许增添加固结构，使用补强材料，更换残损构件。新增添的结构应置于隐蔽部位，更换构件应有年代标志。

③ 不同时期依存的痕迹和构件原则上均应保留；如无法全部保留，须以价值评估为基础，保护最有价值部分，其他去除部分必须留存样本，记录档案。

④ 修复可适当恢复已缺失部分的原状。恢复原状必须以现存没有争议的相应同类为依据，不得只按文献记载进行推测性恢复。对于少数完全缺失的构件，经专家审定，允许以公认的同时代、同类型、同地区的实物为依据进行恢复，并使用与原构件相同种类的材料，但必须添加年代标识；在古建筑测绘中，对于建筑内的雕刻、塑像等附属文物，只对其现状进行记录，不必恢复原状。

⑤ 作为文物古迹的建筑群在整体完整的情况下，对少量缺失的建筑，以保护建筑群整体的完整性为目的，在有充分的文献、图像资料的情况下，可以考虑恢复建筑群整体格局的方案。

其余三类保护措施（保护性设施建设、迁移以及环境整治）在古建筑测量中很少涉及，本书就不进行阐释了。

二、常见的古建筑修缮工程措施

1. 石构件的加固措施

（1）打点勾缝

当灰缝酥碱、脱落造成灰缝空虚时，阶条石产生移位。若移位不严重，可直接进行勾缝；若移位严重，可在归安和灌浆加固后进行打点勾缝。打点勾缝前先将松动的灰皮铲净，浮土扫净，必要时用水洇湿。勾缝时应将灰缝塞实塞严，不可造成内部空虚。

（2）石活归安

阶条石发生位移或歪闪时可进行归安修缮，可原地直接归安，不能直接归安的可拆下来，清扫干净后再归位，归位后应进行灌浆处理，最后打点勾缝。

（3）粘结

1）对缝粘接的石材对断裂的创面进行清理，彻底清除断面的污垢、灰尘；

2）槎口预接无误后，在断面涂抹粘结剂并合缝粘接。粘结剂成分及比例：环氧树脂（♯6101）：二乙烯三胺：二甲苯=100：10：10（质量比）。注意在粘接时的溢出的粘结剂及时清理，使石材表面保持清洁。

（4）修补、补配

阶条石缺损或风化严重时，可进行修补、补配。有两种方法：

1）剔凿挖补

剔凿挖补是将缺损或风化的部分用錾子剔凿成易于补配的形状，然后按照补配的部位选好荒料，形状要与剔出的缺口形状吻合，露明的表面要按原样凿出糙样。安装牢固后再进一步"出细"。新旧槎接缝处要清洗干净，然后粘结牢固。

2）补抹

补抹是将缺损的部位清理干净，然后涂抹上具有粘结力的石料质感的材料，干硬后再用錾子按原样凿出。

注：① 当阶条石的棱角不完整且存在移位现象时，应将阶条石全部拆下来，重新夹肋截头，表面剁斧见新，然后进行归安。阶条石经重新截头后，长度变小，累积空出的长度应重新添配。

② 经补配、添配的新石料与可采取照原有旧色做旧的办法。将高锰酸钾溶液涂在新补配的石料上，待其颜色与原有石料的颜色协调后，用清水将表面的浮色冲净，然后用黄泥浆涂抹一遍，最后将浮土扫净。

（5）灌注加固

当砌体开裂、局部构件脱落时，采用灌浆的方法进行加固。所用灌浆材料多为桃花浆和生石灰浆，当缝隙内部容量不大而强度要求较高时，可用高强度的环氧树脂加固，可以高压注入，使灌注饱满。

对于石料表面的微小裂纹，可滴入502胶水或其他胶水进行粘接封护，以防止水汽渗入，减少冻融破坏。

（6）铁活加固

常使用的加固方法有：①在隐蔽部位凿锔眼，下扒锔，然后灌浆加固；②在隐蔽的位置凿银锭榫，下铁银锭，然后灌浆加固；③在中心位置钻孔，穿入铁芯，然后灌浆固定。

2. 木构件加固措施

（1）拆安

1）拆除

首先进行拆除。将需要解体或局部解体的梁架、檩子全部编号后拆除，妥善保存；部分需要拆安归位的梁架（如献殿南缝排山梁架）由上至下全部拆除至加工棚内进行检修，待所有构件整修完毕后，原位归安，先在地面进行预安装，再进行吊装。

2）构件加固

① 干缩裂缝的处理

水平裂缝深度小于梁宽的1/4时，嵌补加固，即用木条和耐水性胶粘剂，将缝隙嵌补、粘结严实，再用铁箍加固；若超过上述限值，应在梁枋下面支顶立柱或更换新件。

② 梁枋拔榫的处理

榫头完整，因柱倾斜而脱榫时，可先将柱拨正，再用铁件拉结榫卯；梁枋完整，榫头腐朽、糟沤时，先将破损部分剔除干净，在梁枋端部开卯口，经防腐处理后，用新制的硬木榫头嵌入卯口内，并应在嵌接长度内用铁箍加固。

③ 梁枋劈裂的处理

梁头下垂和腐朽、梁尾翘起和劈裂：腐朽部分大于挑出长度的1/5时，应更换新件；小于1/5时，应另配新梁头，并做成斜面搭接或颏半对接，接合面采用耐水性胶粘剂粘牢，并加铁箍加固。当梁尾劈裂时，可采用胶粘剂粘结和铁箍加固，梁尾与檩条搭接处用铁件、螺栓加固。

④ 梁头腐朽的处理

此项工作在挑顶或翻建时进行。先将梁头四周的糟朽部分砍去，然后刨光，用木板依梁头原有断面尺寸包镶，用胶粘牢后，用钉钉牢（钉帽要嵌入板内），然后盘截梁头刨光，镶补梁头面板。

⑤ 檩子的加固处理

a. 檩子滚动的加固

在梁头桁椀内或瓜柱桁椀内塞进一块大木楔，用钉钉牢，挤紧檩条，使其不易滚动。也可以利用椽子作为加固构件，靠近桁头两端，选两组椽子，前后两坡全部钉牢使桁的节点稳定不致移位。

另外，当桁条发生滚动现象时，常常带动椽尾及承椽枋也向外扭闪，可在椽尾的承椽枋上附加一根枋木压住椽尾，即附加压椽木法，将此枋木用铁箍螺栓或与额枋之间用短柱支顶，使压椽木与承椽枋连为一体，夹住椽尾。

b. 檩子加固

檩子上皮糟朽深度不超过直径 1/5 的即可认为可用构件。砍净糟朽部分后，用相同树种的木料按原尺寸式样补配钉牢。

遇有折断情况裂纹贯穿上下时，通常即需更换。如仅底部有折断裂纹，高度不超过直径的 1/4 时，可以加钉 1～2 道铁箍或用环氧树脂灌缝。

弯垂超过 1/100 的应更换新料，在此限度以内可在檩上皮钉椽处加钉木条垫平。木质完整时可试做翻转安装（即以檩底改做檩上皮），但遇有彩绘的檩子则不可翻转使用。

3）吊装

将整修完成的梁架由下至上进行吊装，垂直起重，翻身就位，修整榫卯入位，最后抄平所有梁架。

备注：归安构件包括修整和安装，主要为修整加固构件，与归安梁架中构件加固措施相同，此处不进行赘述。

（2）打牮拨正

屋面拆除后，挑开椽子、望板卸下，检修椽子，墙身如果完好可以不动，但需掏挖柱门。用杉篙、扎绑绳，绑好迎门戗（顺梁身方向，和梁身呈 180°角的支撑斜柱）和掯门戗（在墙身中部和梁身呈 90°角的支撑斜柱），打好撞板（如果房屋歪闪严重，绑戗工作应在拆挑屋面之前做好，以免发生危险）。

梁架调整：木构件首先应活动松开，然后再进行归安。先从梁架检查，把梁架的各构件调整完了之后，将屋面上的椽枋望板整理复原后，再将前檐柱和其他有关柱子都吊直扶正，找出侧脚，把所有的戗杆依次绑好。为了保证施工操作安全，在瓦瓦和墙身工程未完之前不要撤去戗杆。发戗时，所有操作人员要用力一致，指挥发戗的人要稳健、果断，掌握发戗程度要准确。所有操作戗杆的人要精力集中，听从指挥。高大的建筑物，木构架断面较大，用人力不能归安时，可以使用起重工具，如起重吊车等。

（3）柱子的检修加固

1）挖补

若仅是柱子本身表皮局部糟朽，柱心尚完好，根本不至于影响柱子的承载力，采取挖补方法。柱皮局部糟朽深度不超过柱子直径 1/2 时，挖补的具体做法是：将糟朽部分用凿或扁铲剔成易嵌补的三角形或方形，剔挖面积以最大限度保留无糟朽的部分为宜。为利于嵌补，将所剔洞边铲直，洞壁稍向里倾斜（即洞内面积大于洞外，易补严），洞底要平实，将木屑等杂物剔除至净。之后用干燥的旧料（木料质地、颜色与柱子相同或接近为佳），制成与凿好的补洞相同形状，边、壁、棱角要规矩，将补洞木块楔紧至严，用胶粘结至牢，胶干后，用刨做成随柱身的弧形，补块较大的，还可用钉钉牢，将钉帽嵌入柱皮以利补腻、补油饰。

2）墩接

若糟朽状况较重，已深达柱心，但糟朽高度墙内柱不超过1/3柱高，明柱不超过1/5柱高，已失去原有的承载力的木柱，则对柱糟朽处进行墩接处理。即将所要接在一起的两节木柱各自刻去柱径的1/2，搭接长度至少应留40厘米，新接柱脚料可用旧圆料截成，直径随柱，刻去一半后另一半作为榫子接抱在一起，两截柱均要锯刻规矩、干净，使合抱的两面吻合严实，鉴于后檐柱直径较大，在墩接处上下各做一个暗榫相插，防止墩接的柱子滑动移位。外用铁箍两道加固，铁箍规格：宽10厘米×厚0.8厘米。墩接完毕后，将柱归位，按中线垂直吊正。再将千斤顶扶柱与等杆慢慢收回撤掉，将柱槽处墙体补砌完整。

3）抽换

若糟朽严重程度大，已影响到木柱的受力则考虑抽换柱子，即将原木柱抽掉，以新柱代之。抽换时，首先准备好千斤顶、扶柱、木垫板、掐杆、铁撬棍、高凳、手使的其他工具等。备齐上述物品后，遂可开展抽换工作。首先将要抽换的柱周边清理干净，在柱两侧加设扶柱，在柱里皮，对梁端部放好垫板，在垫板上将千斤顶尽量平稳的放好，根据梁底与千斤顶的垂直距离支好扶柱，为保证安全，在靠近千斤顶扶柱处，应再加扶一根等杆，使之不要移动，以防备千斤扶柱一旦发生意外，梁不至于脱落。此时，一人掌观扶柱，另使人操作千斤顶，作业中注意稳、慢，将梁逐渐顶起，顶起的高度以原有柱不承荷重为止，这时，千斤扶柱与太平扶柱要支撑牢稳，不可再动，遂将旧柱撤下。

3. 斗栱的修缮措施

（1）斗

劈裂为两半，断纹能对齐的，可继续使用；断纹不能对其的或严重糟朽的要更换；斗耳断落的，按原尺寸式样补配，粘牢钉固；斗"平"被压扁的超过0.3厘米的可在斗口内用硬木薄板补齐，要求补板的木纹与原构件木纹一致，不超过0.3厘米的可不修补。

（2）栱

劈裂未断的可灌浆粘牢，左右扭曲不超过0.3厘米的可以继续使用，超过的应更换；榫头断裂，但无糟朽现象的，可灌浆补牢，糟朽严重的可锯掉后接榫，用干燥的硬杂木依照原有榫头式样、尺寸制作，长度应超出旧有长度，两端与栱头粘牢，并用螺栓加固。

（3）昂

昂嘴断裂的，将裂缝粘接与栱相平；若脱落，照原样用干燥硬杂木补配，与旧构件相接或榫接。

（4）正心枋、外拽枋、挑檐枋等

斜劈裂纹的可用螺栓加固、灌缝补牢，部分糟朽者剔除糟朽部分，用木料补齐。整个糟朽超过断面的2/5以上或折断时应更换。

（5）斗栱构件的更换

更换构件的木料最好用相同树种的干燥木料或接近树种的木料，依照样板进行复制。根据经验，先做好更换构件的外形，榫卯部分暂时不做，留待安装时随更换构件所处部位的情况临时开卯，以保证搭交严密；重点修缮的建筑物的斗栱在修缮时，对其细部处理应

125

特别慎重，因为它们的时代特征明显，有时细微的变化都会反映时代的不同。因此，在制作此类构件时，不仅外轮廓需要严格按照标准样板，细部纹样也要进行描绘。

注：为防止斗栱构件的位移，在修缮斗栱时，应将小斗与栱间的暗销补齐，暗销的榫卯应严实；对斗栱的残损构件，凡能用胶粘剂粘结而不影响受力者，均不得更换。

4. 地面修缮措施

（1）剔凿挖补

适用于地面较好，只需要零星添配的地面。先将需要添配的部分用錾子剔凿干净，然后按照相应的规格重新砍制一块砖，再照原样墁好。

（2）局部揭墁

揭墁之前要先按砖趟编号。拆揭时注意不要碰坏棱角。可以续用的砖要将砖底和砖肋上的灰泥铲净。在修缮过程中如发现砖下垫层下沉必须夯实。若局部下沉或缺失，应及时整修。揭墁时必须重新铺泥、揭趟和坐浆。新补换的砖要用蹾锤以四周旧砖为准找平，并使砖缝合适（松紧程度同原地面）。

（3）全部揭墁

若地面改动较大（如表面水泥抹面），铺墁方式不一，或残损较严重时，应全部揭墁后重做地面。

5. 墙体修缮措施

（1）剔补

用于原墙体保存较好，仅局部因受雨水侵蚀或因墙下污土堆积、排水不畅造成墙体受潮酥碱且易于抽换（不影响整体建筑的稳定性）的砖块属于剔补的范围，先将需修复的地方凿掉，凿去的面积应是单个整砖的整倍数，然后按原墙体砖的规格重新砍制，砍磨后照原样用原做法重新补砌好，里面用灰背实。

（2）择砌

建筑基础保存尚好，仅局部砖墙松动、残损，非通深的裂缝，均采取择砌的方法。择砌前首先划定范围，并在相应位置临时支托加固，稳固墙身。支顶时采用木柱、三脚架综合支顶，内外壁板夹固的方法操作。避免墙体的再次受损。择砌时注意采用与原制规格相同的青条砖，手法同原制，与原墙相接部位剔除残损碎砖，经水浸泡后灰浆稳固，保证墙身结构的稳固，之后撤去支顶，恢复原样。择砌必须边拆边砌，不可等全部拆完后再砌。一次择砌的长度不应超过60厘米。

（3）局部拆砌

如酥碱、空鼓或鼓胀的范围较大，经局部拆砌可排除危险的，采取局部拆砌的办法。这种方法只适用于墙体上部的修缮（东南角楼、西南角楼三层墙体采用此方法进行修缮）。

（4）重砌

建筑砖墙外表面已大面积酥碱，空鼓严重、并有通长的裂缝，为排除安全隐患和适应建筑整体风格，砖墙应予拆除并重新砌筑。与择砌相同，拆除前应由上而下划定拆除线，施行分段作业。对建筑的墙体砌筑手法进行详细地记录，为重新砌筑提供参考。在拆除中不可使用大型机械或使用其他的快速性操作办法，尤其对予以保留的接槎段应缓行剔灰，抽出砖块，拆除墙身，以五到七皮砖为一个拆除高度。拆下的墙砖即时剔灰统计，并码放整齐（原砖中完好的清理干净后继用）。所获得的相关资料注意留档存查。

条砖灰缝应与原制保持一致，砖块含水率介于 65％～80％，两端接槎部位水涸湿旧砖，随砌随用。为保证墙身的坚固，避免墙体的不均匀沉降引发事故，故砌筑时以一工作日砌筑五到七皮砖为一个周期，每个周期间隔 48 小时左右，保证每段墙体留有较充分的灰浆初凝及稳定的时间。

墙体砌筑完成后，将新砌砖槛墙表面予以顺色做旧，保持建筑古朴的风格。

注：① 若墙体内包砌柱子的，在砌筑墙体之前，先检查柱头、柱根有无糟朽，如有糟朽应墩接加固好，严禁先砌筑墙体再墩接柱子。

② 墙体拆除时，要将木构架支顶牢固。若墙体上有电线，拆除前应先切断电源，并对木装修等加以保护。

③ 凡是整砖整瓦在拆除时一定要一块一块细心拆除，不得毁坏，拆卸后应按类分别存放。拆除时尽量不要扩大拆除范围。

（5）内墙抹灰的修缮

因屋面渗雨、室内受潮等原因，建筑内墙皮均有空鼓、墙皮剥落现象。可采取局部抹灰、铲抹、重新罩面、串缝等方法进行修缮。

1）局部抹灰

用于墙面部分损坏或墙面绘制壁画，但局部有裂缝或墙皮脱落等的修缮。先用大麻刀灰打底，然后用麻刀灰抹面，趁未干时在上面洒上砖面，并用轧子赶轧出光。

2）铲抹

对于灰皮大部分空鼓、脱落的墙面多采用这种方法。将基层灰铲除干净，扫净浮土，涸湿墙面。进行抹灰。砖缝凹进去较多时，应先用"鸭嘴"将掺灰泥或灰"喂"入墙内，然后反复按压平实。

3）重新罩面

即在原有的墙面上再抹一层灰。在抹灰之前，可在旧墙面上跺出许多小坑，以加强新旧层的结合，不致空鼓；旧灰皮一定要用水涸湿，涸湿的程度以抹灰时不会造成干裂为宜，必须反复泼水，直到闷透为止；墙面上有油污的，要用稀浆涂料揉擦；被烟熏黄了的墙面在抹白灰时，先用月白浆涂刷一遍，以避免泛黄。

在抹压泥壁之前，先将土坯墙修整完好，铲除旧泥皮，清理墙面，剔除酥碱、松动，若有裂缝可用拉杆或嵌入木楞加固，保证与新抹泥壁的粘结力。面泥中可适量掺入旧土（过筛），压抹后使其色调近于旧色，即做旧。墙壁上有壁画时一般不采取重新抹灰的方法，用其他方法进行维修时，注意保护壁画完整性，避免受到保护性的破坏。

6. 屋面修缮措施

（1）除草清垄

由于瓦垄较易积土，泥背中又有大量黄土，布瓦的吸水性又很强，所以在瓦垄中容易出现滋生苔藓、杂草甚至小树的现象，这些植物对屋面的损害极大，是造成屋面漏雨，瓦件离析的主要原因。拔草时应"斩草除根"，如果只是拔草而不除草，非但不能达到预期的效果，反而会使杂草生长的更快；除草要注意季节性；除草时发现瓦件松动或裂缝时，应及时整修。

（2）查补雨漏

一般可以分为两种情况，一种是整体屋面比较好，漏雨的部位也很明确，且漏雨的部位不多，这样就只需要进行零星的查补。

（3）局部挖补

如果局部损坏严重，瓦面凹陷或经过多次查补无效时，可以采取这种作法。现将瓦面处理干净，然后将需要挖补部分的底盖瓦全部拆卸下来，并清除底瓦、盖瓦泥。如泥灰背酥碱严重，应铲除干净，如发现望板或椽子沤朽都应更换一新，用水将槎子处理干净后按照原做法重新苫背。

（4）揭瓦檐头

如檐头损坏严重时应采取揭瓦檐头的作法。先将勾头、滴水拆卸后，送到指定地点存好备用，然后将檐头部分需揭瓦的底、盖瓦全部拆下，存好备用；连檐、瓦口一般采用重新制安的方法。操作时可以在檐头栓一道横线，如是布瓦，最后应在新旧槎子处的上部弹线，按线在檐头"绞脖"。

（5）挑顶

当屋顶瓦面破坏比较严重，琉璃瓦釉严重剥落、漏雨现象严重，局部塌陷，大木构架损坏比较严重，一般采用挑顶的方法进行，将屋面瓦件全部拆除后重新瓦瓦、调脊。

（6）脊饰的修缮措施

屋面瓦完成后进行调脊，一般不允许更换。对于损坏不甚严重的，可以用灰勾抹严实，对于破碎的脊饰，采取粘补的方法而不轻易更换；如实在不能粘补，要及时用灰将坏处抹严。若脊饰花样不对位，应拆卸后按照花样重新调整粘结顺序；脊饰毁坏严重或明显为近代添加物时，应进行更换，但必须与建筑整体风格及其时代特征相吻合。

部分缺失构件以设计式样为主进行复制、补配，以当地同时期建筑吻兽花饰进行设计，重新烧制的脊饰、吻兽，要与现有式样或设计风格吻合。

（7）琉璃构件脱釉的修复

除了可以更换外，还可以采用刷色的方法，使用于釉剥落严重，但屋面漏雨现象并不严重的屋面。

施工工序：1）先将屋面上的杂草拔去并将积土铲净；2）用水将瓦面冲刷干净，局部损坏的地方应及时修好；3）用石膏腻子或血料腻子将瓦釉剥落的地方打点光滑；4）屋面打点光滑后，用油工工具鬃刷沾油漆涂料在瓦面上涂刷。油饰材料的颜色应比原瓦釉颜色稍深。刷色用涂料可采用有机硅油漆等。

石膏腻子配置方法：用桐油将生石膏粉调匀，然后加水，以防止因石膏发胀而变硬，但又不可多加，否则会变稀。最后用油工工具开刀反复翻搅，腻子搅至能"立刀、拔丝、不倒"时即可使用。

血料腻子配置方法：用血料将砖面或瓦面或滑石粉调匀，如硬度要求不甚高时，可加适量水分。

注：①拆卸瓦件时应先拆卸勾滴，并妥善保管；②其次拆卸瓦垄和垂脊、戗脊等；③最后拆卸正脊。必要时要用吊车协助进行操作。在拆卸瓦件时要特别注意保护瓦件不受损失。瓦件、脊饰要分类存放，并做好统计。

7. 装修的修缮措施

（1）板门的修缮

分为整修和制安两种修缮措施。

1）整修板门

由于原建时，所选用木料不干或年久失修等引起木料收缩出现裂缝，细小裂缝采用油饰断白用腻子勾泥，一般裂缝用木条嵌补粘接严实；对于门扇下垂的构件，在下钻外表上套一个铸铁筒，以恢复其原高度，同时，在门枕的钻窝处放置一个铸铁碗来承托铁筒，防止门枕被磨损；对于门钻磨损或伸入连楹的圆孔被磨，整体门扇下垂或倾斜、门扇对缝不严时，在上门钻的外皮和连楹孔内，各套一个铁板筒补足，以校正被磨损的扇斜。

2）板门的制安

制作时，首先要确定板门的尺寸，一般均为明穿带做法，穿带两端做透榫，在门边对应位置凿眼，贴附于槛框内侧安装，将门轴上端插入连楹上的轴碗，门轴下面的踩钉对准海窝入位即可。在安装前须将分缝制作出来，不仅要留出开启的空隙，还要留出门表皮油漆地仗所占的厚度。分缝须在安装前做好，安装以后，如不合适还可进行修理。

（2）隔扇的维修

四框边挺的抹头榫卯松脱，维修时应整扇拆落，归安方正，接缝要加楔、重新灌浆粘牢，最后在背面加钉铁三角或铁丁字（三角和丁字要嵌入边挺内与表面齐平，用螺栓钉牢）。边挺和抹头局部劈裂、糟朽时应钉补牢固，严重者予以更换。

棂条断裂或缺失后进行补配时，应根据旧棂条的样式或残存卯口规格，依样配制，单根做好后，进行试装，完全合适时，再与旧棂条拼合粘牢。新旧棂条接口应抹斜，背后要加钉薄铁片拉固。

注：门窗修配时应与原有构件、花纹、断面尺寸要求一致，保持原有风格，所用木材也要尽量与原有木材一致。

第五章

古建筑测绘实例图释

第一节　常见修缮类古建筑测绘实例

一、现状修整古建筑群测绘

1. 官式建筑群代表——山西太原纯阳宫

纯阳宫，又称吕祖庙，位于太原五一广场西北隅，坐北朝南布局，南北长 170.63m，东、西平均宽 58.83m，总占地面积 10038m²，是供奉唐代道士吕洞宾的宫观。始创人是宋朝末年的张奉先，初为小庙。明万历年间（1573～1691 年）扩建，清乾隆帝间（1736～1795 年）郡守郭晋以及太谷人范朝升又先后出资扩建，增筑巍阁三层。新中国成立后进行增建，始成现状；1996 年公布为山西省省级重点文物保护单位；2013 年 3 月公布为第七批全国重点文物保护单位。

（1）院落布局

宫址坐北向南，现存四进院落，沿中轴线自南而北依次为原宫门、献殿、吕祖殿、九窑十八洞、玉皇阁，一进院原宫门两侧为东西角殿，院内东西两侧各设配殿一座；献殿两侧为一进院东西耳殿；二进院中轴线上为吕祖殿，二进院内东西两侧设配殿各一座，吕祖殿东西两侧设厢房各一座；吕祖殿北侧为九窑十八洞围合而成的三进院，三进院中心设回廊亭一座；九窑十八洞北侧通过北殿进入第四进院落，玉皇阁居于中轴线上，东西两侧设配殿各一座。纯阳宫总计殿堂七十余间，布局严谨、类型众多、洞台亭阁、殿楼相间，加之宫内古柏参天、碑碣众多，壮丽中透出灵秀、宏伟中蕴含逸趣，建筑高低错落、曲折回旋，既是一座道观，又具备了古典园林建筑的特点，成为道教建筑文化中别具特色的优秀范例。

（2）价值评估

纯阳宫曾经坐落于明太原城内，其独特的道教场所选址及赋予的社会、历史使命，反映了明、清时期统治者对道教的推崇以及人们对道教潜移默化、根深蒂固的崇敬之情，同时也例证了道教的世俗化趋势；纯阳宫由四进院落纵向串联而成，在遵循传统礼制格局的基础上充分发挥独创多变的格局构思，达到建筑的不同使用功能和精神目标。其四合院、回字院、八卦院三种院落形式，渗透了五行八卦布局理念；纯阳宫第三进院呈八角形，形如八卦图，故名为"八卦院"，底层均为砖券窑洞，俗称"九窑十八洞"，其营建布局体现了道教易学思想。窑洞上建有楼、亭，四角分别建有四座扇形九角攒尖亭。独特的空间布局在众多道教宫观中实属鲜例。

此外，纯阳宫建筑形式多样，历史悠久，2009 年成为太原理工大学建筑学与城市规划专业测绘基地，因此，本书选择纯阳宫作为第一实例，希望可以在以后的测绘实训中提供帮助。

（3）测绘要领

古建筑测量主要包括手工测量和仪器测量，在纯阳宫建筑群测绘实训时要掌握传统手工测量的方法和现代仪器测量的操作要领，同时要对古建筑构件进行系统的学习和认知，对早期建筑名称和明清建筑构件进行区分。

首先是单体建筑的测量，一般采用传统手工测量的方法进行。从建筑平面柱网开始，至梁架结构、建筑屋面、建筑装修等逐一进行。纯阳宫作为山西省艺术博物馆，一些建筑内做了吊顶将梁架封堵，这也是在古建筑测量中经常遇到的，这时，要想办法采用不破坏建筑吊顶的方法进行测量，既要准确地反映建筑的梁架结构，又要注意构件的保护。对建筑进行法式测量后，还要对其变形进行现状测量，这就需要选择合适的仪器对建筑平面及柱网进行抄平测量了。

其次是建筑群总平面图的测量，可以使用全站仪来完成。涉及全站仪的使用方法，在本书中已经进行了详细的描述，此处不再赘述。

（4）测绘图纸

纯阳宫建筑群体量大，建筑形式多样，本书中选取各院落中有代表性的建筑图纸进行说明。（见图 5-1-1～图 5-1-29）

2. 山西传统民居代表——沁水柳氏民居磐石长安院

西文兴村，位于山西省晋城市沁水县土沃乡，是以唐代思想家、文学家柳宗元的后裔形成的柳氏血缘村落。该村以"柳氏民居"出名，始建于明永乐年间，依山而建，起势作"凤凰展翅"，总占地面积达 30 余亩，是研究柳宗元文化的活化石，也是一个深藏儒家思

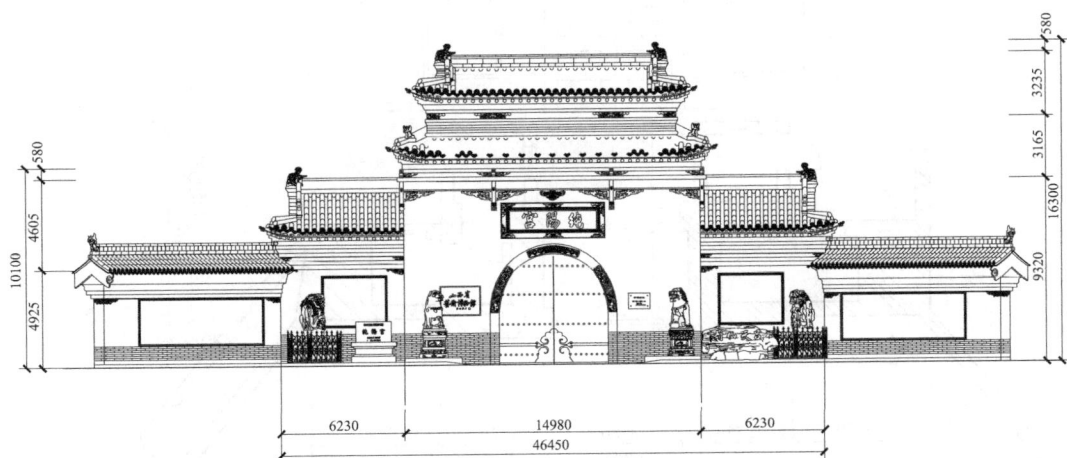

图 5-1-1　太原市纯阳宫山门正立面图

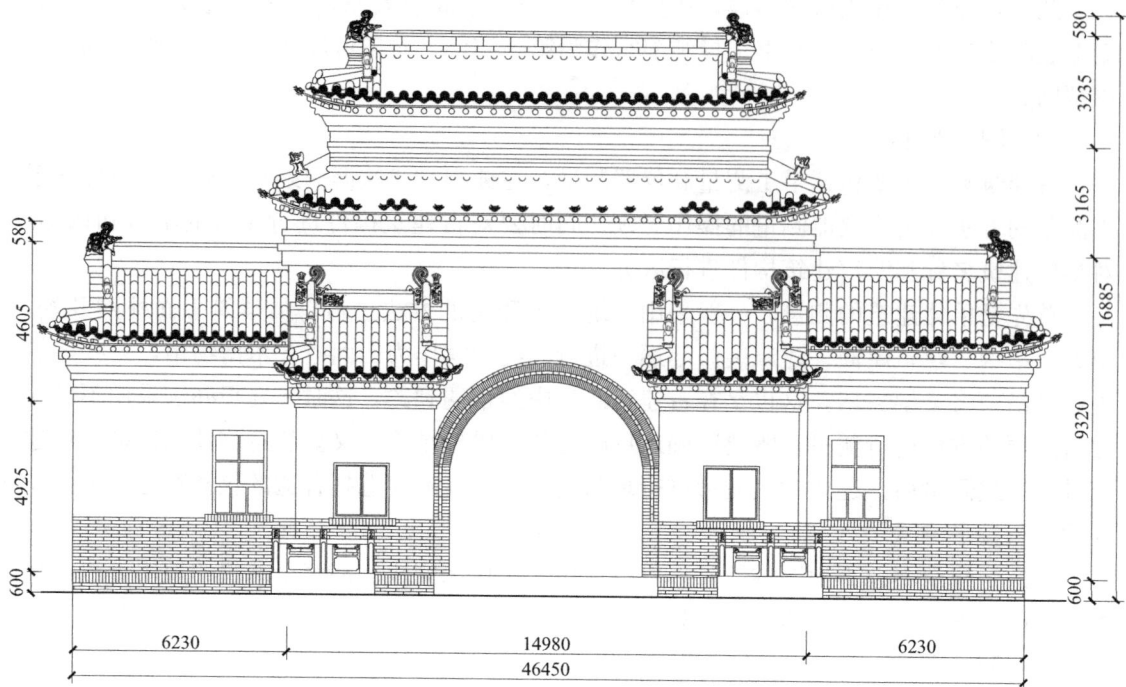

图 5-1-2　太原市纯阳宫山门背立面图

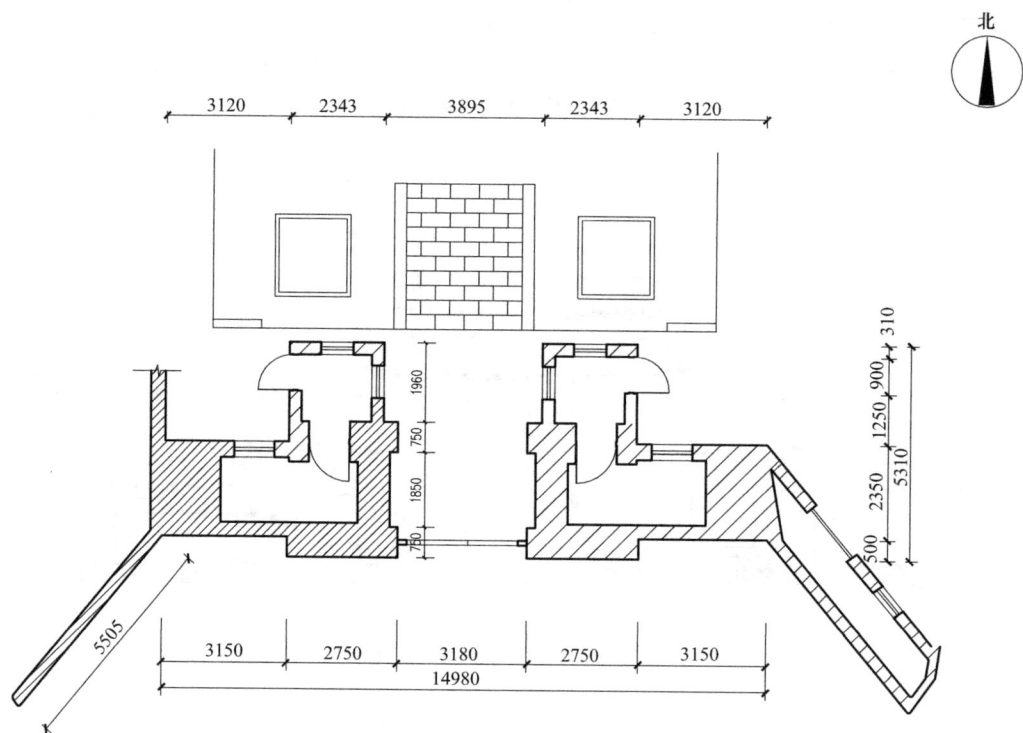

图 5-1-3　太原市纯阳宫山门平面图

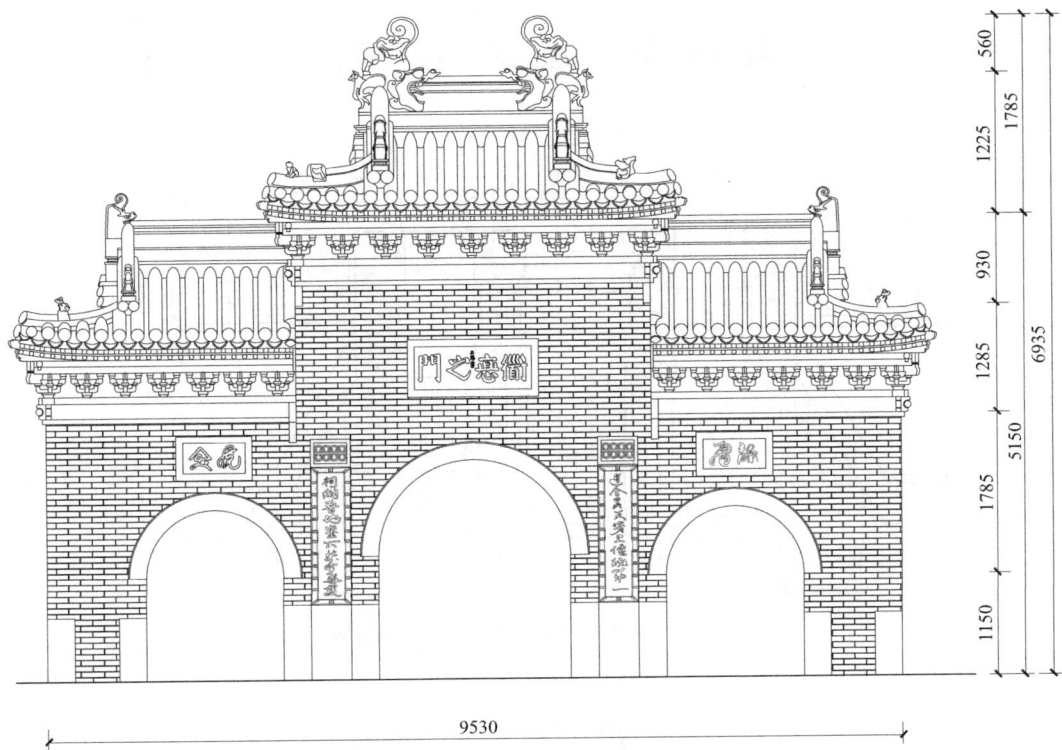

图 5-1-4　太原市纯阳宫道德之门正立面图

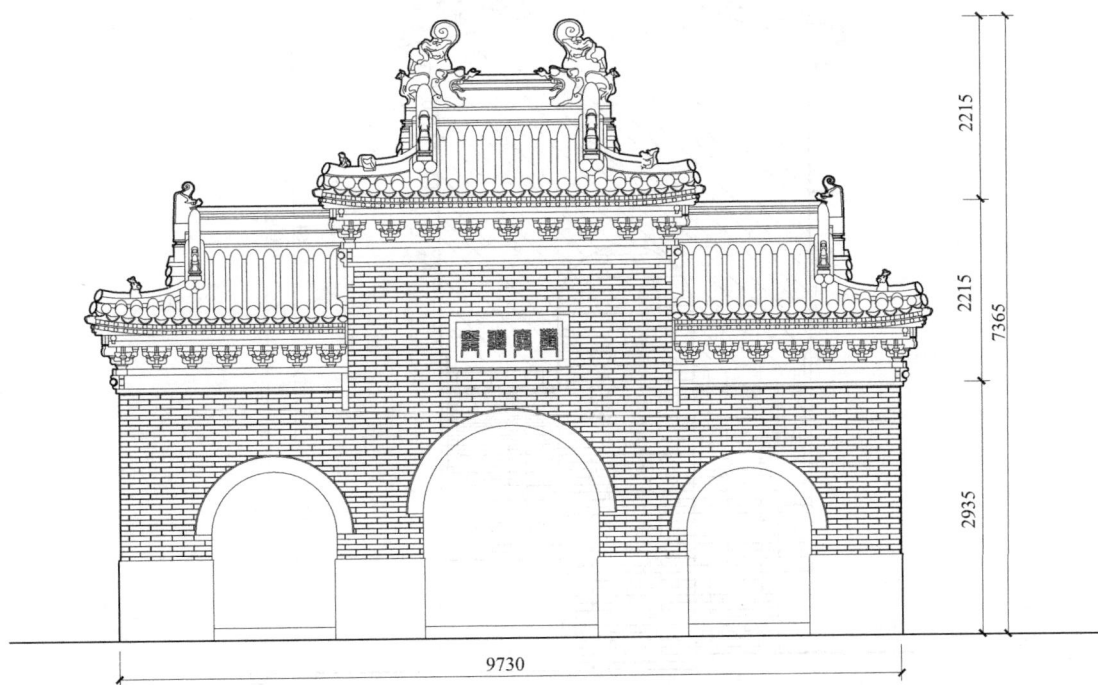

图 5-1-5　太原市纯阳宫道德之门背立面图

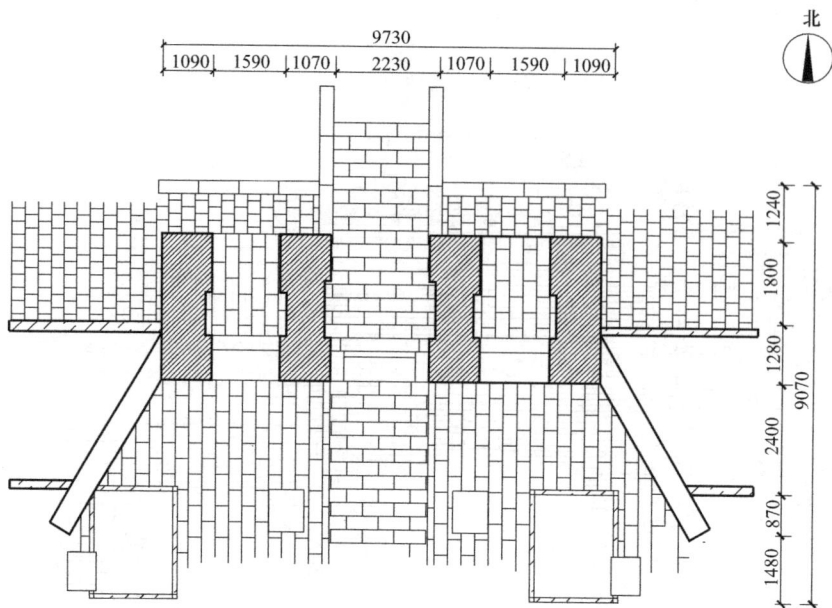

图 5-1-6　太原市纯阳宫道德之门平面图

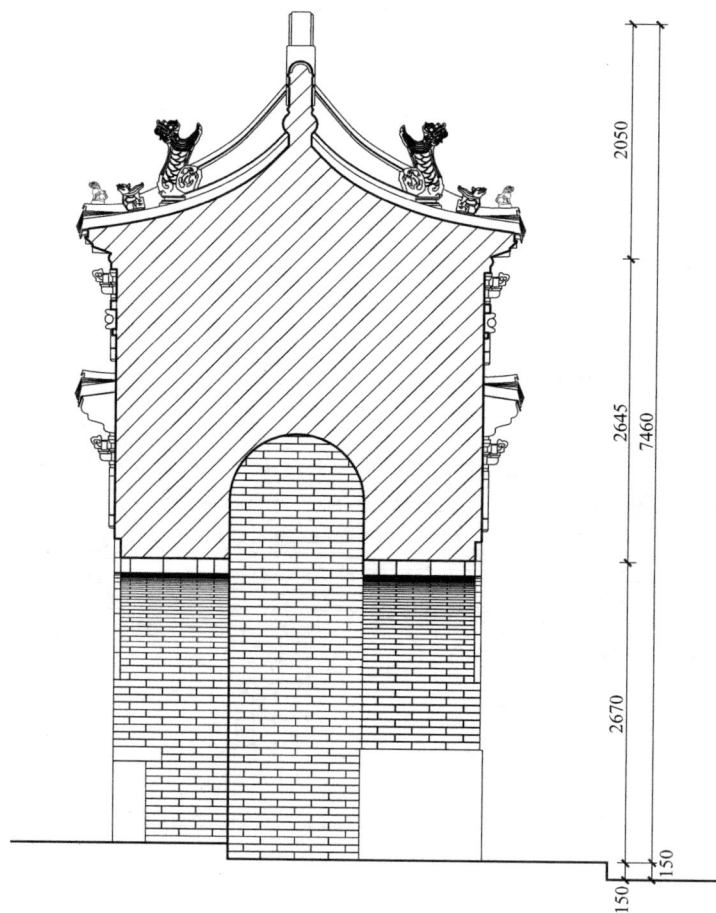

图 5-1-7　太原市纯阳宫道德之门剖面图

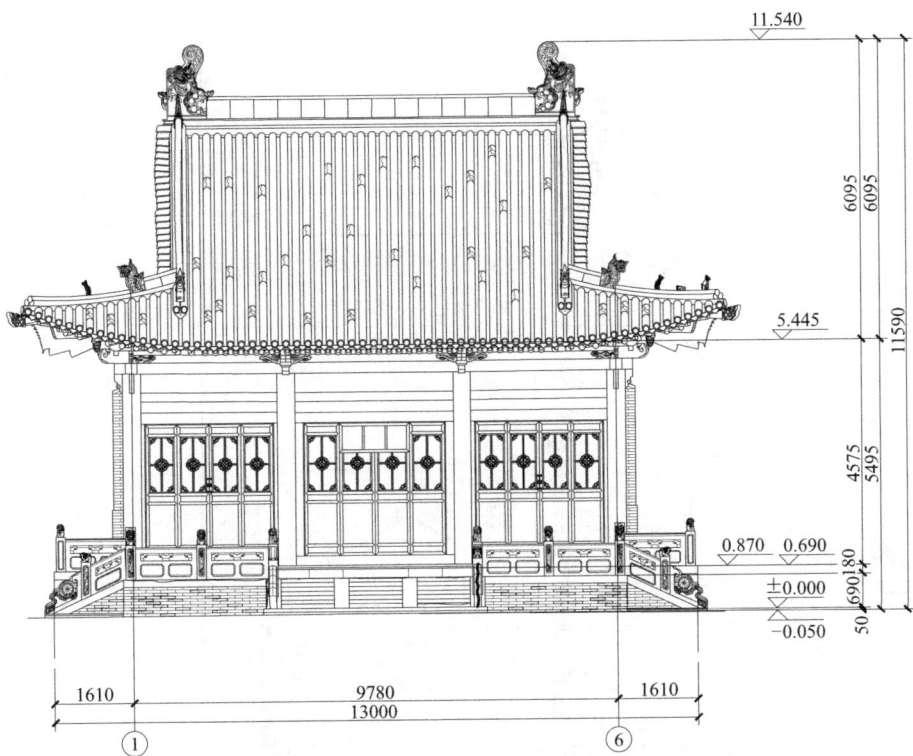

11.540

6095
6095

11590

5.445

4575
5495

0.870 0.690

±0.000

690 180

50

-0.050

1610   9780   1610
          13000

① ⑥

图 5-1-8　太原市纯阳宫吕祖殿正立面图

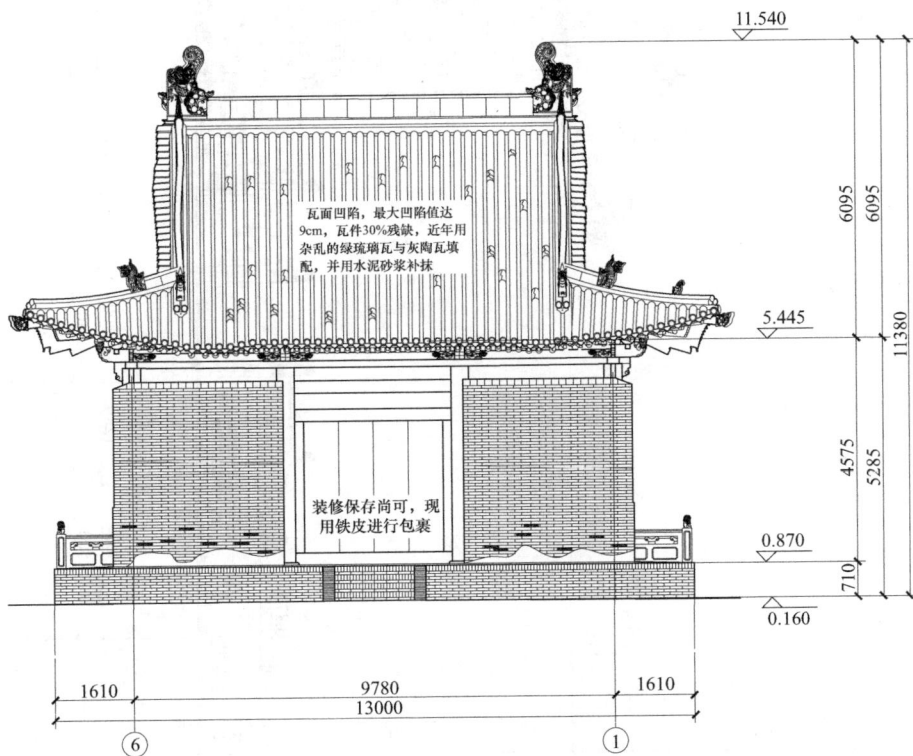

11.540

6095
6095

11380

瓦面凹陷，最大凹陷值达
9cm，瓦件30%残缺，近年用
杂乱的绿琉璃瓦与灰陶瓦填
配，并用水泥砂浆补抹

5.445

4575
5285

装修保存尚可，现
用铁皮进行包裹

0.870

710

0.160

1610   9780   1610
          13000

⑥ ①

图 5-1-9　太原市纯阳宫吕祖殿背立面图

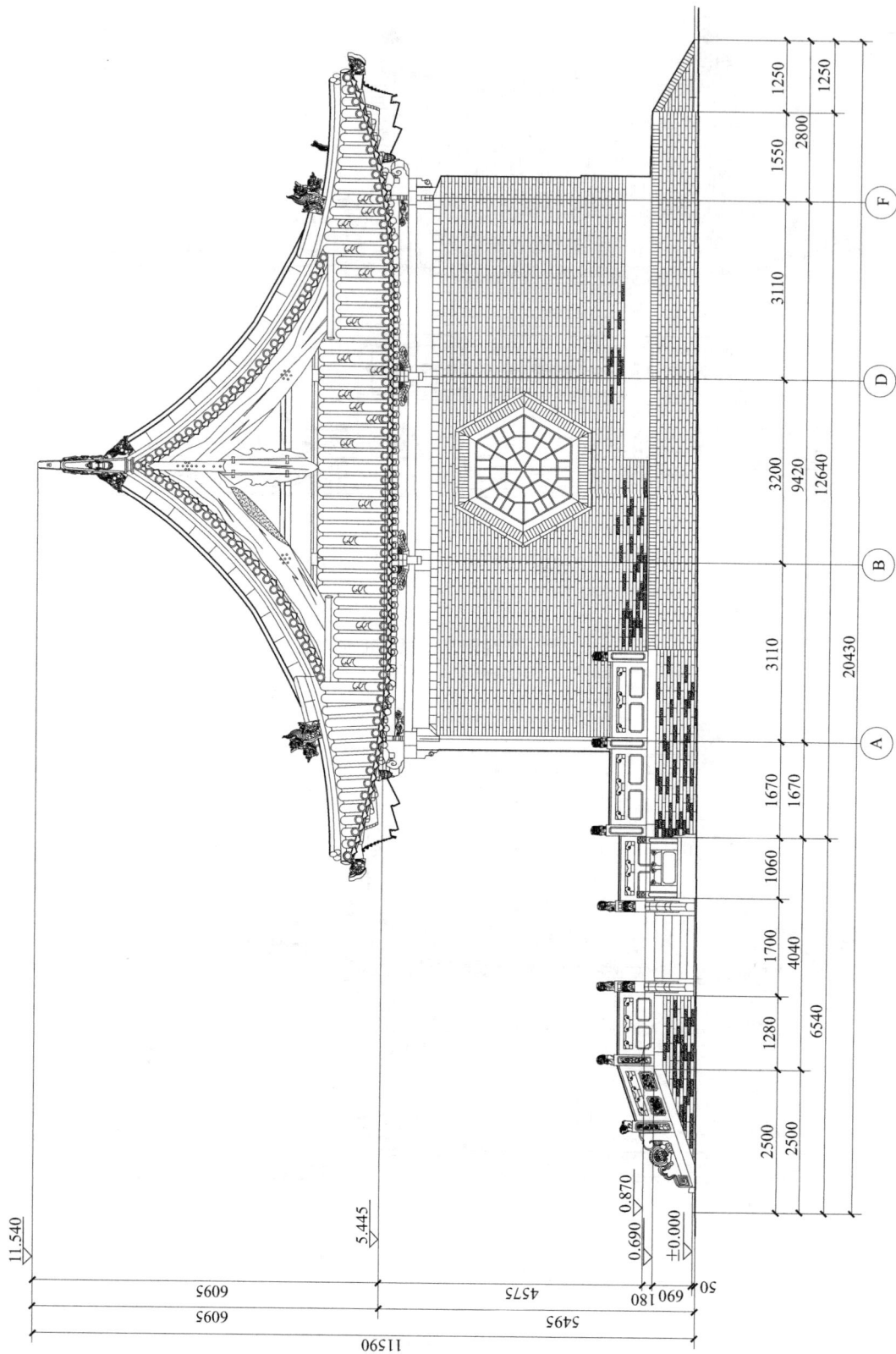

图 5-1-10　太原市纯阳宫吕祖殿侧立面图

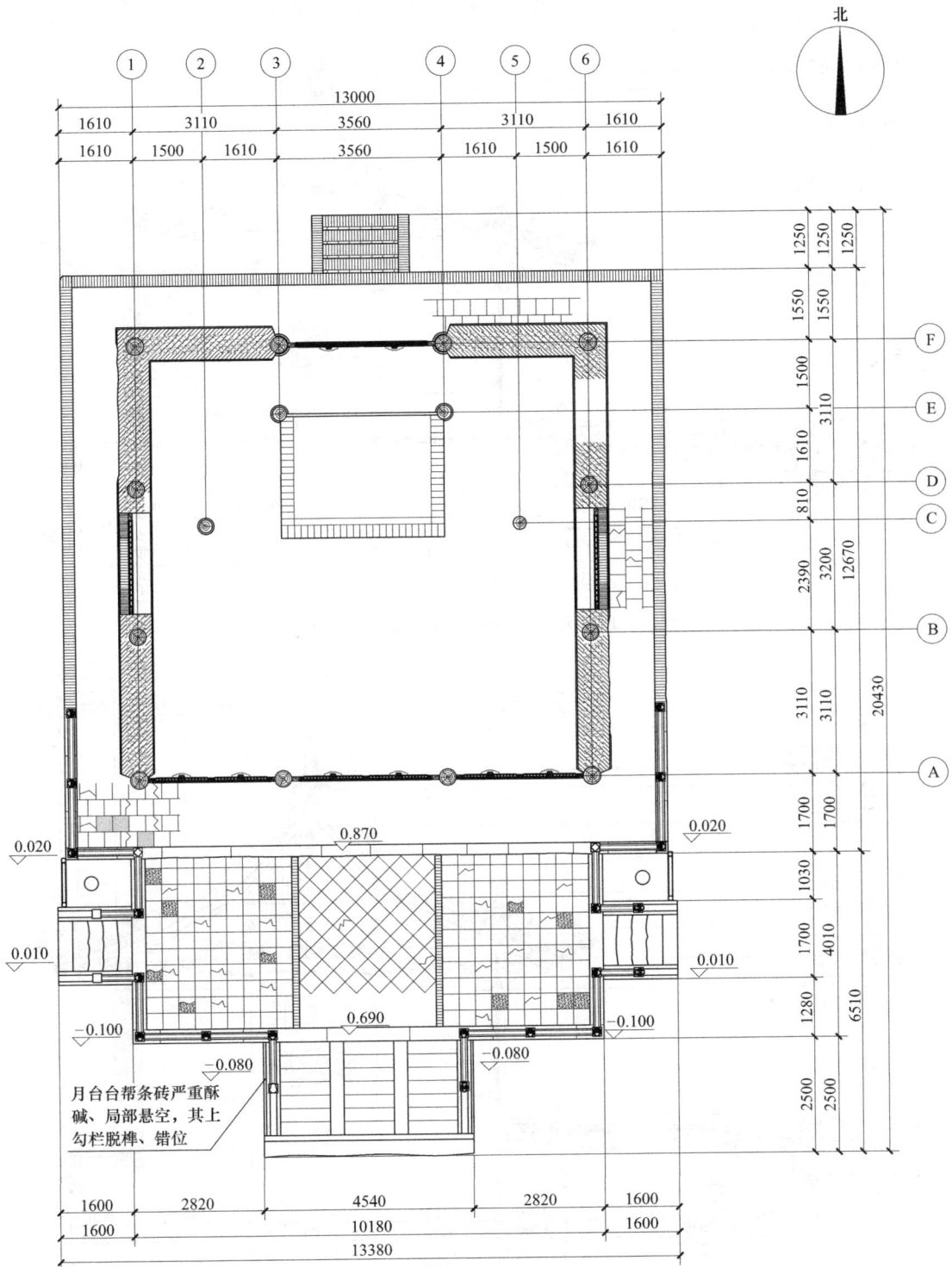

图 5-1-11 太原市纯阳宫吕祖殿平面图

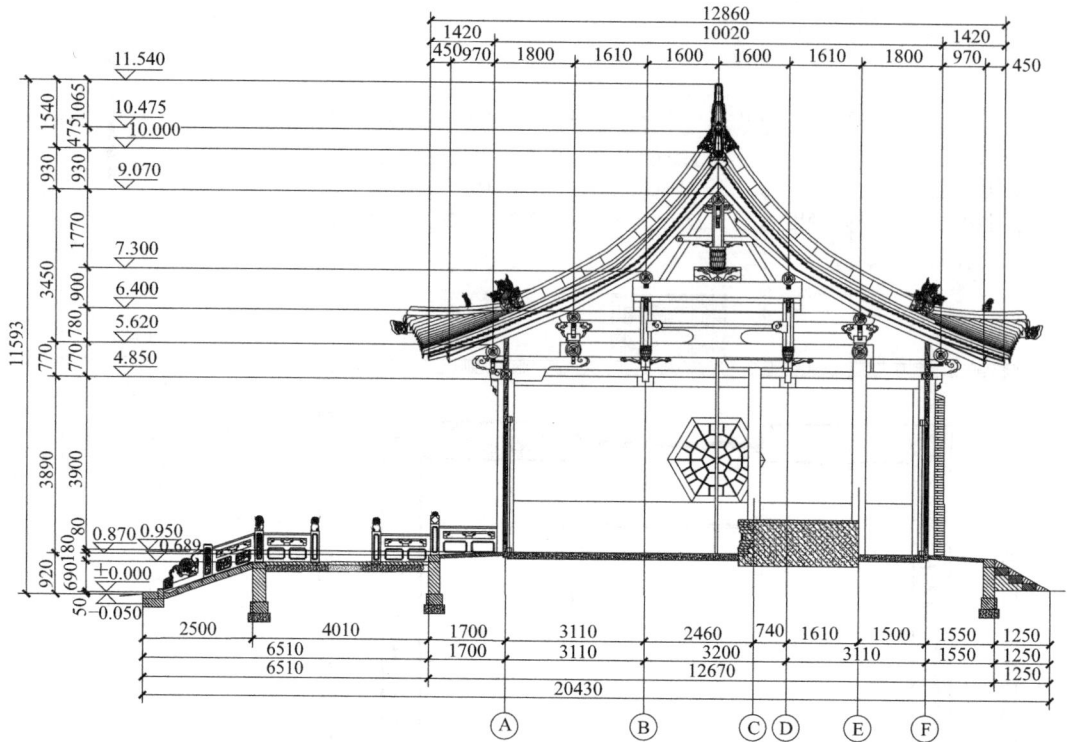

图 5-1-12　太原市纯阳宫吕祖殿 1—1 剖面图

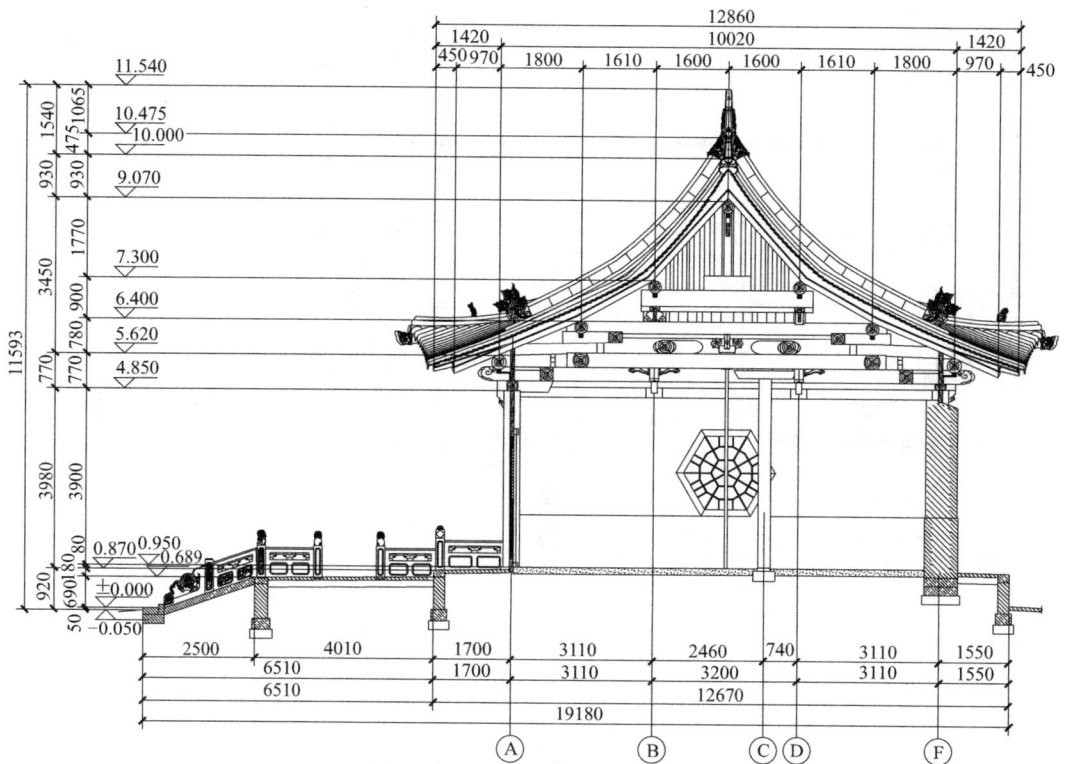

图 5-1-13　太原市纯阳宫吕祖殿 2—2 剖面图

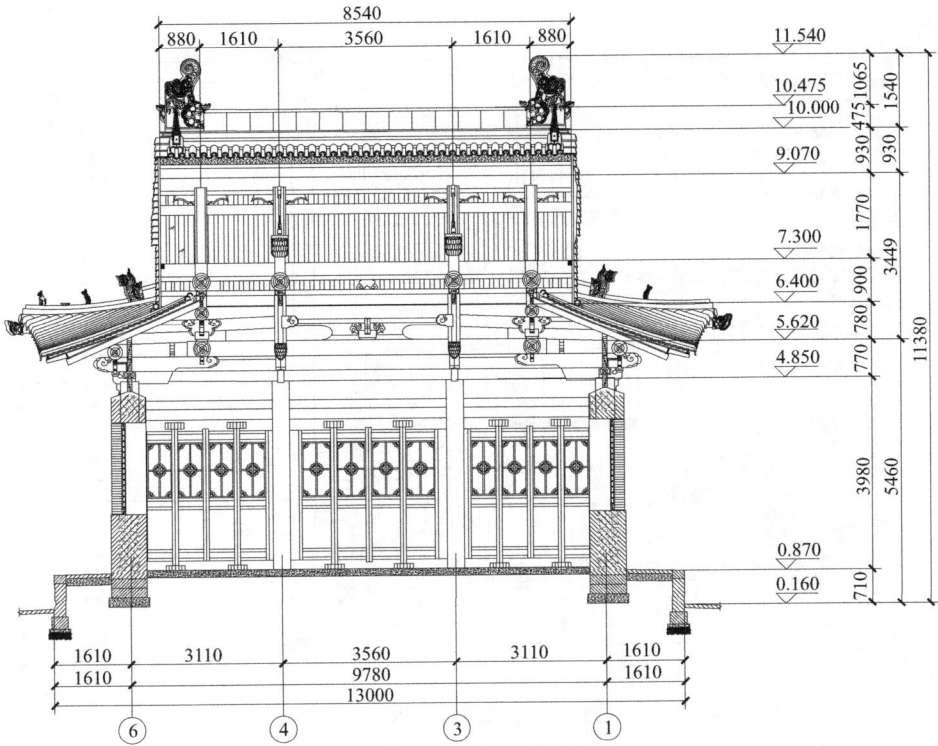

图 5-1-14 太原市纯阳宫吕祖殿 3—3 剖面图

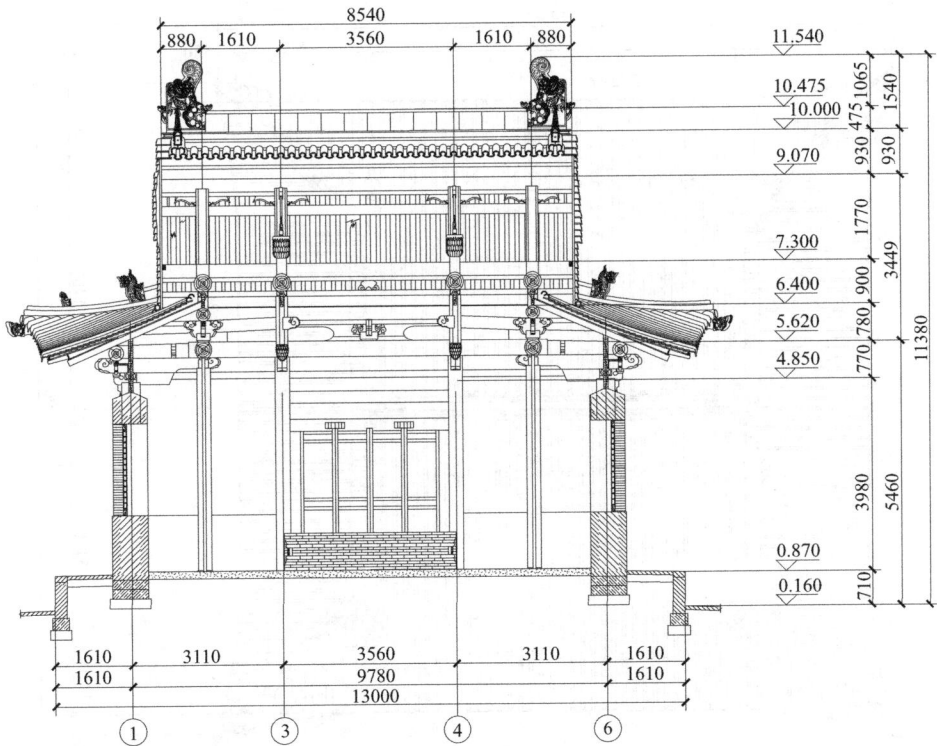

图 5-1-15 太原市纯阳宫吕祖殿 4—4 剖面图

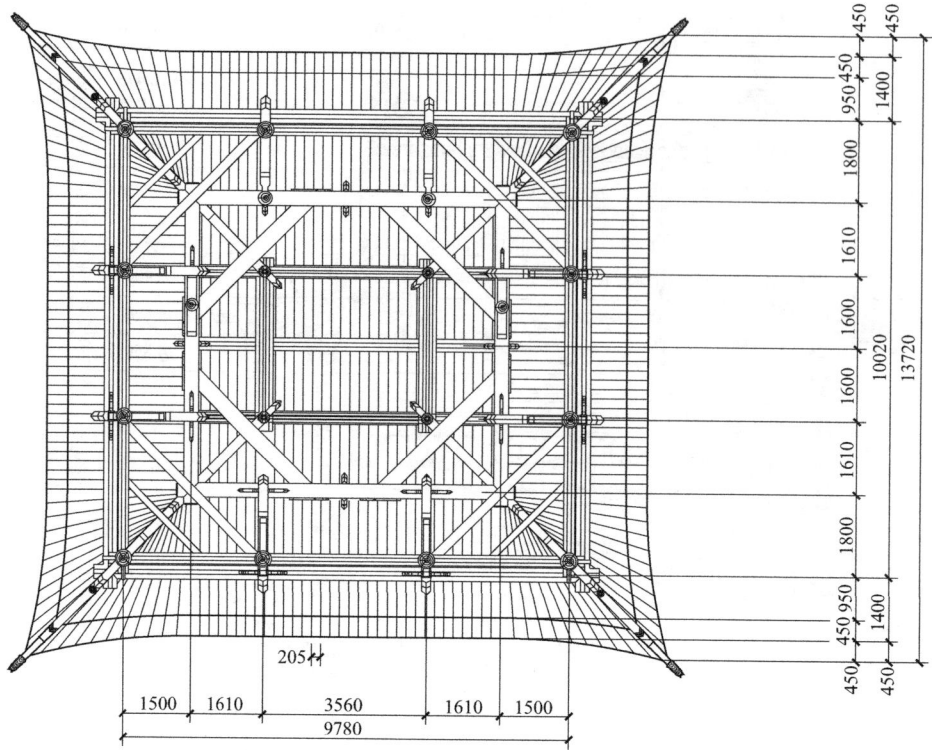

图 5-1-16　太原市纯阳宫吕祖殿梁架仰视图

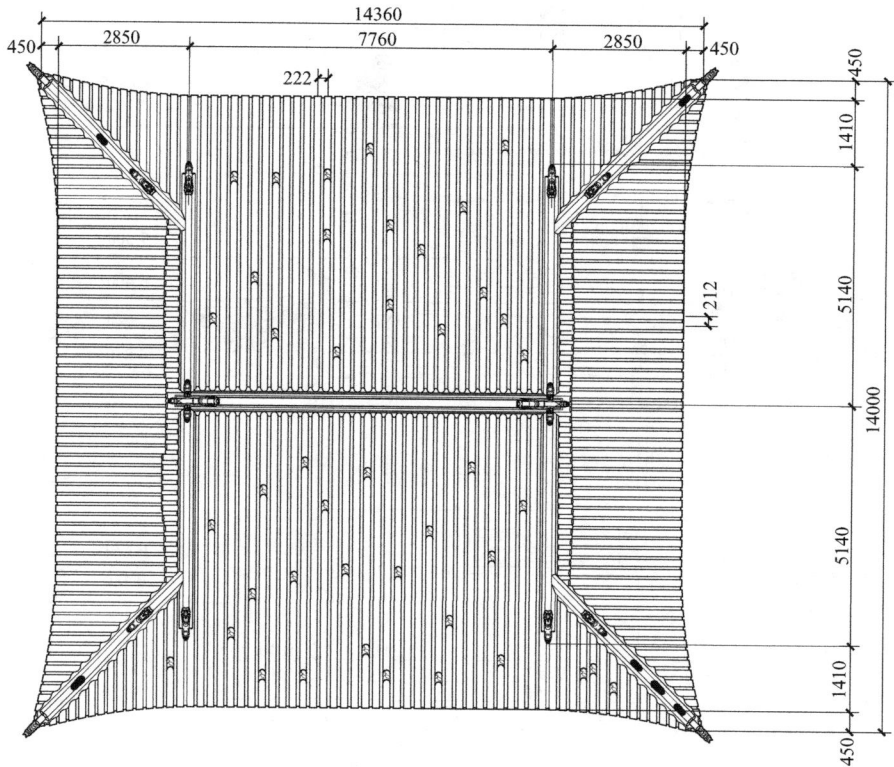

图 5-1-17　太原市纯阳宫吕祖殿屋面俯视图

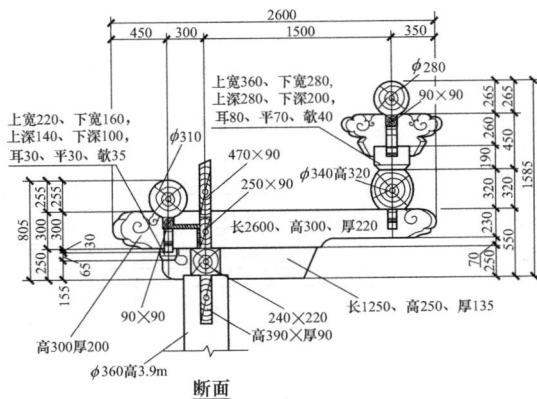

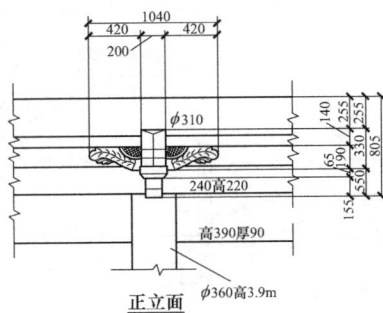

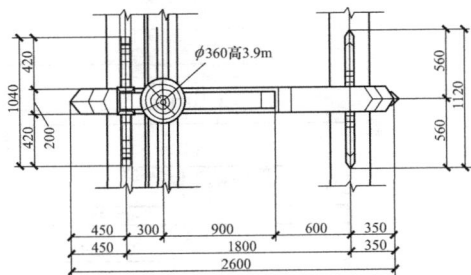

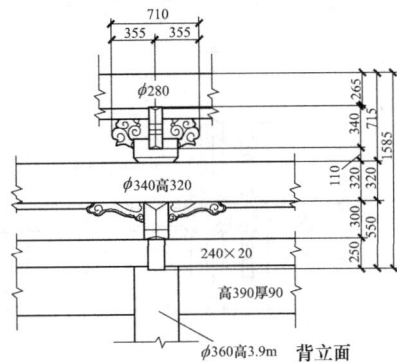

图 5-1-18   太原市纯阳宫吕祖殿前檐斗栱大样图

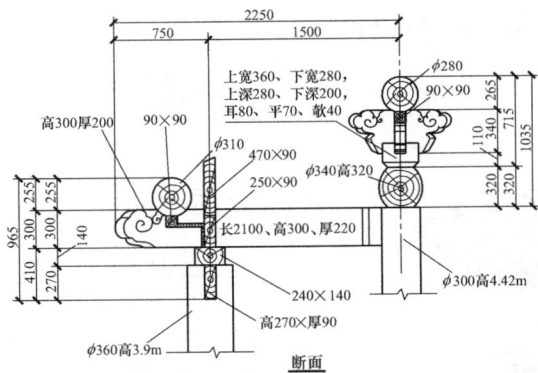

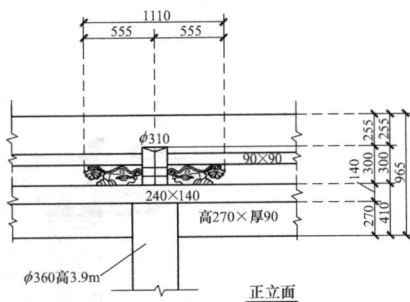

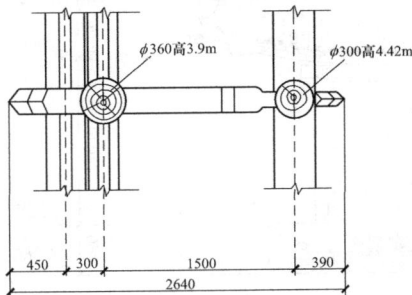

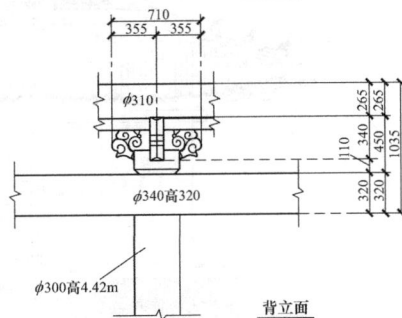

图 5-1-19   太原市纯阳宫吕祖殿后檐斗栱大样图

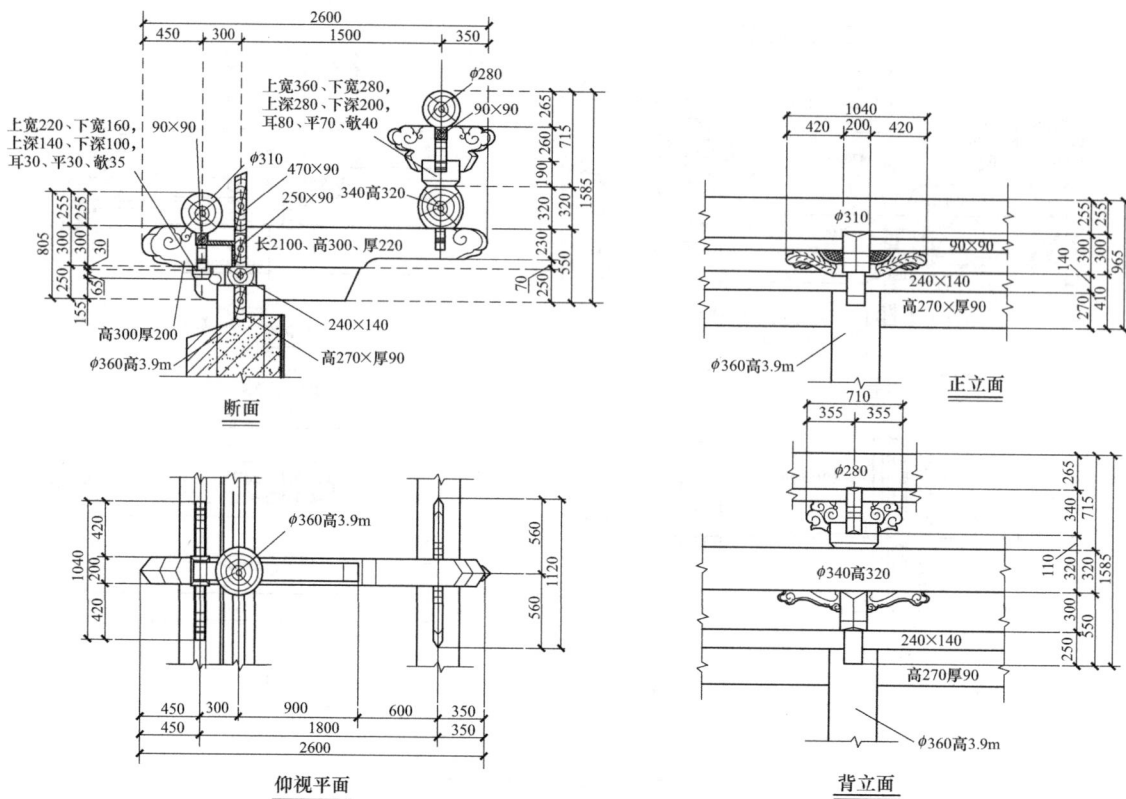

图 5-1-20　太原市纯阳宫吕祖殿两山斗栱大样图

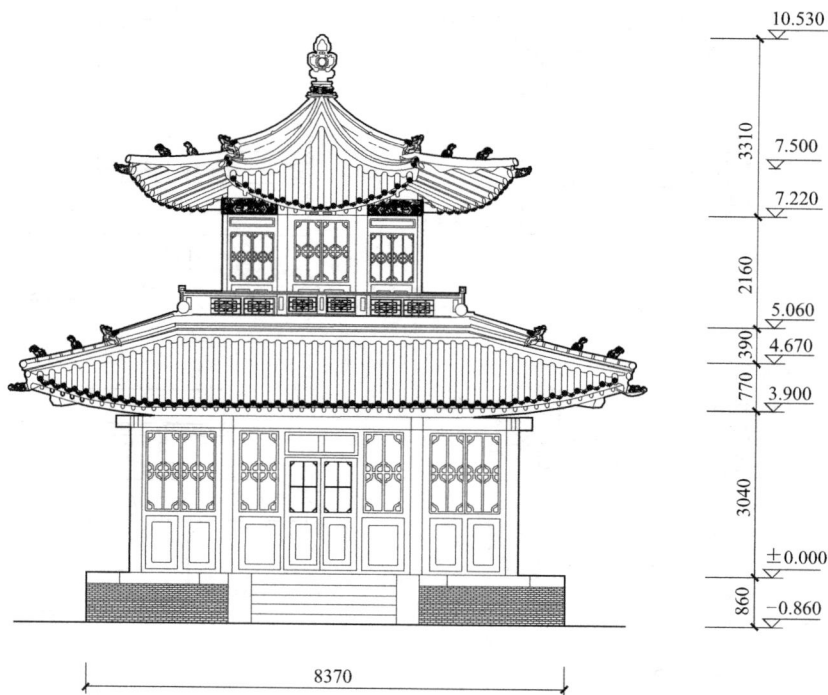

图 5-1-21　太原市纯阳宫琉璃亭南立面图

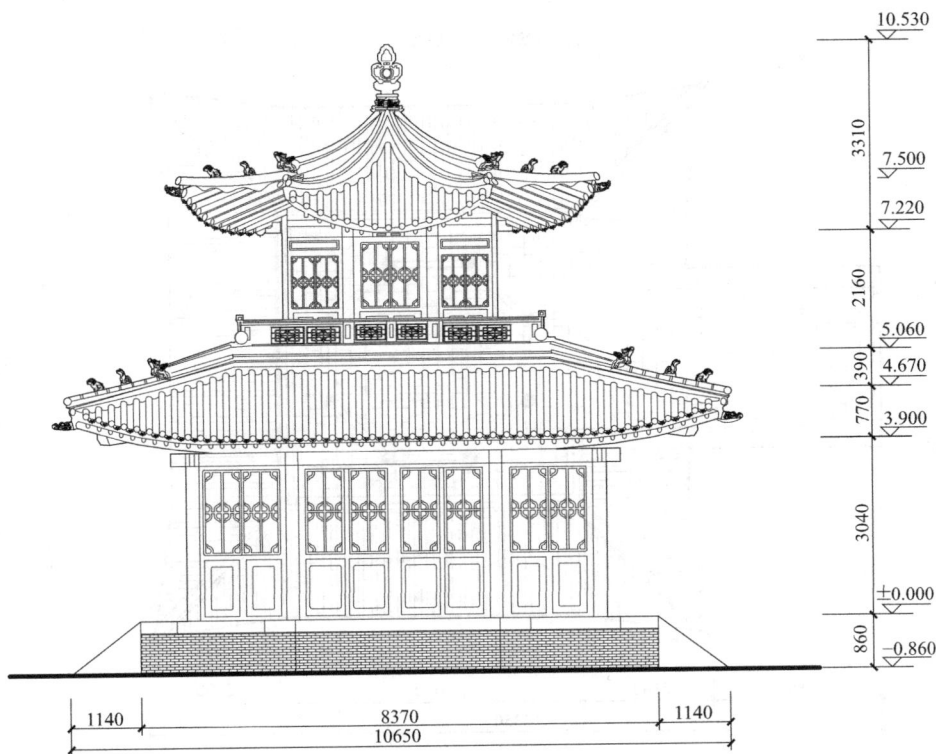

图 5-1-22 太原市纯阳宫琉璃亭西立面图

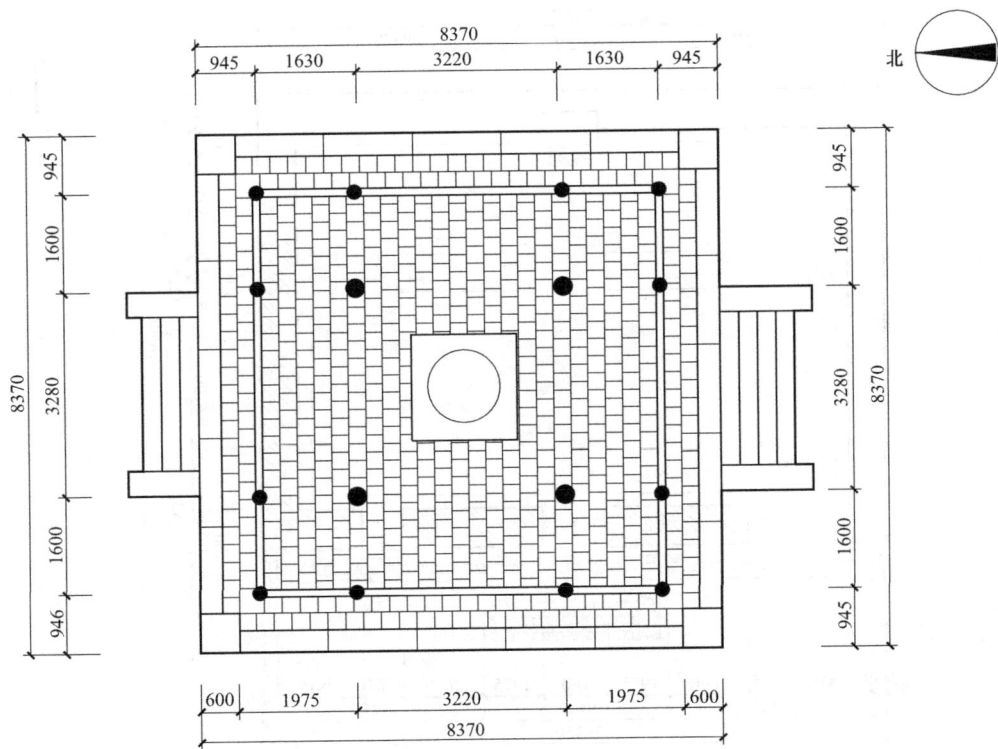

图 5-1-23 太原市纯阳宫琉璃亭一层平面图

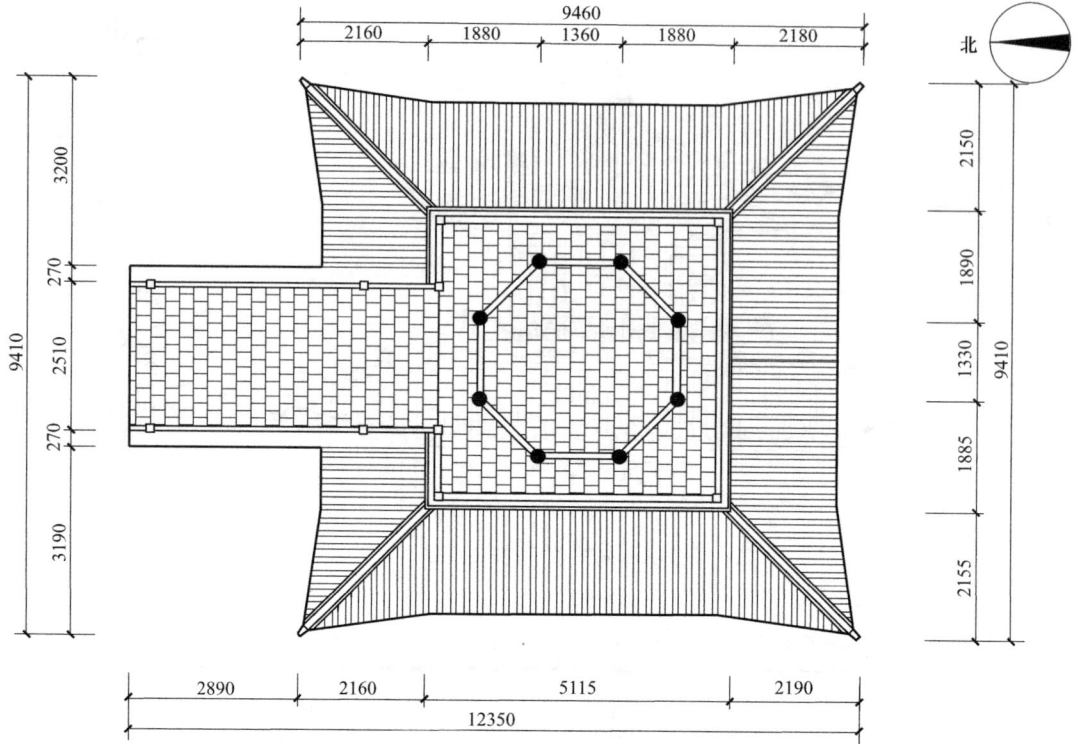

图 5-1-24　太原市纯阳宫琉璃亭二层平面图

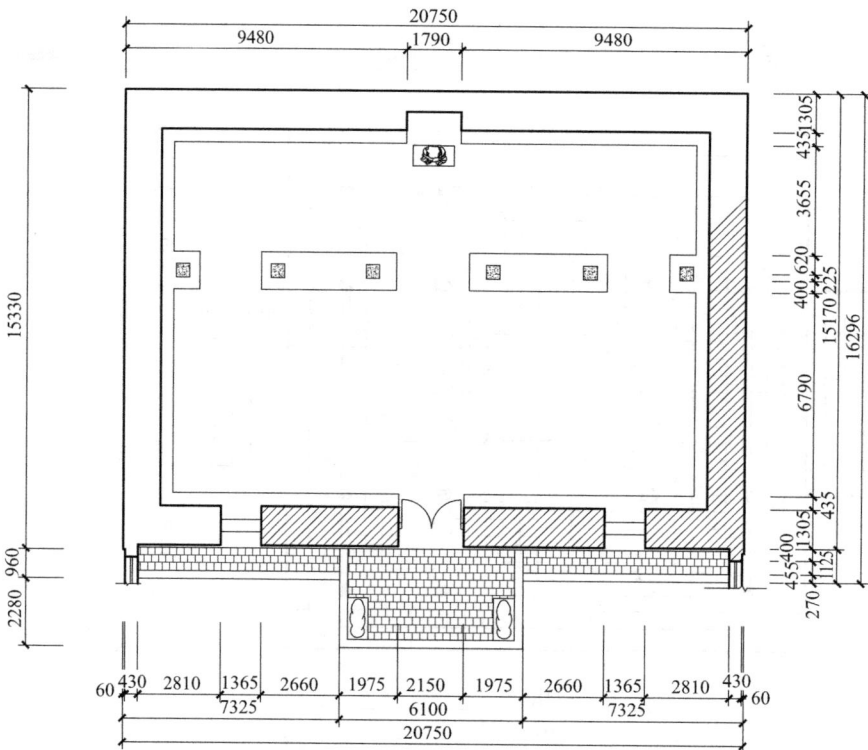

图 5-1-25　太原市纯阳宫潜真洞一层平面图

北

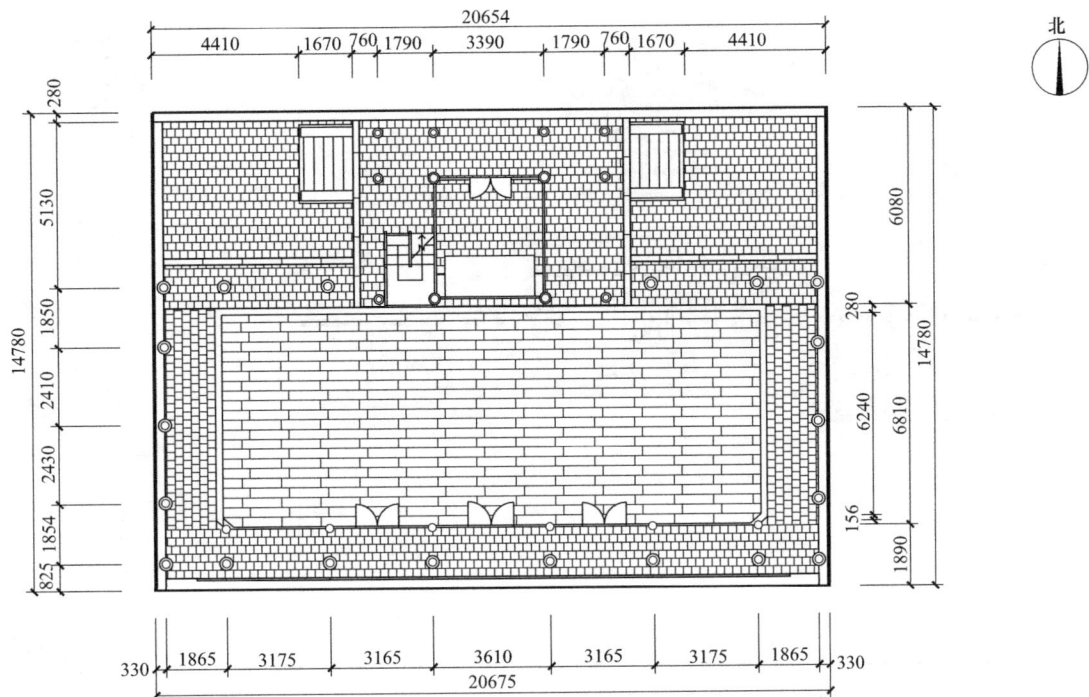

图 5-1-26　太原市纯阳宫潜真洞二层平面图

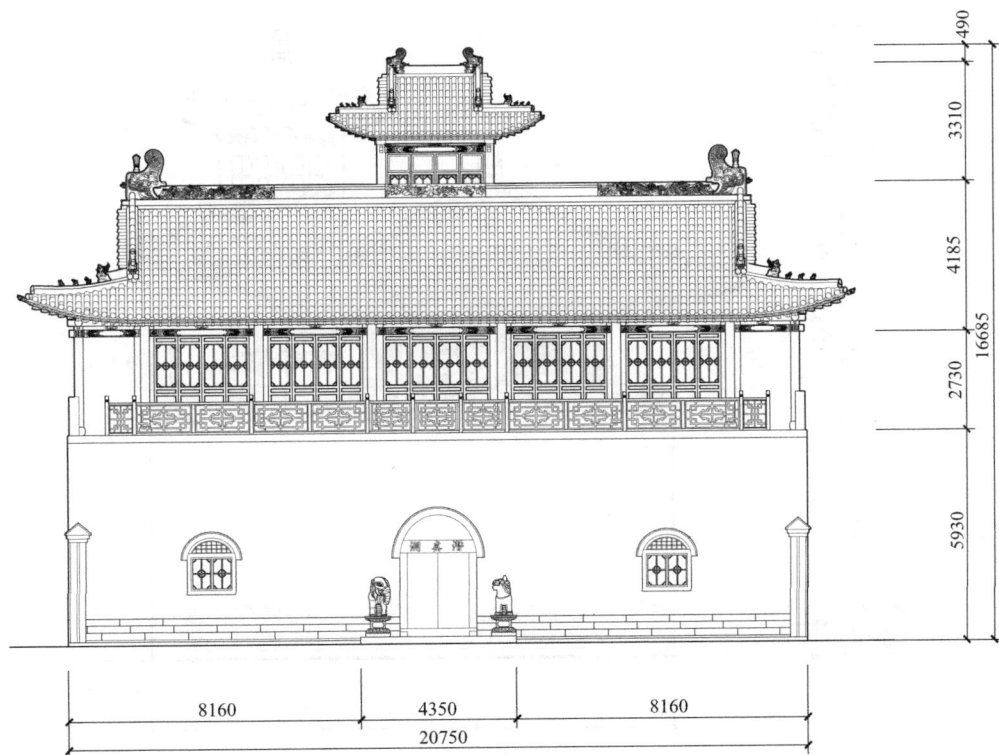

图 5-1-27　太原市纯阳宫潜真洞正立面图

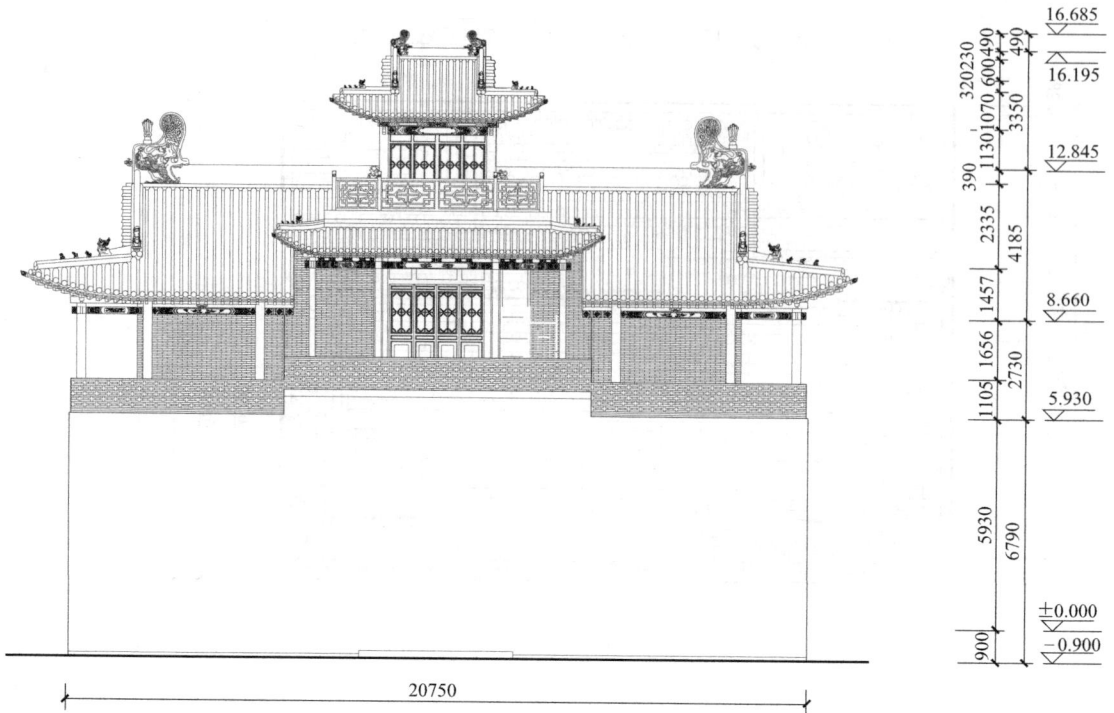

图 5-1-28　太原市纯阳宫潜真洞背立面图

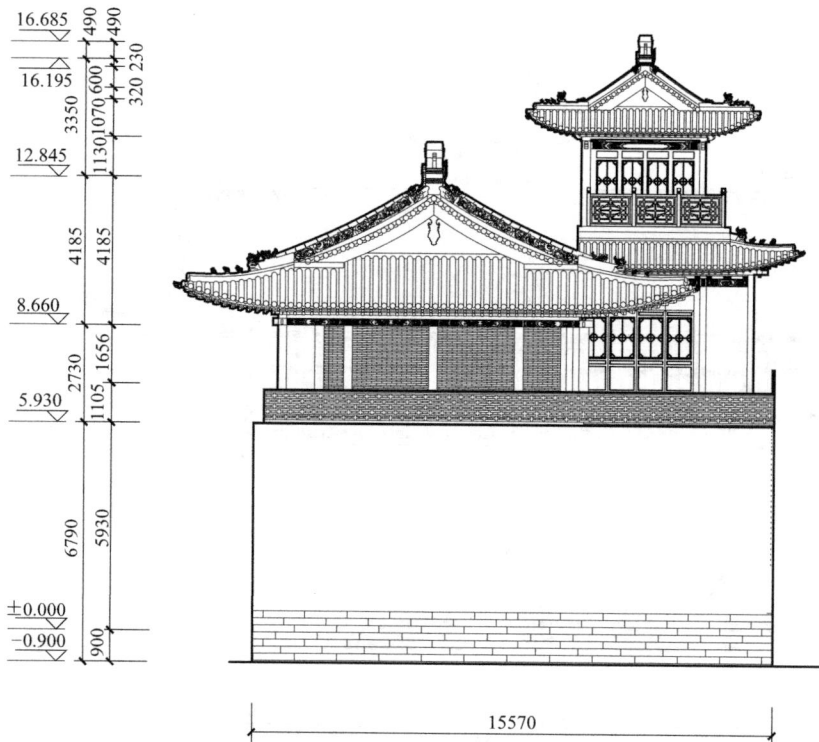

图 5-1-29　太原市纯阳宫潜真洞东立面图

想、传承封建礼教的建筑博物馆。2004年，西文兴村被公布为中国历史文化名村。2006年5月，柳氏民居被列为第六批全国重点文物保护单位。

（1）建筑特色

柳氏民居"八大院"的建筑形制大体相仿，都是四大八小式四合院。院落整体上符合均衡对称的传统布局法则，但又有所突破，主要体现在院门不在正南面。院门偏于一角，坤门乾主，巽门坎主，体现了古代的风水观念。门楼高大，九层斗栱的门头精雕细刻，额匾寓意深刻。门旁均设置石狮石鼓镇宅。院内东南西北四面均为两层楼房，下层有石阶走廊相连，上层有木质楼道相通。北房台阶最高，廊道最宽。每院四角各成一座小院，两个小房。一进两院式的院落，前院后院有过亭相连，或有甬道贯通。房屋结构四梁八柱、木柱石础、四门八窗、刻花雕棂。屋檐下雕梁画栋，木制构件全部涂抹一层朱砂，檐下檩头用铁丝网封裹。书房、寝室、会客室、闺房、灶房、门房、厕所等功能分明，布局合理，各占其位。

（2）价值评估

柳氏民居较真实地留存了各个时代柳氏族人的历史印迹，世代居住在这里的柳氏族人不但与著名政治家、文学家柳宗元有着剪不断的氏族与血缘关系，而且还继承着这个氏族百世书香传统，内藏文物丰富具有很高的文物价值，是柳氏民居自身历史与文化的重要见证；柳氏民居的门、窗、过亭、檐头、楼道的斗栱、勾檐、浮雕、门匾、楹联、绘画、木刻、石雕、书法的装潢等具有较高的艺术价值；柳氏民居的建筑风格特色鲜明。特点之一是在整体布局上状如城堡，防护设施完善，防御功能突出；特点之二是配套设施齐全，生活设施、娱乐设施、教育设施、祭祀设施、文化设施、祭祖设施等应有尽有；特点之三是建筑艺术和建筑质量都体现出很高的工艺水平；特点之四是名人书画题刻与建筑物融为一体；特点之五是大胆采用了一些当时民间禁用的皇宫建筑工艺，如行龙、天马木刻、金粉堆漆、龙纹门格、棱花窗棂等；特点之六是明代的石雕砖雕与清代的木雕相互辉映；特点之七是将江南园林的雕刻工艺和装饰工艺巧妙地应用到方特色的四合院中。柳氏民居营造技术是传统民居文化遗产的核心，是山西晋东南地区民间智慧的结晶，凝聚着山西乡土建筑技术的精髓。

（3）测绘要领

"四大八小"是晋东南地区常见的民居形式，形式简单，但数量极大，测量时绘制的草图主要有一层平面图、二层平面图、剖面图、装修大样图等，要注意在平面图绘制时表示相邻关系。相邻关系也是这类建筑测绘时最容易忽略的。

在剖面图测量时要通过内外墙体的高差来推断二层地面楼板、垫层的厚度。

（4）测绘图纸

（见图5-1-30～图5-1-54）

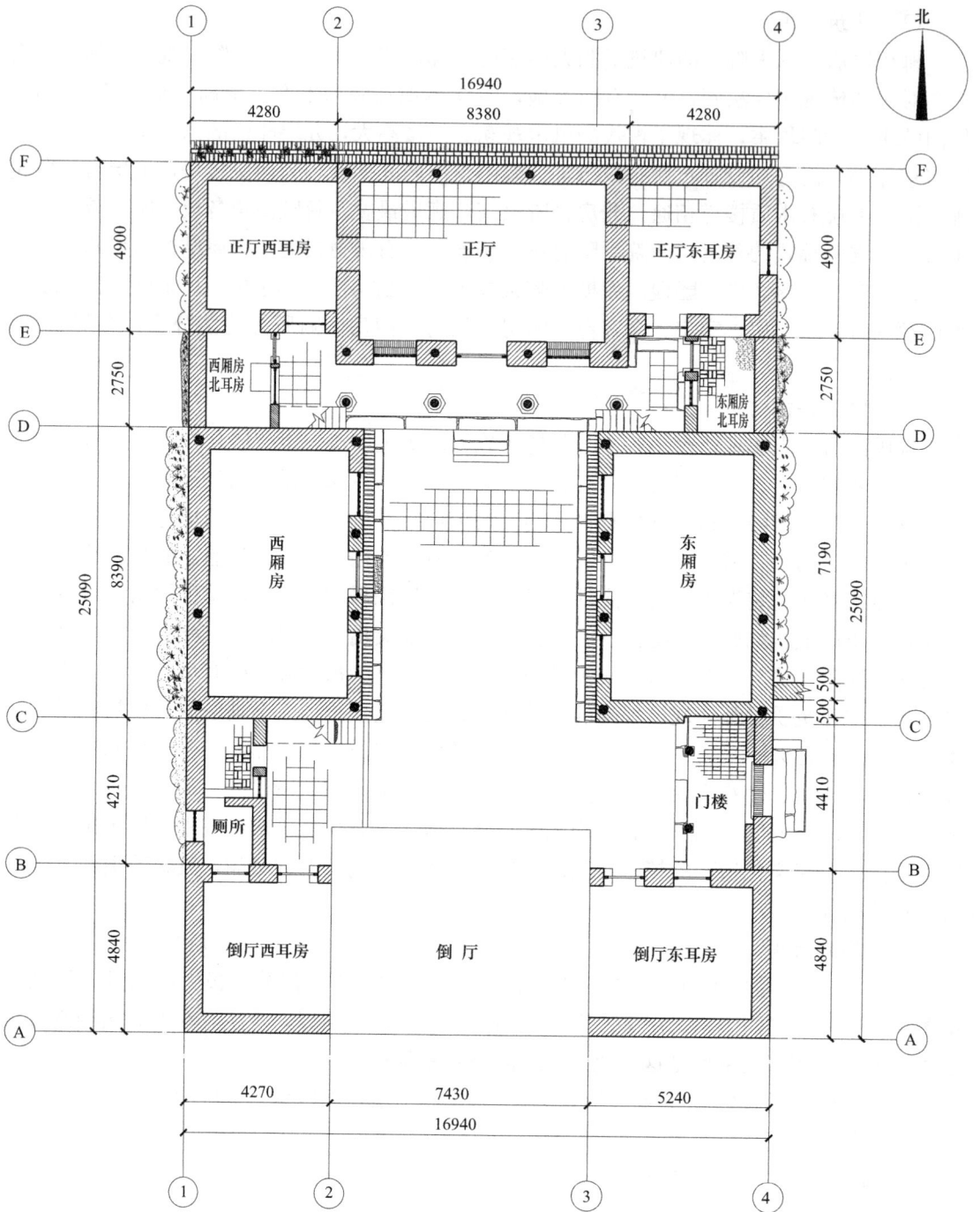

图 5-1-30　山西沁水柳氏民居磐石长安总平面图
图纸来源：山西省古建筑保护研究所

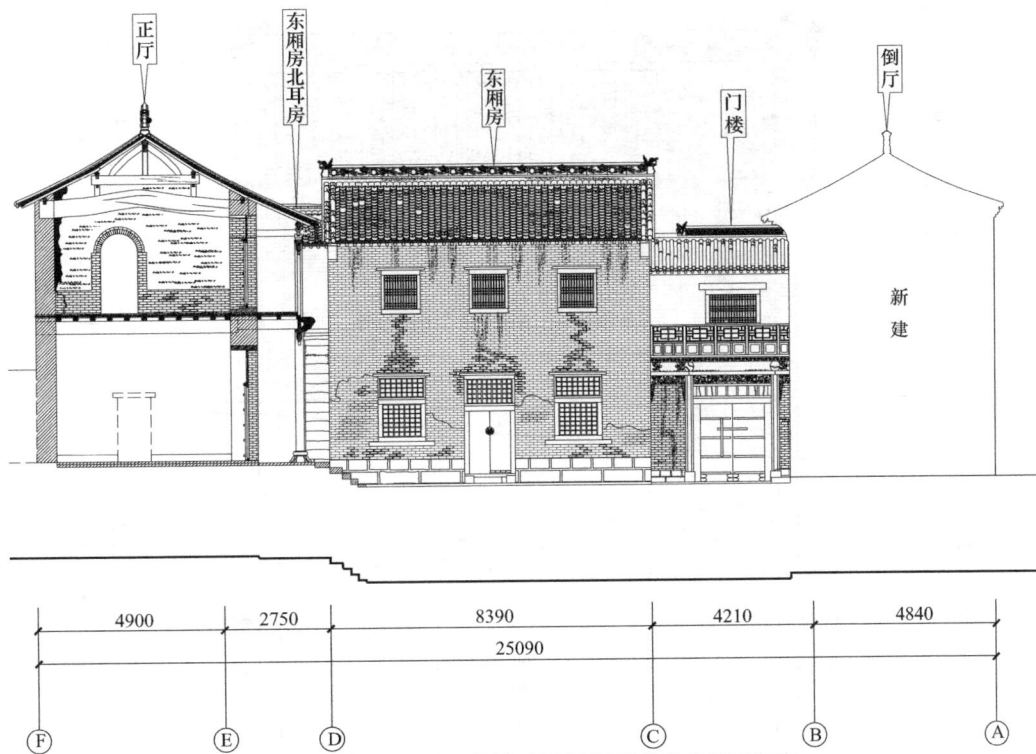

图 5-1-31 山西沁水柳氏民居磐石常安总断面图
图纸来源：山西省古建筑保护研究所

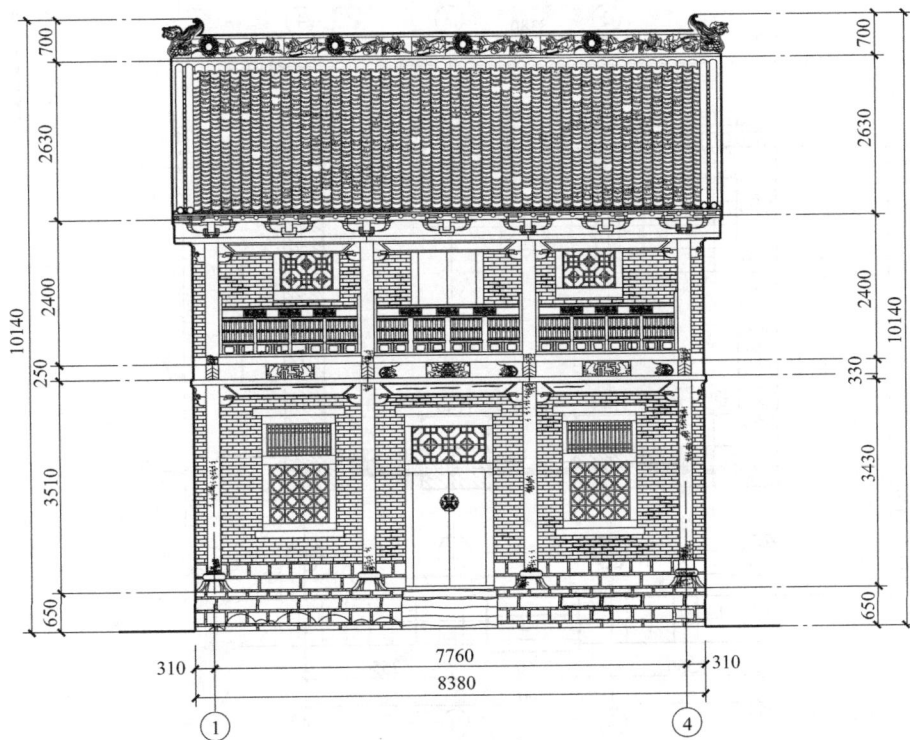

图 5-1-32 山西沁水柳氏民居磐石长安正厅正立面图
图纸来源：山西省古建筑保护研究所

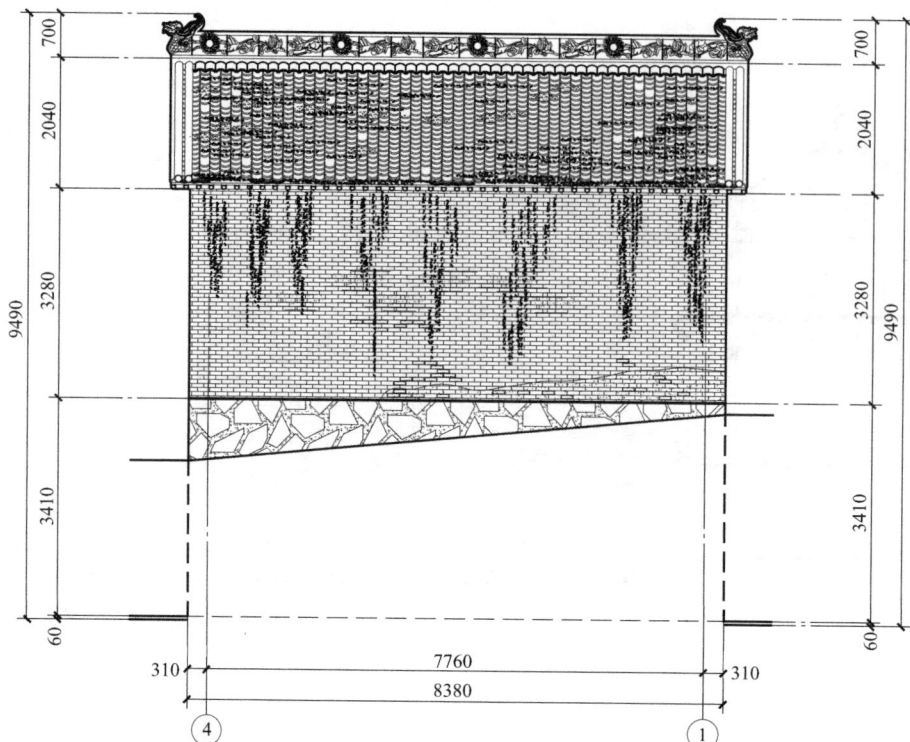

图 5-1-33　山西沁水柳氏民居磐石长安正厅背立面图

图纸来源：山西省古建筑保护研究所

北

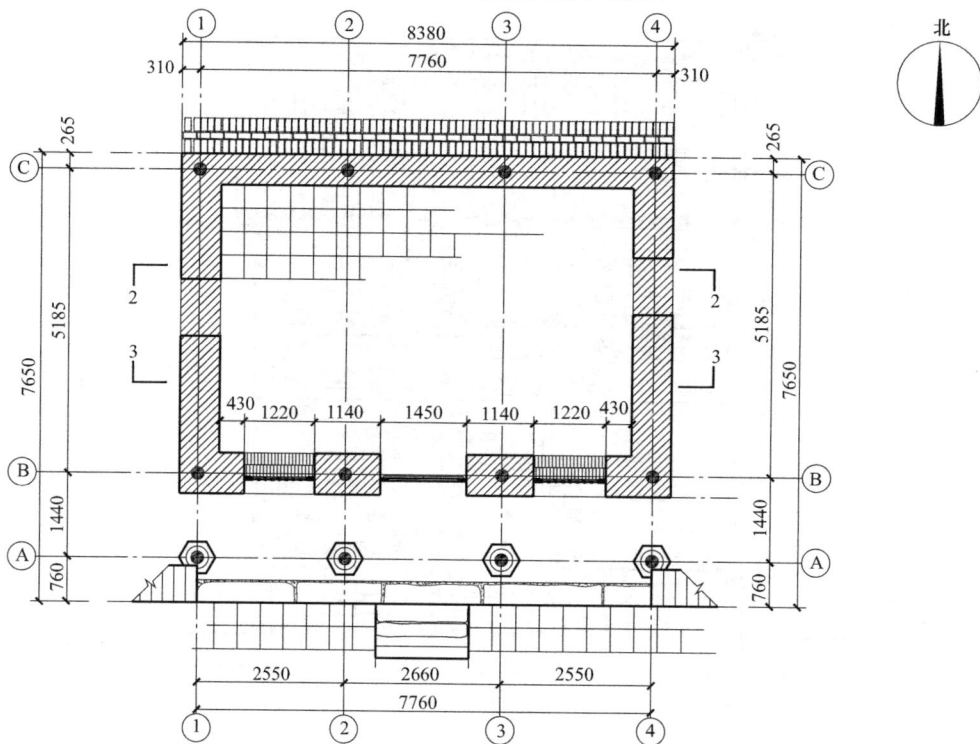

图 5-1-34　山西沁水柳氏民居磐石长安正厅一层平面图

图纸来源：山西省古建筑保护研究所

北

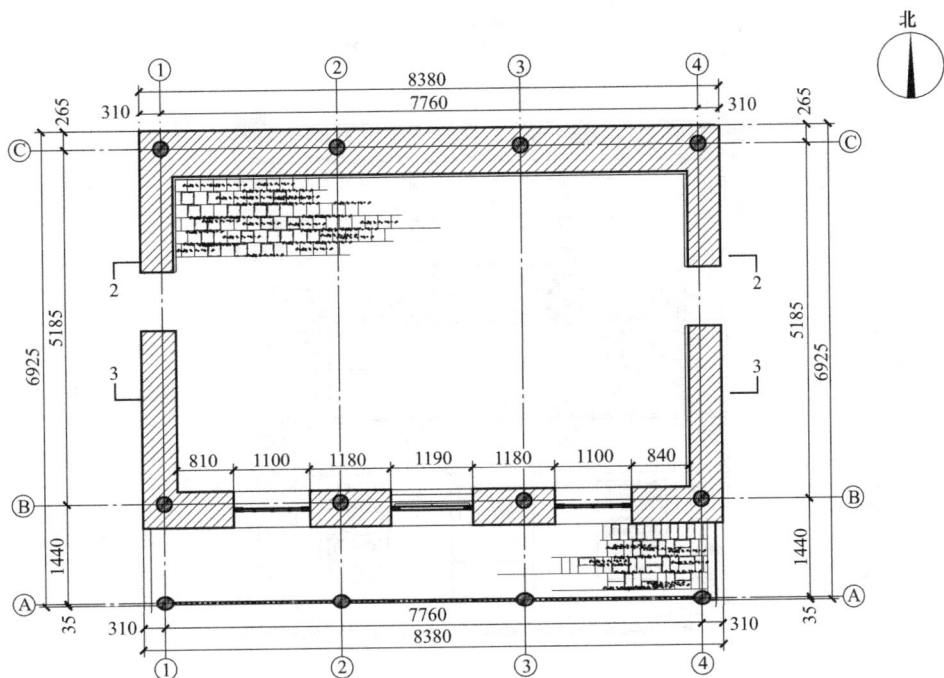

图 5-1-35 山西沁水柳氏民居磐石长安正厅二层平面图
图纸来源：山西省古建筑保护研究所

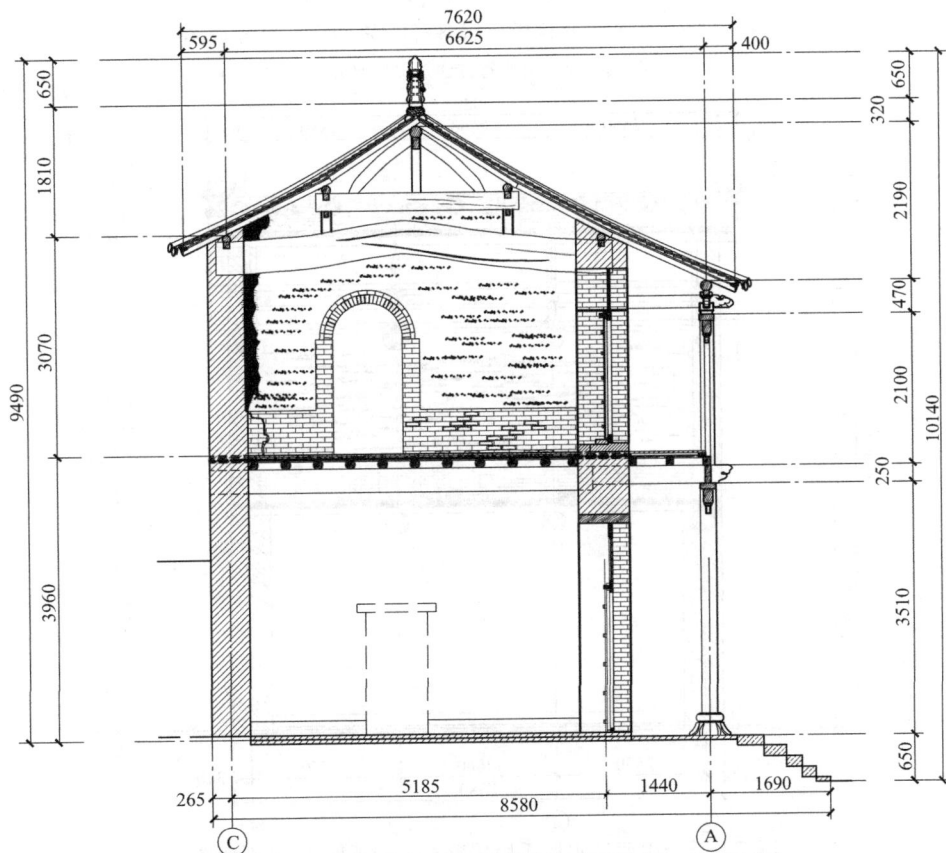

图 5-1-36 山西沁水柳氏民居磐石长安正厅 1—1 断面图
图纸来源：山西省古建筑保护研究所

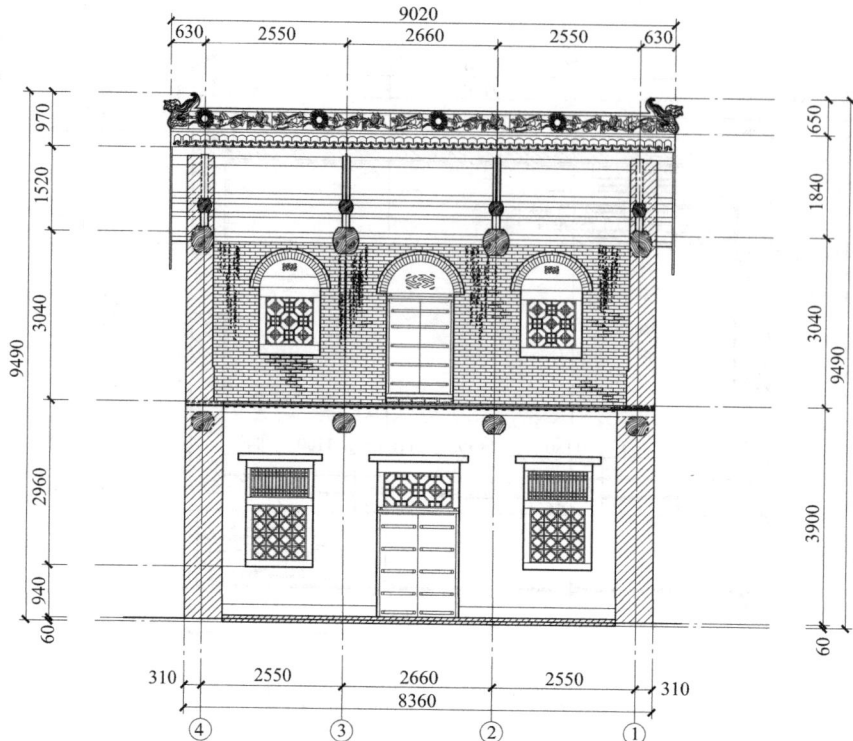

图 5-1-37　山西沁水柳氏民居磐石长安正厅 2—2 断面图

图纸来源：山西省古建筑保护研究所

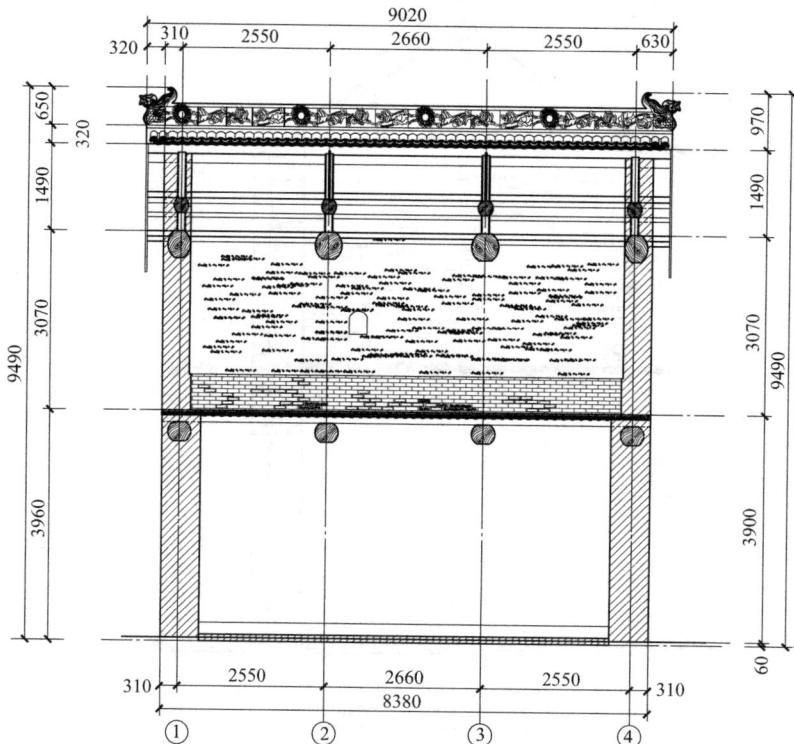

图 5-1-38　山西沁水柳氏民居磐石长安正厅 3—3 断面图

图纸来源：山西省古建筑保护研究所

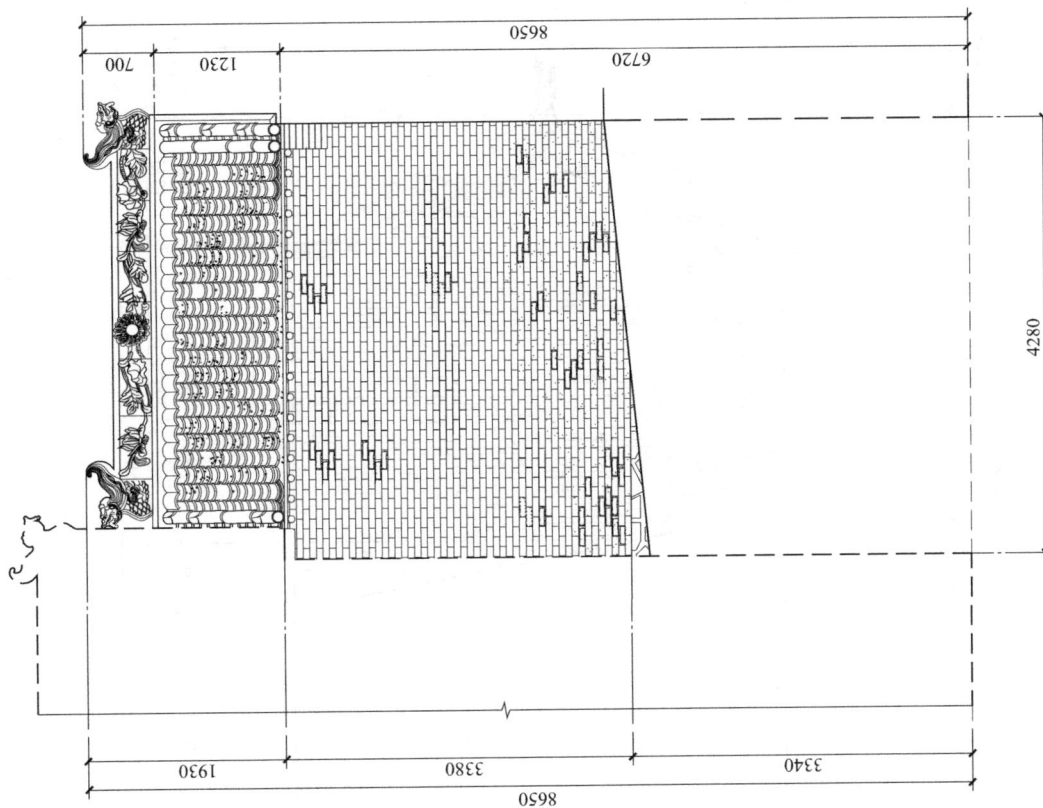

图 5-1-40　山西沁水柳氏民居磐石长安正厅西耳房背立面图
图纸来源：山西省古建筑保护研究所

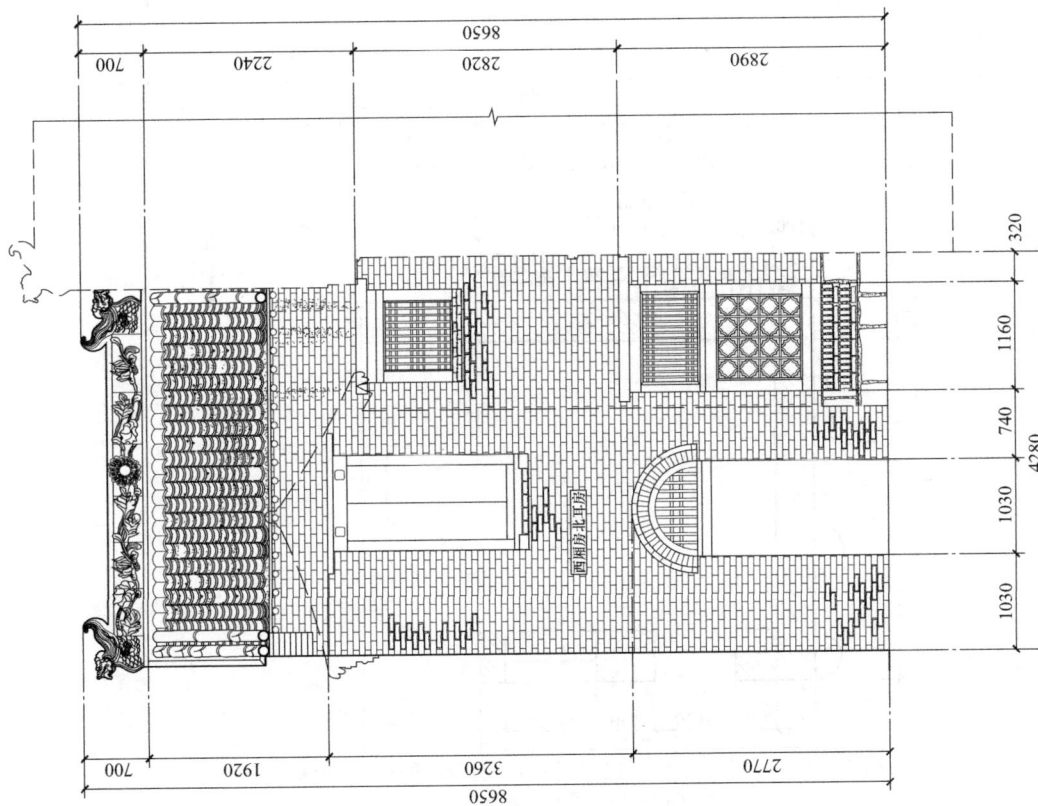

图 5-1-39　山西沁水柳氏民居磐石长安正厅西耳房正立面图
图纸来源：山西省古建筑保护研究所

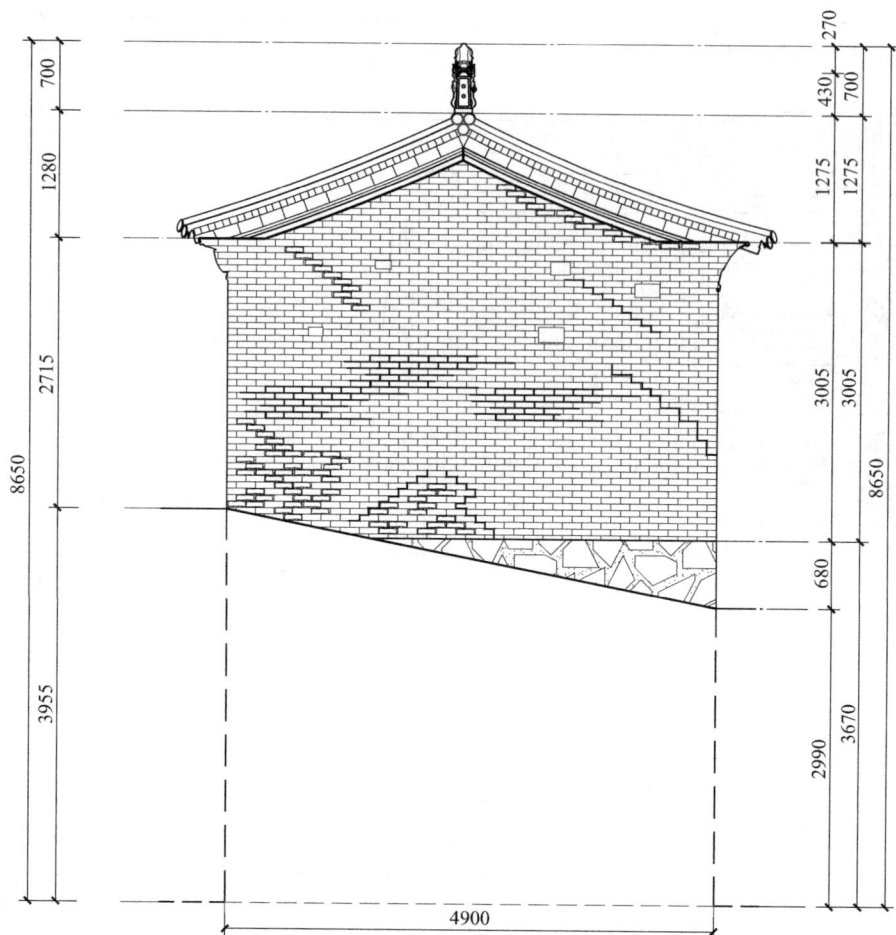

图 5-1-41　山西沁水柳氏民居磐石长安正厅西耳房侧立面图
图纸来源：山西省古建筑保护研究所

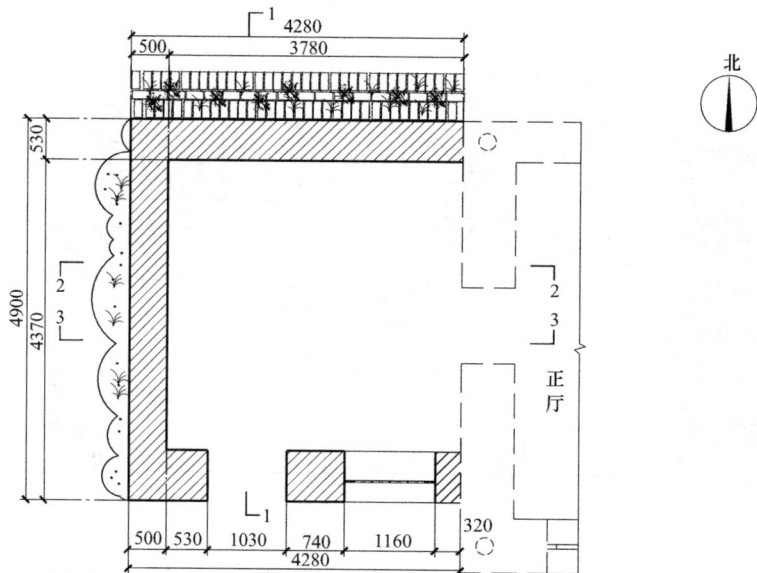

图 5-1-42　山西沁水柳氏民居磐石长安正厅西耳房一层平面图
图纸来源：山西省古建筑保护研究所

北

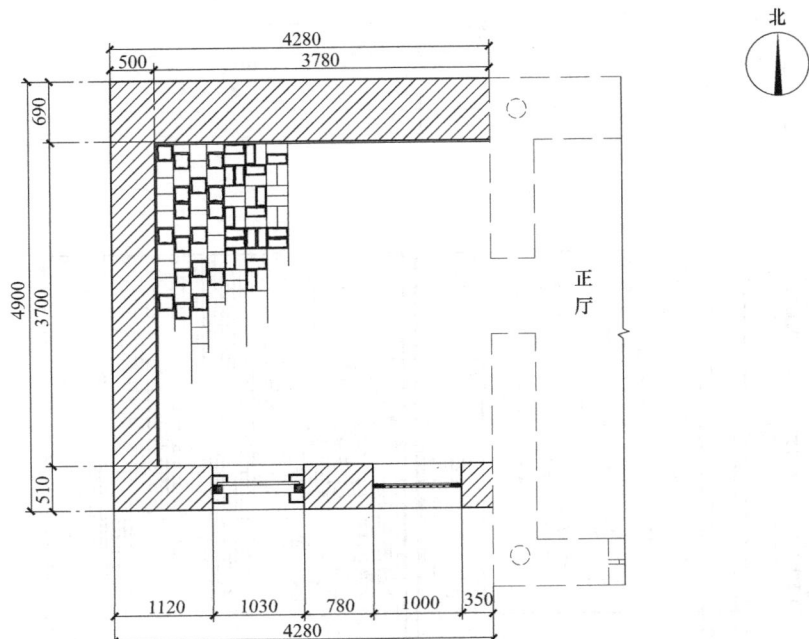

图 5-1-43　山西沁水柳氏民居磐石长安正厅西耳房二层平面图
图纸来源：山西省古建筑保护研究所

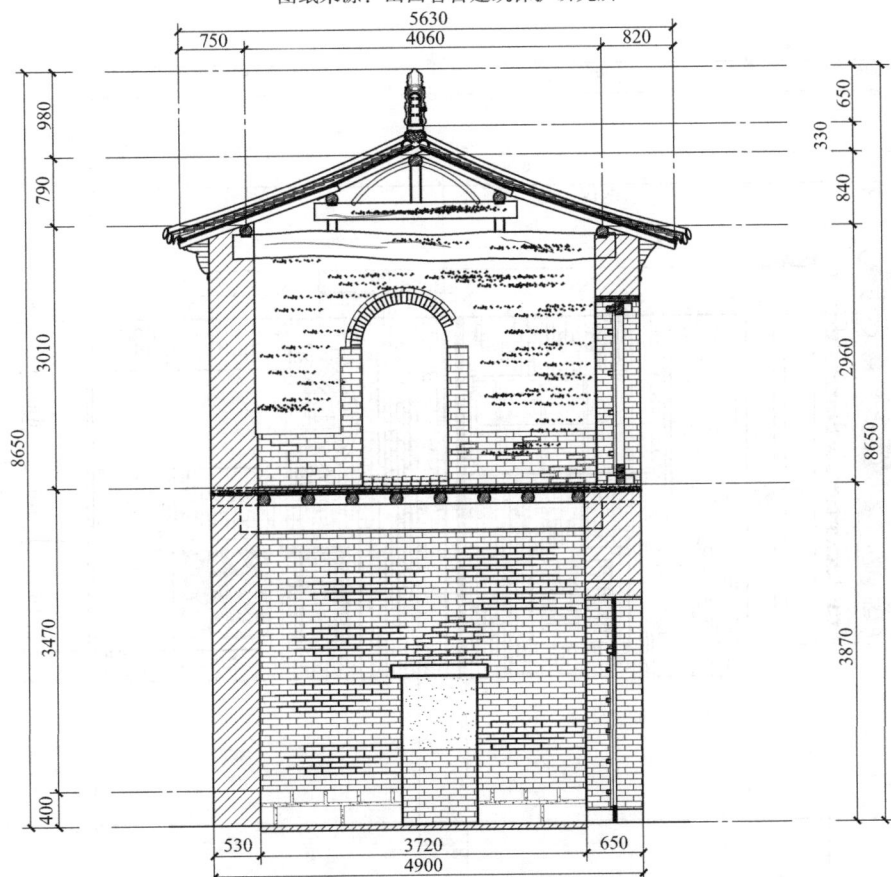

图 5-1-44　山西沁水柳氏民居磐石长安正厅西耳房 1—1 断面图
图纸来源：山西省古建筑保护研究所

图 5-1-46　山西沁水柳氏民居磐石长安正厅西耳房 3—3 断面图

图纸来源：山西省古建筑保护研究所

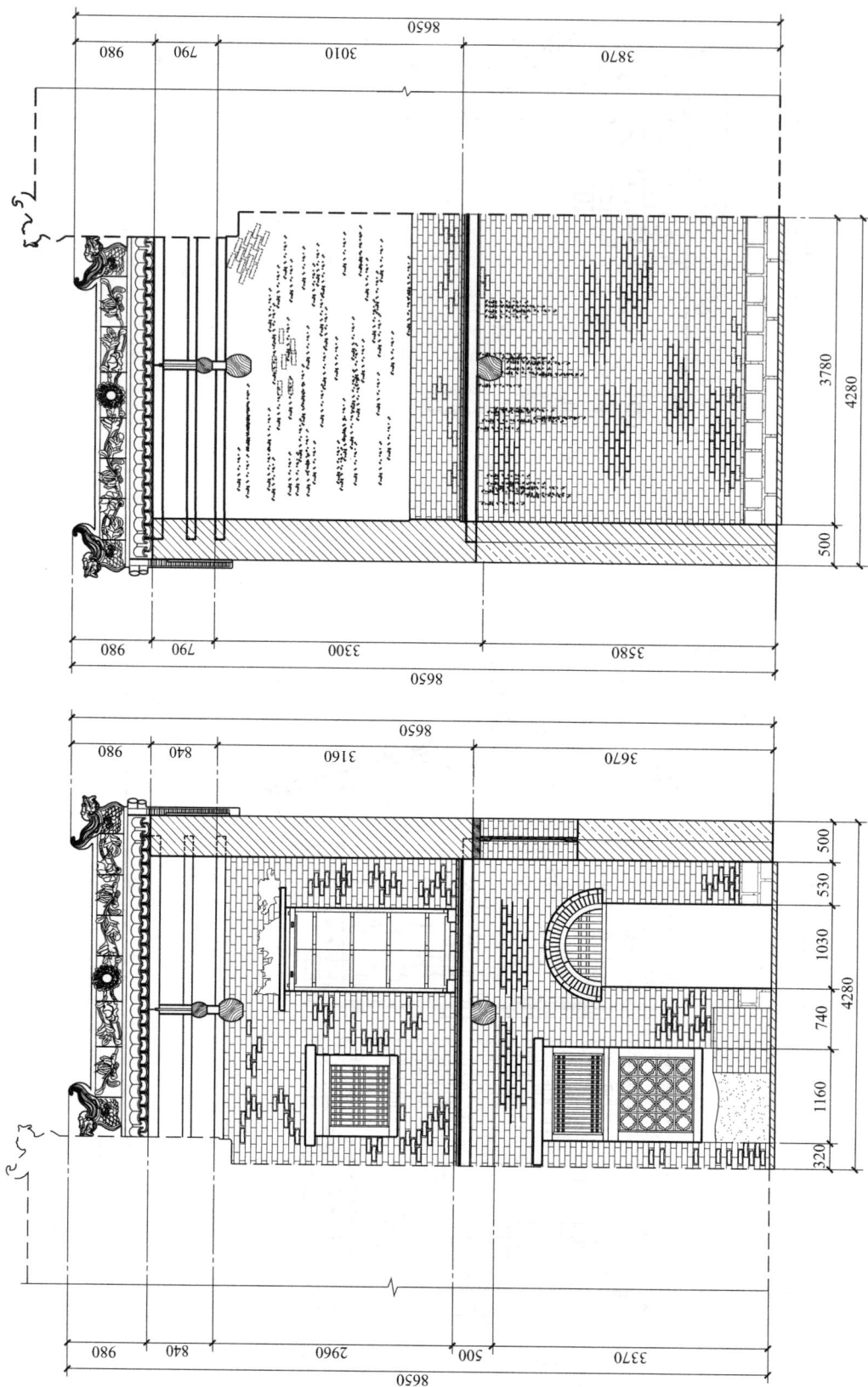

图 5-1-45　山西沁水柳氏民居磐石长安正厅西耳房 2—2 断面图

图纸来源：山西省古建筑保护研究所

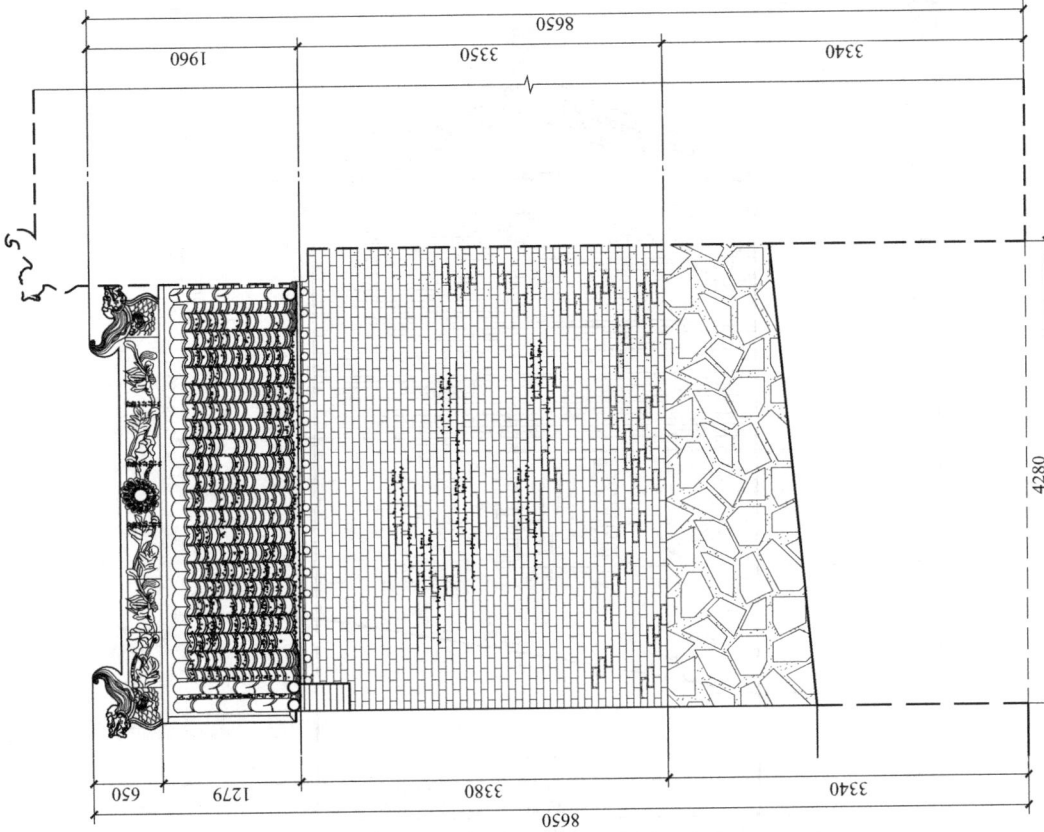

图 5-1-48　山西沁水柳民居民居磐石长安正厅东耳房背立面图
图纸来源：山西省古建筑保护研究所

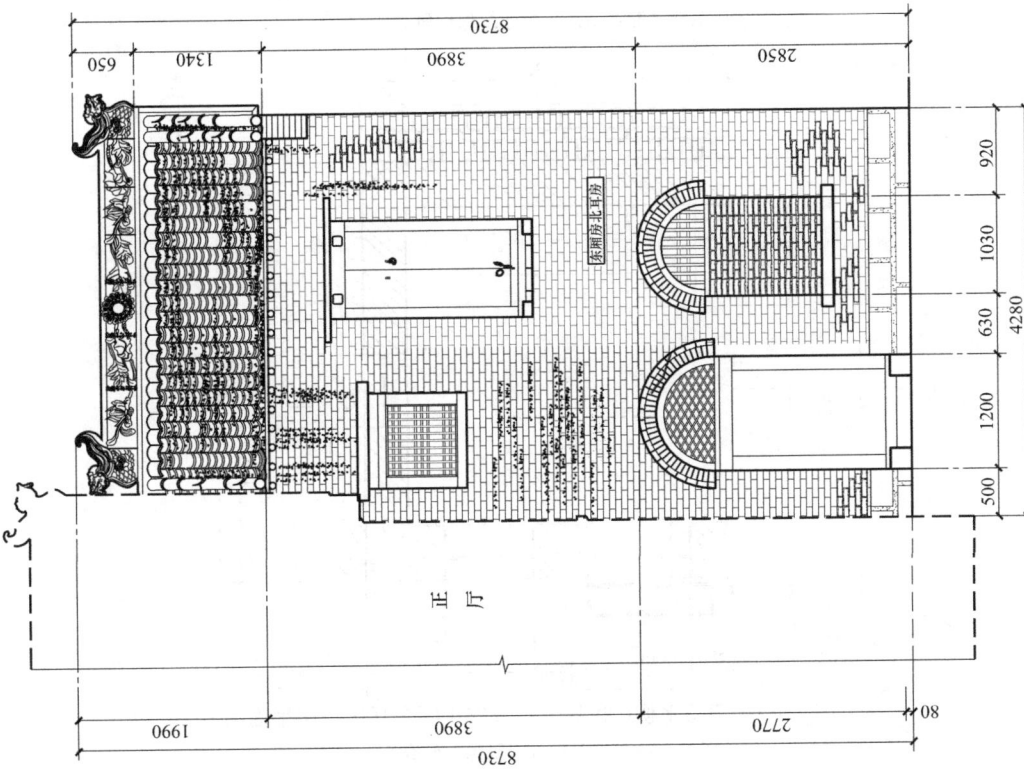

图 5-1-47　山西沁水柳民居民居磐石长安正厅东耳房正立面图
图纸来源：山西省古建筑保护研究所

正　厅

陈丽房北正房

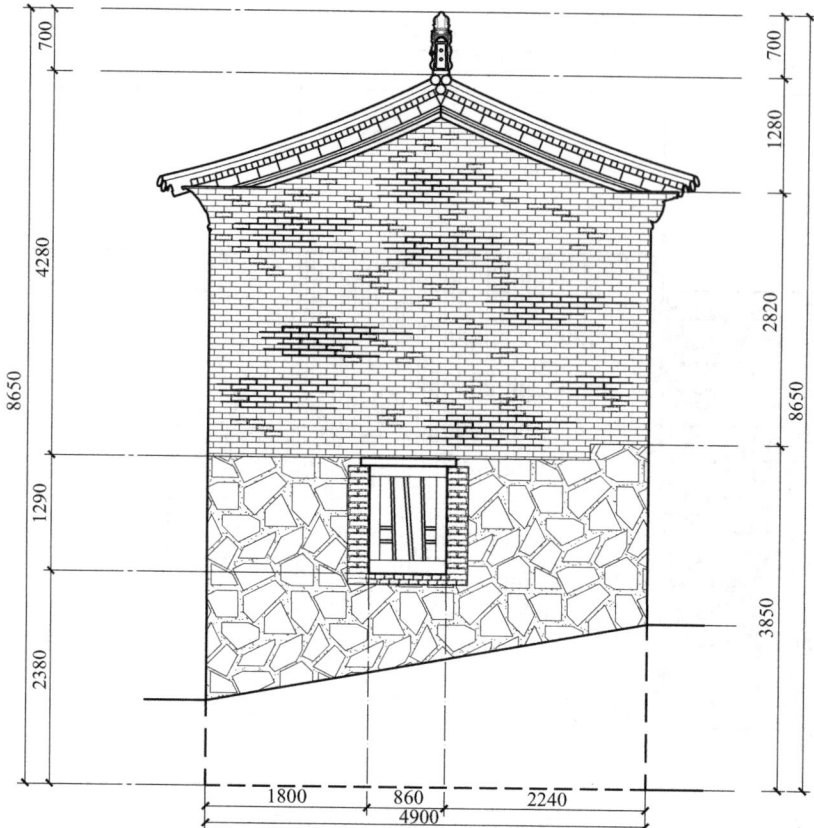

图 5-1-49　山西沁水柳氏民居磐石长安正厅东耳房侧立面图

图纸来源：山西省古建筑保护研究所

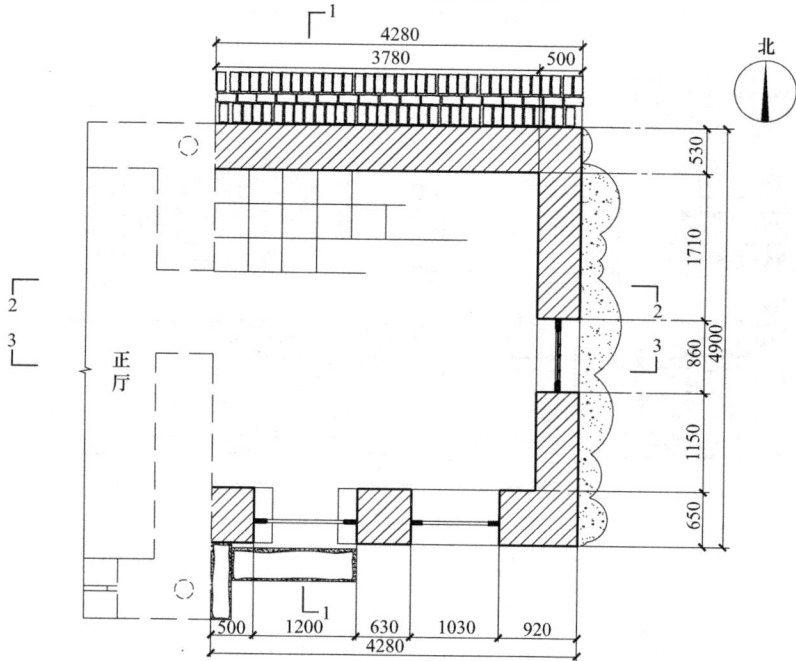

图 5-1-50　山西沁水柳氏民居磐石长安正厅东耳房一层平面图

图纸来源：山西省古建筑保护研究所

北

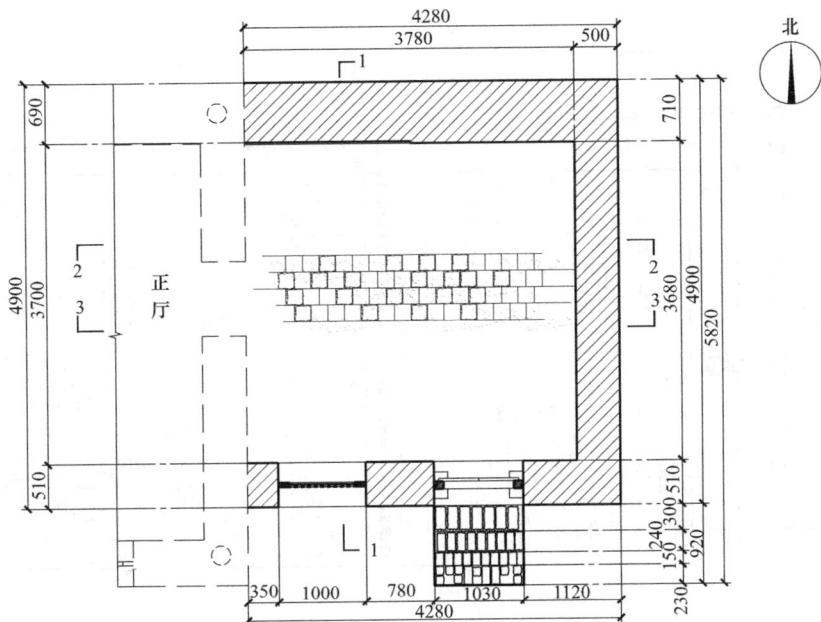

图 5-1-51 山西沁水柳氏民居磐石长安正厅东耳房二层平面图
图纸来源：山西省古建筑保护研究所

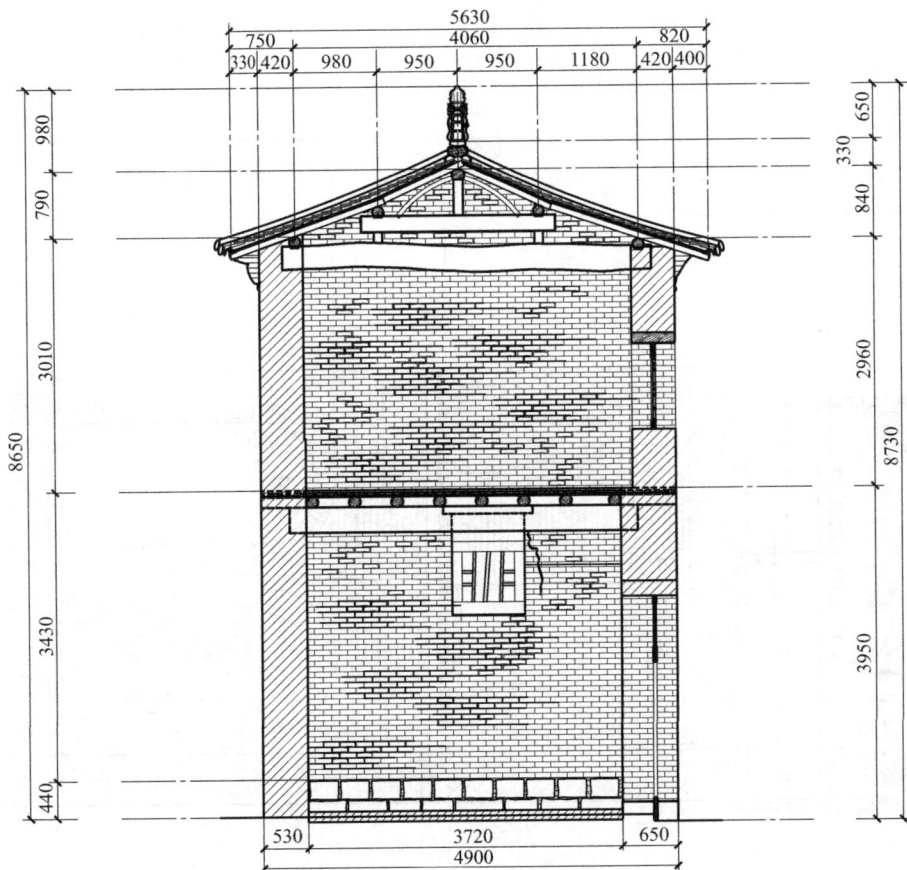

图 5-1-52 山西沁水柳氏民居磐石长安正厅东耳房1—1断面图
图纸来源：山西省古建筑保护研究所

图 5-1-54 山西沁水柳氏民居磐石长安正厅东耳房 3—3 断面图
图纸来源：山西省古建筑保护研究所

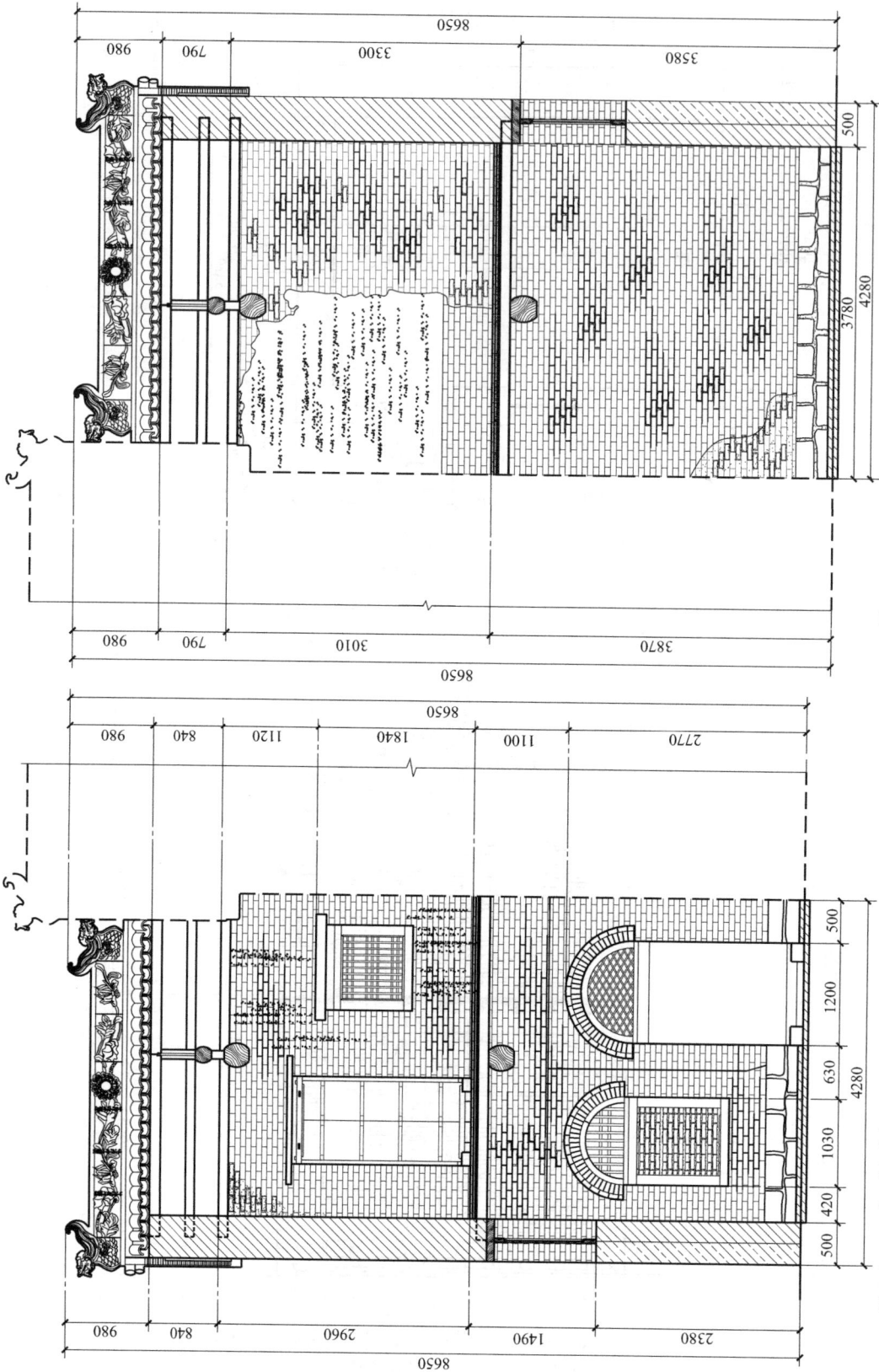

图 5-1-53 山西沁水柳氏民居磐石长安正厅东耳房 2—2 断面图
图纸来源：山西省古建筑保护研究所

二、重点修复古建筑测绘

1. 早期建筑代表——山西省长子县小张碧云寺大殿

山西省长子县小张碧云寺大殿为五代建筑,是"三普"中新发现的珍贵文物,被国务院直接列为第七批全国重点文物保护单位。

小张村地处县城西 10 千米左右,是一座三面背山,一面环水的小村庄。碧云寺则建造于这个村子的中心,规模不大。原有碧云寺仅剩一进院落,坐北朝南,地势北高南低,有超过近 4 米的落差,布局规整,中轴线最北端大殿为早期历史遗构。两侧由南向北依次有东西厢房、东西廊房等。小张村碧云寺大殿由于年久失修,大殿梁架结构已有明显歪闪,山面及后檐斗栱的外檐部分包了墙体遭到损坏,急需进行修缮保护。

(1)建筑特色

碧云寺正殿面阔三间,进深四椽,主体为木质结构,歇山单檐屋顶造型,开间宽度较大,檐口出挑深远,其下斗栱与墙体同被涂成红色,仅见前檐有 4 朵斗栱,形制较为疏朗,山墙及后檐下结构已被墙体覆盖,无法仔细辨别,但从其几处细节的显露中,能发现斗栱的痕迹。屋顶坡度较缓,檐口较平,角柱有升起,翼角有略微起翘。内部整个梁架下有粗壮的斗栱起连接支撑作用与柱相连,规整古朴,具有早期建筑雄壮之感。

大殿顶绘有彩画,依稀可见,主要以"龙凤吉祥"、"喜鹊报喜"、"麒麟献瑞"等内容为主,线条自然,雅致庄重,栩栩如生,体现出娴熟高超的工匠技艺和其蕴含的珍贵历史文化价值。

碧云寺内并无发现碑刻,但由于正殿经过历史上多次修缮,有载于正脊上清康熙二十七年的修缮题记。

这座大殿阑额上并没有普拍枋,并且没有补间斗栱,所有斗栱均为四铺作,昂头及要头均为批竹形。铺作内部伸出一跳卷头承载其上的四椽栿,为月梁形梁头,栿上的剳牵压住昂尾起杠杆作用,其余四壁柱头斗栱皆为此种结构。其实无论一朵斗栱做得多么繁复,却是斗构件与栱构件的组合排列,但是却要求非常精细严格,否则就失去其原有的功能需求,尤其是在其担负有承重功能的时候。而在早期木构斗栱中的昂分有真昂与假昂的区别,其中真昂是承重的,这也是二者的本质区别,由前面所说,碧云寺大殿的昂架于内部剳牵和外部华栱之上具有利用杠杆原理承重的功能,因此可以确定其具有唐、宋梁架结构特征。

(2)测绘要领

小张碧云寺是早期建筑的典型代表,又经历了落架大修,是认识早期建筑构件名称以及古建筑拆卸、整理、归安、加固等修缮措施的重要项目。对于大木构架的认识,铺作构件的认识,甚至罕见的铺作连续偷心做法都是不错的素材。

早期建筑测绘,要将其区别于明清建筑的特征在图纸中进行表述,如柱子的升起、侧脚;檐口升起;普拍枋、阑额的比例;柱高与柱径的比例;铺作用材等进行细致的测量。一般情况下,一座单体建筑的对称的两缝梁架结构是一致的,但是对于要落架修缮的建筑来说,因建筑变形不一致,在测量时要分别对每一缝梁架进行测量,了解其变形原因,对于解除安全隐患有重要作用。

还有一点需要注意的是,摄影测量也是早期建筑测量的关键一步。因碧云寺正殿建筑高大,脊部梁架测绘时受到光线的限制,对于测量读数的准确性考验较大,一些艺术构件就只能测绘到大致的尺寸，这时就需要借助照相机拍摄其正面照在后期制作时进行等比例缩放、描绘等工作来完成。

（3）测绘图纸

（见图 5-1-55～图 5-1-62）

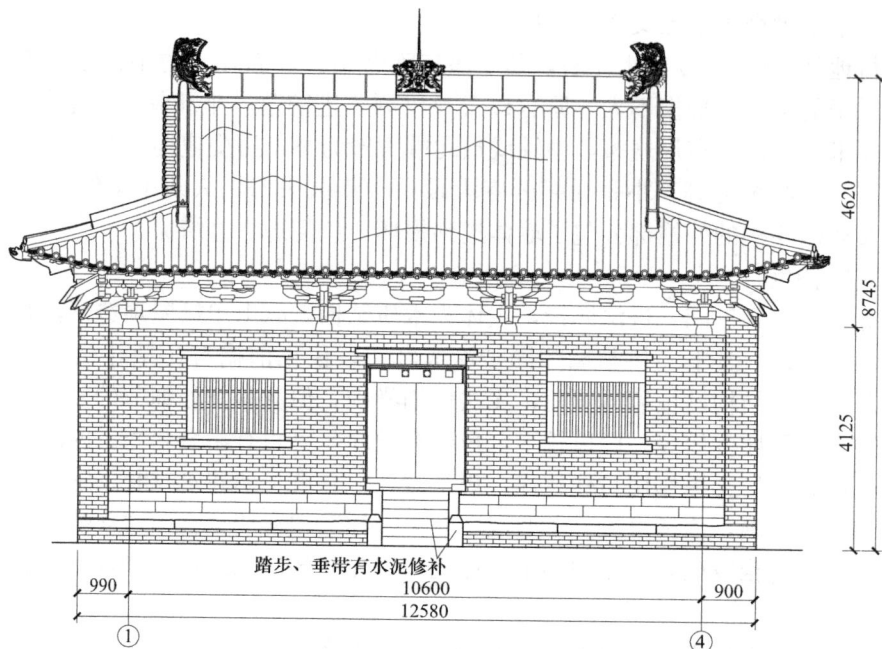

图 5-1-55　山西省长子县小张碧云寺正殿正立面图

图纸来源：山西重德古建筑规划设计院

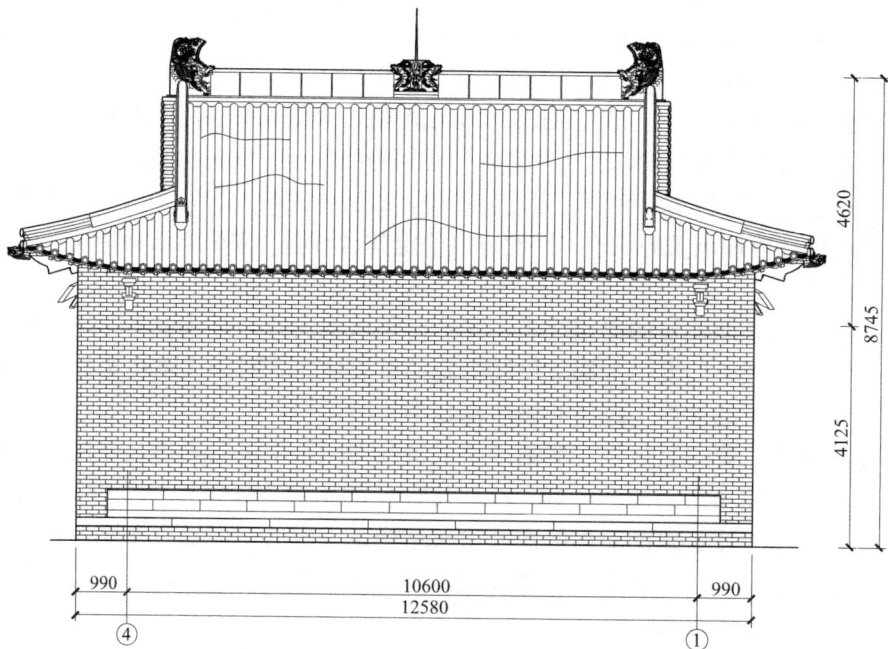

图 5-1-56　山西省长子县小张碧云寺正殿背立面图

图纸来源：山西重德古建筑规划设计院

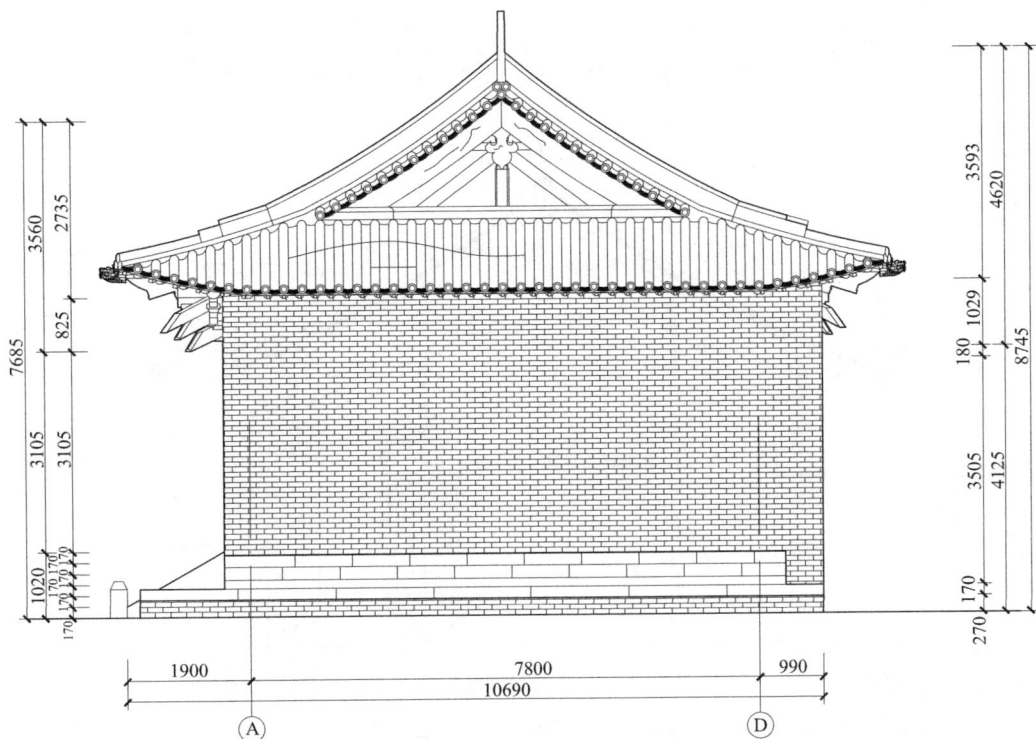

图 5-1-57 山西省长子县小张碧云寺正殿侧立面图

图纸来源：山西重德古建筑规划设计院

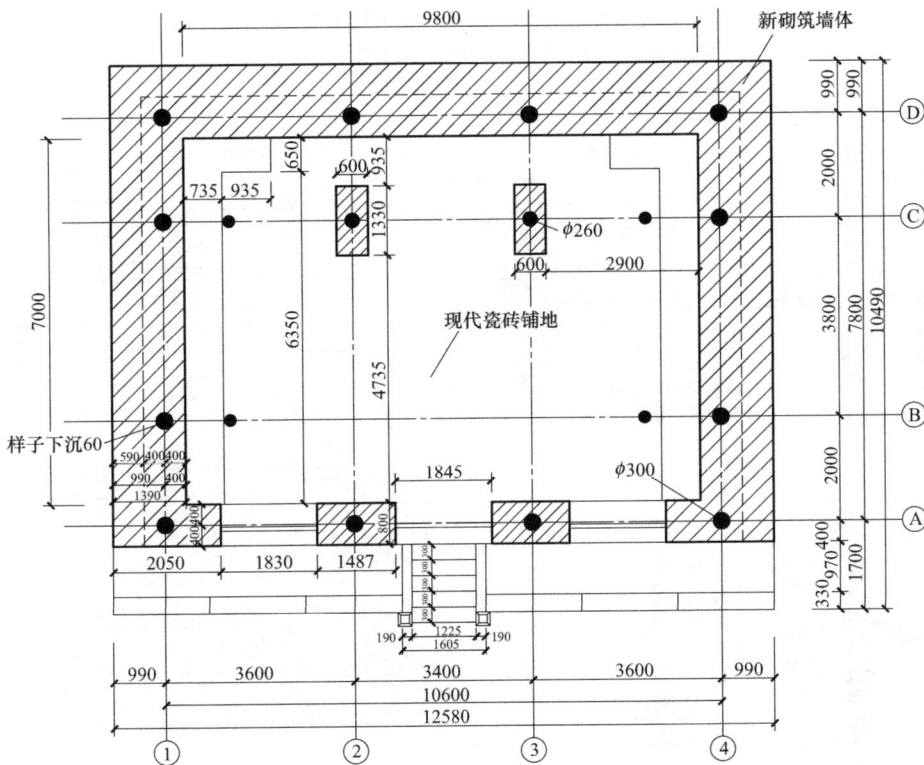

图 5-1-58 山西省长子县小张碧云寺正殿平面图

图纸来源：山西重德古建筑规划设计院

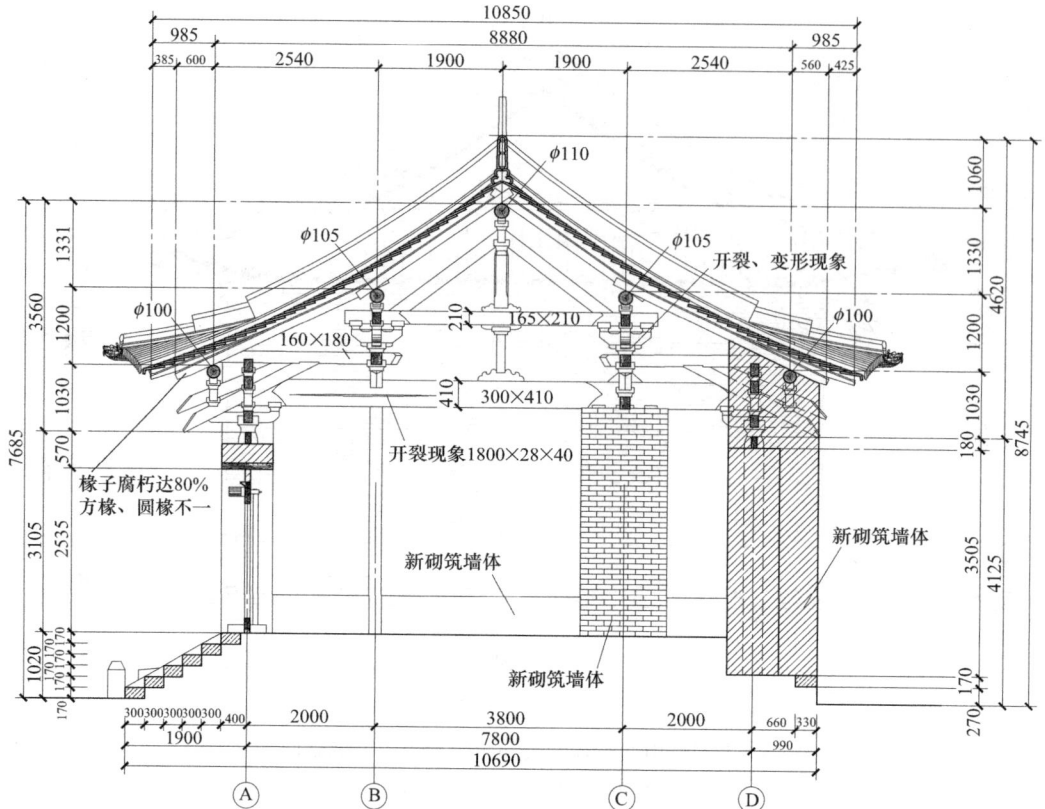

图 5-1-59　山西省长子县小张碧云寺正殿剖面图

图纸来源：山西重德古建筑规划设计院

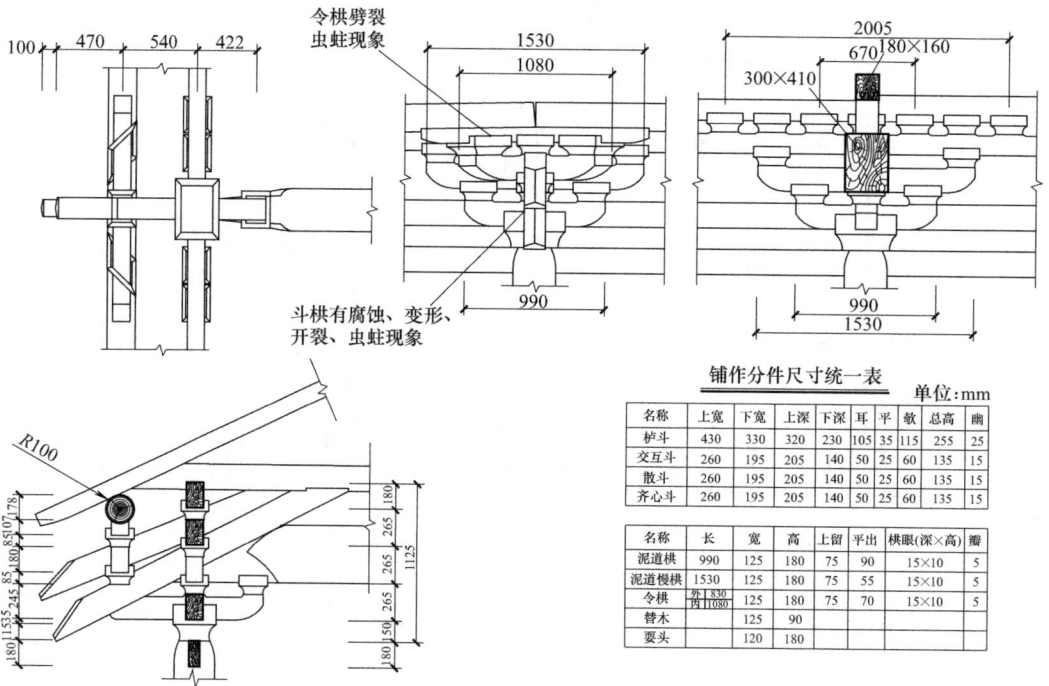

铺作分件尺寸统一表

单位:mm

名称	上宽	下宽	上深	下深	耳	平	敬	总高	幽
栌斗	430	330	320	230	105	35	115	255	25
交互斗	260	195	205	140	50	25	60	135	15
散斗	260	195	205	140	50	25	60	135	15
齐心斗	260	195	205	140	50	25	60	135	15

名称	长	宽	高	上留	平出	栱眼(深×高)	瓣
泥道栱	990	125	180	75	90	15×10	5
泥道慢栱	1530	125	180	75	55	15×10	5
令栱	外 830 内 1080	125	180	75	70	15×10	5
替木		125	90				
要头		120	180				

图 5-1-60　山西省长子县小张碧云寺正殿柱头铺作大样图

图纸来源：山西重德古建筑规划设计院

补间铺作详图

转角铺作详图

铺作分件尺寸统一表
单位：mm

名称	上宽	下宽	上深	下深	耳	平	欹	总高	幽
栌斗	430	330	320	230	105	35	115	255	25
交互斗	260	195	205	140	50	25	60	135	15
散斗	260	195	205	140	50	25	60	135	15
齐心斗	260	195	205	140	50	25	60	135	15

名称	长	宽	高	上留	平出	栱眼(深×高)	鰤
泥道栱	990	125	180	75	90	15×10	5
泥道慢栱	1530	125	180	75	55	15×10	5
令栱	外1830 内1080	125	180	75	70	15×10	5
替木		125	90				
耍头		120	180				

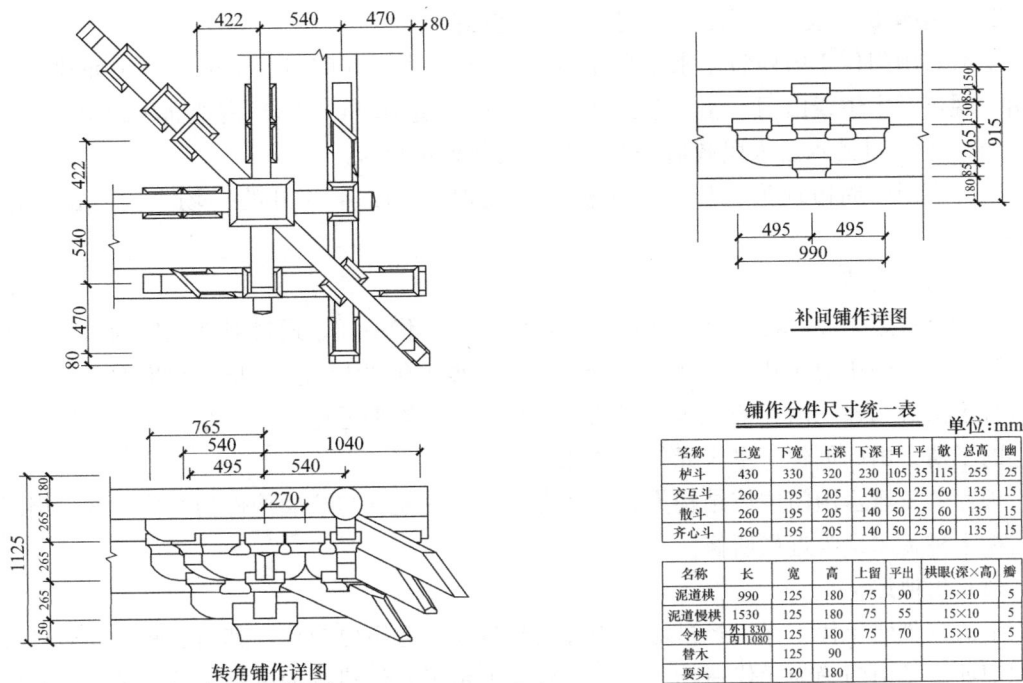

图 5-1-61 山西省长子县小张碧云寺正殿补间及转角铺作大样图

图纸来源：山西重德古建筑规划设计院

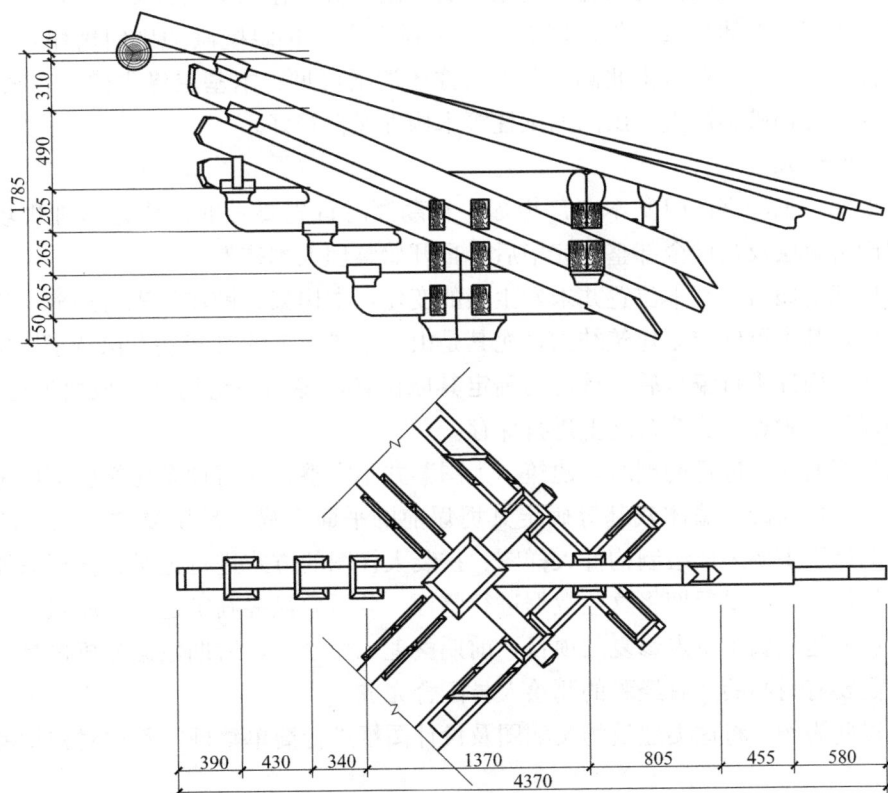

图 5-1-62 山西省长子县小张碧云寺正殿转角铺作 45°部面大样图

图纸来源：山西重德古建筑规划设计院

2. 坍塌建筑代表——山西省沁水县玉清宫山门

玉清宫山门位于山西省沁水县东北 30 千米的郑庄乡西郎村。玉清宫依山而建，坐北朝南。现仅存中轴线山门一座，总面宽 13.87m，总进深 14.27m，占地面积约 197.92m²。1982 年 7 月 1 日沁水县人民政府公布为县级文物保护单位。

玉清宫山门周边现为农田，台明被农田掩埋。2012 年 8 月的一场大雨中山门整体坍塌。

（1）历史沿革

玉清宫被毁于 20 世纪 70 年代，其确切的创建年代不详。通过对坍塌后的山门木构件的整理以及对照历史照片，可知明间脊部襻间枋底残存"大元国皇庆元年岁次壬子口戊月壬寅日玉清观创建三门增修二角上梁功毕后至……"墨书题记一款，结合建筑形制可判定现存的玉清宫山门创建于皇庆元年（1312 年）。

现存的玉清宫山门主体结构为元代遗存，屋顶的瓦件与琉璃构件为明代遗物；坍塌前的后檐干槎瓦屋顶为近代所修。

（2）价值评估

玉清宫创建年代不详，经过对木构件的整理及参考历史图片，其当心间襻间枋皇庆元年题记证实了山门确为元代遗物，其大木构架展示了元代建筑的风貌，特别是对研究晋东南地区早期建筑山门的结构具有较高的历史研究价值。

现状评估：玉清宫山门现已完全坍塌。坍塌使本身就存在不同程度残损的木构件发生脆性折断、折裂；墙体严重倾斜，坍塌面积达到 70%；栱眼壁画随山门坍塌，后经雨水冲刷，已面目全非，仅存东山北侧一尊天王像还清晰可见；木基层椽飞糟朽、破坏严重；瓦件及残存的脊饰破碎严重。山门的梁柱等木构件保存较好。

（3）测绘要领

特别说明，玉清宫山门基本全部坍塌，在勘测时首先要做的工作是清理现场坍塌构件，将屋面苫背层及瓦件全部整理完毕后，再开始整理大木构架。

大木构架坍塌后，基本位置并未发生大的变化，木构架、铺作等进行逐缝、逐朵的清理、拼装后，基本可确定原建筑结构，尤其是山面平梁之上的梁架基本保持了原位、原形制；将散落的构件进行编号后，首先是确定其原位置，将同一组构件在地面进行了拼装，之后整朵迁移至附近新建戏台之上进行保存。

在此类型的建筑进行勘测时，建筑"大图"并不完整，在清理至建筑底部后可依据压沿石、柱础、地面砖、墙体残基等确定其坍塌前的平面布局，是恢复"原状"的主要依据，其余图纸则主要采取绘制构件大样图、拼装大样图的方式进行记录，甚至只能记录到单独构件的尺寸，需要后期将这些数据进行整理、分析后最终确定建筑"原状"。

坍塌后的建筑属于重点修复的项目，前期整理工作量大，后期数据分析也是一项艰巨的工程，需要有耐心的、有经验的测绘人员配合完成。

本书以此为例，将这类建筑的实测图及设计图纸进行简单整理，希望对初学者提供一些帮助。

（4）现状登记表（表 5-1）

沁水玉清宫山门现状登记表 表 5-1

序号	建筑部位	残损部位	残损性质	残损数量
1	台基地面	周檐台明	不存	全部不存
		室内地面、散水	1. 室内原墁地方砖残存后檐柱周围约 3~8m²,主要表现为破裂、塌陷。 近年,山门用作仓库期间曾对室内地面水泥抹面,厚约 10cm。 2. 散水不存,现状为耕地、灌木	1. 将水泥面层拆除后,原地面方砖残存约 3~8m²; 2. 散水全部不存
2	墙体	东、西山墙	墙体的残损主要表现为墙皮脱落,墙身坍塌、歪闪,下槛墙开裂,条砖酥碱	东西山墙各长 9.8m,高约 4m。 1. 西山墙北侧坍塌约 3m,墙头坍塌高 1.5m,东山墙剩余北侧长约 3m; 2. 墙身面层已严重脱落,残存东山墙内壁壁画部分; 3. 山墙均有倾斜,西山墙向室内倾斜约 30cm
3	柱子	柱头榫卯、柱脚、柱身	1. 柱身干缩性开裂; 2. 柱脚糟朽; 3. 虫蛀; 4. 榫卯折断	1. 柱身均有不同程度的开裂,裂宽 5~30mm,裂身 5~8cm,裂长 1~2m。 2. 前后檐柱柱脚均有轻微糟朽,朽高 10~30cm,朽深 1~3cm; 3. 后檐西山柱由于虫蛀,使柱头内部成为空洞; 4. 明间平柱柱头榫折断的较为严重,占到 2/3
4	铺作	前檐、后檐、金柱头	1. 单个栱、枋糟朽较为严重,令栱榫卯部位折断 2. 较长的昂、隐刻枋等构件均折断,昂嘴劈裂; 3. 斗子糟朽、缺失	1. 昂、隐刻栱、枋均折断; 2. 令栱折断 14 个,保存较好的 2 个; 3. 散斗残损缺失 85%
5	梁架	各缝梁架	1. 榫卯折断; 2. 干缩性开裂; 3. 糟朽、折断	大木构件基本完好。 1. 前檐明间西缝三椽栿折断; 2. 后檐明间东缝三椽栿、后檐东山三椽栿沤朽、折断; 3. 剳牵后尾与瓜柱结构的榫折断; 4. 顺栿串、顺身串均折断、瓜柱劈裂 2 根,糟朽的 2 根; 5. 梁栿上出现轻微干缩裂缝
6	槫枋	各缝梁架	糟朽、折断	前、后檐槫身开裂、整体旋裂、糟朽,后檐东次间下金槫糟朽折断。糟朽折断的槫条共计 8 根;脊槫均保存较好;槫条局部轻微开裂,出际部分糟朽
7	木基层	望板	糟朽、沤损、脱落、折断	前后檐出檐部分及两山出际部分,面积约 60m²
		柴栈	沤朽	柴栈均已炭化,面积约 180m²
		前、后檐椽飞	糟朽、折断、弯曲变形	椽子残存檐部部分可以继用,约 30 余根;飞椽椽头均已劈裂,飞尾折断
8	屋面	灰背、瓦作	不存	全部坍塌
9	壁画	两山墙内壁、栱眼壁画	坍塌、开裂	全部

（5）测绘图纸

（见图 5-1-63～图 5-1-70）

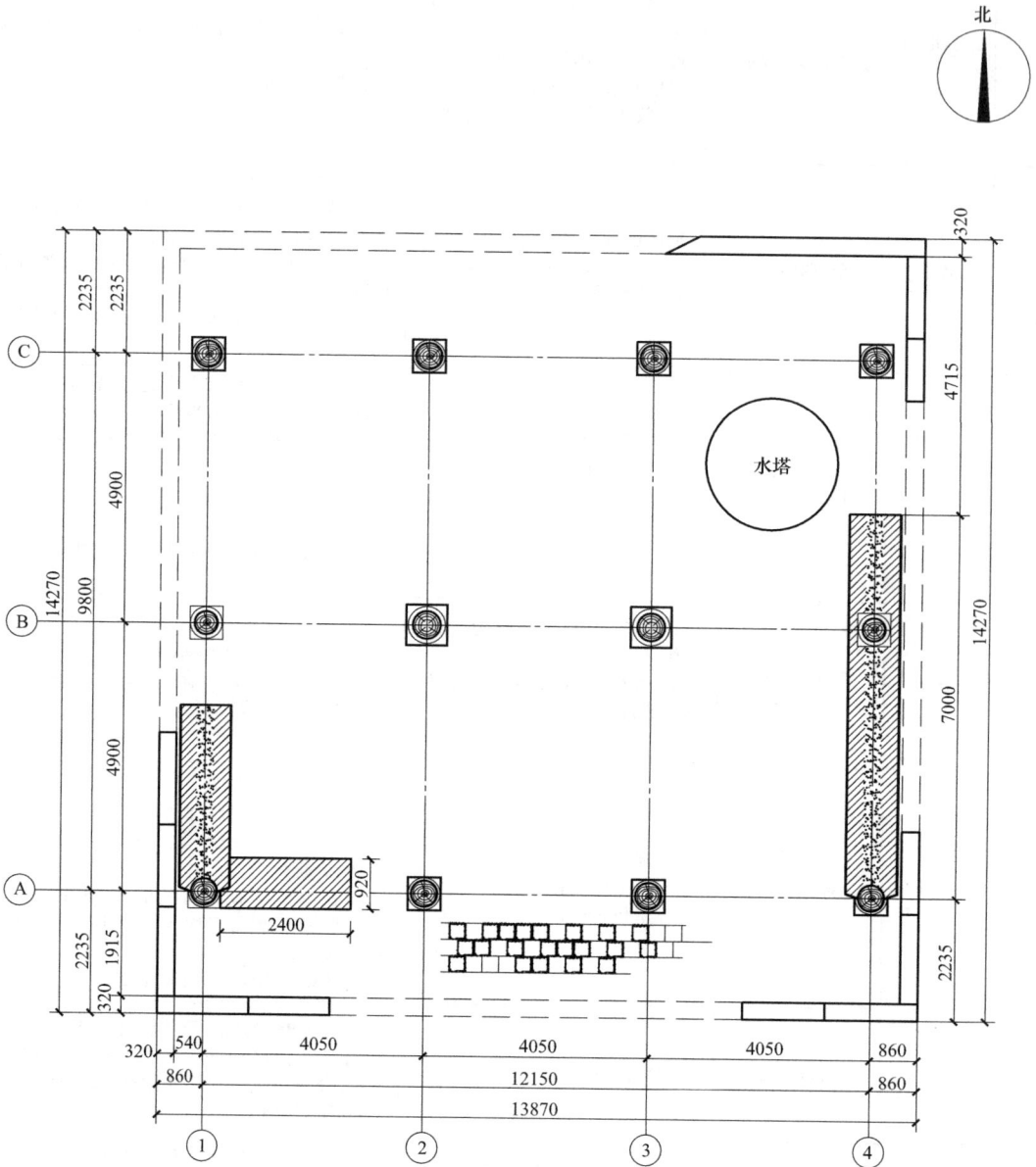

图 5-1-63　玉清宫山门平面图

图纸来源：山西省古建筑保护研究所

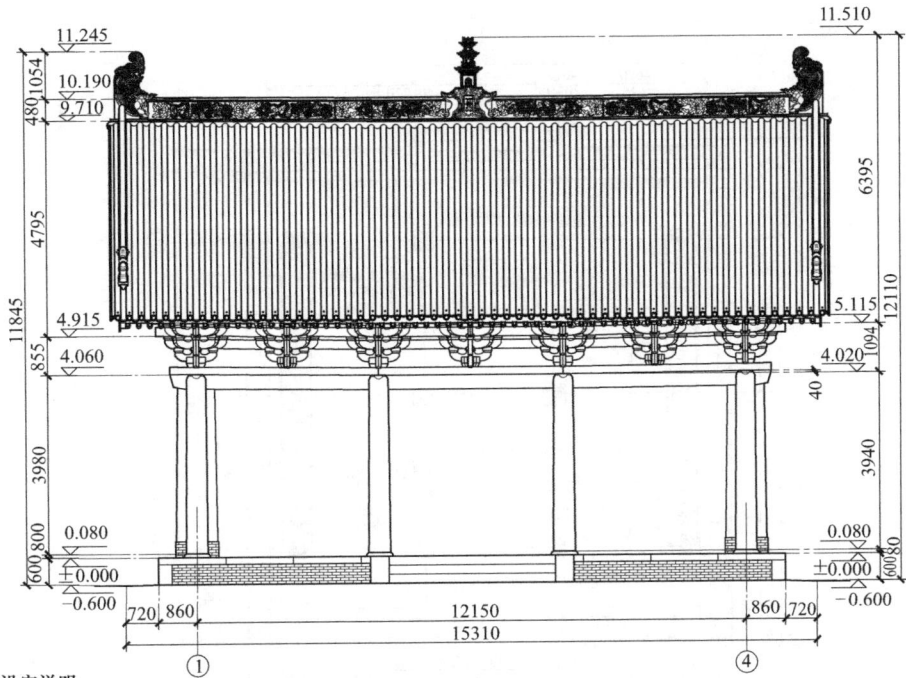

标高设定说明：

1.本建筑设定玉清宫山门前檐檐柱柱础石底(即台明上皮)为±0.000，建筑标高均为相对标高。

2.图纸中标高以米为单位，其余标注均以毫米为单位。

图 5-1-64　玉清宫山门正立面图

图纸来源：山西省古建筑保护研究所

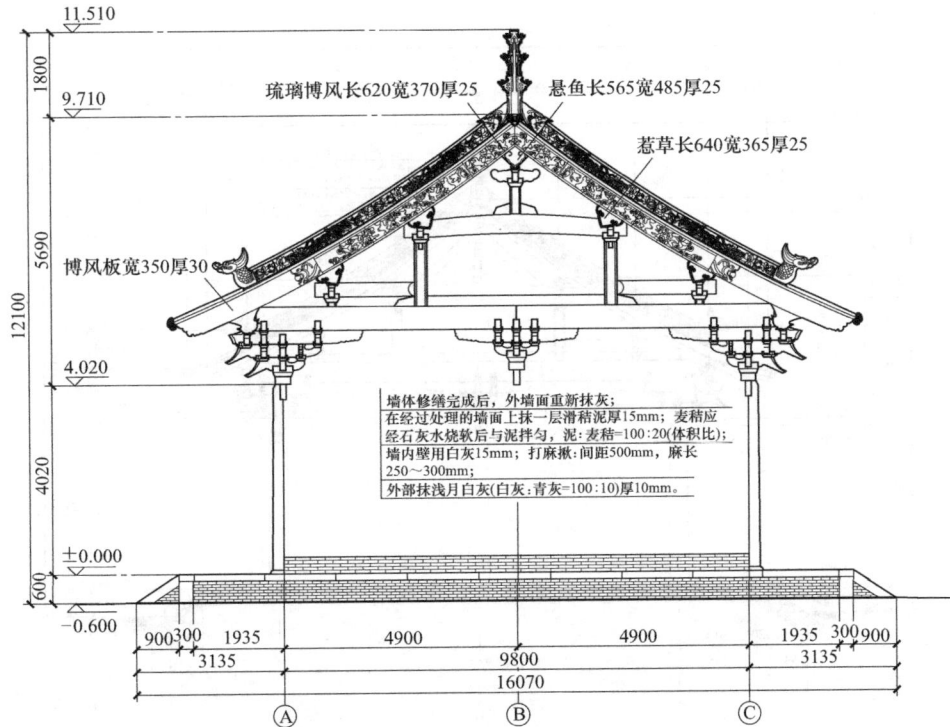

图 5-1-65　玉清宫山门侧立面图

图纸来源：山西省古建筑保护研究所

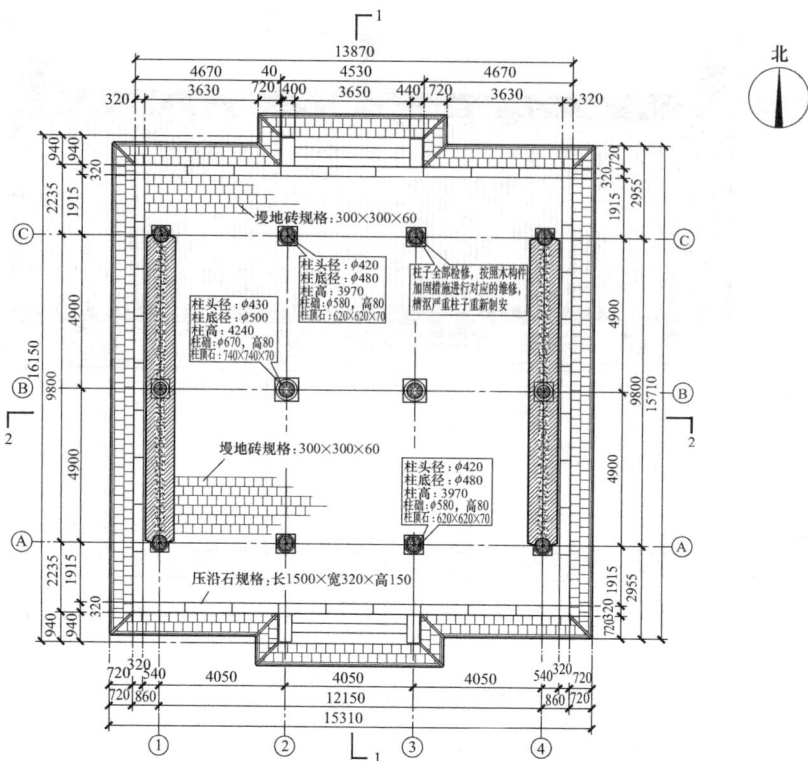

图 5-1-66 玉清宫山门平面图
图纸来源：山西省古建筑保护研究所

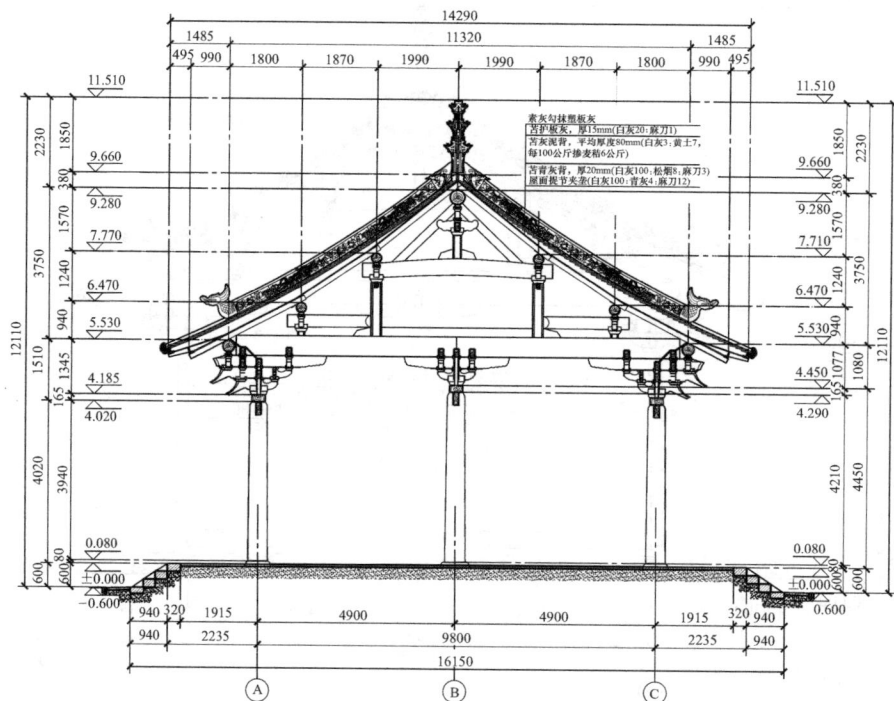

图 5-1-67 玉清宫山门 1-1 剖面图
图纸来源：山西省古建筑保护研究所

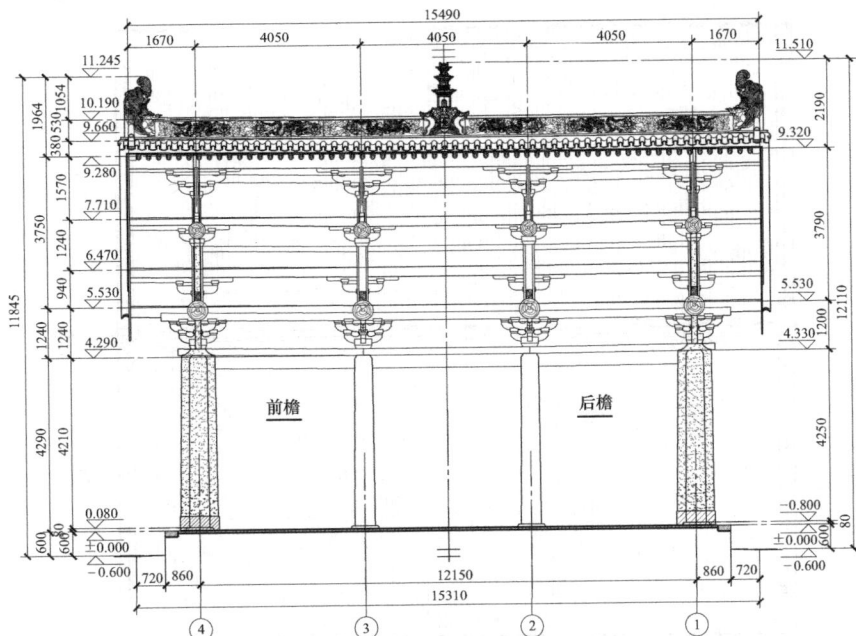

图 5-1-68　玉清宫山门 2-2 剖面图
图纸来源：山西省古建筑保护研究所

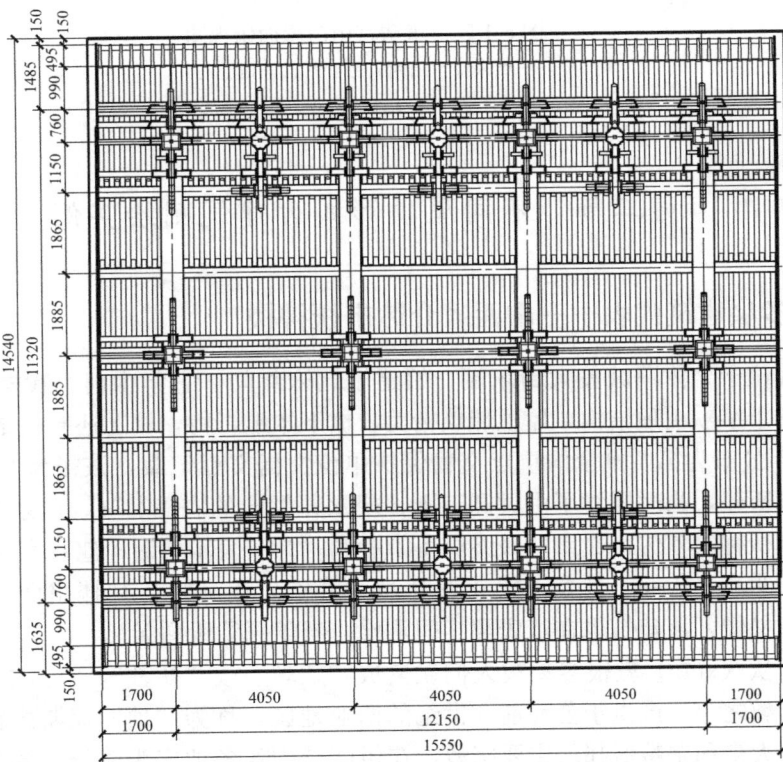

檐椽：64根；
飞子：64根

图 5-1-69　玉清宫山门梁架仰视图
图纸来源：山西省古建筑保护研究所

171

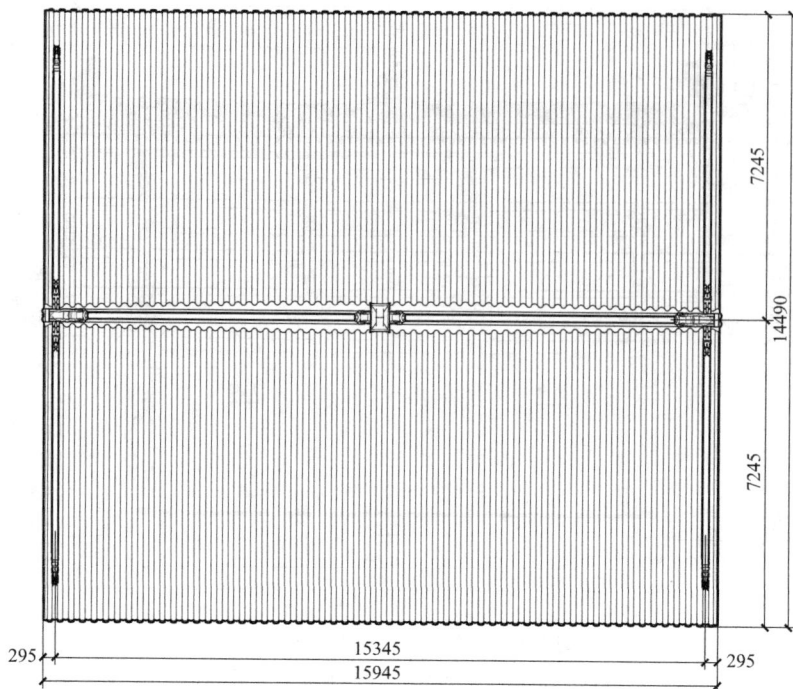

图 5-1-70　玉清宫山门屋面俯视图
图纸来源：山西省古建筑保护研究所

第二节　不同屋顶形式古建筑测绘实例

一、多层建筑代表——山西省介休市祆神楼

祆神楼位于介休顺城关大街东端，始建于北宋年间。它集山门、戏楼、过街楼于一体，三重檐十字歇山顶结构，屋顶琉璃精美，檐下木雕奇特，楼北还有三结义庙正殿、献殿。1996 年公布为第四批全国重点文物保护单位。据文献记载，该楼为北宋仁宗时期的宰相文彦博所建，当时爆发了由贝洲王则、胡永儿领导的农民起义，仁宗派他前去征讨。传说由于有祆神的辅佐，文彦博最终获得了胜利。为了表示感谢，他在家乡修建了祆神庙作为纪念。明嘉靖年间，县令王崇正视祆教为异类，逐渐将祆神楼里面的塑像改为刘、关、张三结义像，该建筑也在清康熙年间重修，当年原貌所剩无几。

备注：祆（xiān）教很容易被人们误读成"妖教"或"袄教"，它是中国隋唐时期比较流行的宗教之一，产生于公元前 6 世纪的西亚地区，称为"琐罗亚斯德教"，一度成为萨珊波斯、大夏和粟特城邦的主要宗教，在伊朗及中亚各地广为流行。至少在魏晋时期，它就传入中国，由于崇拜火，又称火祆教、拜火教，与景教（基督教聂斯脱里派）、摩尼教（明教）并称为"三夷教"。

图纸编号：（见图 5-2-1～图 5-2-8）

图 5-2-1 山西省介休祆神楼正立面图

图纸来源：山西省文物技术中心

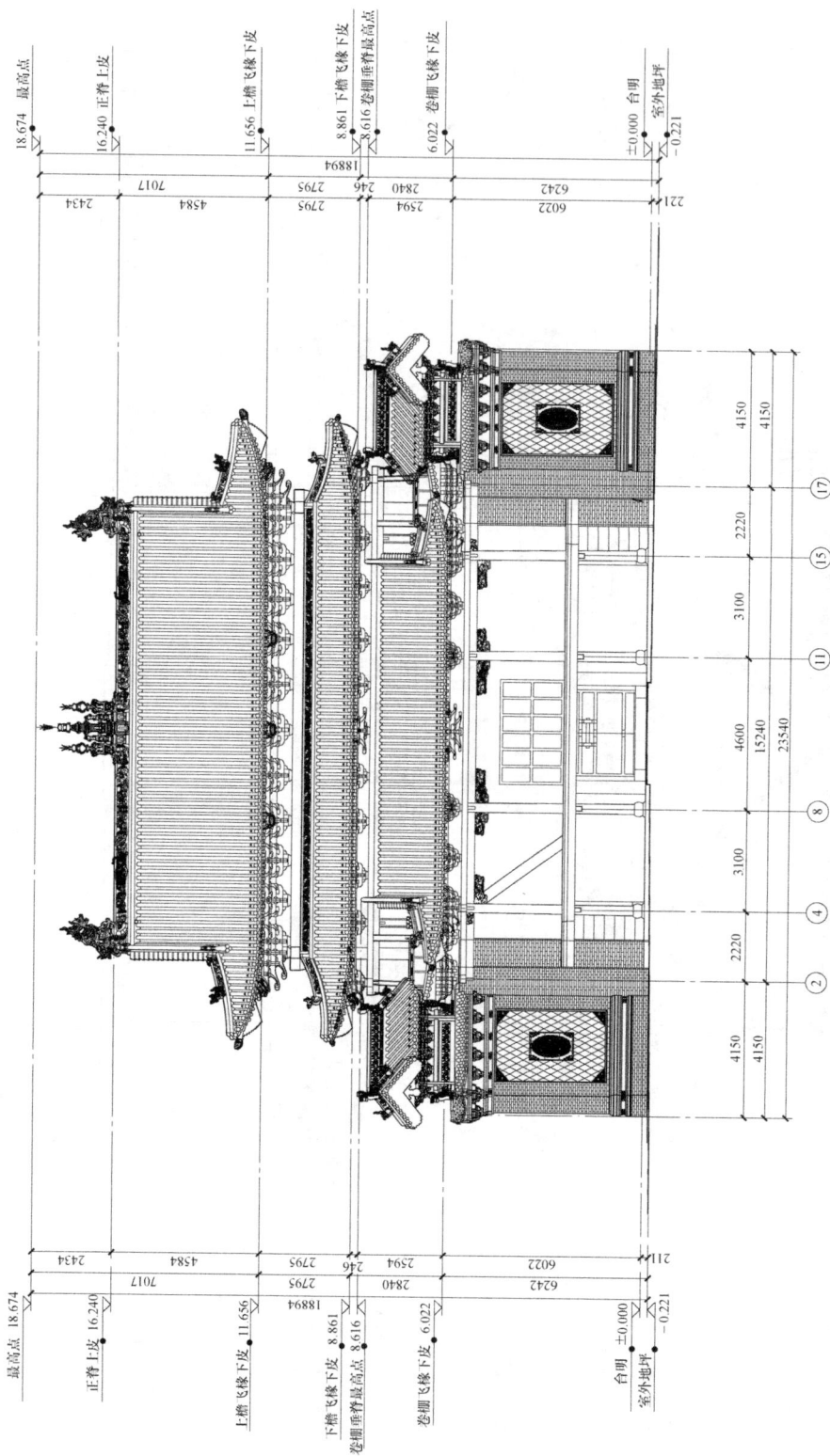

图 5-2-2 山西省介休祆神楼背立面图

图纸来源：山西省文物技术中心

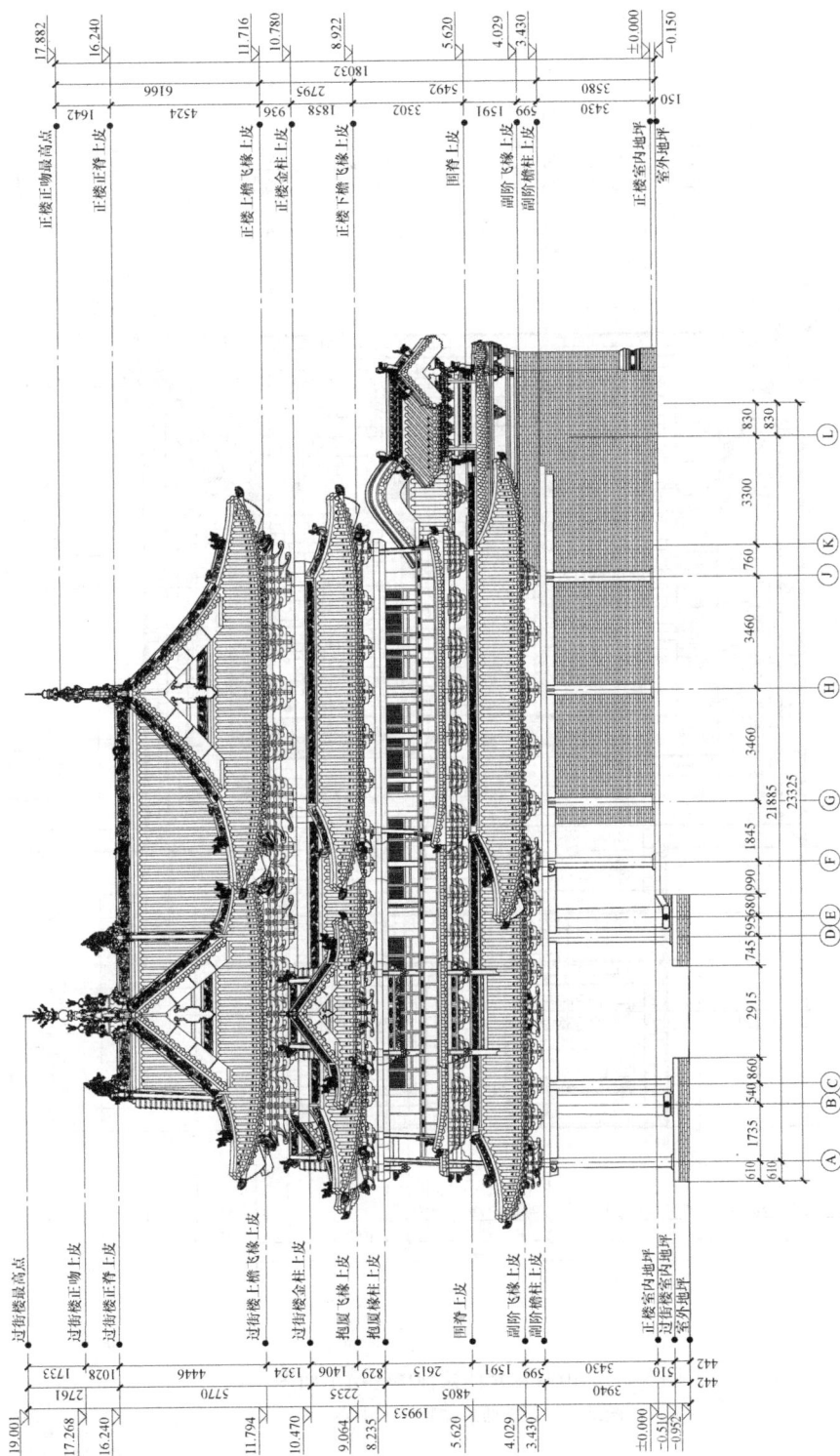

图 5-2-3 山西省介休祆神楼侧立面图

图纸来源：山西省文物技术中心

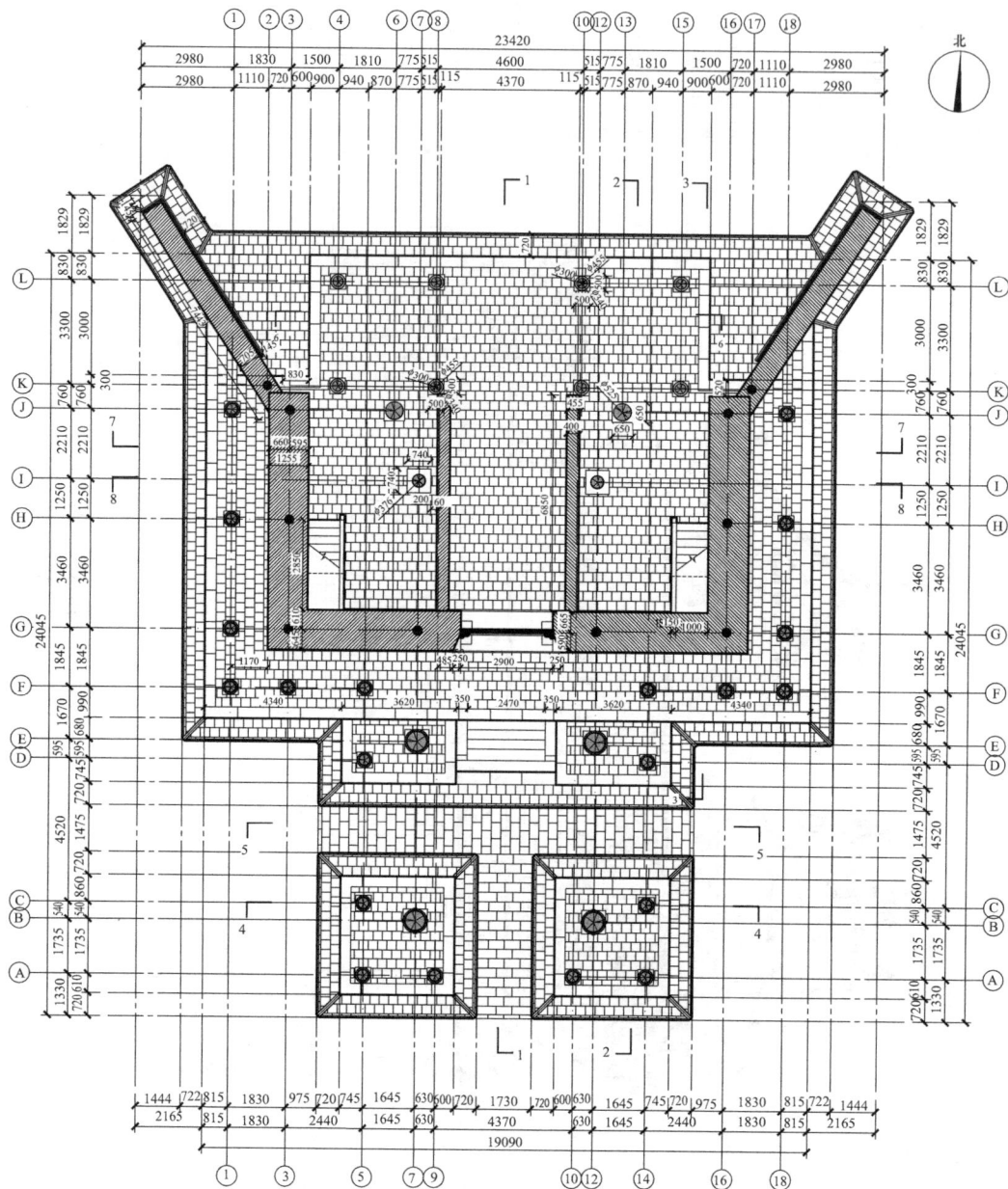

图 5-2-4　山西省介休祆神楼一层平面图

图纸来源：山西省文物技术中心

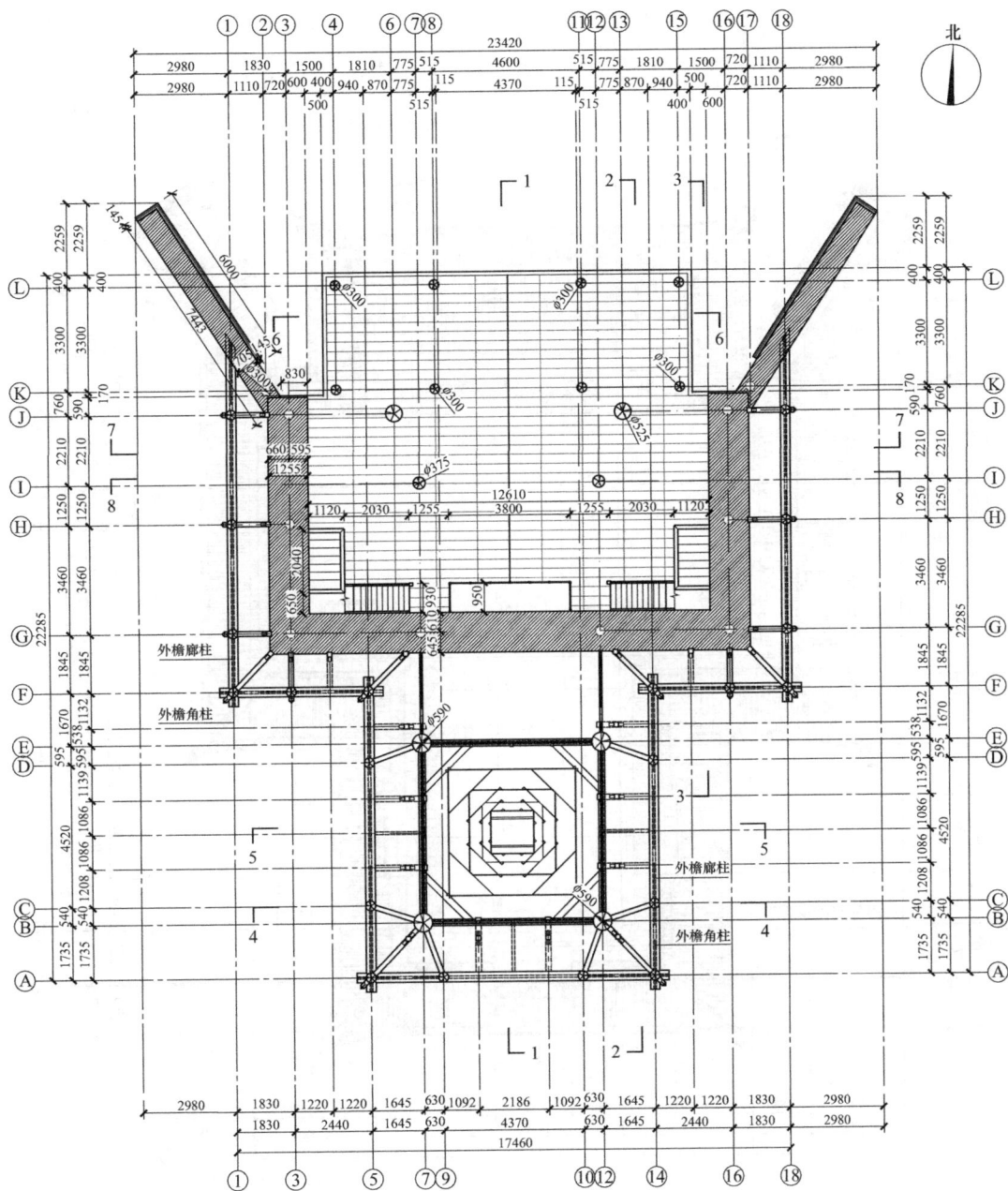

图 5-2-5 山西省介休祆神楼二层平面图
图纸来源：山西省文物技术中心

177

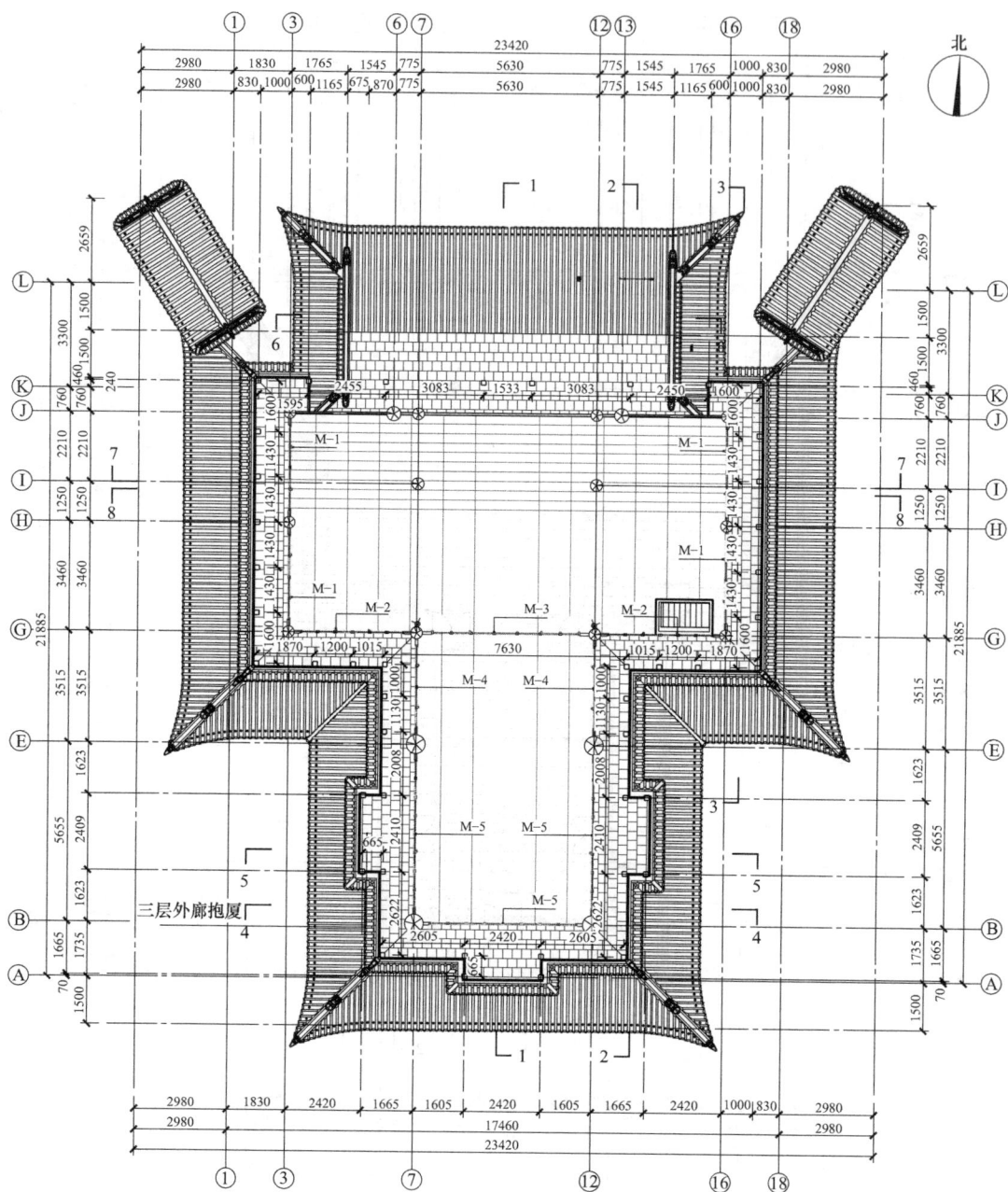

图 5-2-6 山西省介休祆神楼三层平面图
图纸来源：山西省文物技术中心

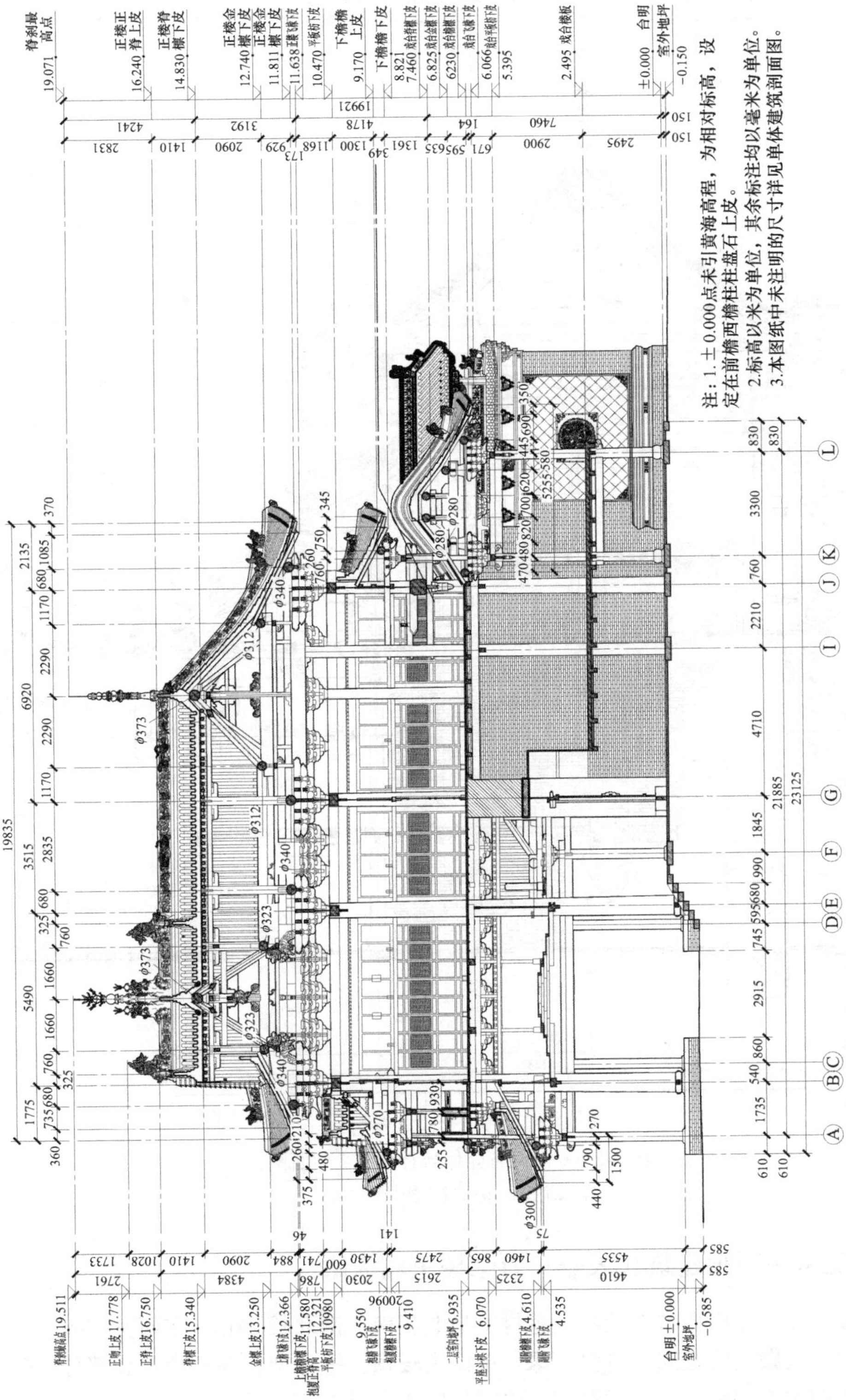

注：1. ±0.000点未引黄海高程，为相对标高，设定在前檐西檐柱柱盘石上皮。
2. 标高以米为单位，其余标注均以毫米为单位。
3. 本图纸中未注明的尺寸详见单体建筑剖面图。

图 5-2-7 山西省介休祆神楼 1-1 剖面图

图纸来源：山西省文物技术中心

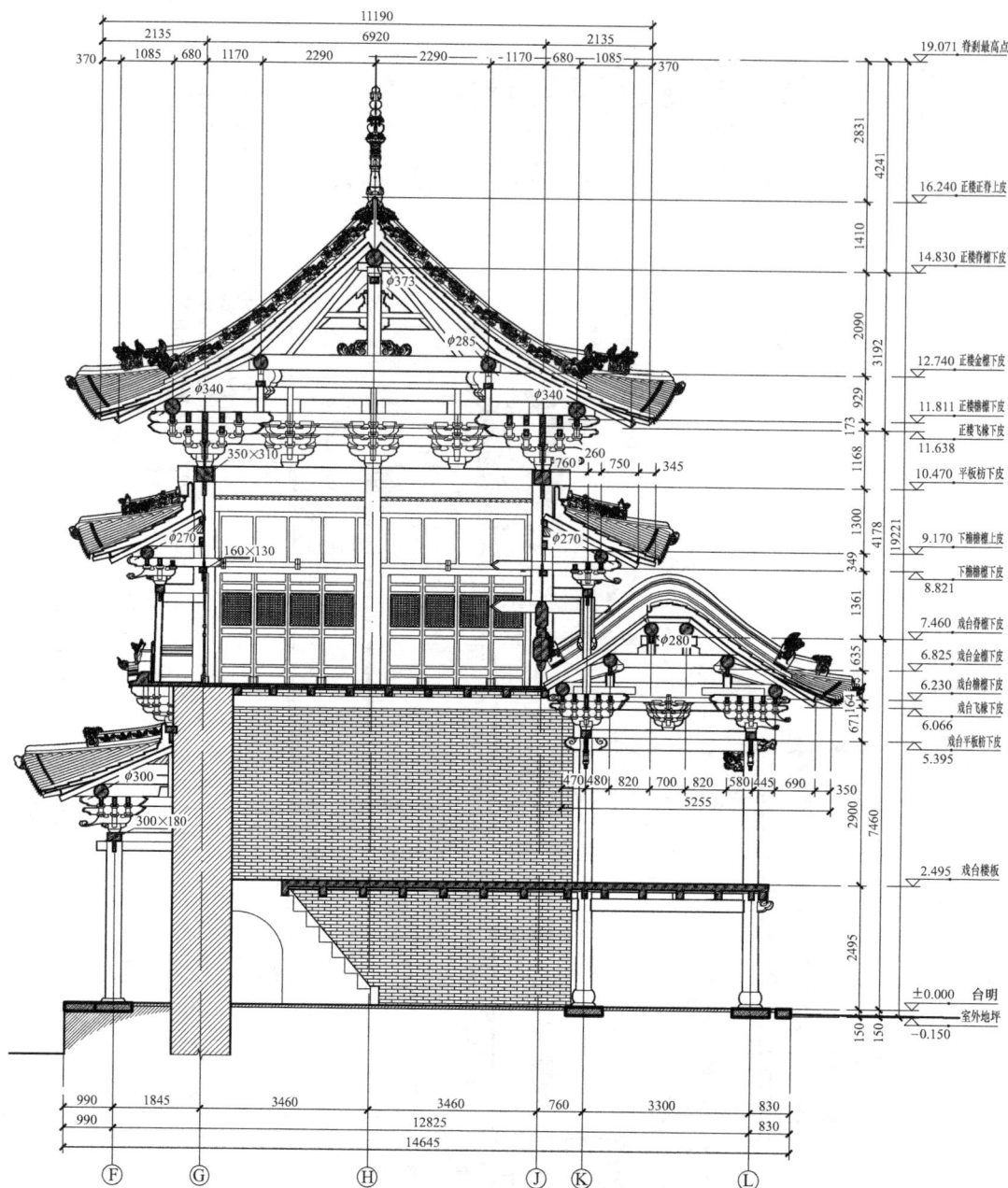

图 5-2-8　山西省介休袄神楼 2-2 剖面图
图纸来源：山西省文物技术中心

二、北宋庑殿顶建筑代表——万荣稷王庙大殿

万荣稷王庙位于山西省万荣县太赵村。坐北朝南，南北长 74m，东西宽 46m。现仅存大殿和戏台。大殿面阔五间，进深六椽，单檐庑殿顶。据梁架、斗栱特点和部分柱础造型推断，大殿的木构部分应属金代遗存，清同治四年（1865 年）重修。

图纸编号：（见图 5-2-9～图 5-2-15）

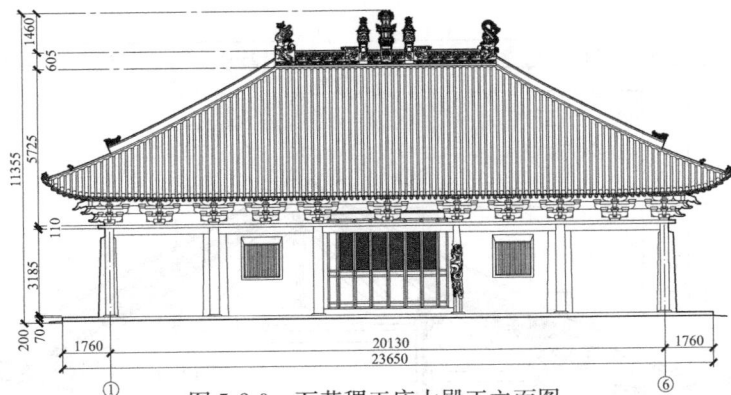

图 5-2-9　万荣稷王庙大殿正立面图

图纸来源：山西圆方古迹保护修复有限公司

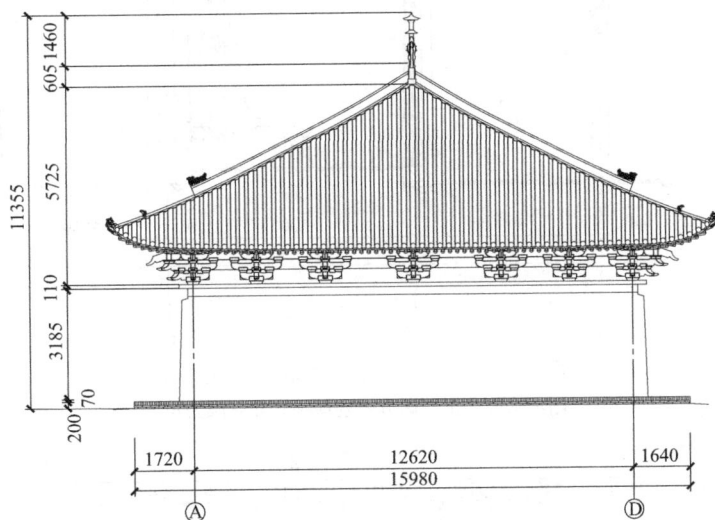

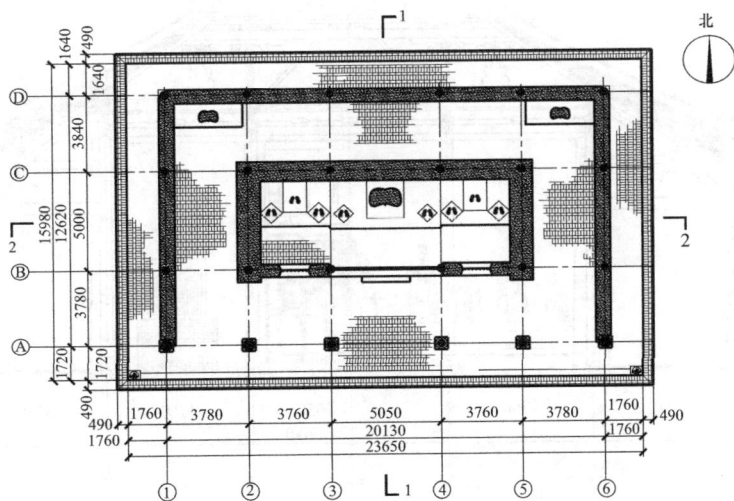

图 5-2-10　万荣稷王庙大殿侧立面图

图纸来源：山西圆方古迹保护修复有限公司

北

图 5-2-11　万荣稷王庙大殿平面图

图纸来源：山西圆方古迹保护修复有限公司

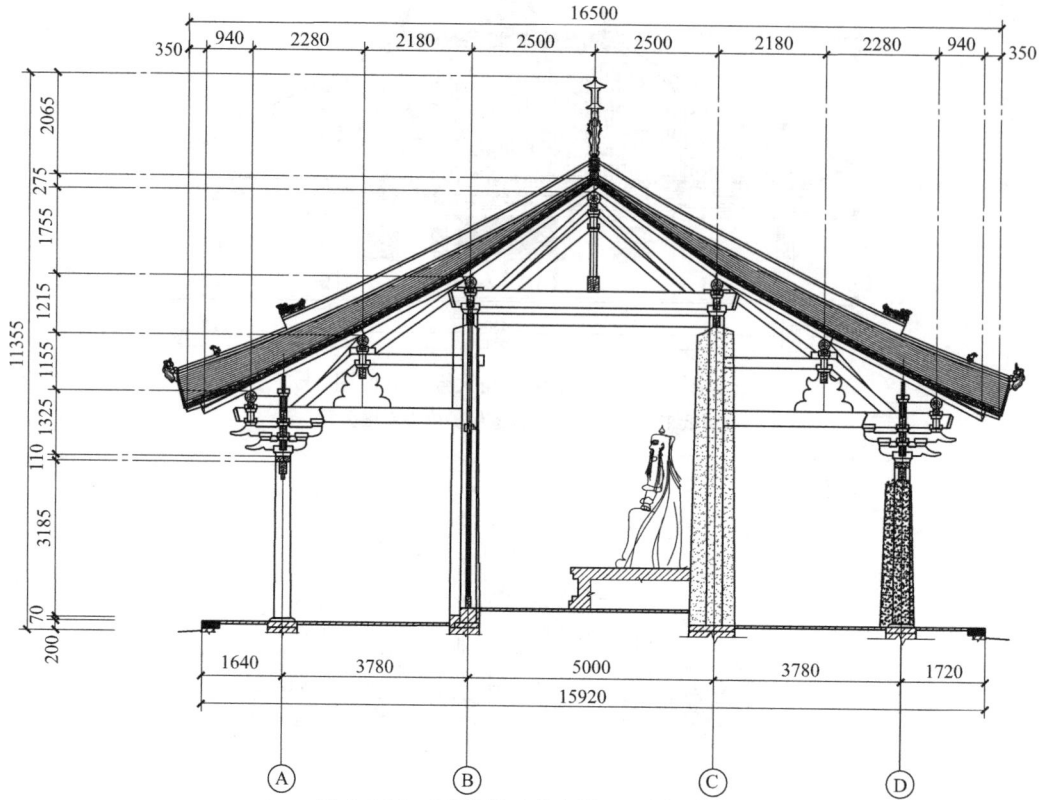

图 5-2-12　万荣稷王庙大殿 1-1 剖面图
图纸来源：山西圆方古迹保护修复有限公司

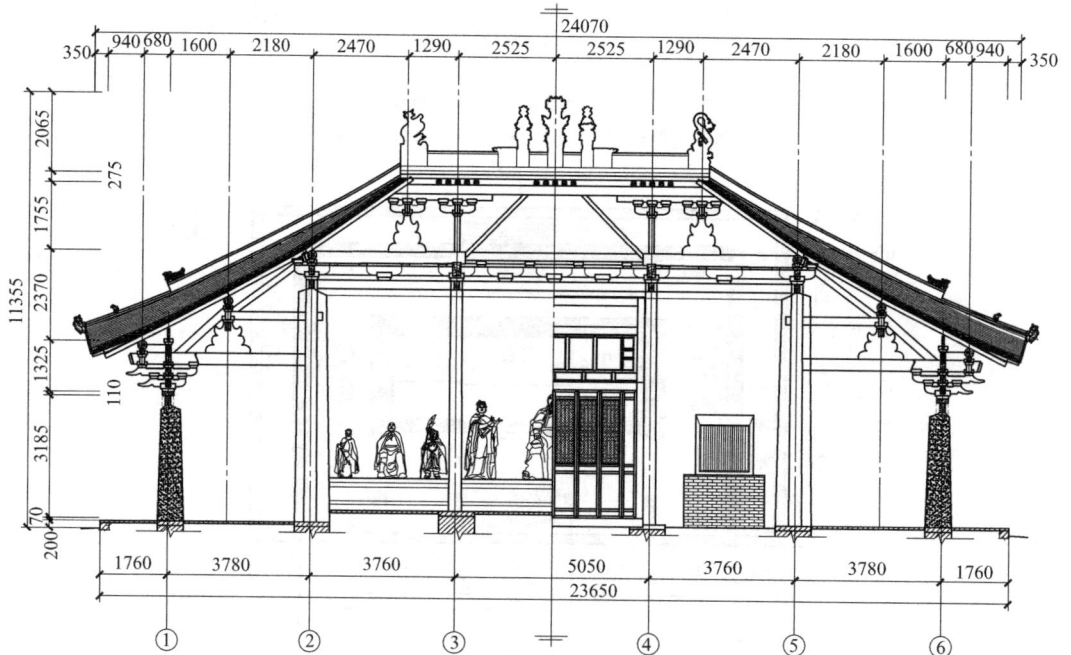

图 5-2-13　万荣稷王庙大殿 2-2 剖面图
图纸来源：山西圆方古迹保护修复有限公司

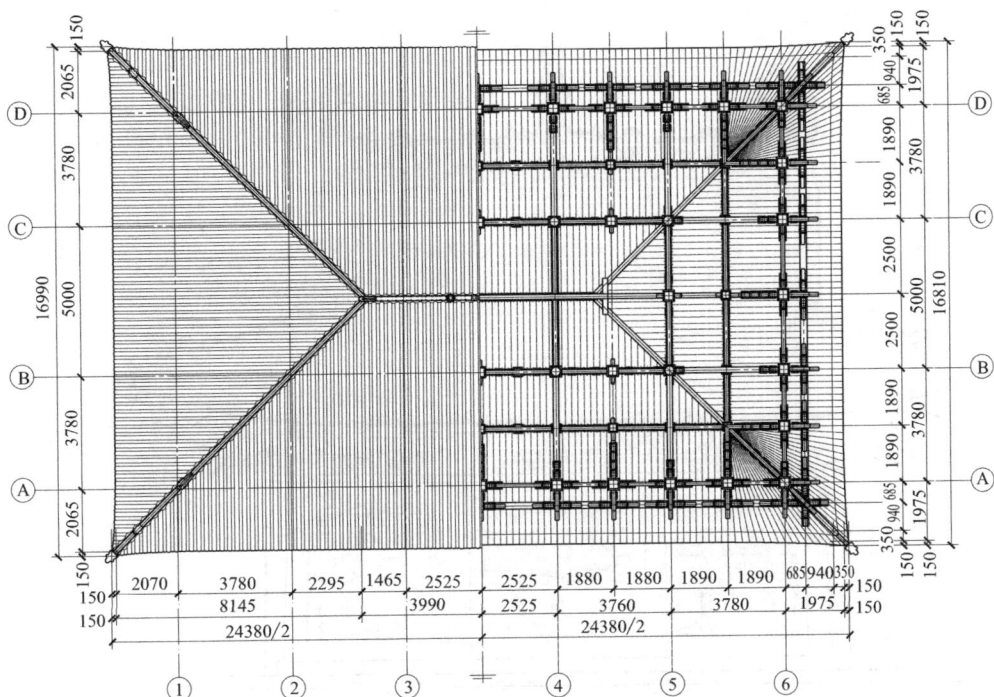

图 5-2-14 万荣稷王庙大殿仰俯视图
图纸来源：山西圆方古迹保护修复有限公司

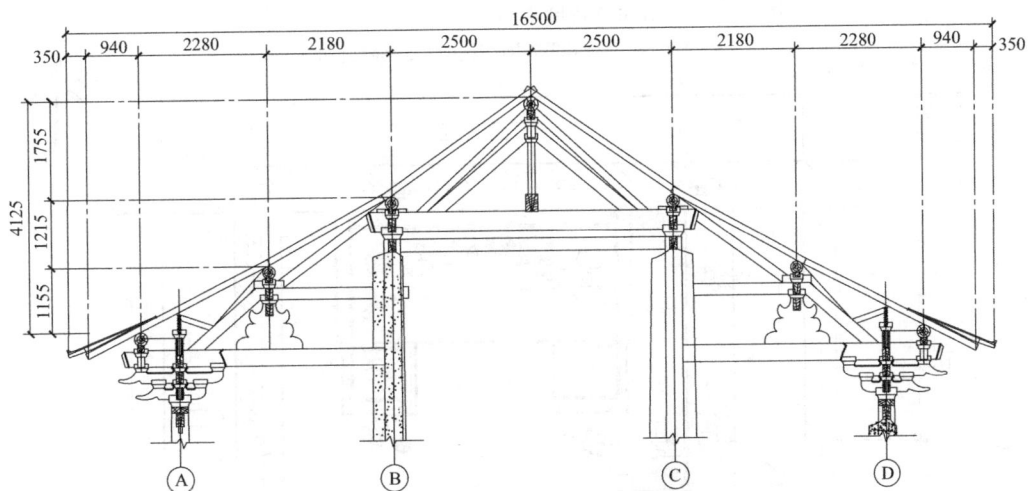

图 5-2-15 万荣稷王庙大殿梁架大样图
图纸来源：山西圆方古迹保护修复有限公司

三、宋金歇山建筑代表——晋城小南村二仙庙正殿

泽州县金村乡小南村二仙庙，又名二仙观，因崇祀唐代乐氏二仙女而得名。为第四批全国重点文物保护单位。该庙创建于宋大观年间（1107～1117年）。二进院正殿三间见方，建材硕大，左右各跨朵殿四楹，是我国宋金建筑的典型代表。

图纸编号：（图 5-2-16～图 5-2-18）

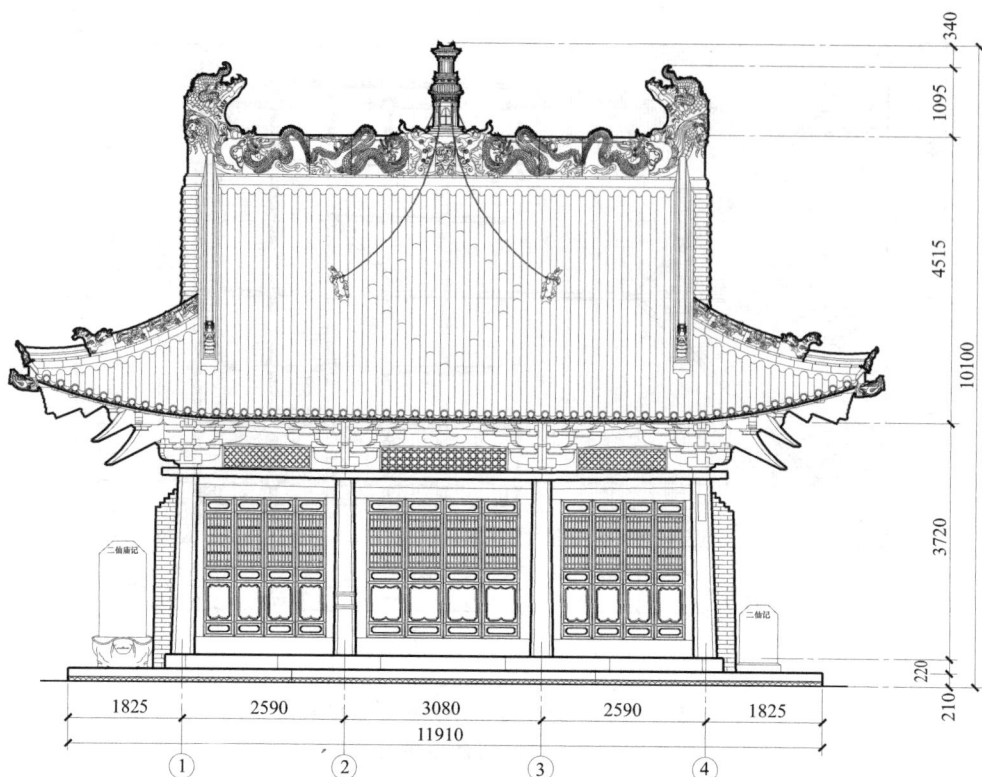

图 5-2-16　山西省晋城小南村二仙庙正殿正立面图

图纸来源．山西圆方古迹保护修复有限公司

北

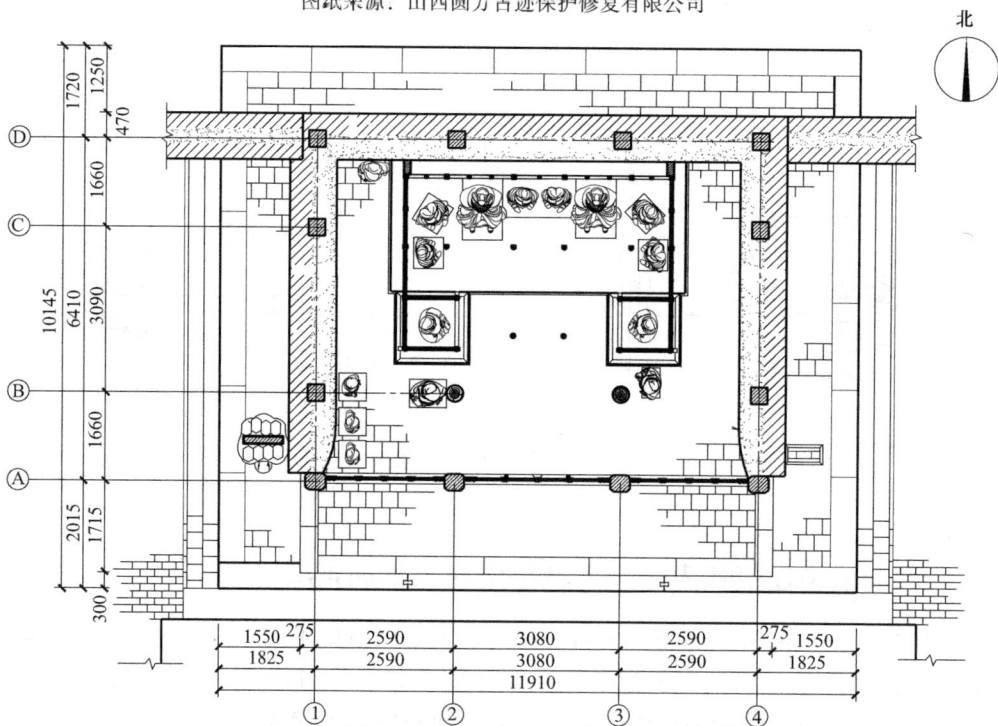

图 5-2-17　山西省晋城小南村二仙庙正殿平面图

图纸来源：山西圆方古迹保护修复有限公司

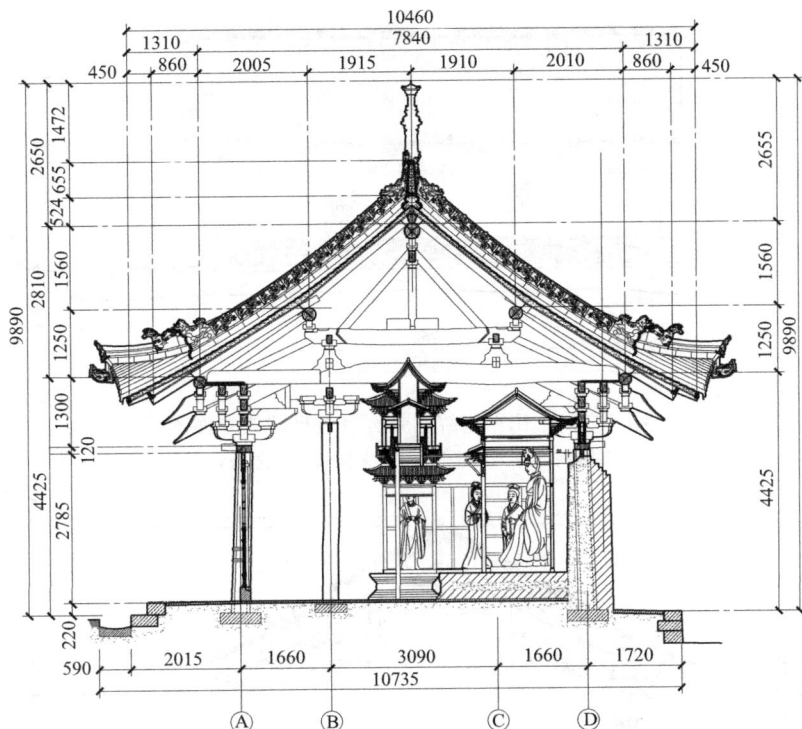

图 5-2-18 山西省晋城小南村正殿明间 1-1 剖面图

图纸来源：山西圆方古迹保护修复有限公司

四、元代悬山建筑代表——绛县景云宫玉皇殿

景云宫始建于唐代，原建筑群规模宏大，现仅存主殿玉皇殿一座。玉皇殿为元代木结构，五间悬山顶，前檐斗栱五铺作，后檐斗栱四铺作。脊槫上留有清康熙四年（1665 年）的维修题记。建筑外观古朴端庄，继承了宋代建筑的秀丽风格。玉皇殿内尚存有完整保存的唐碑一通，文物历史价值极高。

图纸编号：（见图 5-2-19～图 5-2-26）

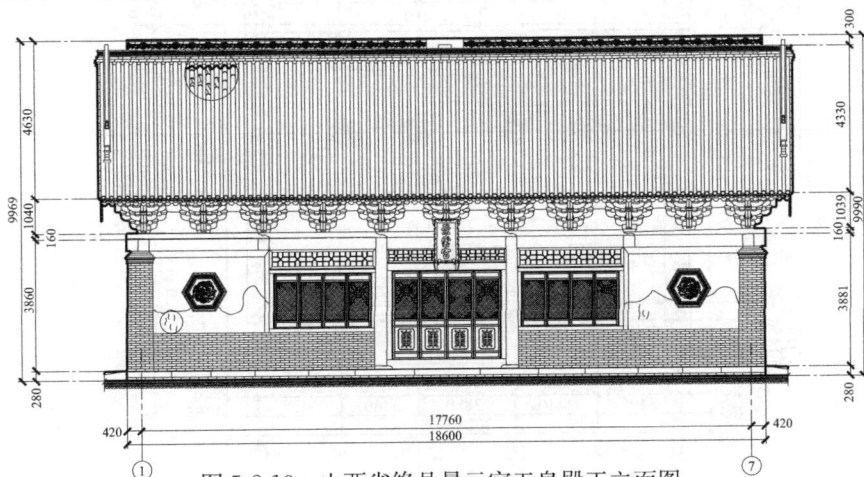

图 5-2-19 山西省绛县景云宫玉皇殿正立面图

图纸来源：山西圆方古迹保护修复有限公司

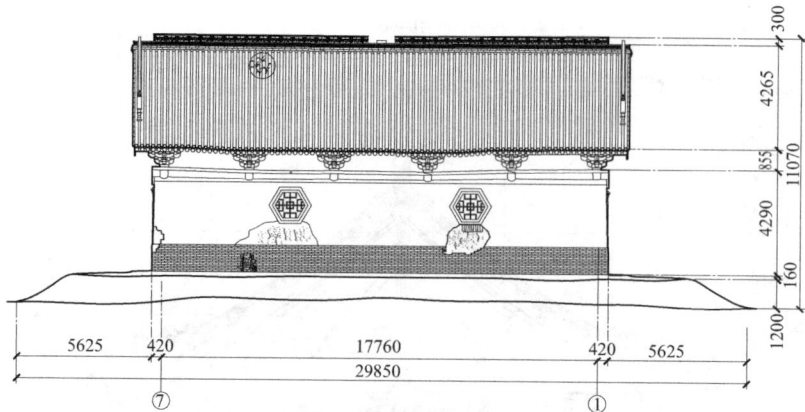

图 5-2-20　山西省绛县景云宫玉皇殿背立面图

图纸来源：山西圆方古迹保护修复有限公司

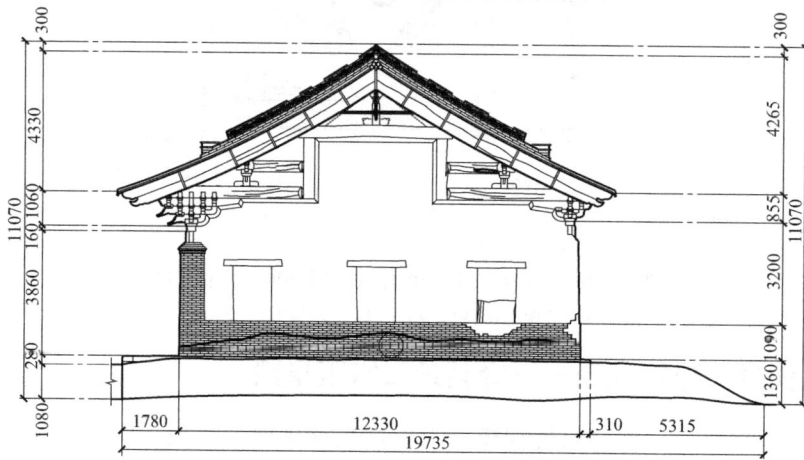

图 5-2-21　山西省绛县景云宫玉皇殿侧立面图

图纸来源：山西圆方古迹保护修复有限公司

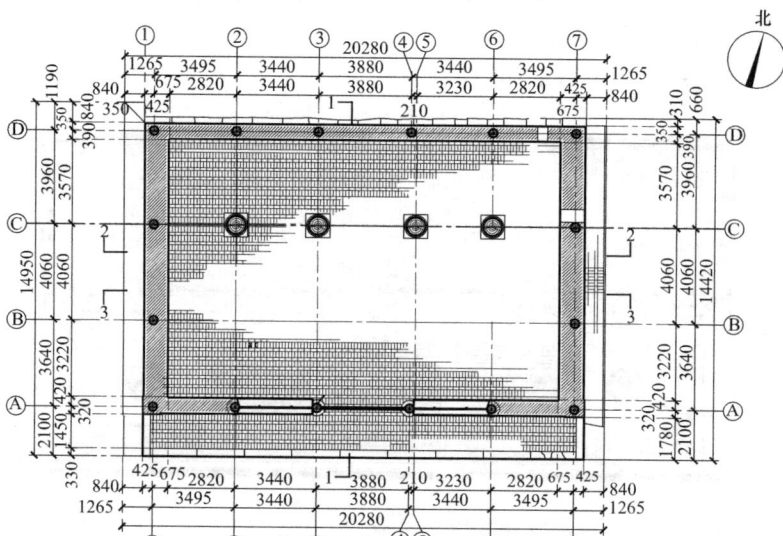

图 5-2-22　山西省绛县景云宫玉皇殿平面图

图纸来源：山西圆方古迹保护修复有限公司

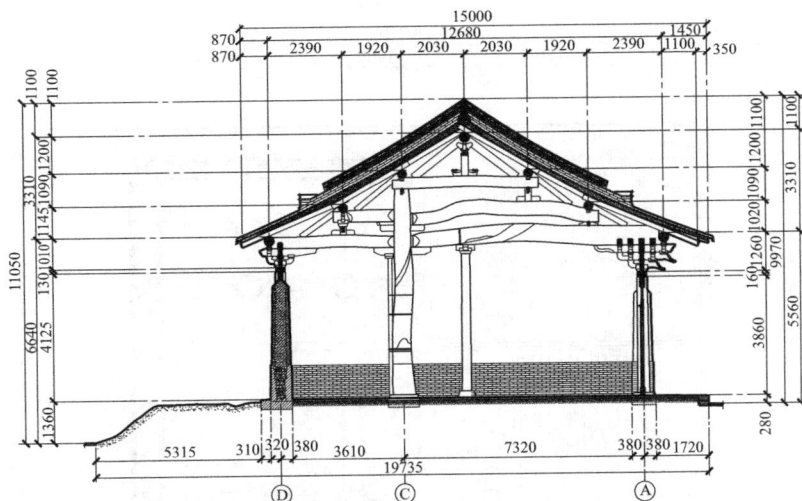

图 5-2-23 山西省绛县景云宫玉皇殿 1-1 剖面图
图纸来源：山西圆方古迹保护修复有限公司

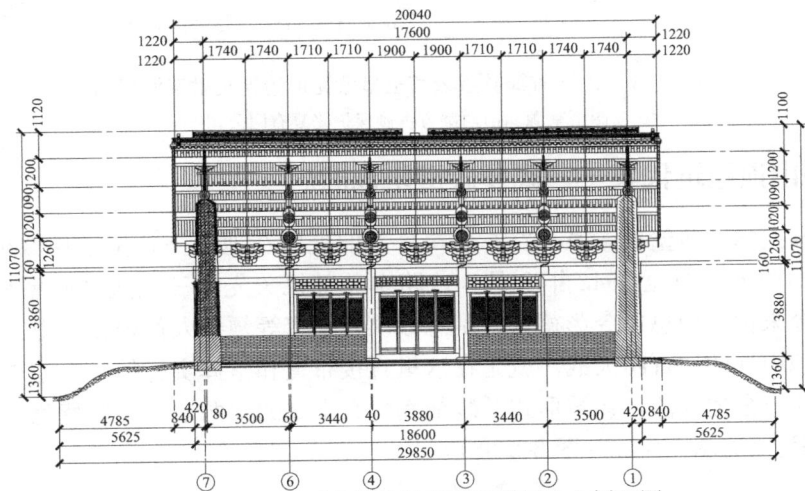

图 5-2-24 山西省绛县景云宫玉皇殿 2-2 剖面图
图纸来源：山西圆方古迹保护修复有限公司

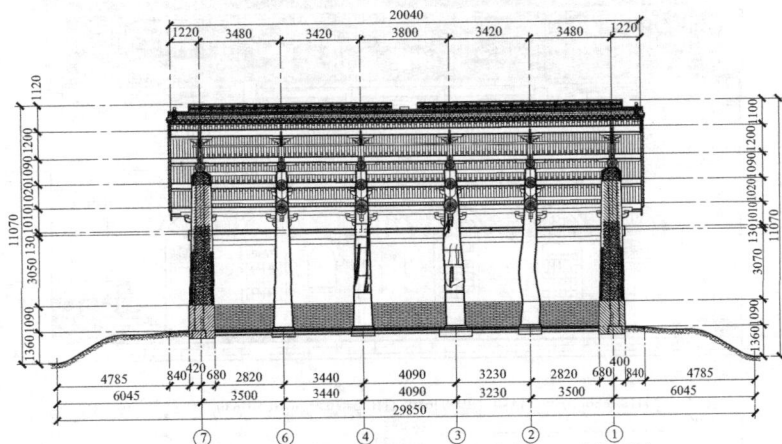

图 5-2-25 山西省绛县景云宫玉皇殿 3-3 剖面图
图纸来源：山西圆方古迹保护修复有限公司

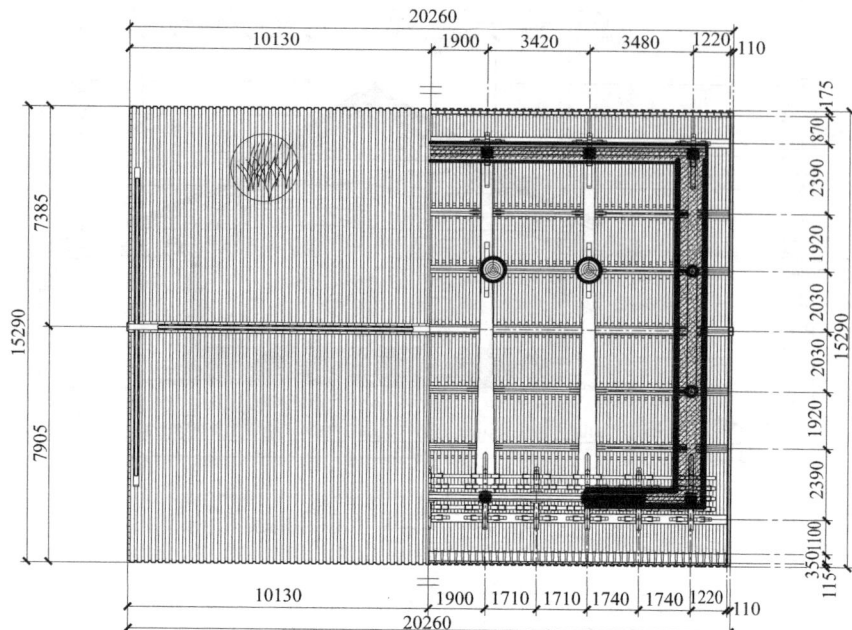

图 5-2-26　山西省绛县景云宫玉皇殿瓦顶俯视及梁架仰视图

图纸来源：山西圆方古迹保护修复有限公司

五、硬山顶建筑代表——武乡砖壁朱德旧居

武乡县蟠龙镇的砖壁村，系八路军总司令部旧址所在地之一，位丁县城东 45 千米的太行山巅。1939 年 7 月至 1942 年 5 月，八路军总部机关先后三次进驻砖壁村。这期间，八路军总司令朱德、副总司令彭德怀、副总参谋长左权等领导人都曾在这里工作、生活和战斗过，震惊中外的"百团大战"就是在这里直接布置和指挥实施的。朱德总司令旧居为一座典型的农家窑楼院落，建筑形式及装饰都含有丰富的山西地方民居特色。

图纸编号：（见图 5-2-27～图 5-2-35）

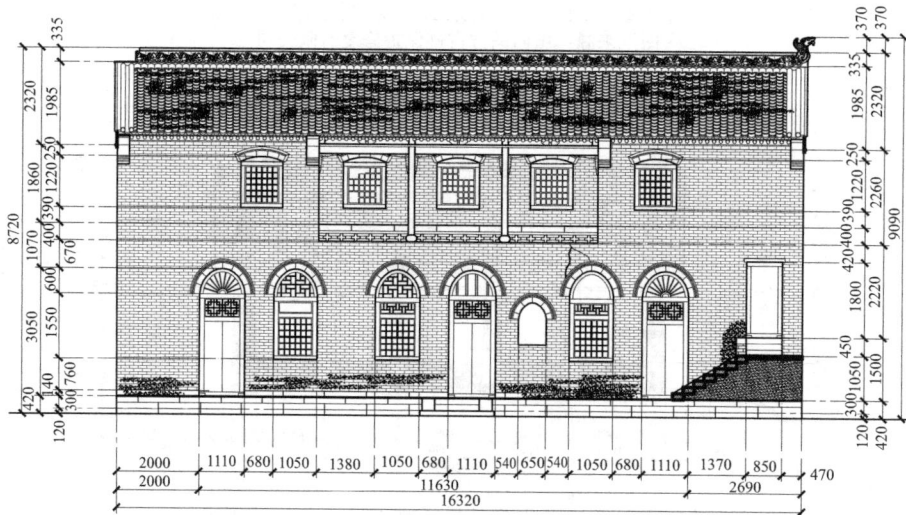

图 5-2-27　山西省武乡朱德旧居正房正立面图

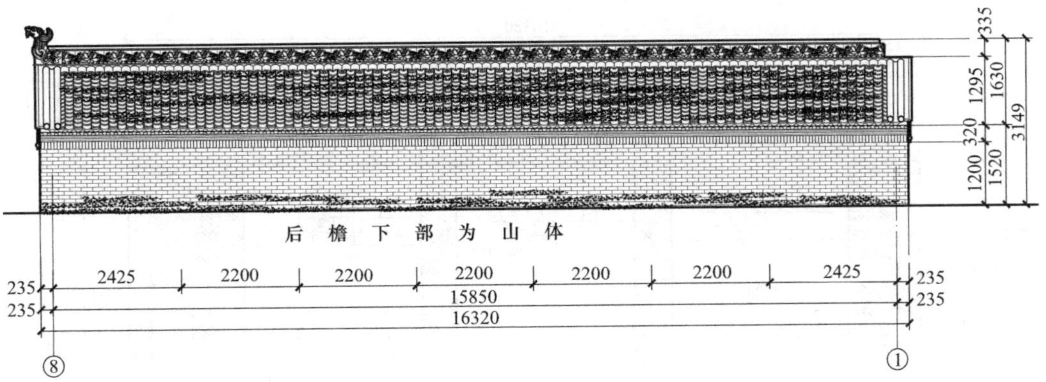

图 5-2-28 山西省武乡朱德旧居正房背立面图

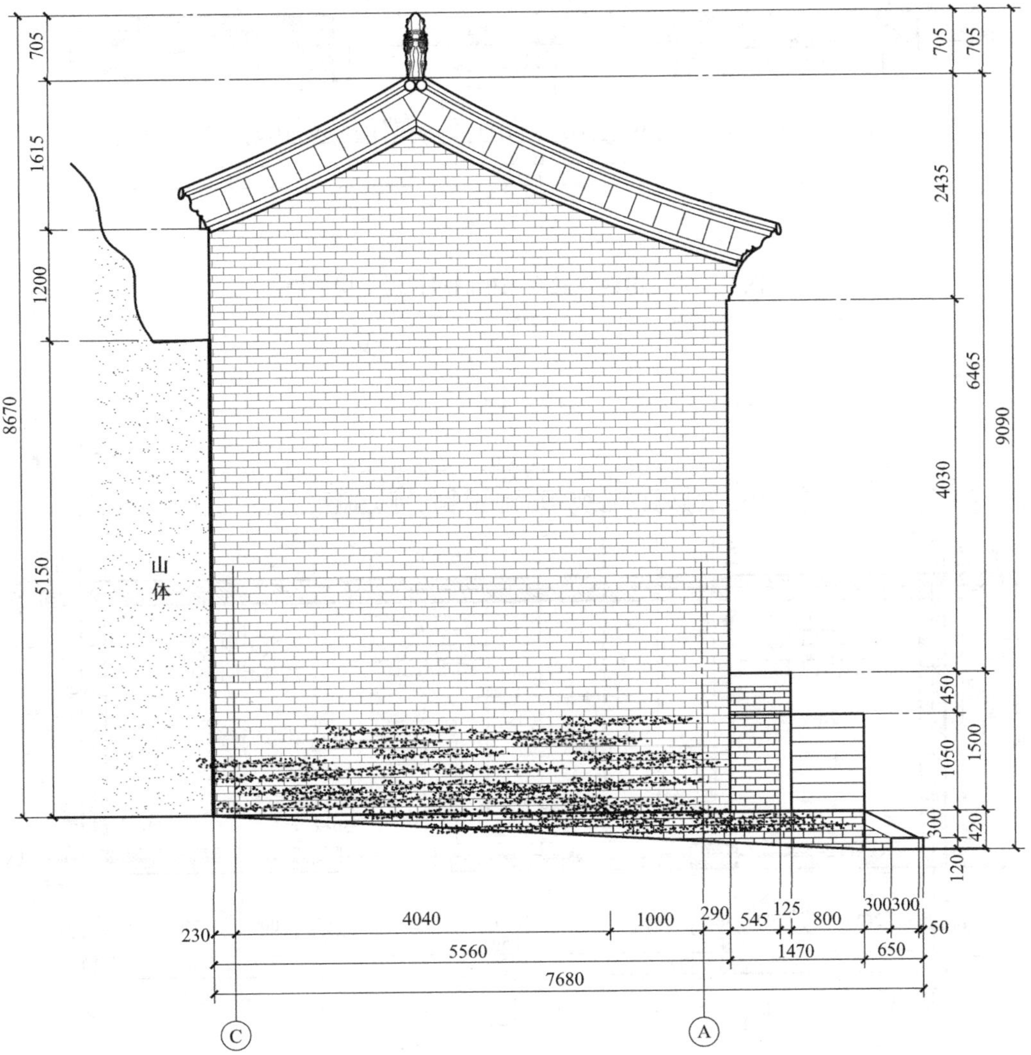

图 5-2-29 山西省武乡朱德旧居正房侧立面图

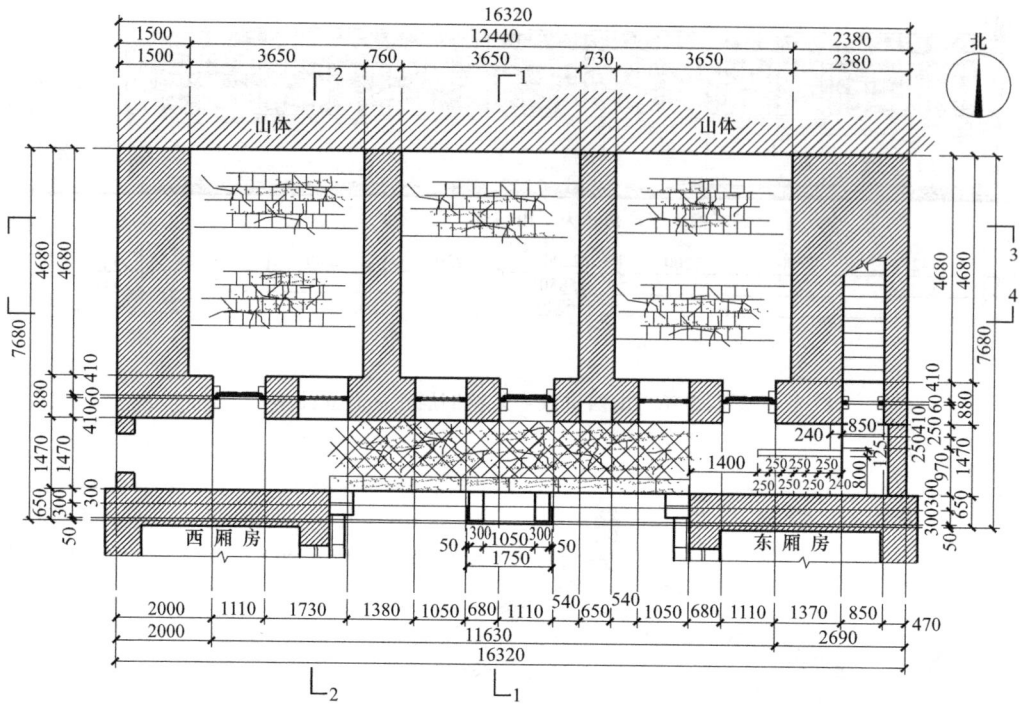

图 5-2-30　山西省武乡朱德旧居正房一层平面图

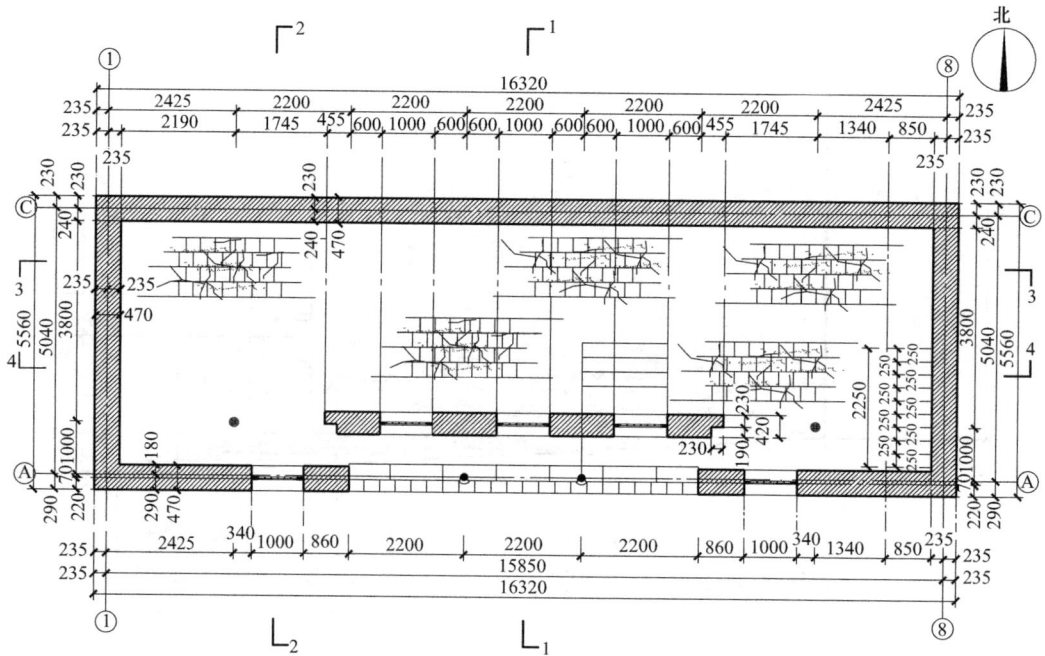

图 5-2-31　山西省武乡朱德旧居正房二层平面图

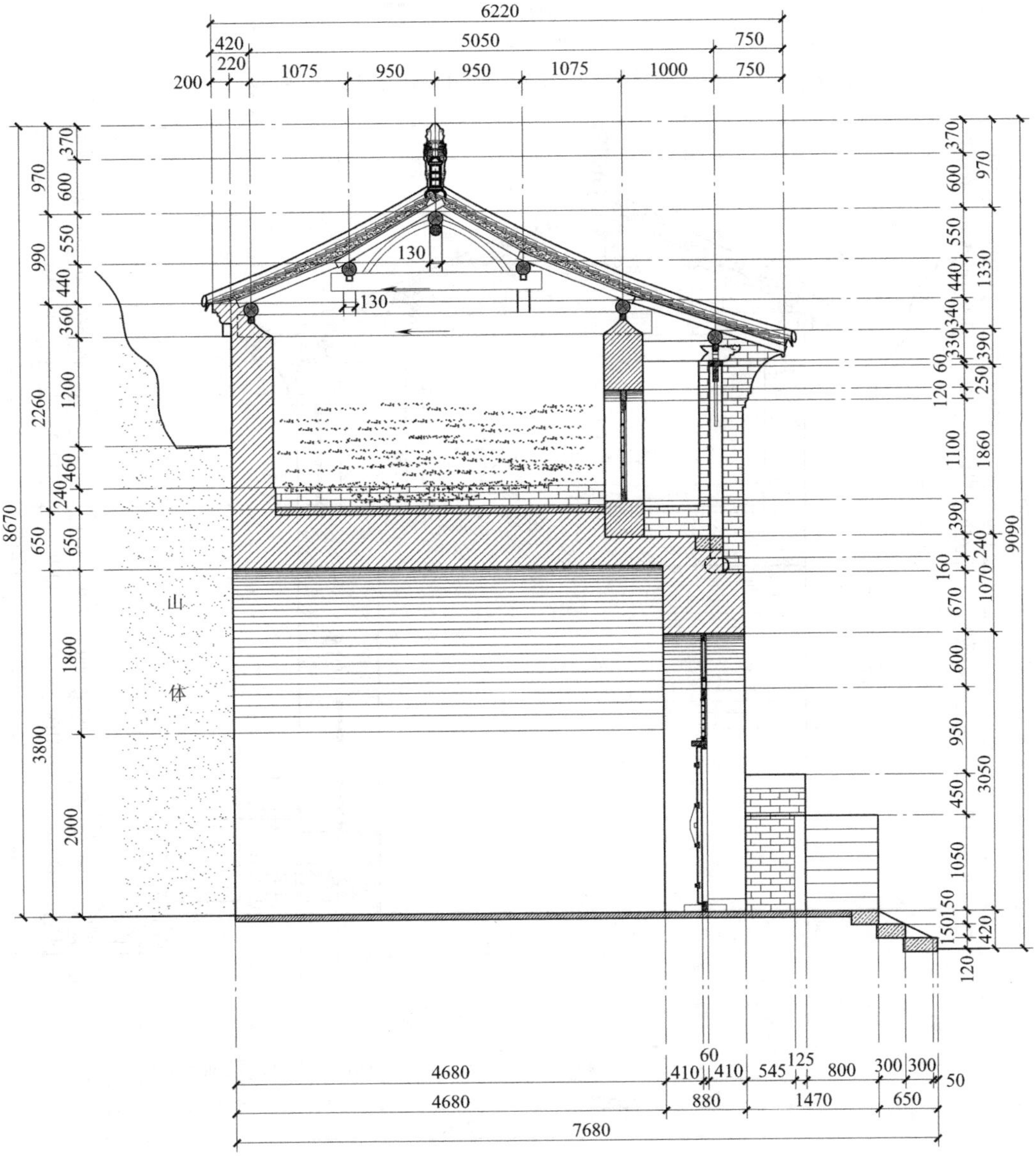

图 5-2-32 山西省武乡朱德旧居正房 1-1 剖面图

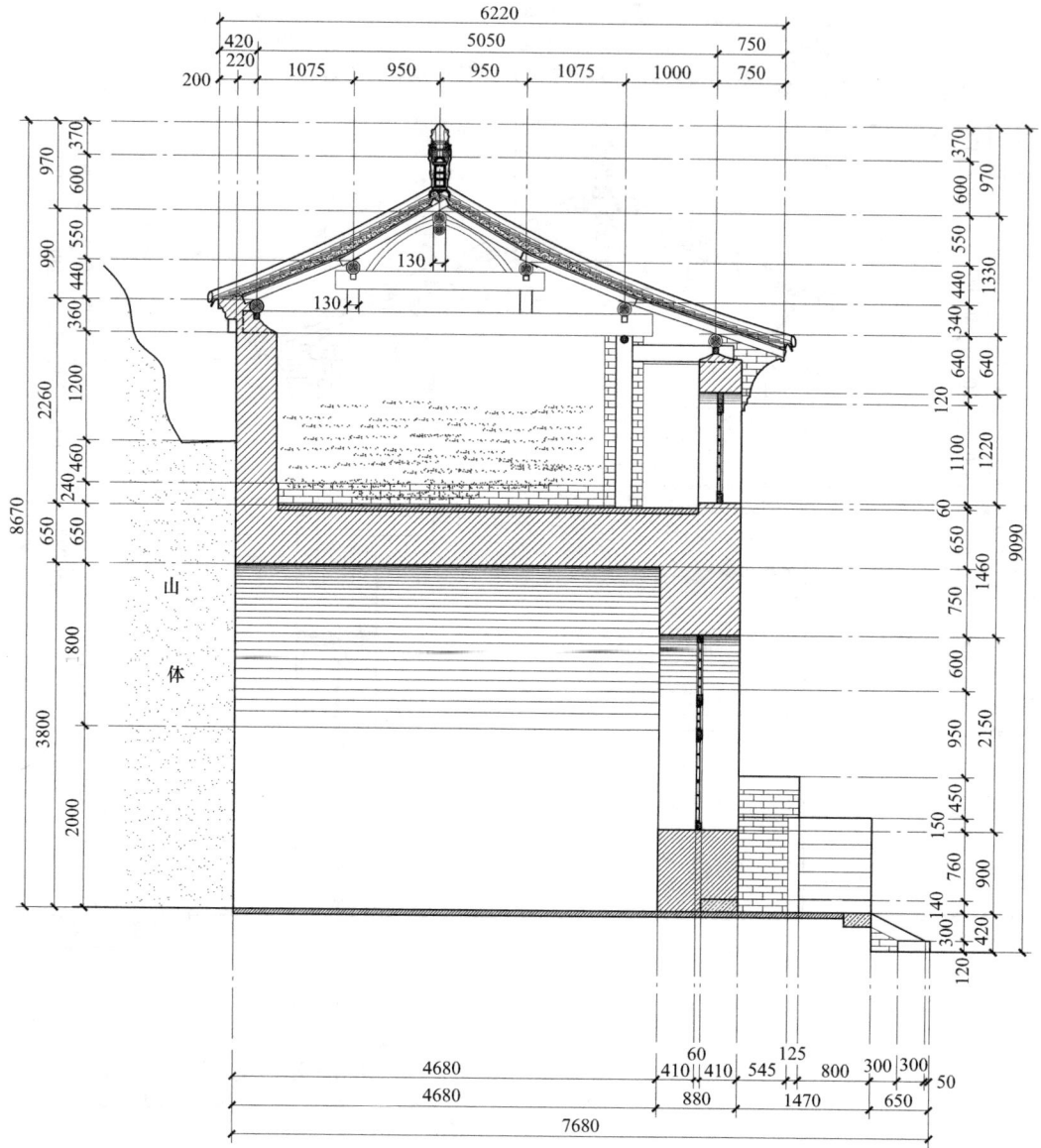

图 5-2-33　山西省武乡朱德旧居正房 2-2 剖面图

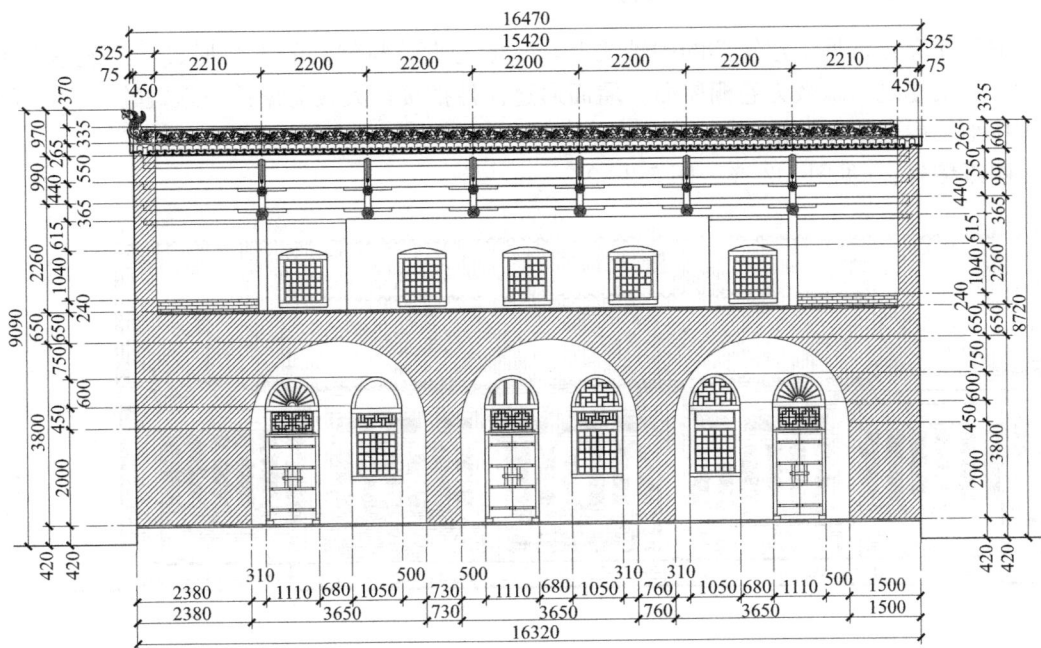

图 5-2-34 山西省武乡朱德旧居正房 3-3 剖面图

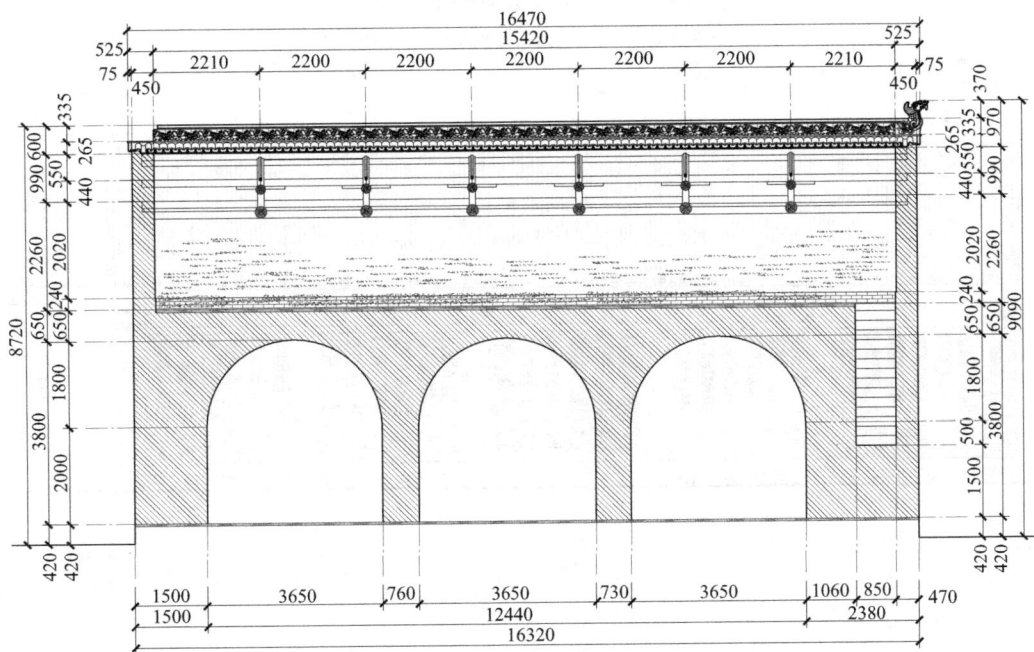

图 5-2-35 山西省武乡朱德旧居正房 4-4 剖面图

六、杂式屋顶形式——勾连搭

案例简介：常见于建筑群的中轴线上，一般为大殿与献殿的组合形式。一般情况下，大殿为尖山建筑，献殿为卷棚屋面。屋面通过瓦件搭接，大殿前檐柱与献殿的后檐柱用雀替等拉结，屋面搭接处设明排水。

图纸编号：（见图 5-2-36～图 5-2-39）

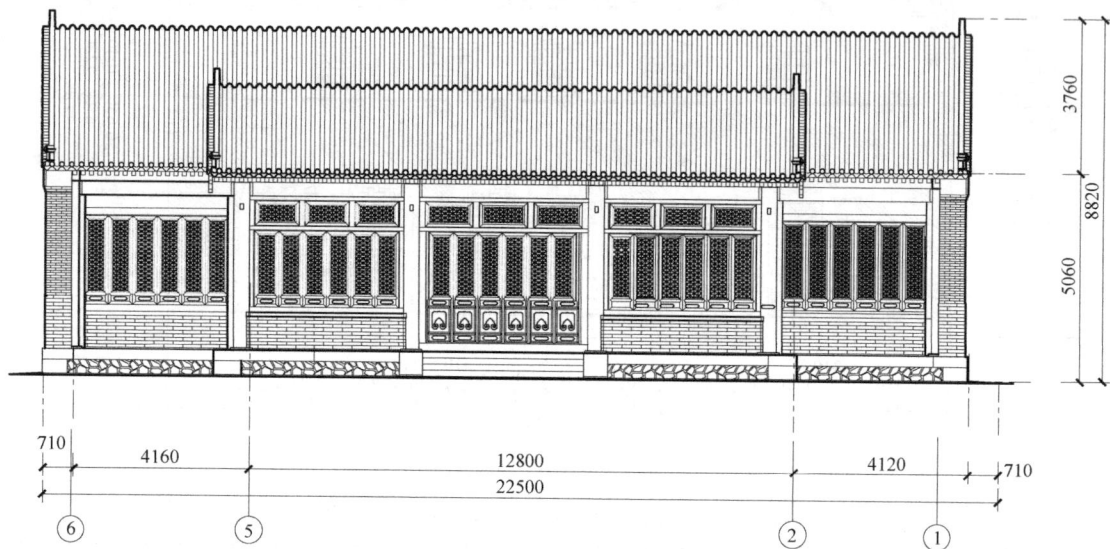

图 5-2-36 正殿及献殿正立面图
图纸来源：山西圆方古迹保护修复有限公司

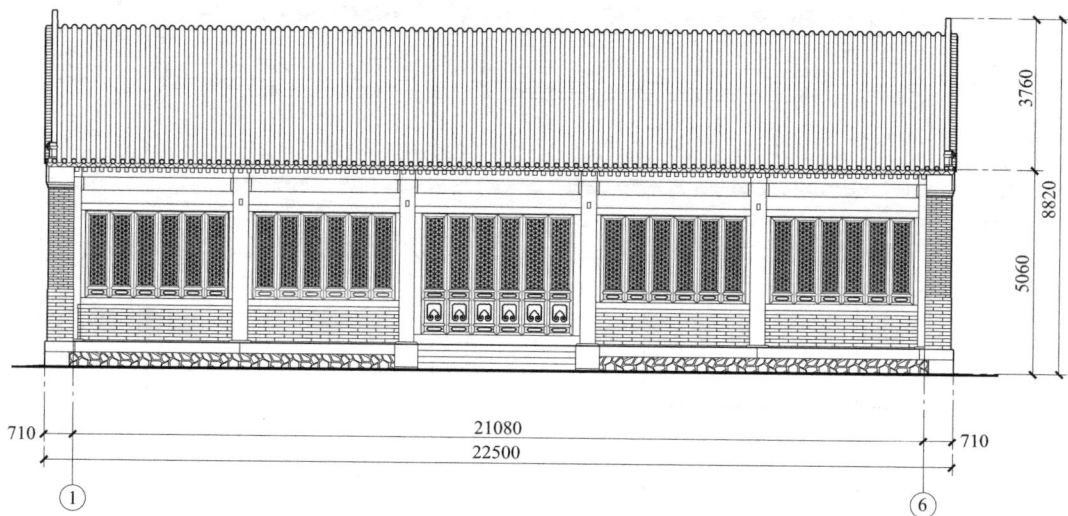

图 5-2-37 正殿及献殿背立面图
图纸来源：山西圆方古迹保护修复有限公司

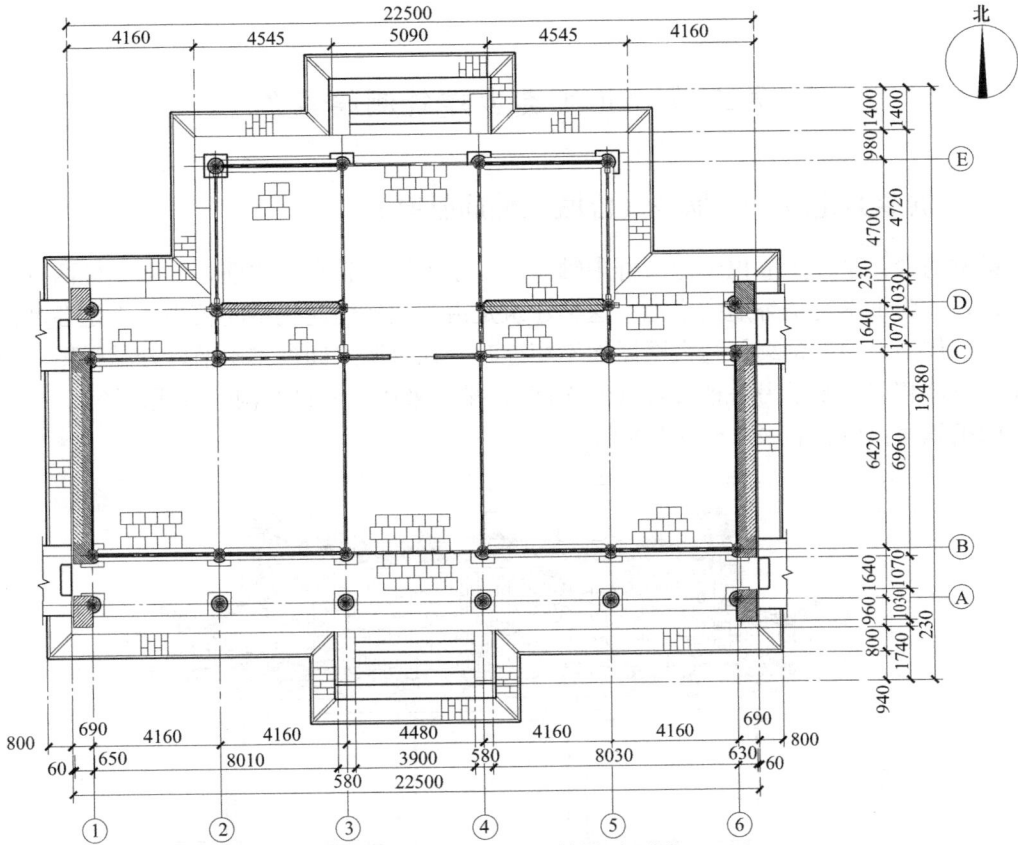

图 5-2-38 正殿及献殿平面图
图纸来源：山西圆方古迹保护修复有限公司

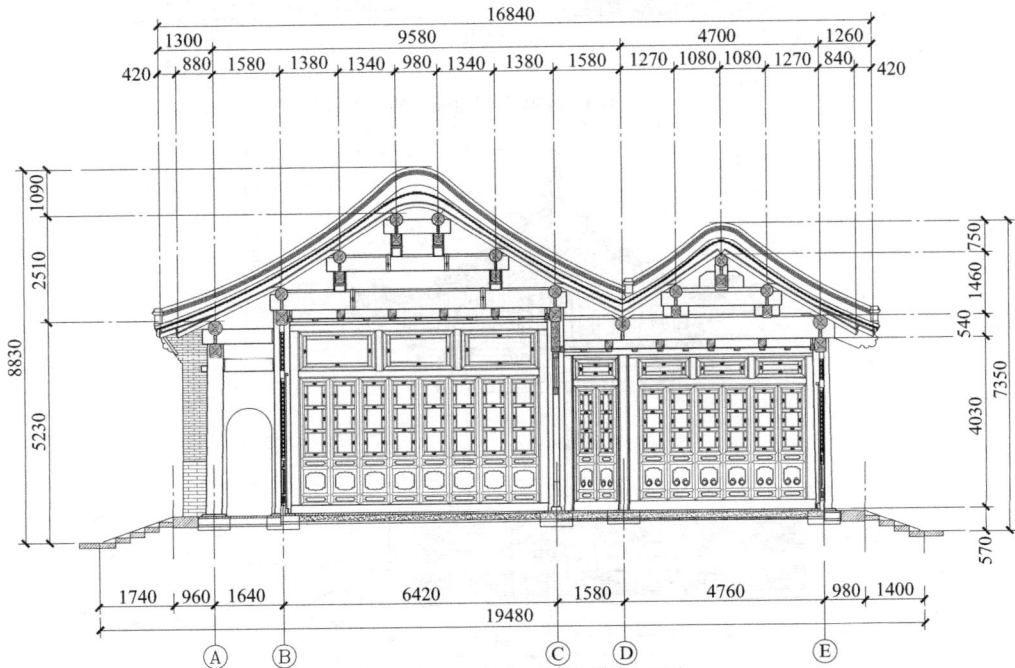

图 5-2-39 正殿及献殿横断面图
图纸来源：山西圆方古迹保护修复有限公司

第三节 其他类古建筑测绘实例

一、供奉类建筑——献亭（晋城二仙庙献亭）

案例简介： 献亭一般位于建筑群中轴线上，于大殿（正殿）之前，一般立柱两排，前后通透，作为供奉时烧香磕头之地。这类建筑是由于大殿内建筑空间较小，于是在其前檐建献殿，作为大殿的延续。与大殿屋面不相连时，在台明之间设排水槽，若献殿屋面与大殿屋面整体相连，则是另一种形式（勾连搭），排水采用屋面设明沟的方式。

图纸编号：（见图 5-3-1～图 5-3-6）

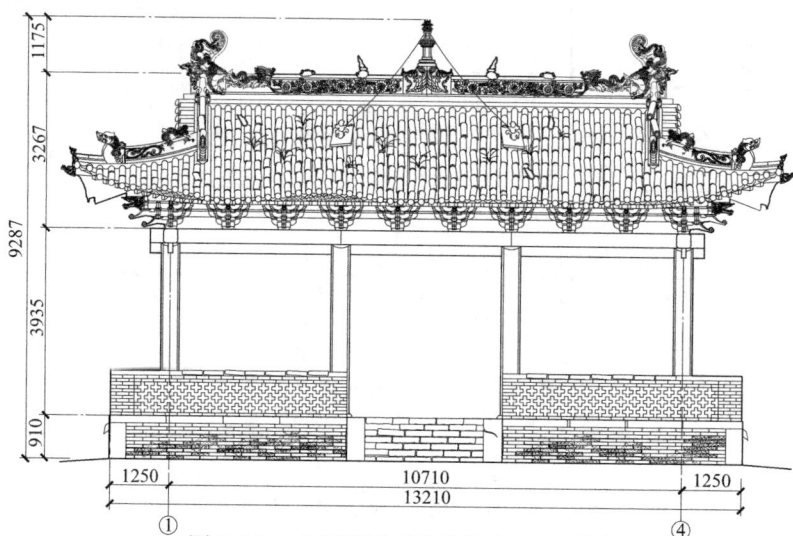

图 5-3-1 山西晋城玉皇庙献亭正立面图
图纸来源：山西省古建筑保护研究所

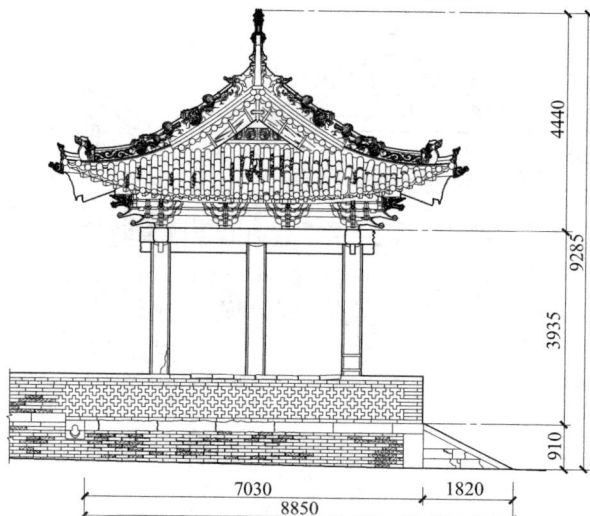

图 5-3-2 山西省晋城玉皇庙献亭侧立面图
图纸来源：山西省古建筑保护研究所

北

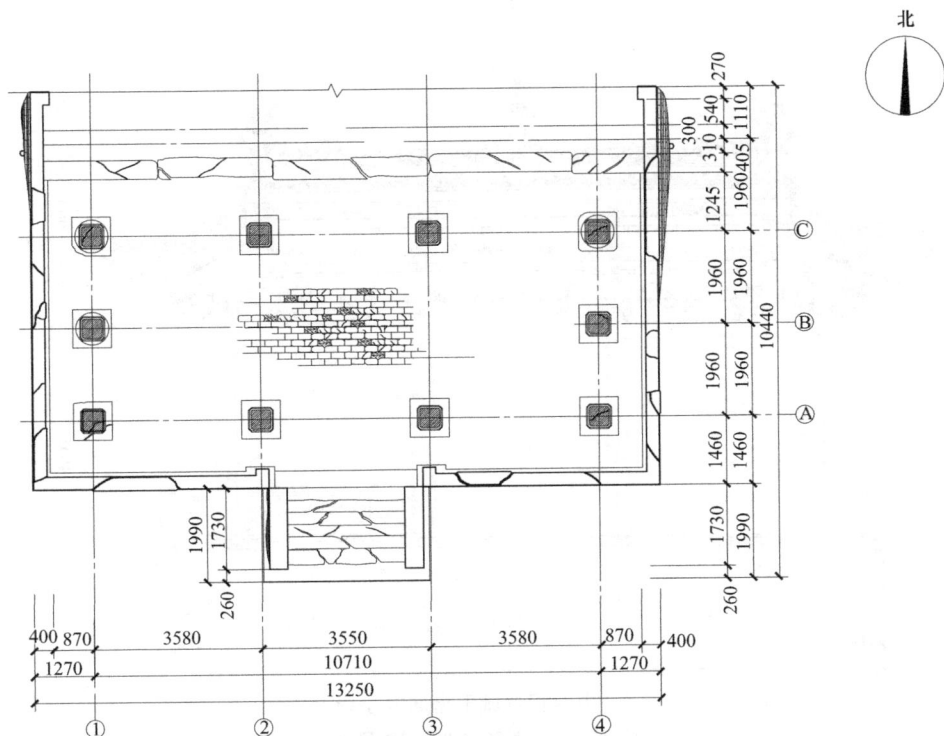

图 5-3-3 山西省晋城玉皇庙献亭平面图

图纸来源：山西省古建筑保护研究所

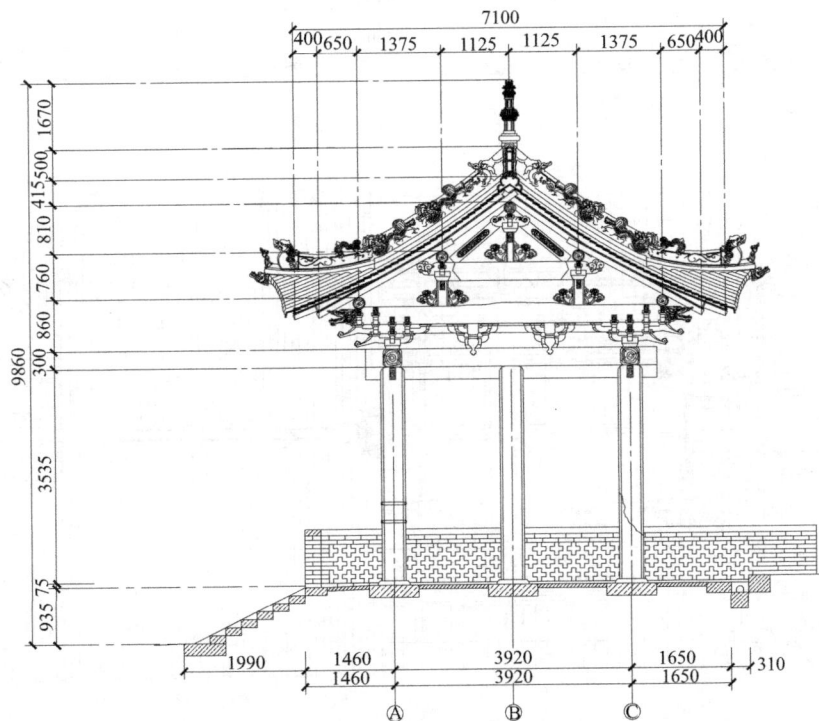

图 5-3-4 山西省晋城玉皇庙献亭明间横断面图

图纸来源：山西省古建筑保护研究所

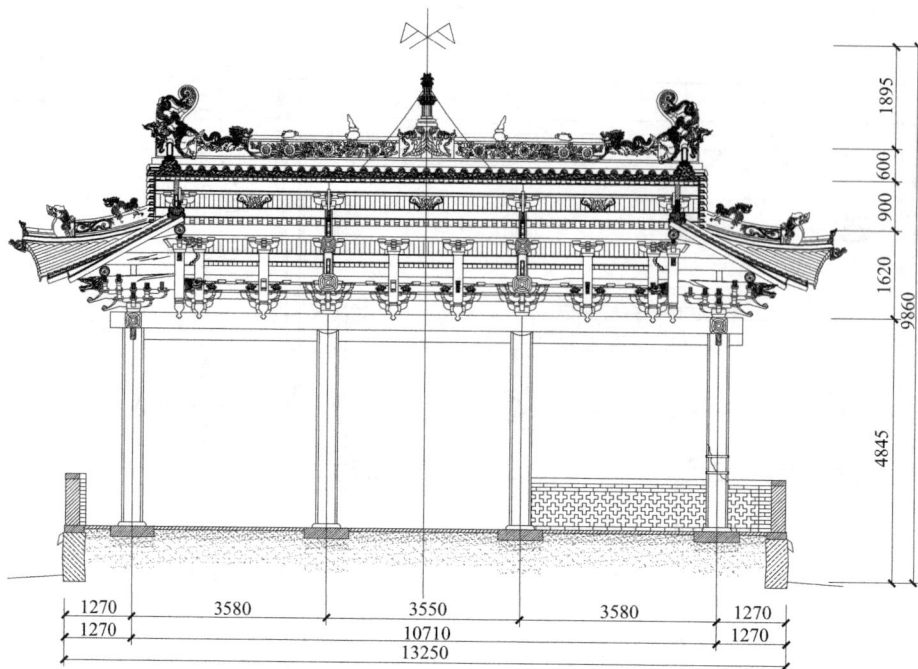

图 5-3-5　山西省晋城玉皇庙献亭纵断面图

图纸来源：山西省古建筑保护研究所

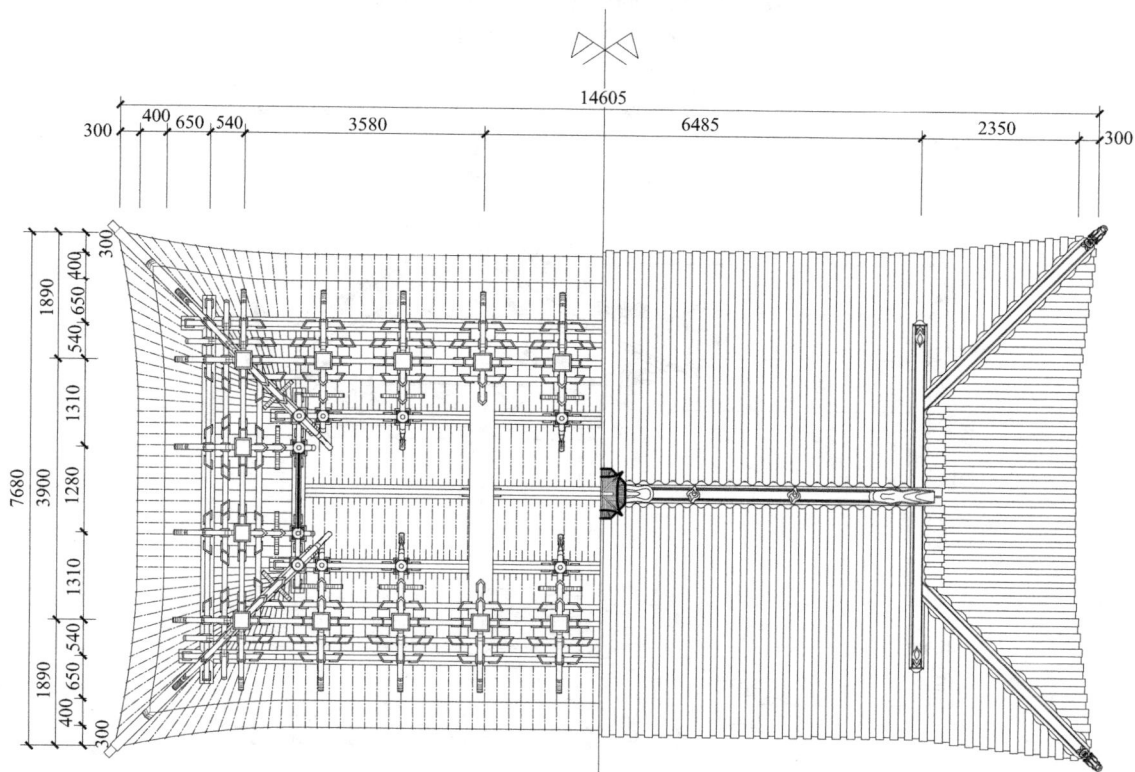

图 5-3-6　山西省晋城玉皇庙献亭梁架仰视及屋顶俯视图

图纸来源：山西省古建筑保护研究所

二、娱乐类建筑——倒座戏台及钟鼓楼

案例简介：戏台及钟鼓楼（或妆楼）是在古建筑群中常见的建筑物，一般位于建筑群最南端。晋南及晋东南地区常见的为二层建筑，一层为山门，二层为倒座戏台，戏台与东西两侧的钟鼓楼或妆楼通过腋门连接。

图纸编号：（见图 5-3-7～图 5-3-15）

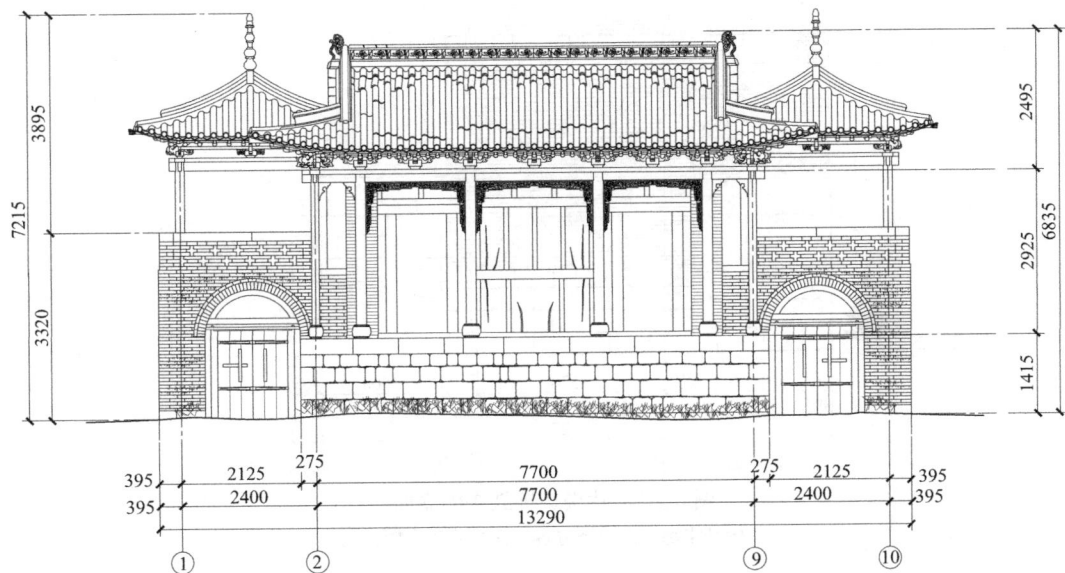

图 5-3-7　戏楼、钟鼓楼正立面图

图纸来源：山西圆方古迹保护修复有限公司

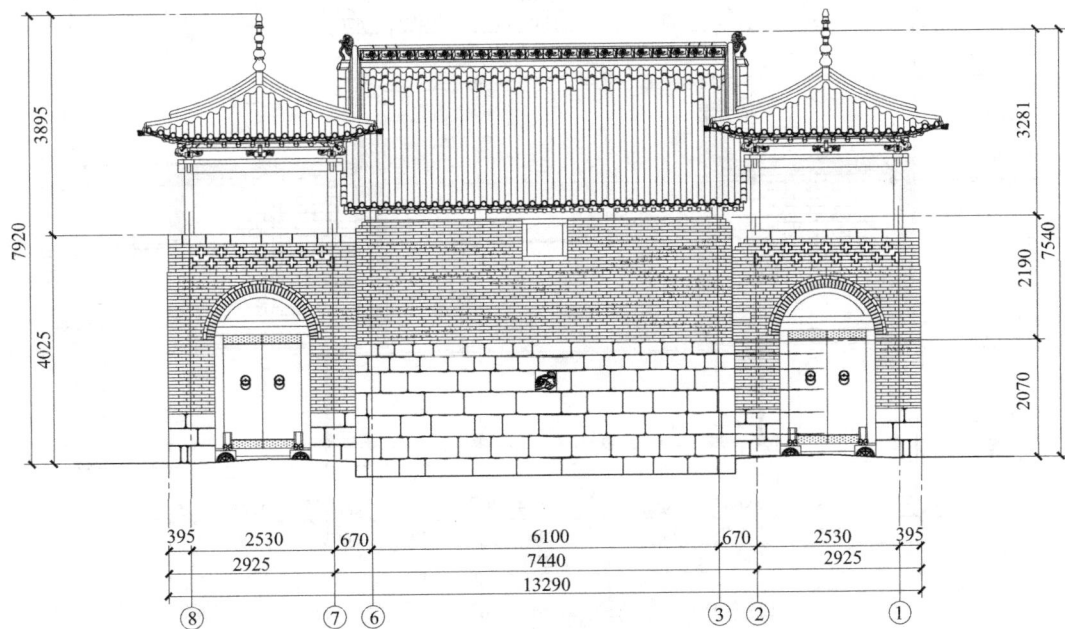

图 5-3-8　戏楼、钟鼓楼背立面图

图纸来源：山西圆方古迹保护修复有限公司

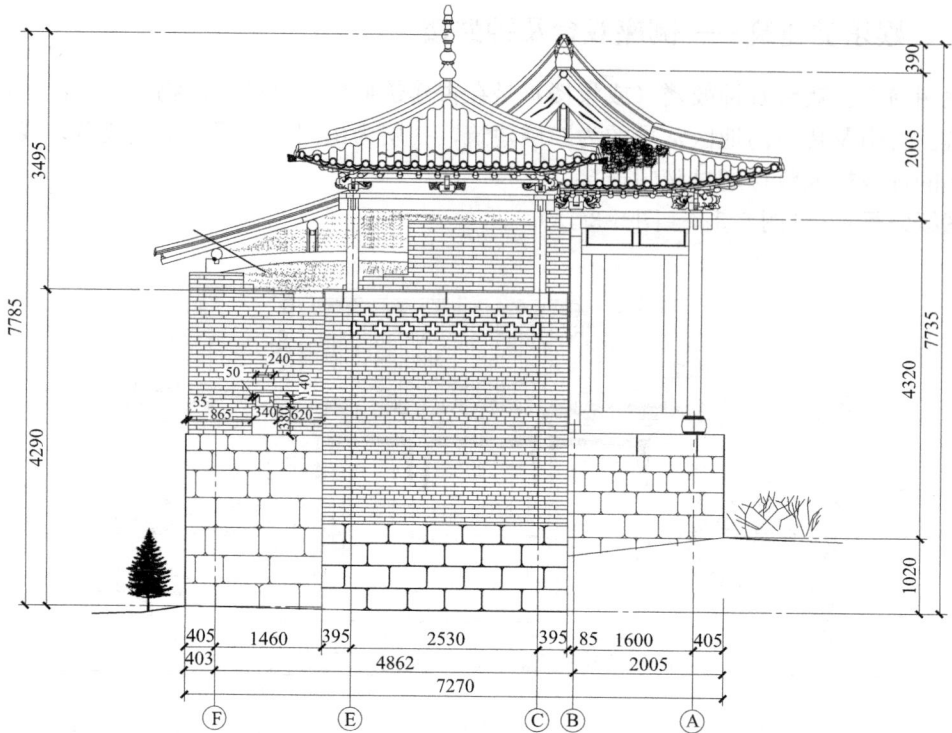

图 5-3-9　戏楼、钟鼓楼侧立面图
图纸来源：山西圆方古迹保护修复有限公司

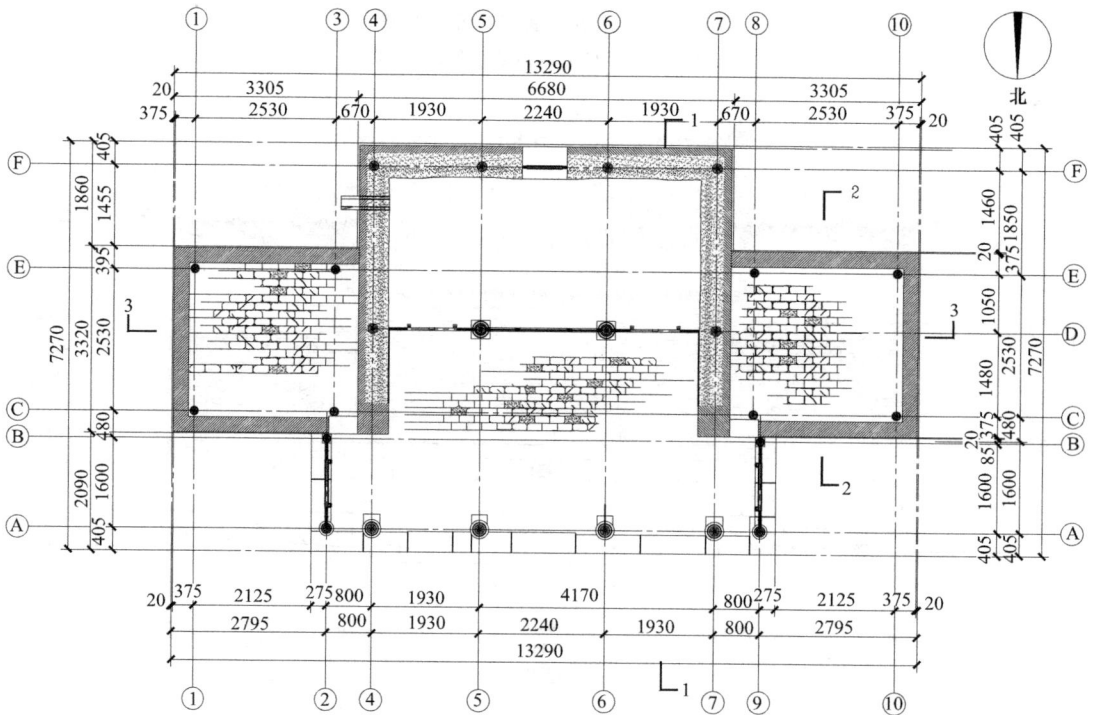

图 5-3-10　戏楼、钟鼓楼二层总平面图
图纸来源：山西圆方古迹保护修复有限公司

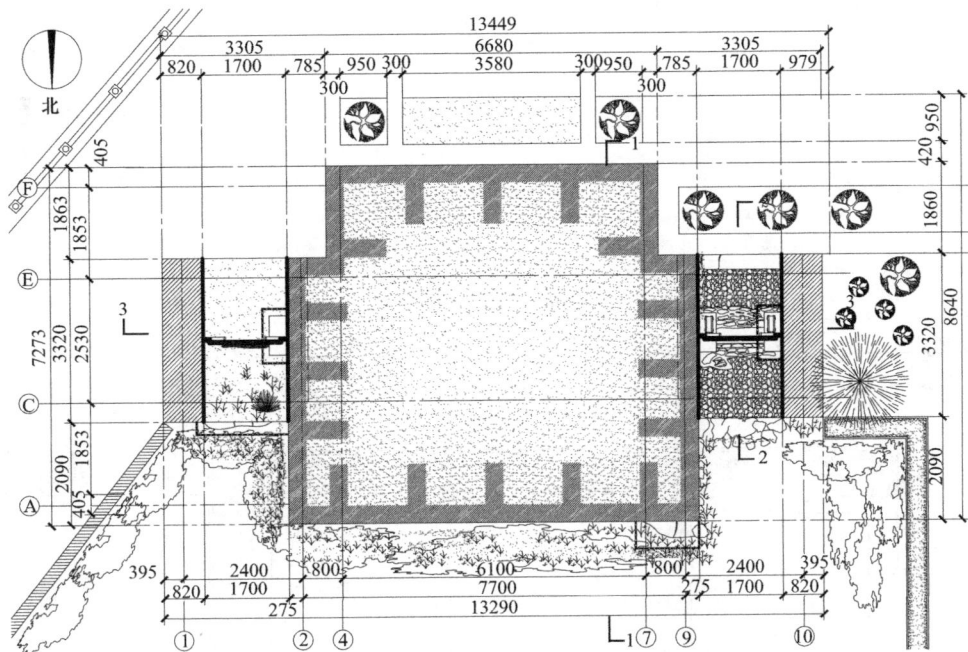

图 5-3-11　戏楼、钟鼓楼一层总平面图

图纸来源：山西圆方古迹保护修复有限公司

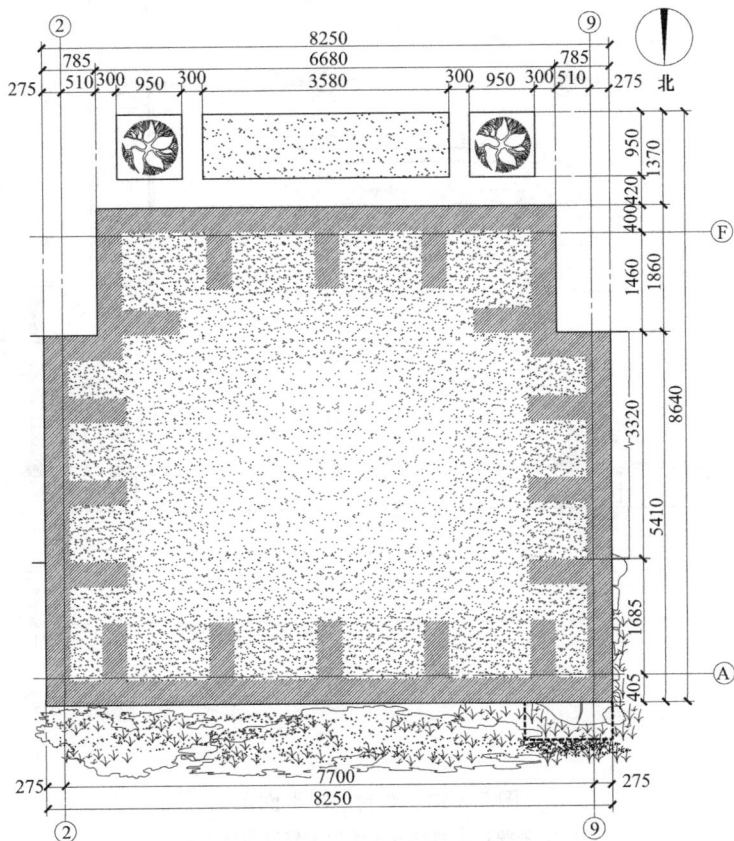

图 5-3-12　戏台一层平面图

图纸来源：山西圆方古迹保护修复有限公司

北

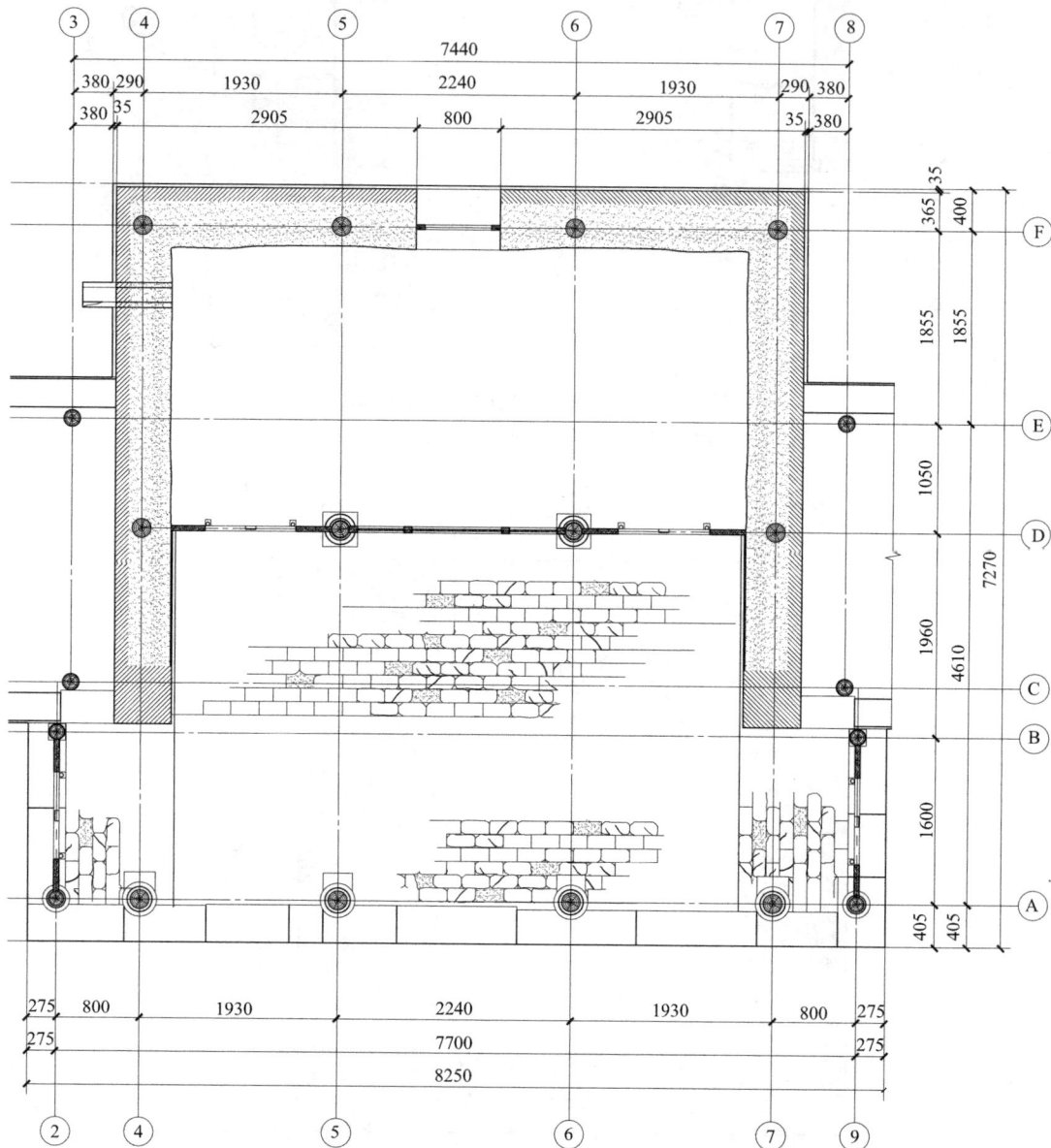

图 5-3-13　戏台二层平面图
图纸来源：山西圆方古迹保护修复有限公司

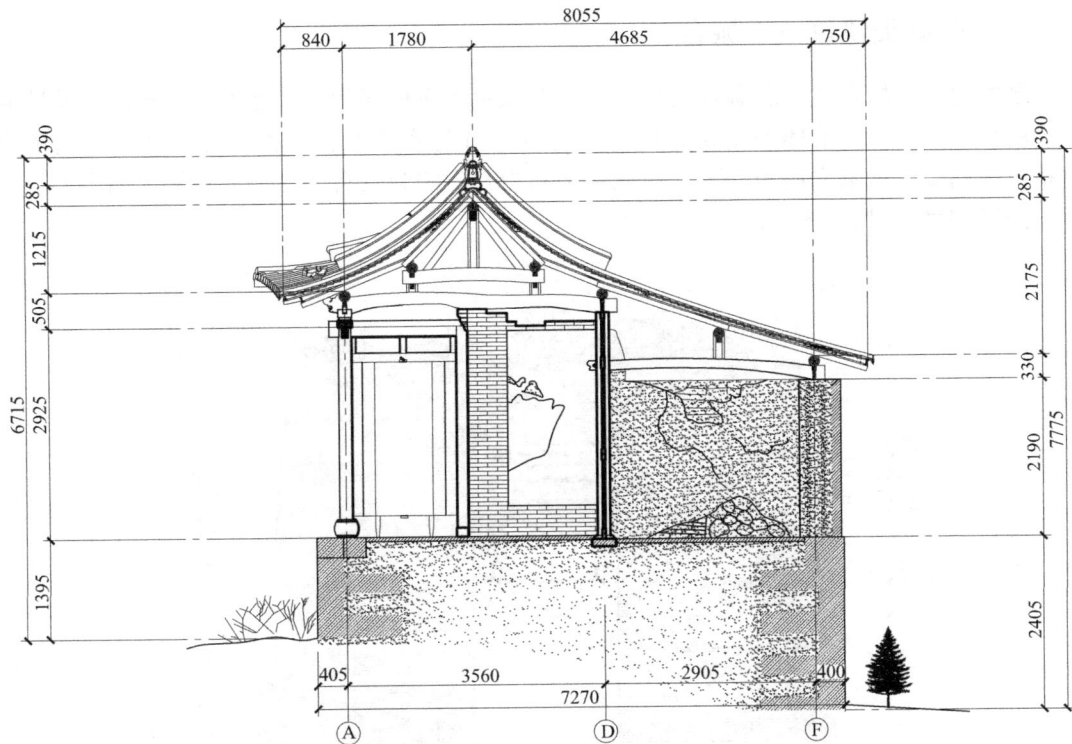

图 5-3-14　戏台横剖面图

图纸来源：山西圆方古迹保护修复有限公司

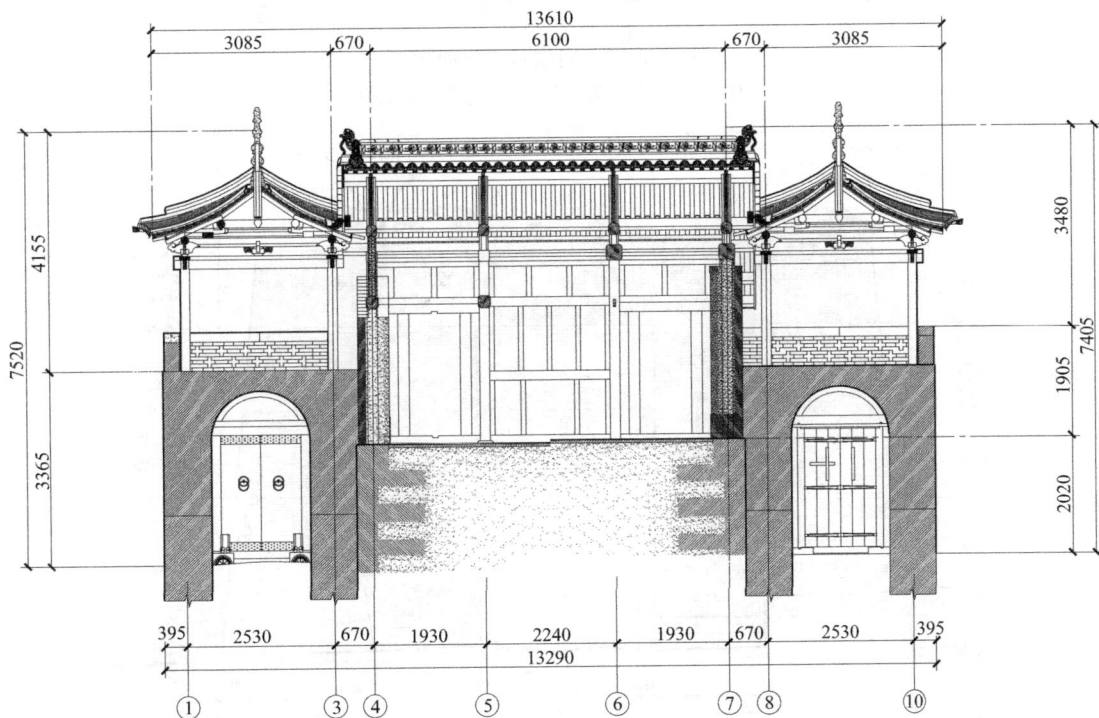

图 5-3-15　戏楼、钟鼓楼纵剖面图

图纸来源：山西圆方古迹保护修复有限公司

三、防御类建筑——城台

案例简介： 城台属于防御性建筑，常见的城台砌筑形式为土坯墙外包砖形式，城墙墙体厚度在 1 米以上。墙体外侧收分在 10％左右，分为实心城台中部辟城门通道或内侧全部掏空作储藏或展示之用两种形式；城台顶部为开敞的观景台或城楼式观景台两类。

图纸编号：（见图 5-3-16～图 5-3-22）

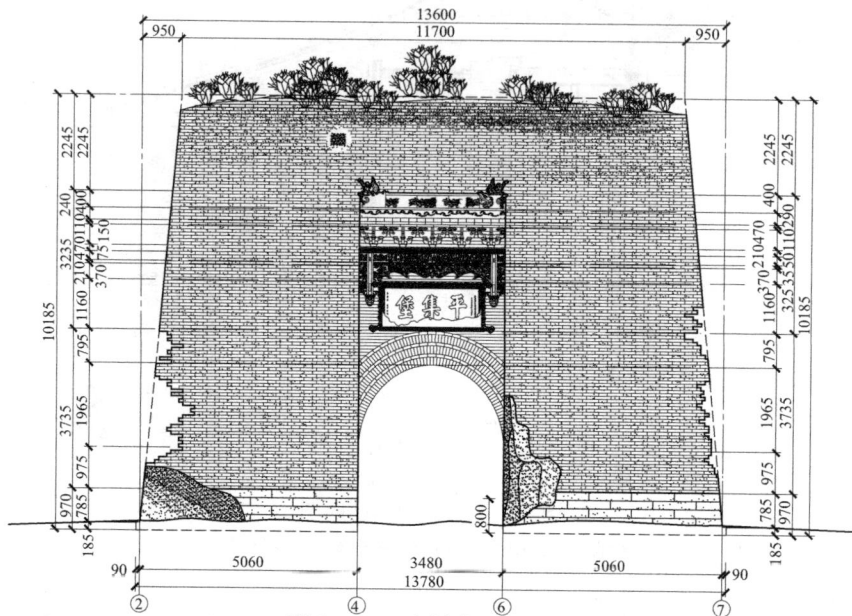

图 5-3-16 南城台正立面图

图纸来源：山西圆方古迹保护修复有限公司

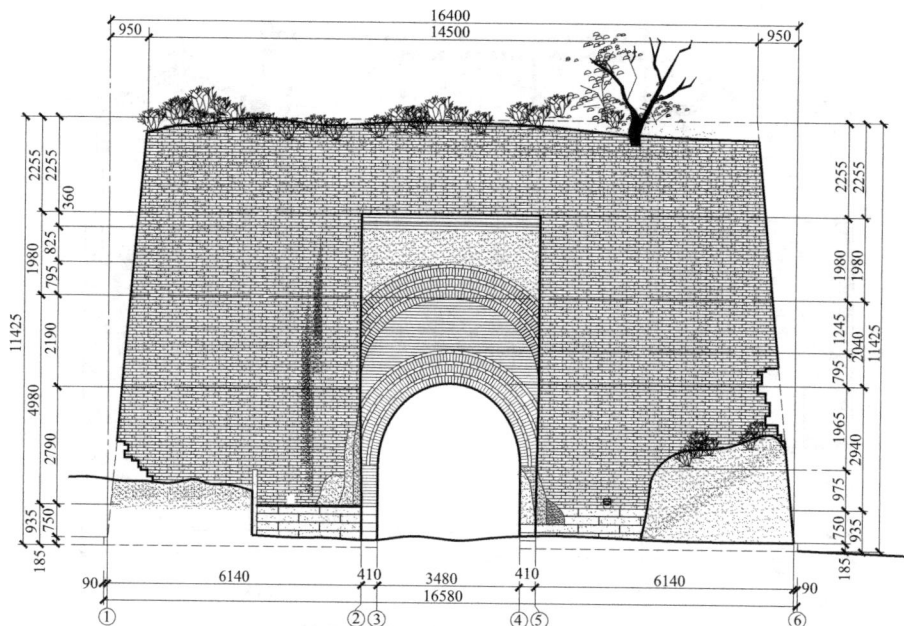

图 5-3-17 南城台背立面图

图纸来源：山西圆方古迹保护修复有限公司

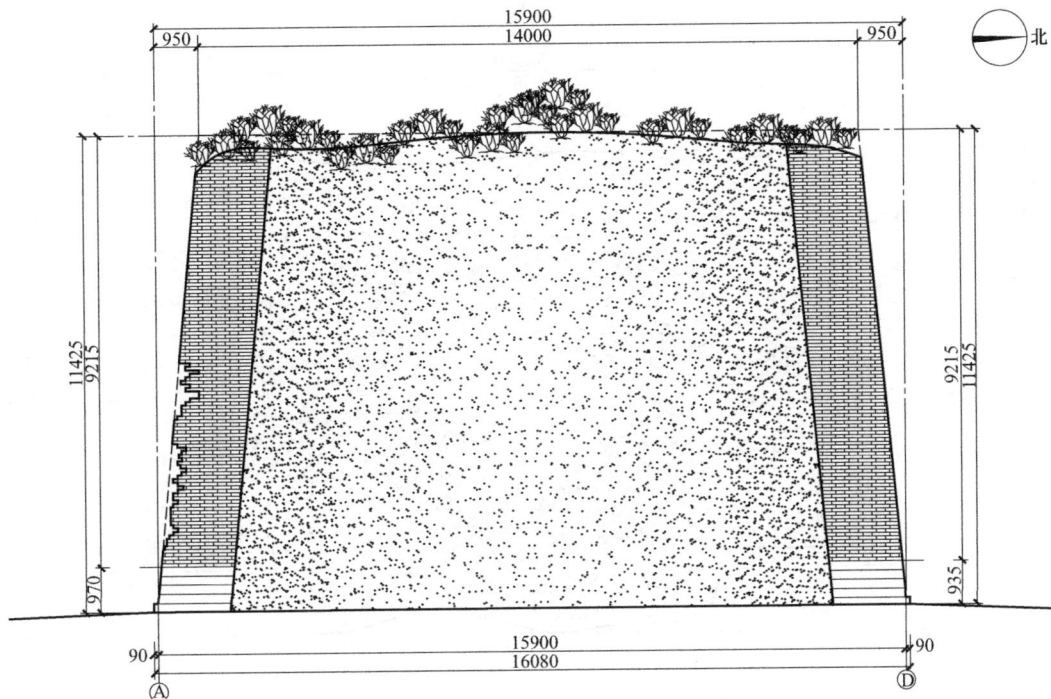

图 5-3-18　南城台侧立面图

图纸来源：山西圆方古迹保护修复有限公司

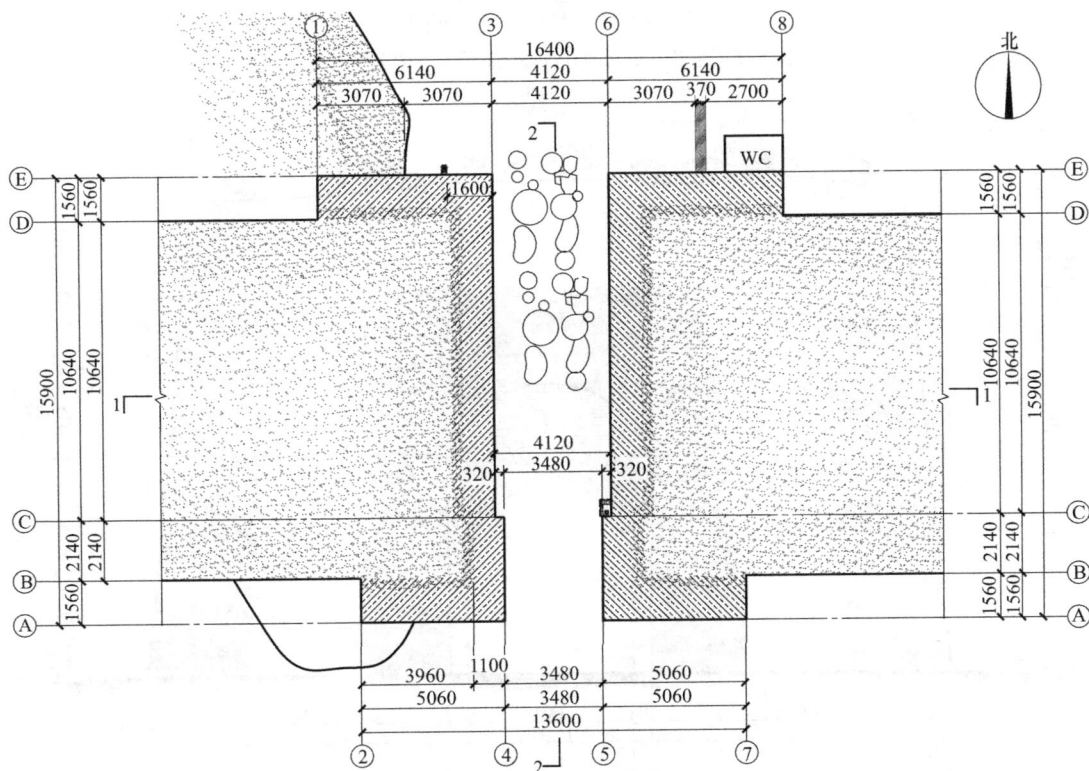

图 5-3-19　南城台底层平面图

图纸来源：山西圆方古迹保护修复有限公司

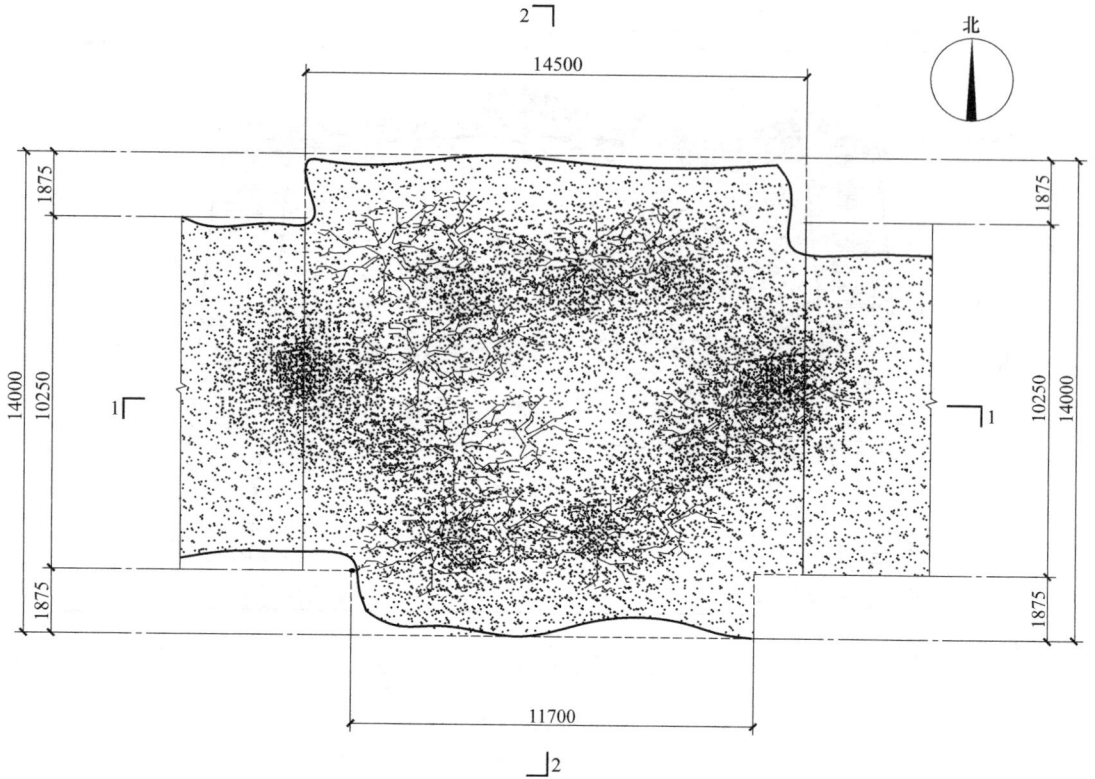

图 5-3-20 南城台顶平面图
图纸来源：山西圆方古迹保护修复有限公司

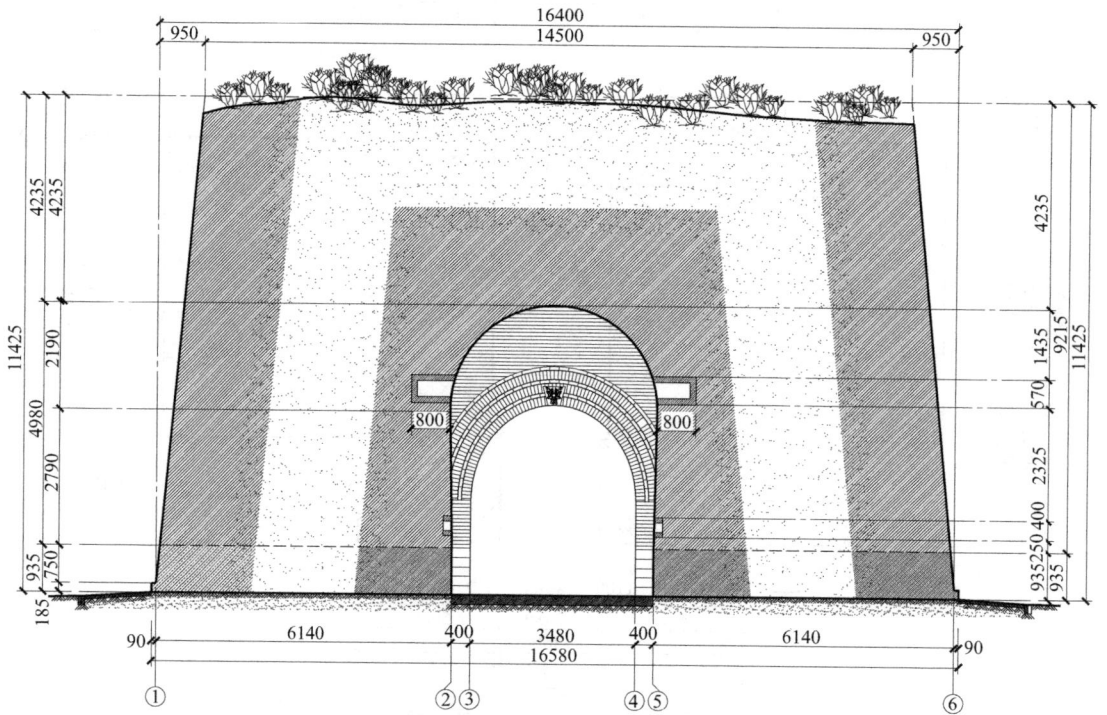

图 5-3-21 南城台 1-1 剖面图
图纸来源：山西圆方古迹保护修复有限公司

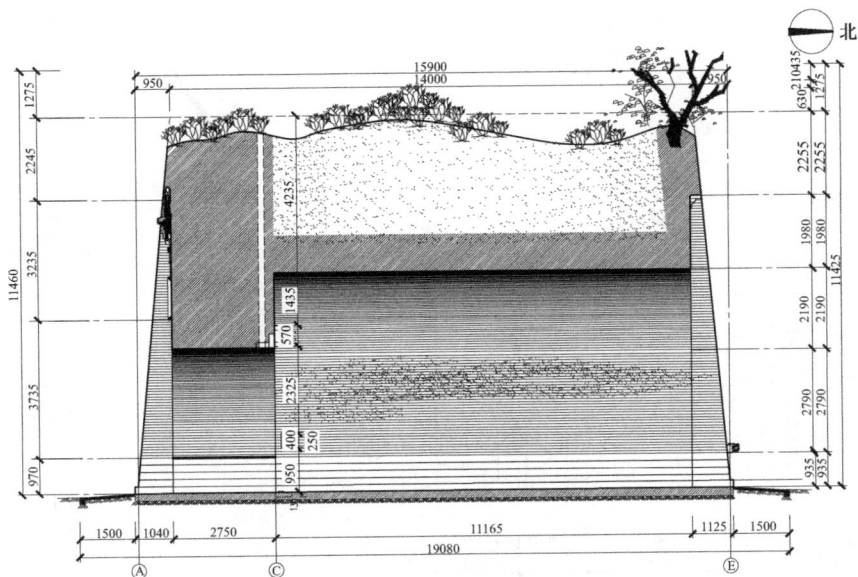

图 5-3-22 南城台 2-2 剖面图

图纸来源：山西圆方古迹保护修复有限公司

四、旌表类建筑——山西闻喜县郭家庄仇氏石牌坊

案例简介： 仇氏碑楼位于郭家庄村村口长约 130 米的道路两旁。共 5 座，时代为清同治、光绪年间。路东 2 座，自北至南为仇毓镜神道碑亭和仇氏三兄弟德行碑亭；路西 3 座，自北至南为仇氏五碑碑亭，赵太君德寿碑亭和薛太君节孝碑亭楼。碑楼均为石质，建于块石垒砌台基上。除仇毓镜神道碑亭为十字歇山顶外，余均为单檐歇山顶。

图纸编号：（见图 5-3-23～图 5-3-41）

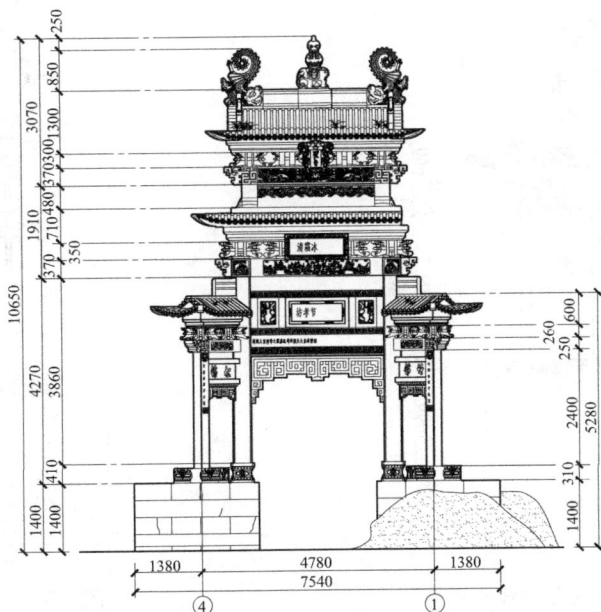

图 5-3-23 运城市闻喜县节孝坊牌楼正立面图

图纸来源：山西省古建筑保护研究所

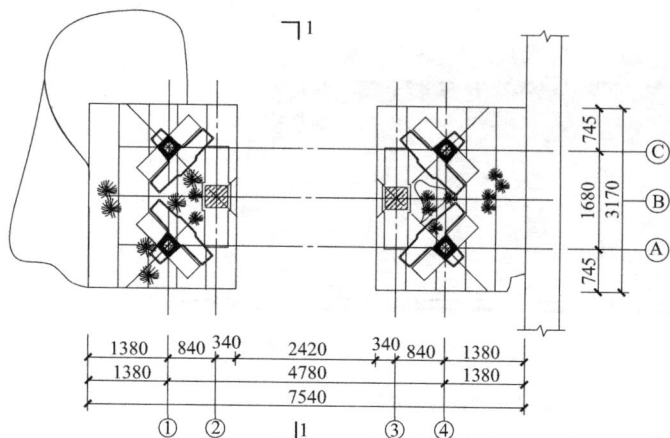

图 5-3-24 运城市闻喜县节孝坊牌楼平面图
图纸来源：山西省古建筑保护研究所

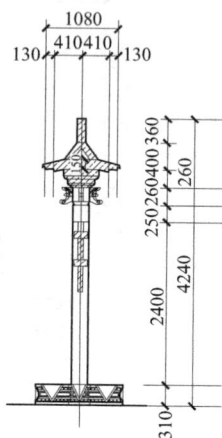

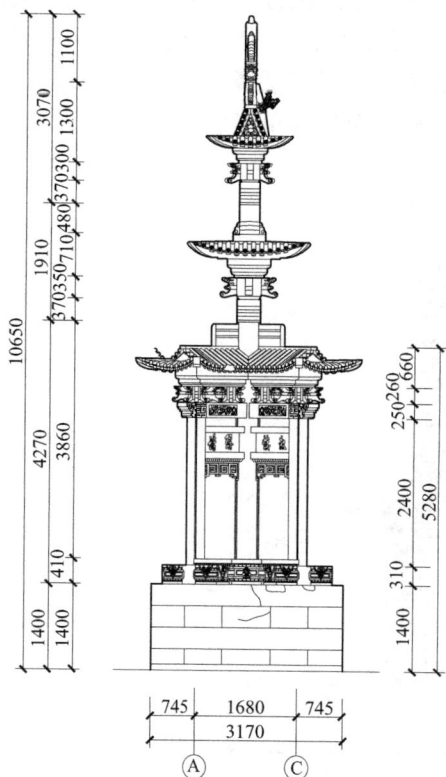

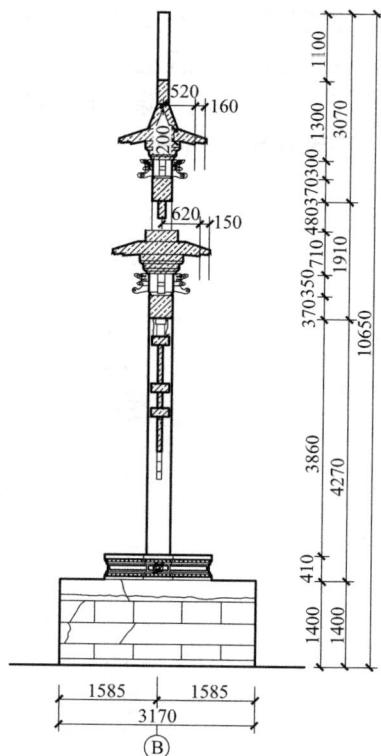

图 5-3-25 运城市闻喜县节
孝坊牌楼 2-2 剖面图
图纸来源：山西省古建筑保护研究所

图 5-3-26 运城市闻喜县
节孝坊牌楼侧立面图
图纸来源：山西省古建筑保护研究所

图 5-3-27 运城市闻喜县
节孝坊牌楼 1-1 剖面图
图纸来源：山西省古建筑保护研究所

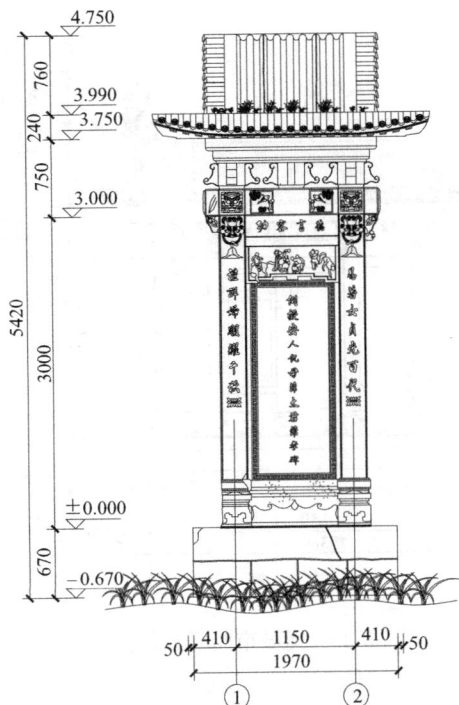

图 5-3-28 运城市闻喜县仇
氏节孝牌亭正立面图
图纸来源：山西省古建筑保护研究所

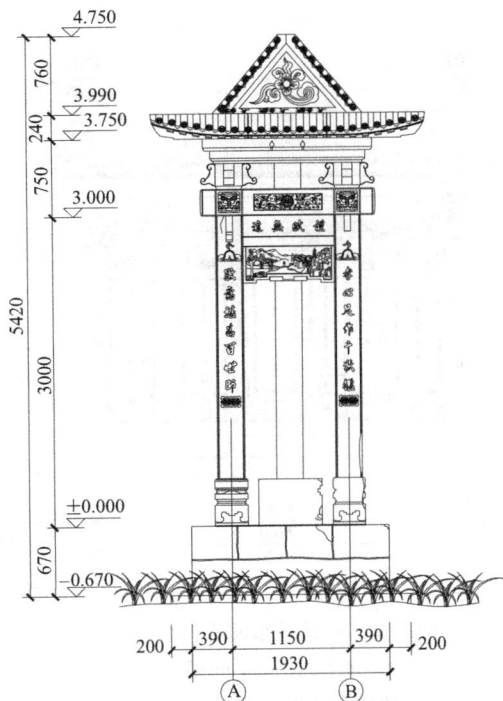

图 5-3-29 运城市闻喜县仇氏
节孝牌亭侧立面图
图纸来源：山西省古建筑保护研究所

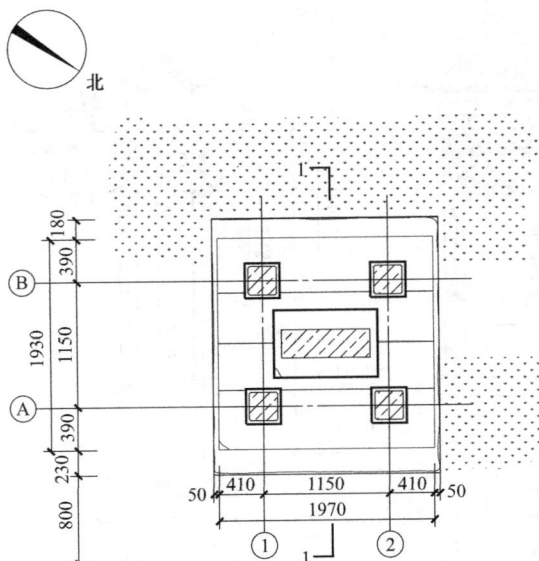

图 5-3-30 运城市闻喜县仇氏
节孝牌亭平面图
图纸来源：山西省古建筑保护研究所

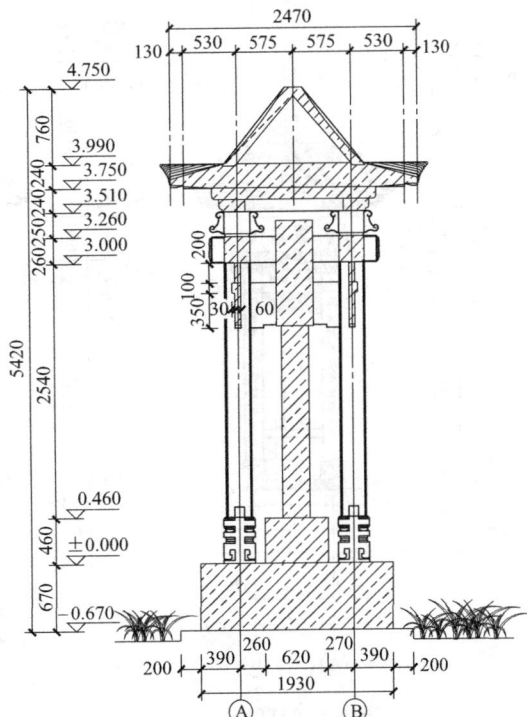

图 5-3-31 运城市闻喜县仇氏
节孝牌亭 1-1 剖面图
图纸来源：山西省古建筑保护研究所

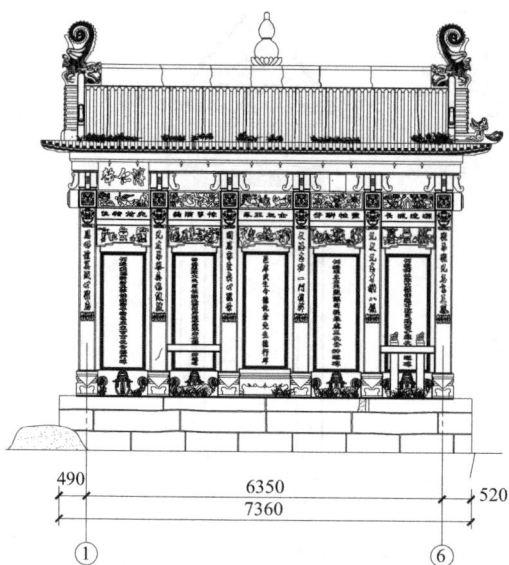

图 5-3-32　运城市闻喜县仇氏
五碑亭①-⑥立面图
图纸来源：山西省古建筑保护研究所

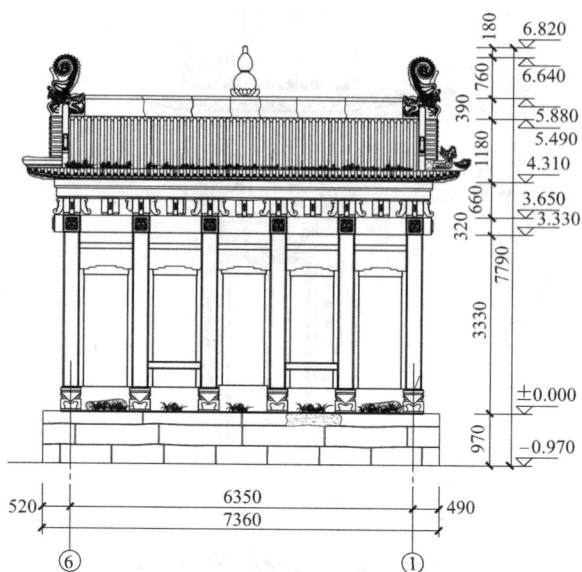

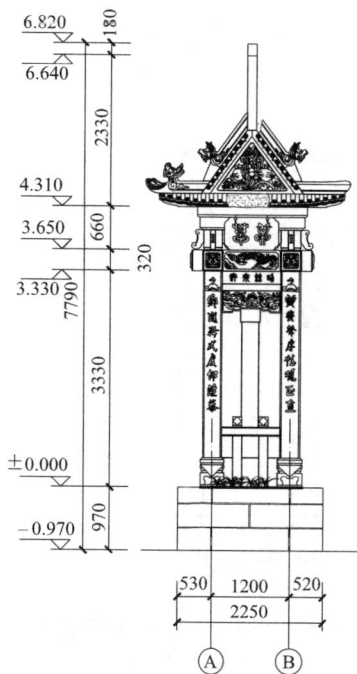

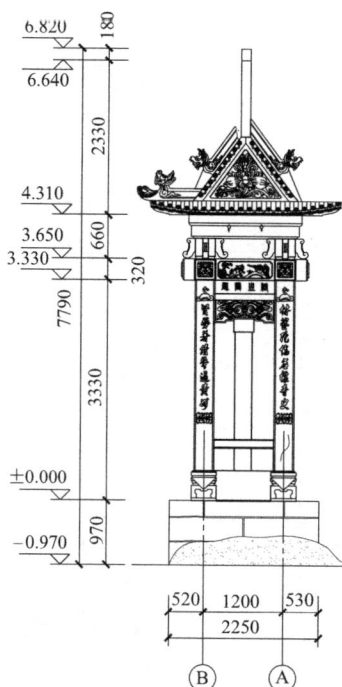

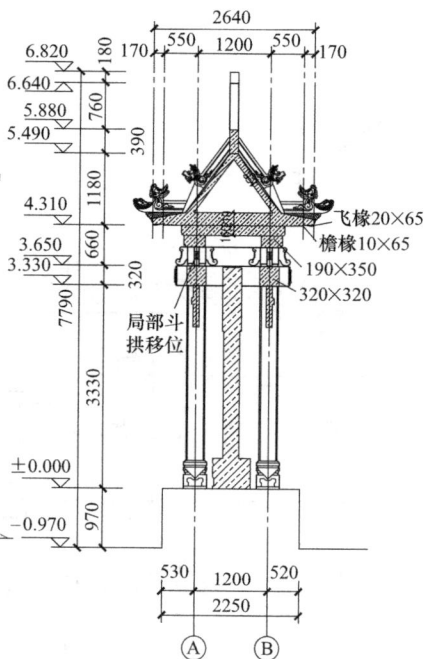

图 5-3-33　运城市闻喜县仇氏
五碑亭⑥-①立面图
图纸来源：山西省古建筑保护研究所

图 5-3-34　运城市闻喜县
仇氏五碑亭Ⓐ-Ⓑ立面图
图纸来源：山西省古建筑保护研究所

图 5-3-35　运城市闻喜县
仇氏五碑亭Ⓑ-Ⓐ立面图
图纸来源：山西省古建筑保护研究所

图 5-3-36　运城市闻喜县
仇氏五碑亭Ⓐ-Ⓑ剖面图
图纸来源：山西省古建筑保护研究所

北

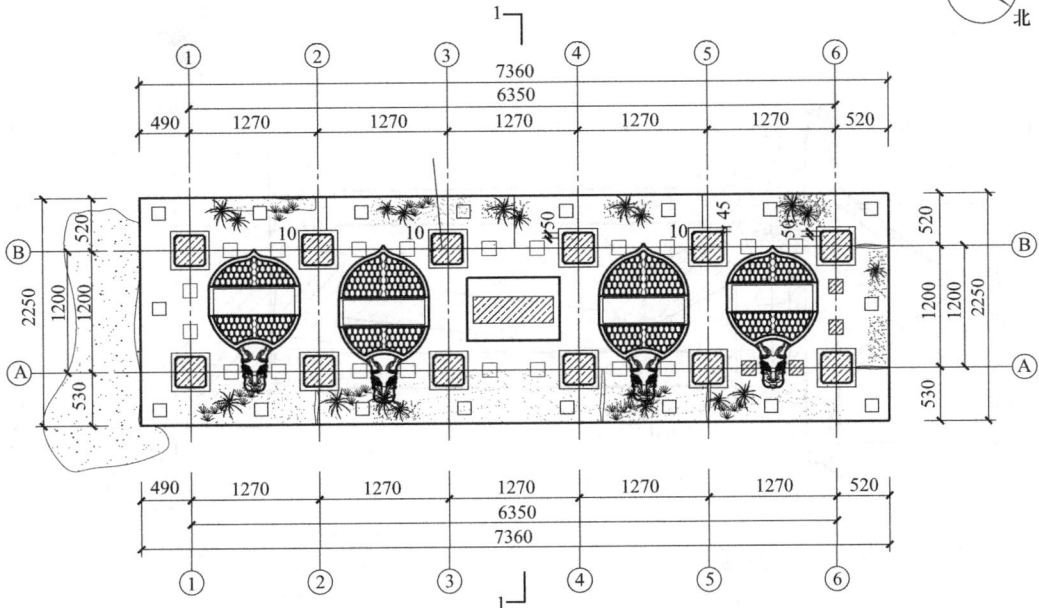

图 5-3-37 运城市闻喜县仇氏五碑亭平面图
图纸来源：山西省古建筑保护研究所

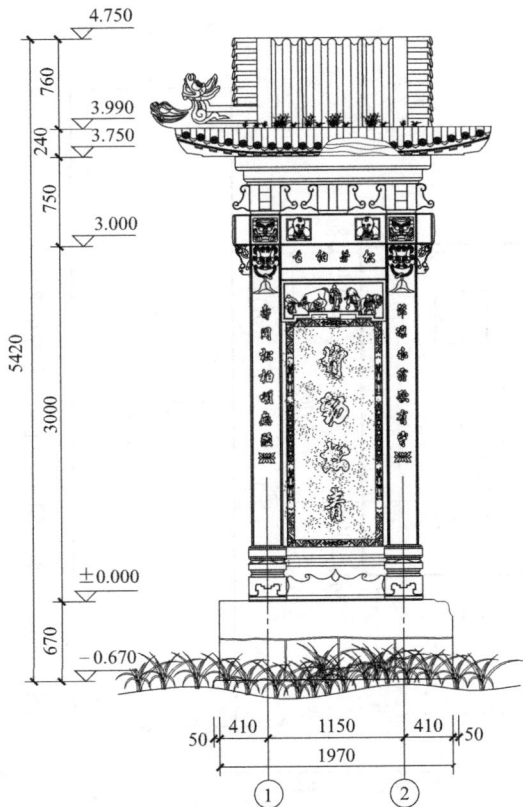

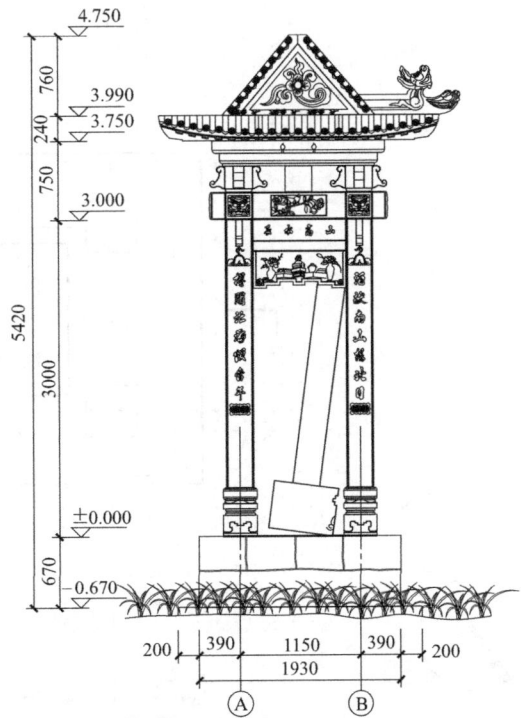

图 5-3-38 运城市闻喜县仇氏节寿碑亭正立面图
图纸来源：山西省古建筑保护研究所

图 5-3-39 运城市闻喜县仇氏节寿碑亭侧立面图
图纸来源：山西省古建筑保护研究所

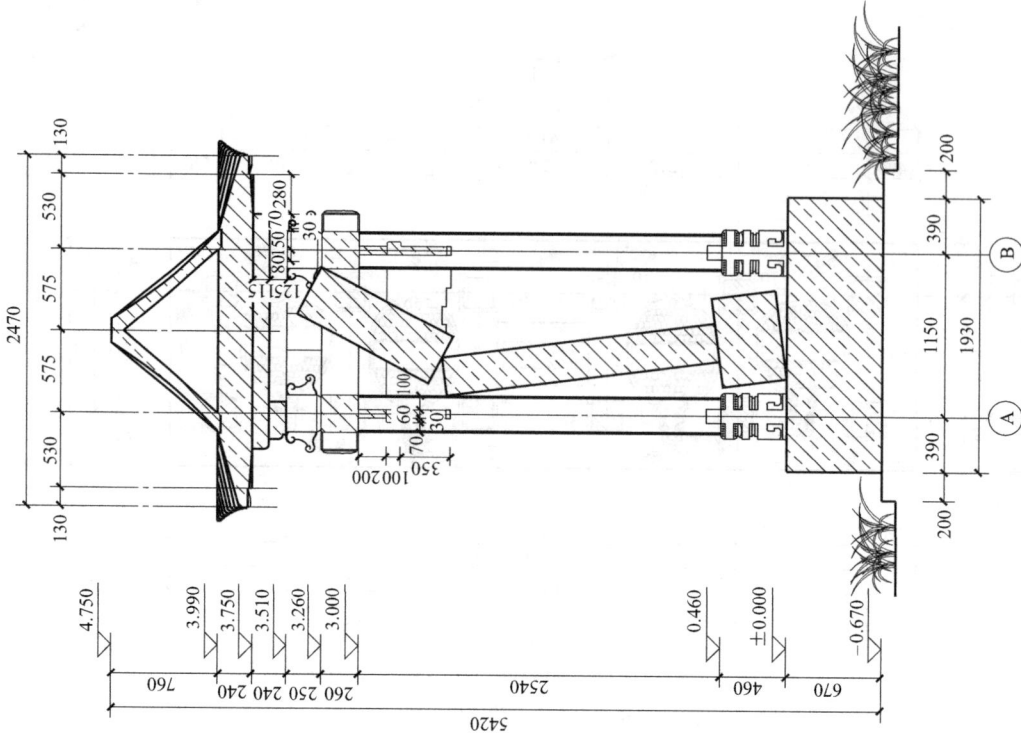

图 5-3-41 运城市闻喜县仇氏节寿碑亭 1-1 剖面图

图纸来源：山西省古建筑保护研究所

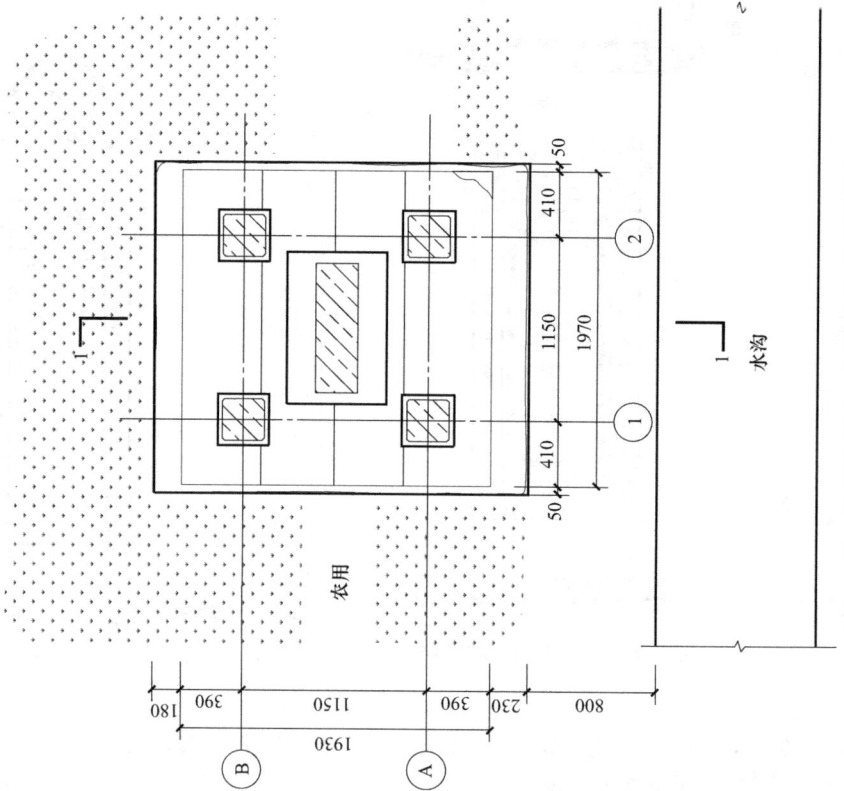

图 5-3-40 运城市闻喜县仇氏节寿碑亭平面图

图纸来源：山西省古建筑保护研究所

五、佛塔类建筑——山西晋城青莲寺舍利塔

案例简介： 青莲寺，初名硤石寺，位于晋城市区东南 17 千米的泽州县硤石山腰。因寺内的释迦牟尼端坐于莲花座之上，故名青莲寺，是第三批全国重点文物保护单位。明万历二十四年（1596 年）建造的砖结构藏式八角形舍利塔，此塔在每年夏至（6 月 21 或 22日）在太阳直射北回归线时会出现十几分钟无影的景象，故又称之为无影塔。

图纸编号：（见图 5-3-42～图 5-3-44）

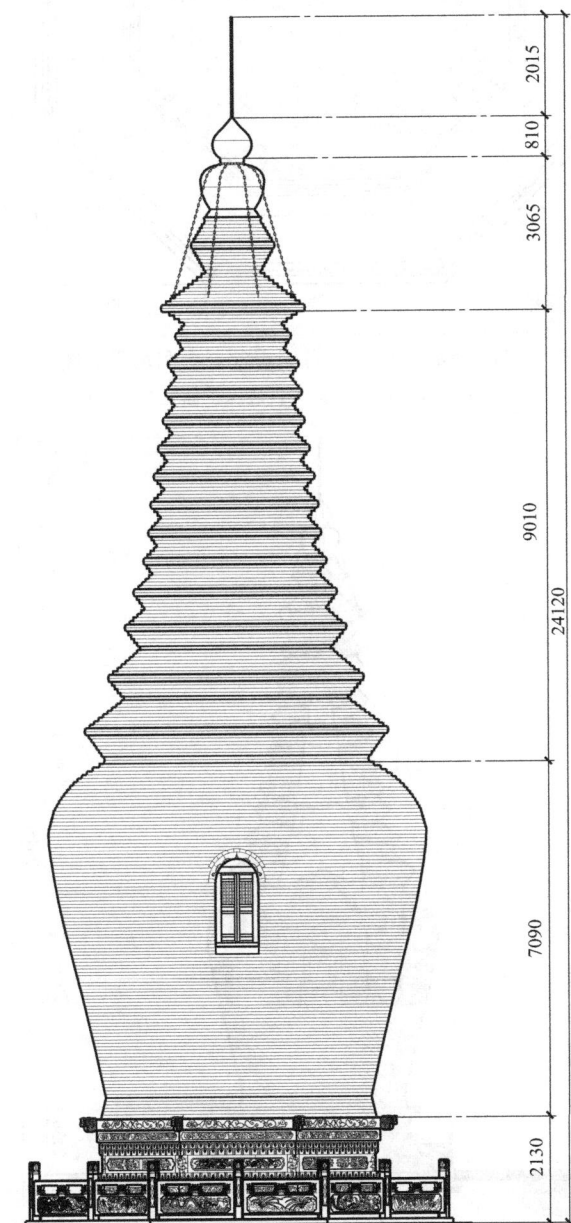

图 5-3-42 山西省晋城青莲寺舍利塔正立面图

图纸来源：山西省圆方古迹保护修复有限公司

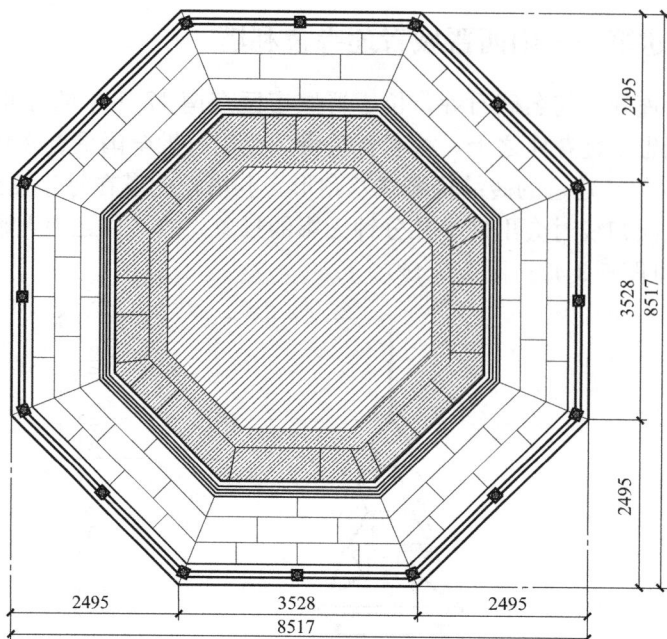

图 5-3-43　山西省晋城青莲寺舍利塔平面图

图纸来源：山西省圆方古迹保护修复有限公司

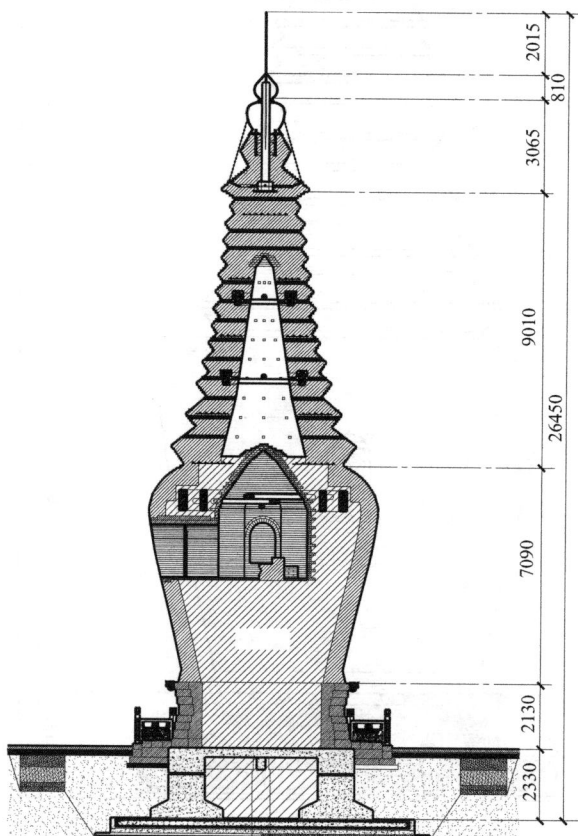

图 5-3-44　山西省晋城青莲寺舍利塔剖面图

图纸来源：山西省圆方古迹保护修复有限公司

六、交通类建筑——石桥

案例简介：中国传统石桥的种类很多，尤其以明、清时期官式做法的石桥最常见，是传统石桥的代表。官式石桥可以分为券桥和平桥两种形式。券桥的主要特点是：桥身向上拱起，桥洞采用石券做法，栏杆做法讲究；平桥的主要特点是：桥身平直，桥洞为长方形，栏杆式样较简单。

图纸编号：（见图 5-3-45～图 5-3-48）

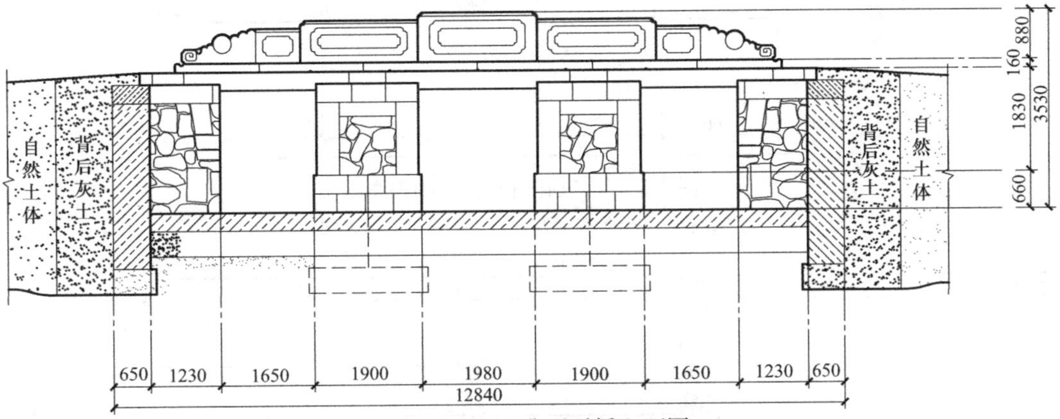

图 5-3-45　三孔石平桥立面图
图纸来源：山西省圆方古迹保护修复有限公司

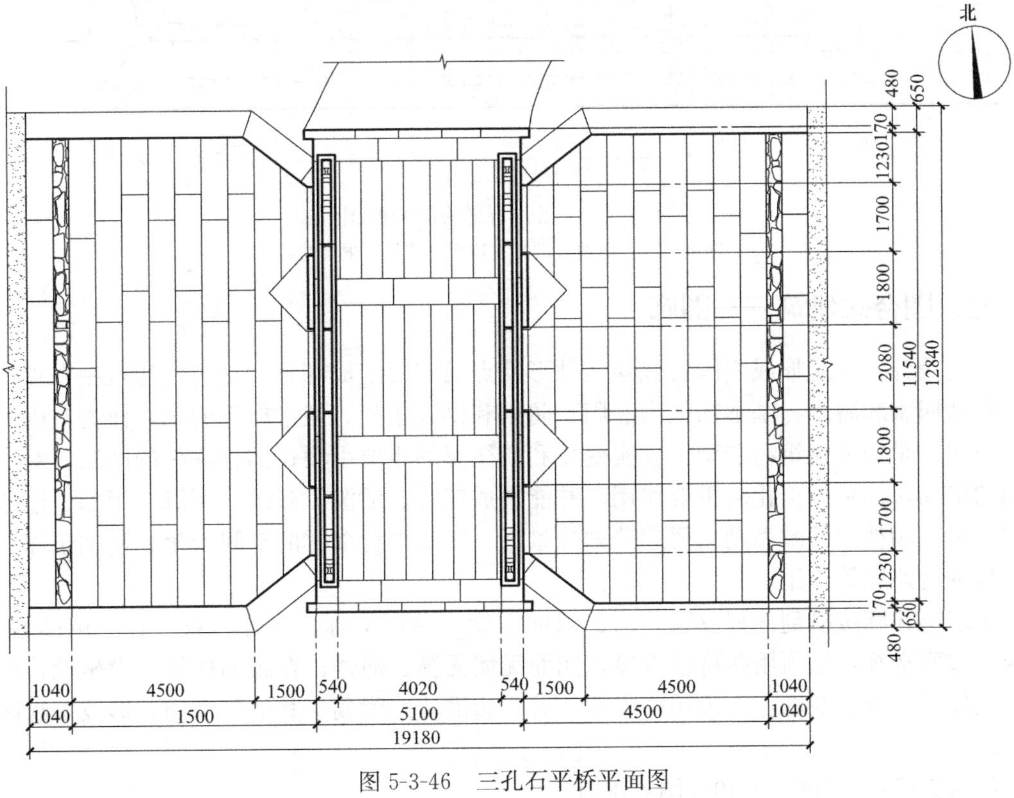

图 5-3-46　三孔石平桥平面图
图纸来源：山西省圆方古迹保护修复有限公司

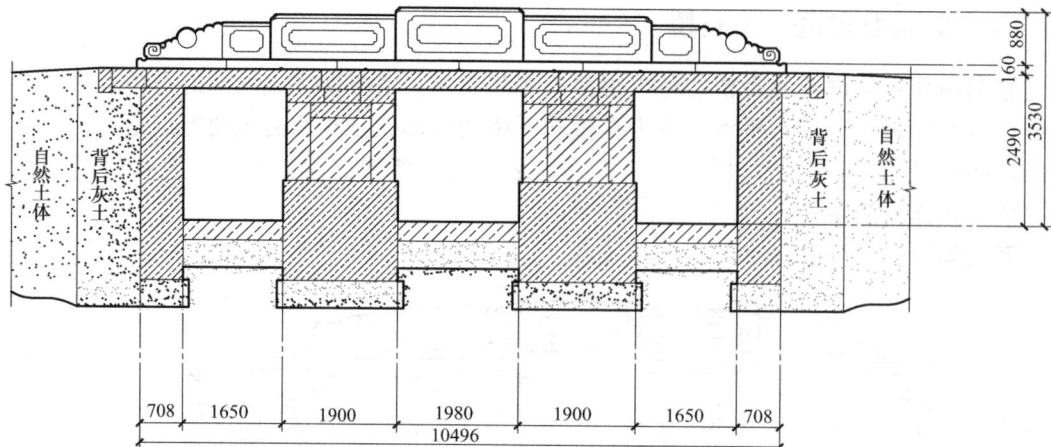

图 5-3-47 三孔石平桥横断面图
图纸来源：山西省圆方古迹保护修复有限公司

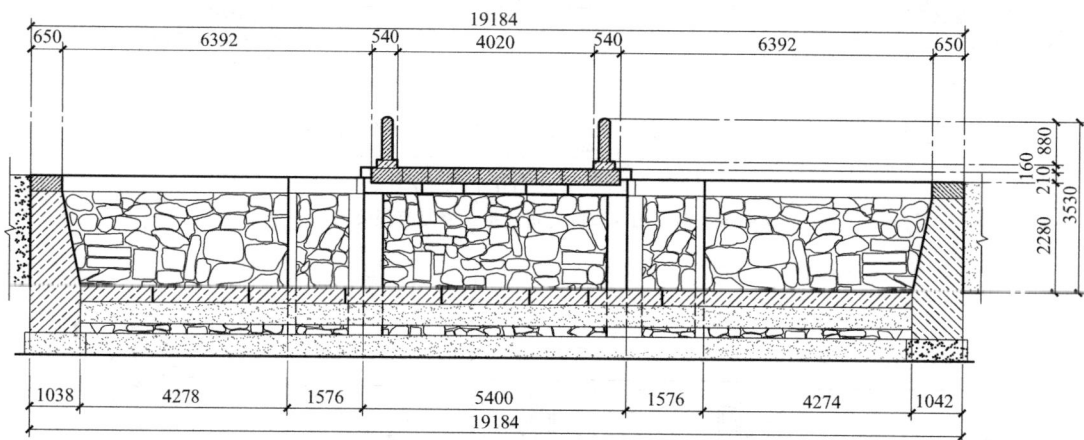

图 5-3-48 三孔石平桥纵断面图
图纸来源：山西省圆方古迹保护修复有限公司

七、围合式建筑——围廊

案例简介：廊是形成中国古代建筑外形特点的重要组成部分，是古代建筑中有顶的通道，包括回廊和游廊，基本功能为遮阳、防雨和供人小憩。殿堂檐下的廊，作为室内外的过渡空间，是构成建筑物造型上虚实变化和韵律感的重要手段；围合庭院的回廊，对庭院空间的格局、体量的美化起重要作用，并能造成庄重、活泼、开敞、深沉、闭塞、连通等不同效果；园林中的游廊则主要起着划分景区、造成多种多样的空间变化、增加景深、引导最佳观赏路线等作用。

传统形式廊按横剖面划分可分为：双面空廊、单面空廊、复廊、双层廊、单排柱廊、暖廊。双面空廊：屋顶用两排柱支撑，四面无墙无窗、通透；在廊的柱间常设坐凳、栏杆供游人休息；单面空廊：一边用柱支撑，另一边沿墙或附属于其他建筑物，形成半封闭的效果。

图纸编号：（见图 5-3-49～图 5-3-51）

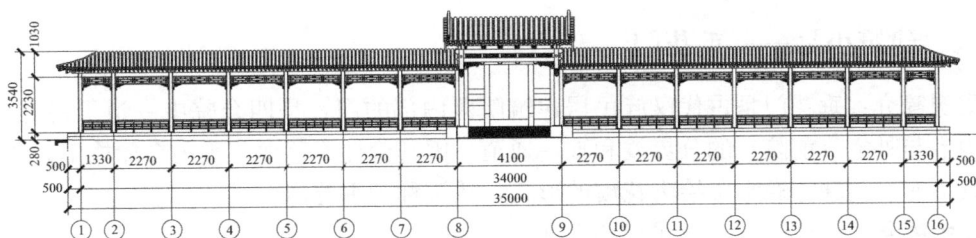

图 5-3-49　围廊正立面图
图纸来源：山西省圆方古迹保护修复有限公司

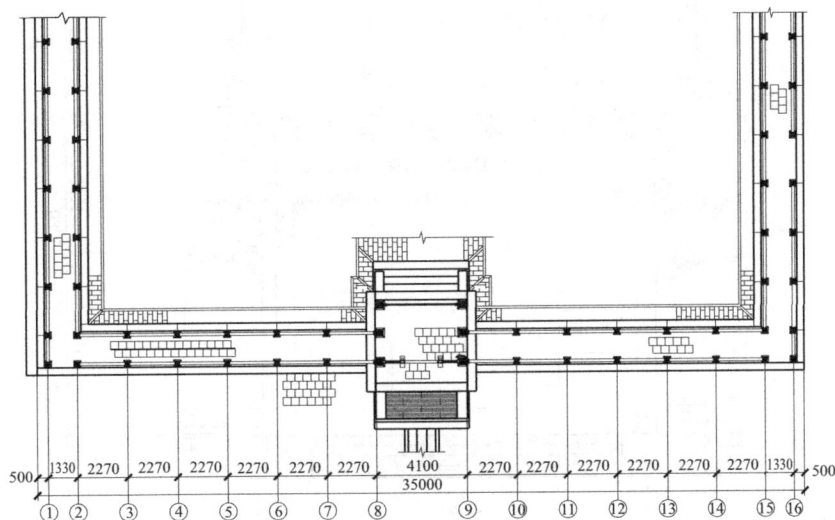

图 5-3-50　围廊总平面图
图纸来源：山西省圆方古迹保护修复有限公司

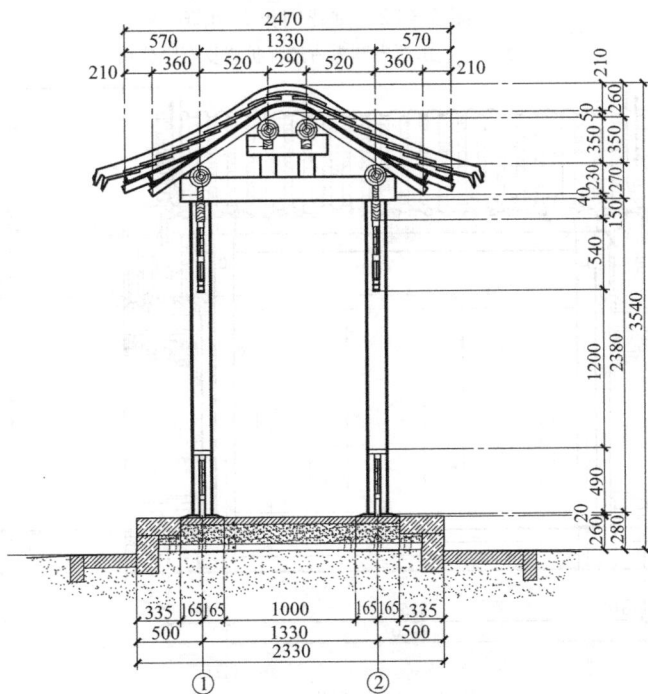

图 5-3-51　围廊断面图
图纸来源：山西省圆方古迹保护修复有限公司

八、建筑小品——垂花门

案例简介：垂花门是古代汉族民居建筑院落内部的门，是四合院中一道很讲究的门，它是内宅与外宅（前院）的分界线和唯一通道。因其檐柱不落地，垂吊在屋檐下，称为垂柱，其下有一垂珠，通常彩绘为花瓣的形式，故被称为垂花门。

图纸编号：（见图 5-3-52～图 5-3-55）

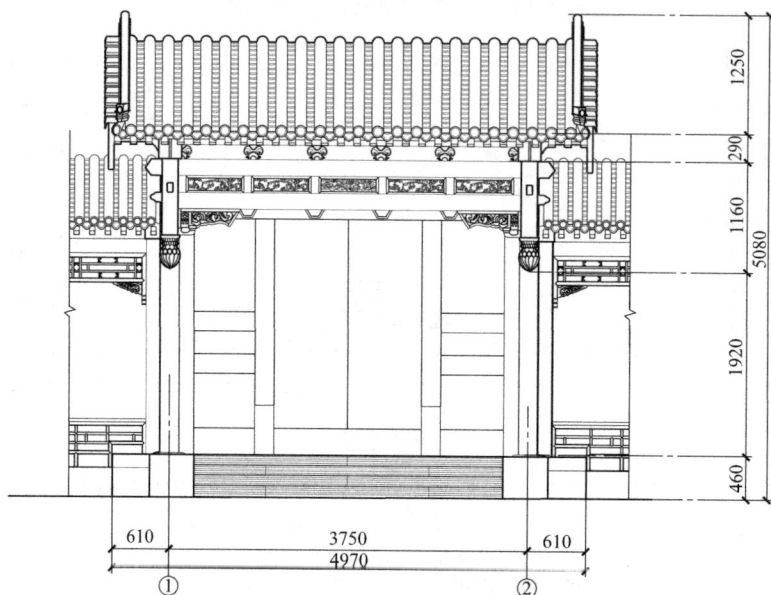

图 5-3-52　垂花门正立面图

图纸来源：山西省圆方古迹保护修复有限公司

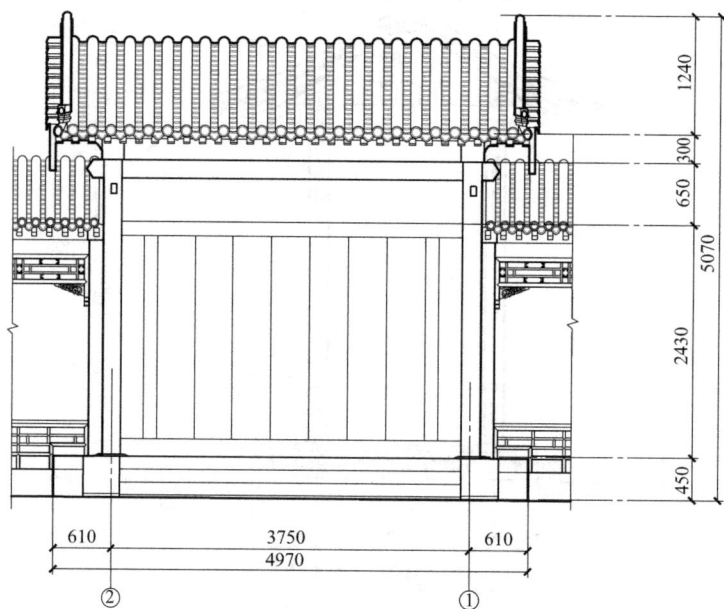

图 5-3-53　垂花门背立面图

图纸来源：山西省圆方古迹保护修复有限公司

北

4970
310 90 390   3390   390 90 310

365
1375
1010

220 390
C
1300

B
1330
4600
7685

A
970

390

1260
1710

120
330

340 60 210 260   850   1530   850   260 210 60 340
610   3750   610
4970

① ②

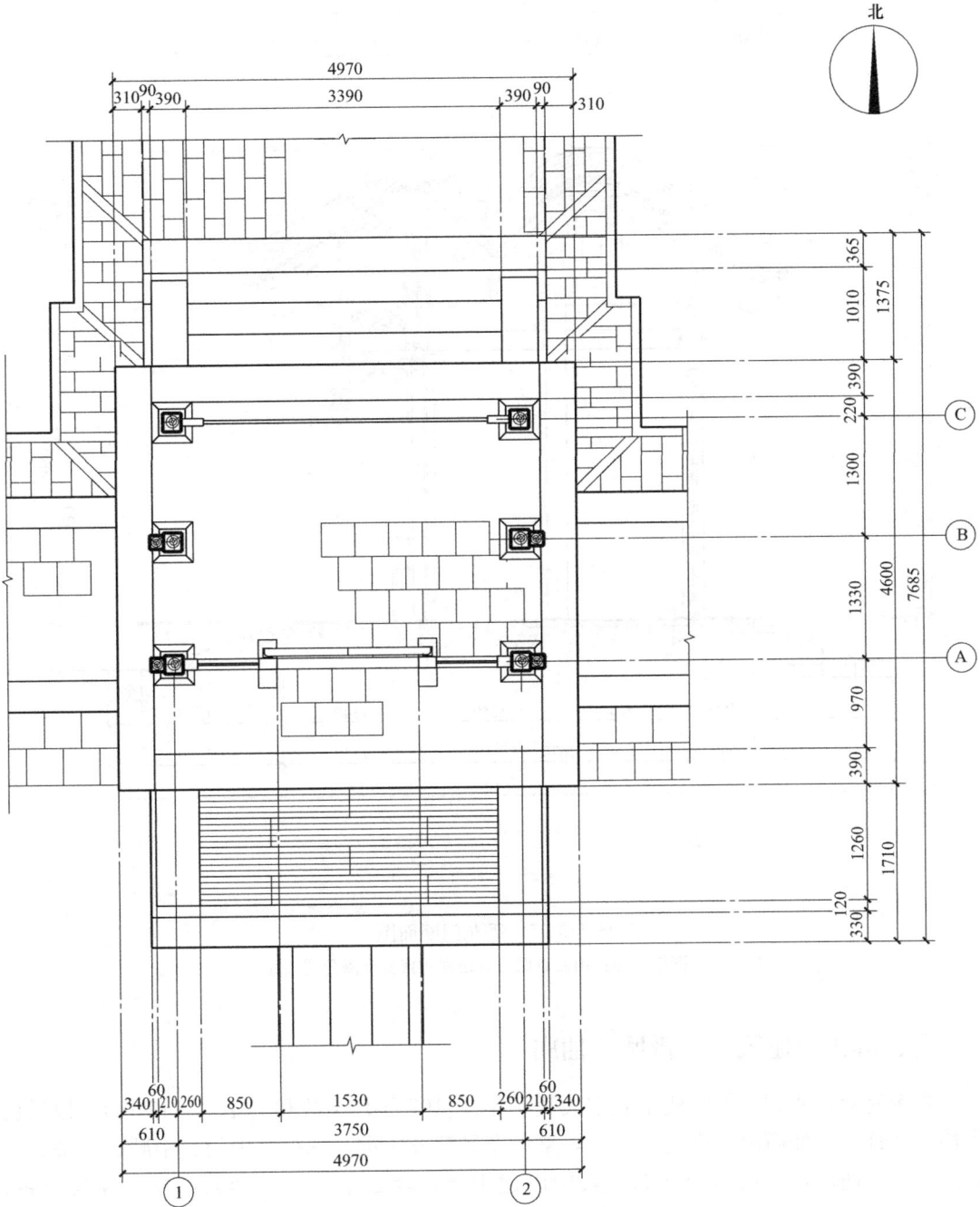

图 5-3-54 垂花门平面图
图纸来源：山西省圆方古迹保护修复有限公司

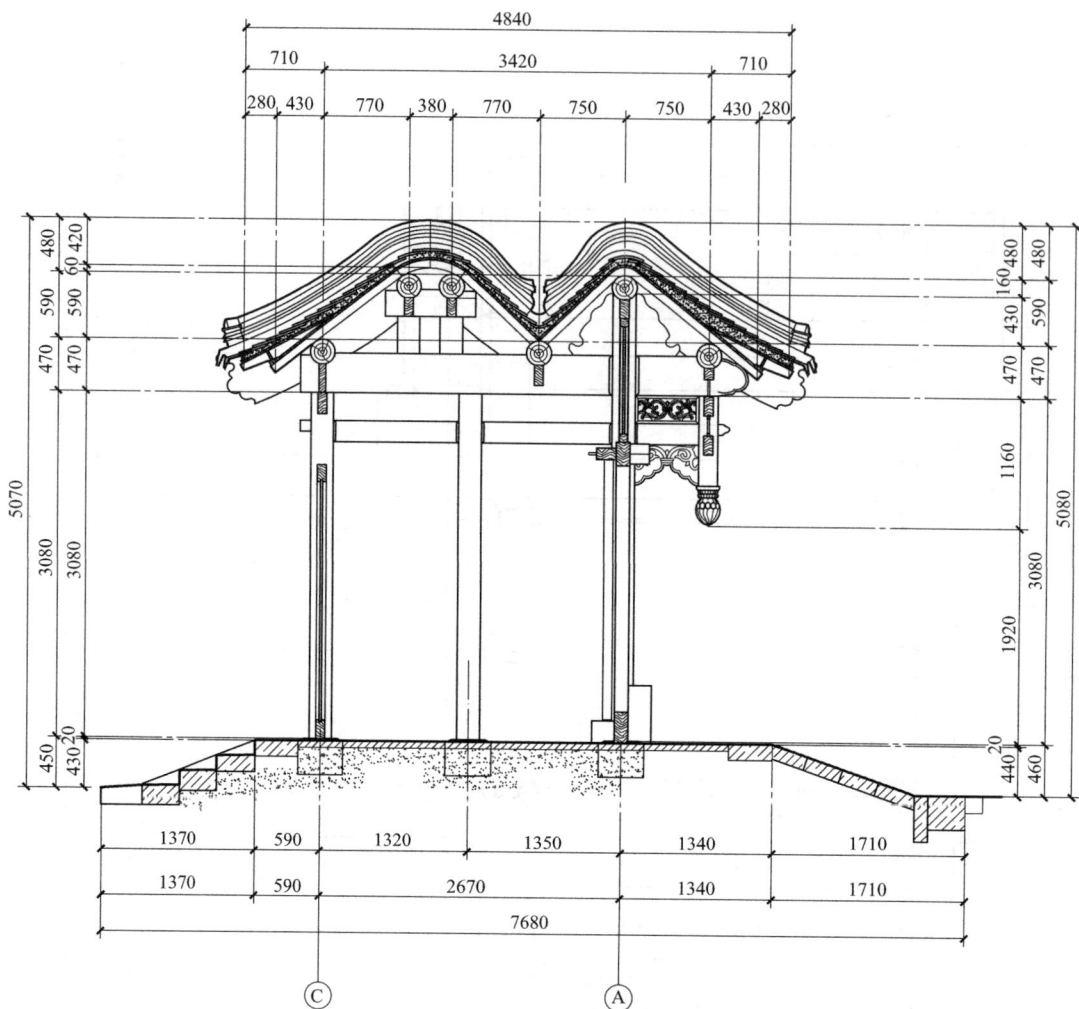

图 5-3-55　垂花门断面图

图纸来源：山西省圆方古迹保护修复有限公司

九、群体类建筑——晋城二仙庙

案例简介：晋城二仙庙建于北宋大观元年（1107年）至政和七年（1117年），以后历代均有修葺。二仙庙由二进院落组成，整体布局整齐庄重，现存有山门、中殿、后殿、左右配殿、东西廊庑、厨房等建筑。其中以建于金正隆二年（1157年）的中殿年代最古，中殿三间见方，单檐歇山；殿内的仙台上塑有二仙及四侍女像，是中国仅存的宋塑乐氏二仙女像；后殿内的天宫楼阁由3个单体建筑和1个单拱廊桥组成，殿内的斗栱、柱枋、门窗等建筑构件均为木制，斗栱出跳之多在宋代建筑中极为罕见。此外，庙内还立有金代和清代石碑各1通，内容记载了仙姑灵应事迹以及历史灾荒情况。

图纸编号：（见图 5-3-56～图 5-3-57）

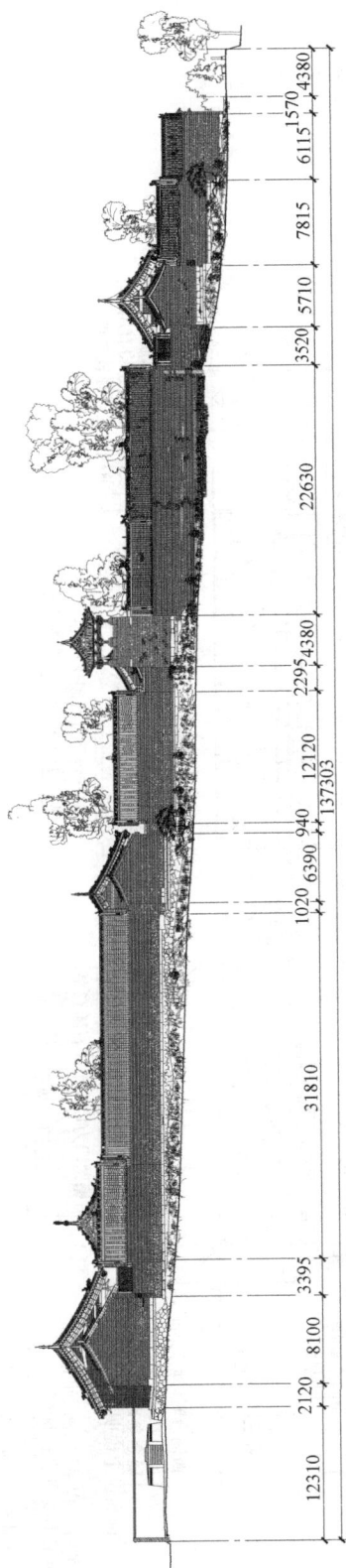

图 5-3-56 晋城玉皇庙总体侧立面实测图
图纸来源：山西省古建筑保护研究所

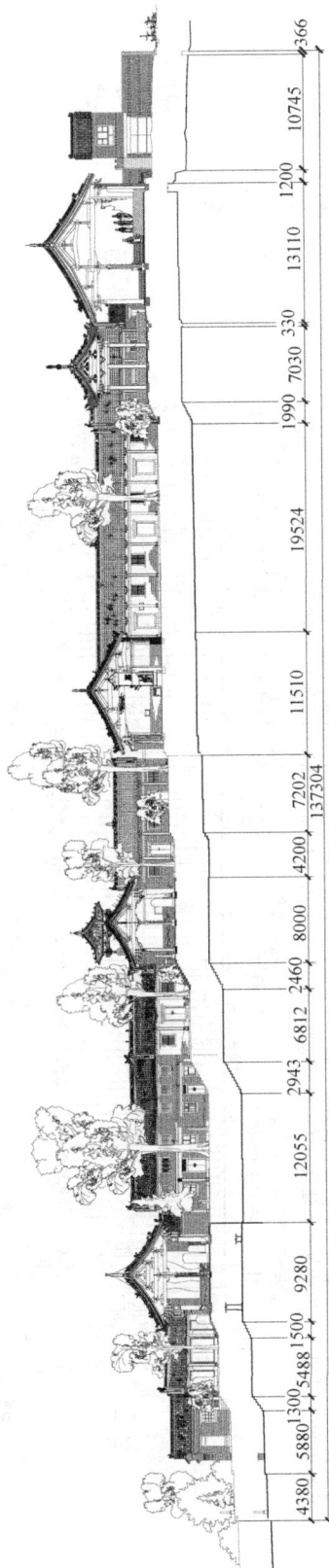

图 5-3-57 晋城玉皇庙总体纵断面图
图纸来源：山西省古建筑保护研究所

第四节　古建筑测绘图纸范例

一、官式建筑测绘

图纸编号：（见图 5-4-1～图 5-4-23）

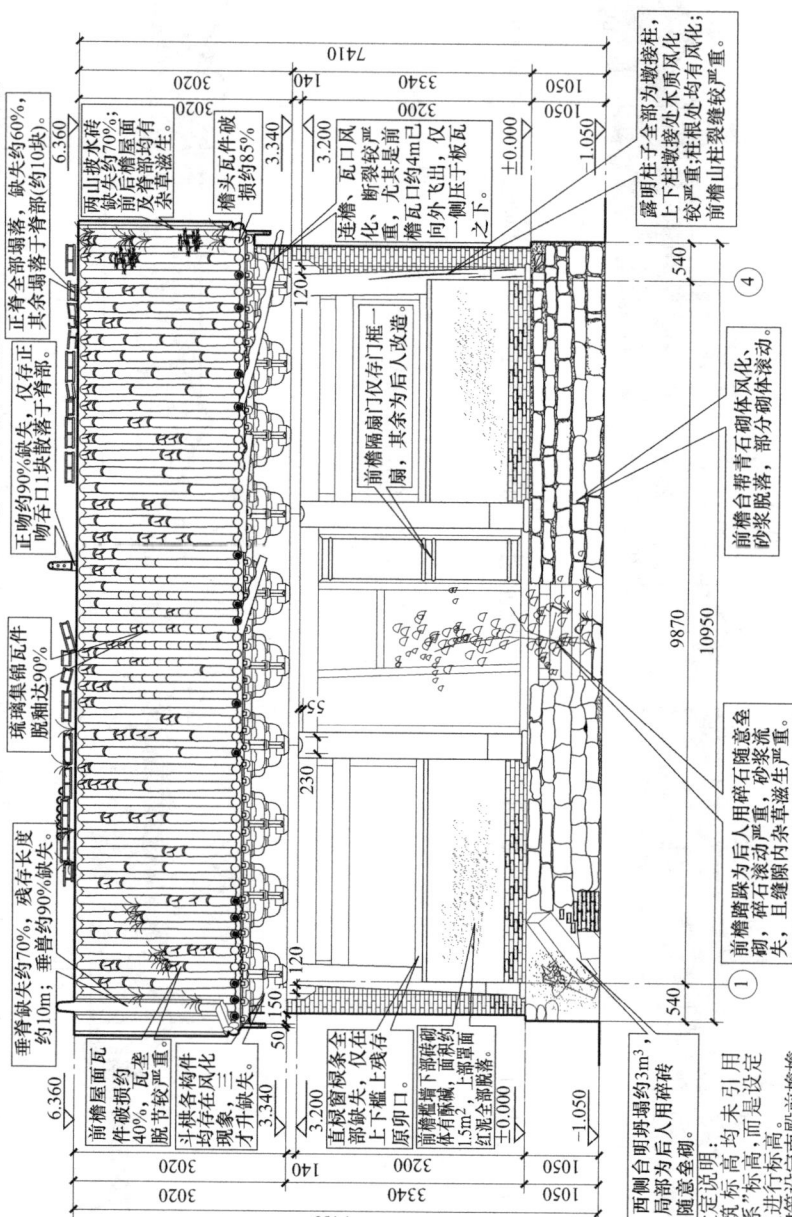

图 5-4-1　×× 庙 × 殿正立面图（实测）

背立面图现状图绘制图要求：
除不标注标高设定说明外，与正立面图绘制要求相同，不再赘述。

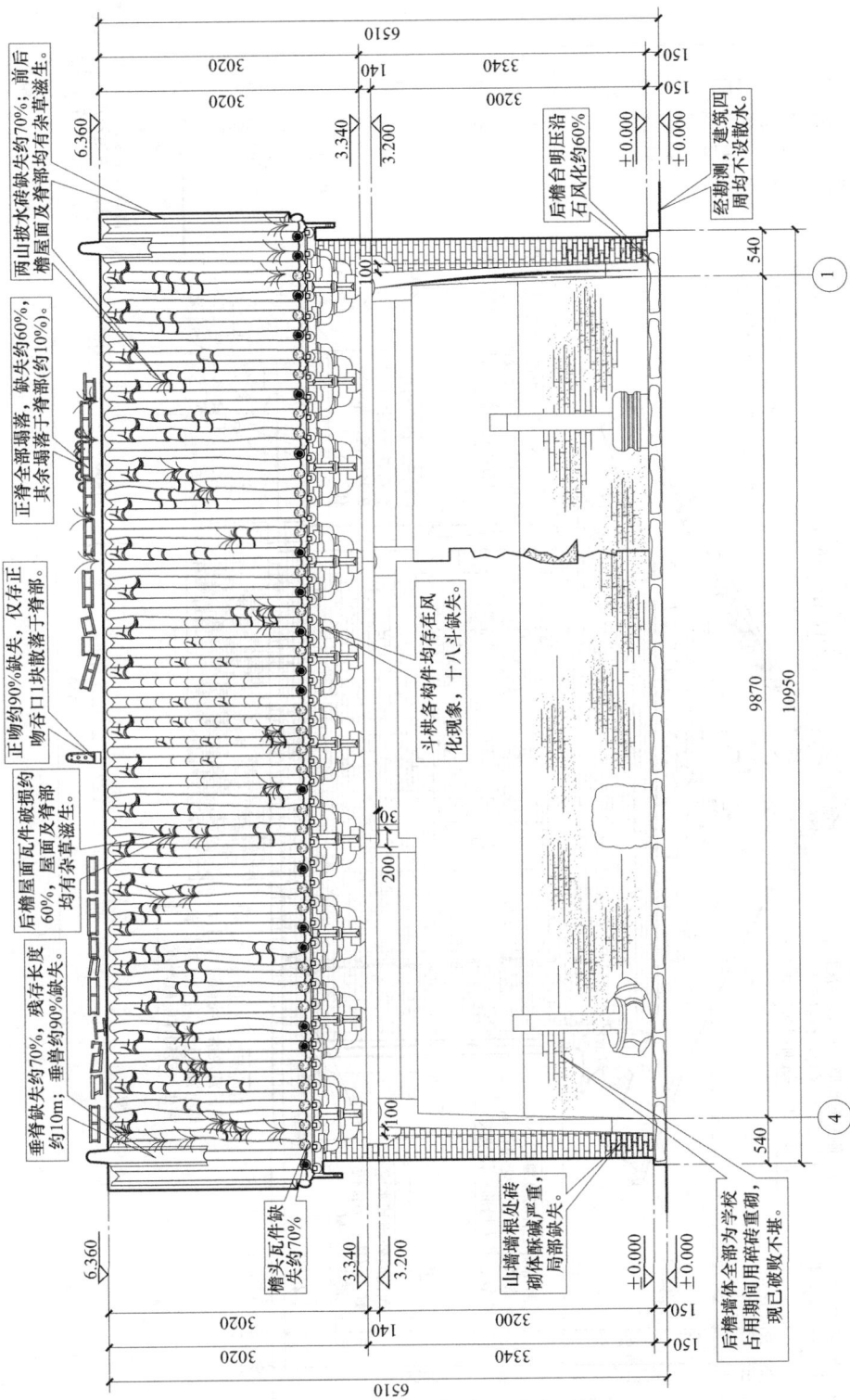

两山坡水砖缺失约70%；前后檐屋面及脊部均有杂草滋生。

正脊全部塌落，缺失约60%，其余塌落于脊部约10%）。

正吻约90%缺失，仅存正吻吞口15块散落于脊部。

斗栱各构件均存在风化现象，十八斗缺失。

后檐屋面瓦件破损约60%，屋面及脊部均有杂草滋生。

垂脊缺失约70%，残存长度约10m，垂兽约90%缺失。

墙头瓦件缺失约70%。

山墙墙根处砖砌体酥碱严重，局部缺失。

后檐墙体全部为碎砖砌，占用期间用碎砖重砌，现已破败不堪。

后檐台明压沿石风化约60%。

经勘测，建筑四周均无不设散水。

6510
3020
3020
6.360
3.340
3.200
140
3340
3200
150
150
±0.000
±0.000
540
100
9870
10950
1
540
30
200
100
4
6.360
3.340
3.200
140
3340
3200
150
150
±0.000
±0.000
3020
3020
6510

图 5-4-2 ××庙×殿背立面图（实测）

223

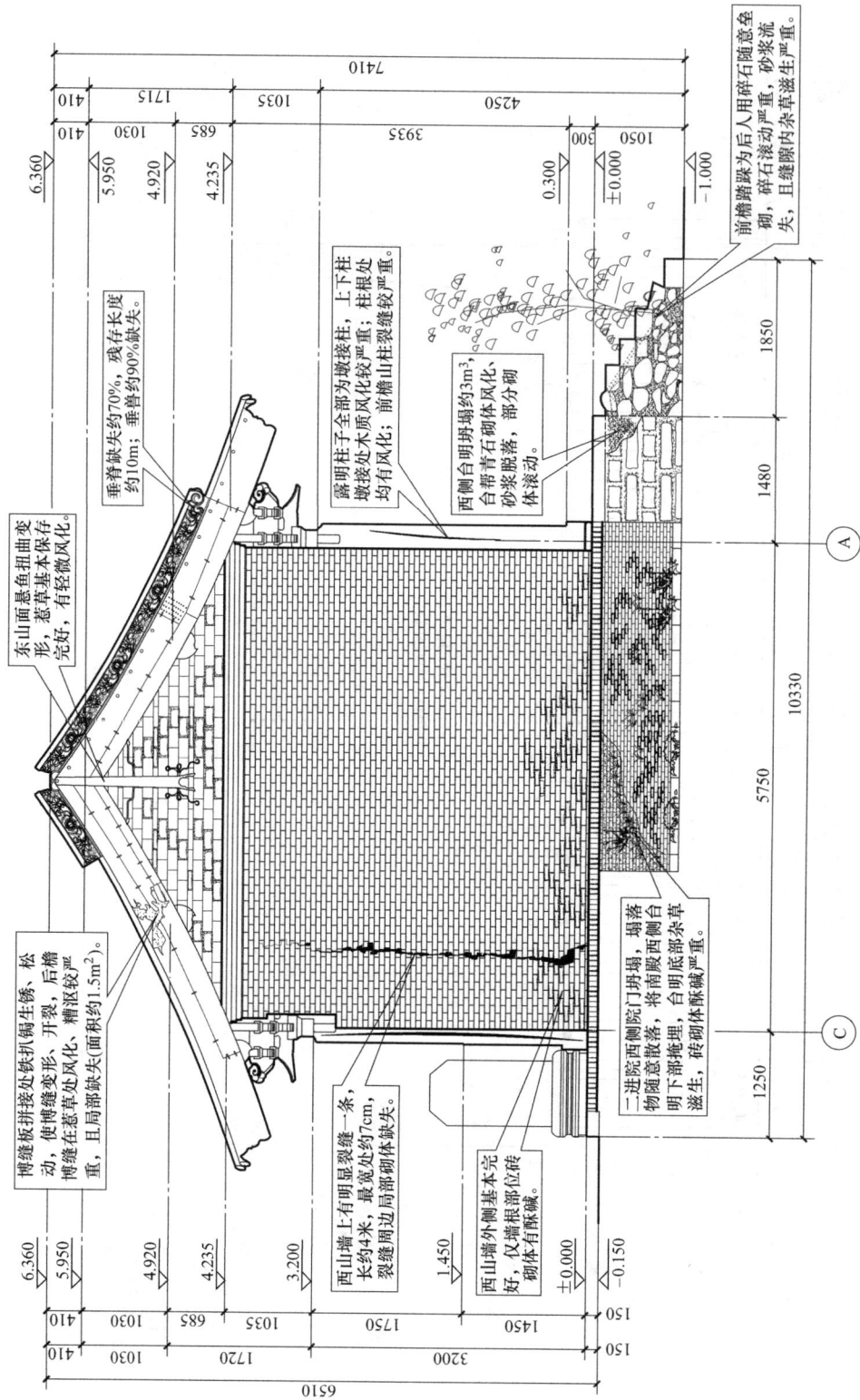

图 5-4-3　×××庙×殿侧立面图（实测）

224

平面图现状图绘图要求：

1. 绘图步骤：首先确定定轴线，进行柱子定位，然后绘制墙体。注意端体与柱子的位置关系；装修在绘制平面图时在装修图草图中表示即可，仅将抱框画出来即可，正式成图则在装修图草图将其平面大样图复制至平面图中即可；最后是绘制建筑台明，将阶条石或虎头砖等表示出来。地面铺墁形式也要简要说明，后檐墙与本体的关系用表示出来，将建筑该要表示建筑台明，后檐墙与第一条轴线之系表示出来，将建筑该要表示建筑台明，后檐墙的的关系。

2. 尺寸标注：第一道，将台明与第一条轴线的距离以及各轴间距分段标注；第二道，表示通面阔面阔；第三道，建筑总开间（台明总间距）尺寸线同立面图。

一些细部尺寸，如踏跺、附属文物等在就近位置进行标注，可与相邻建筑部位表示相邻关系进行定位。

3. 其余符号标注：指北针、剖切线、索引标注等。

4. 现状说明：参考立面图。

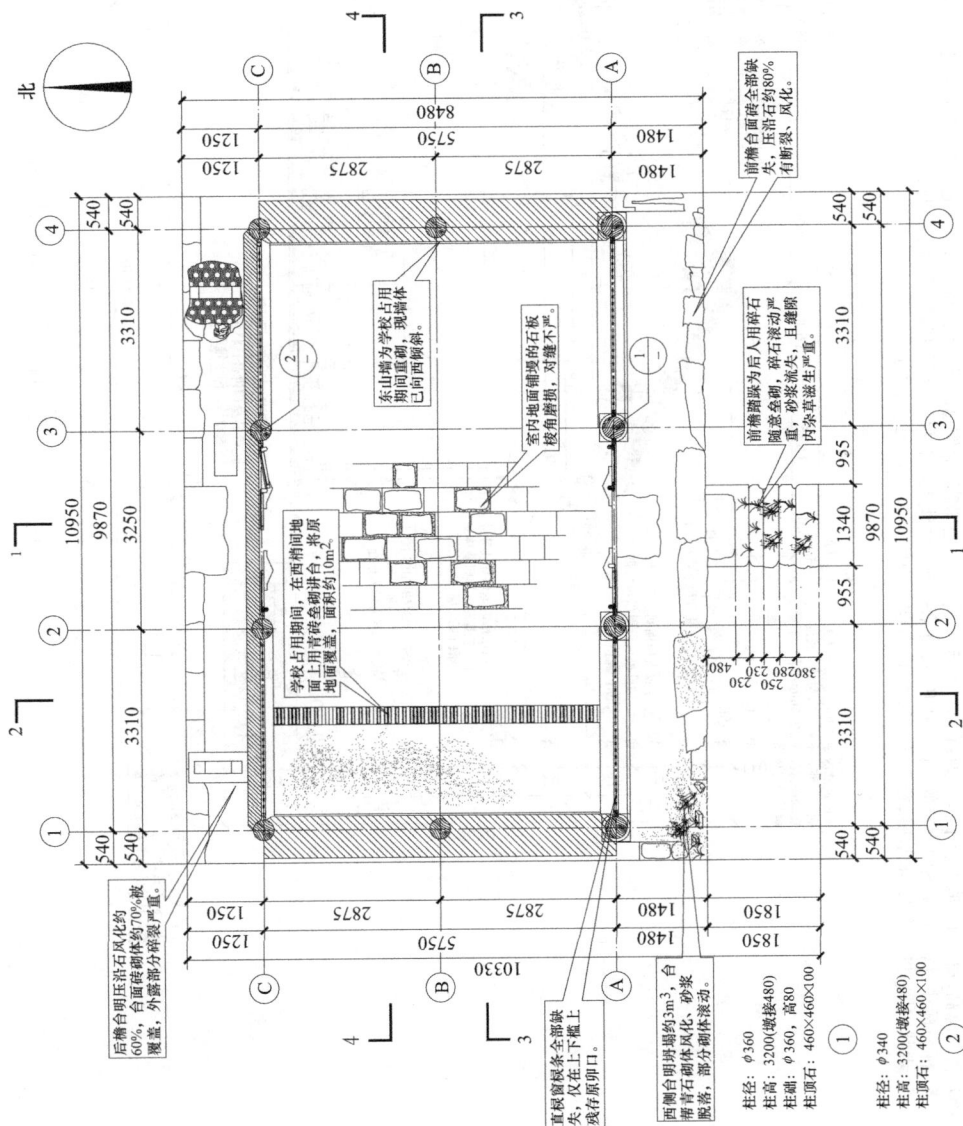

图 5-4-4 ×××庙×殿平面图（实测）

东山墙为学校占用时期间墙砌，现将墙体已向西倾斜。

室内地面铺墁的石板棱角磨损，对缝不严。

学校占用时期间，在西梢间地面用青砖叠砌进行覆盖，将原地面覆盖，面积约10m²。

前檐踏跺为后人用碎石随意叠砌，碎石松动严重，砂浆流失，内杂草滋生严重。

前檐台明全部砖缺失，压石约80%，有断裂、风化。

后檐台明压沿石风化约60%，台面青砖约70%被覆盖，外露部分碎裂严重。

直根窗残缺全部缺失，仅在在上下槛上残存原卯口。

西侧台明明墙约3m³，台面青砖砌体风化，砂浆滑青石砖砌体风化，砂浆脱落，部分砌体滚动。

后檐台明压沿石风化约60%，台面青砖砌体约70%被覆盖，外露部分碎裂严重。

柱子尺寸

① 柱径：φ360
柱高：3200(截接480)
柱础：φ360，高80
柱顶石：460×460×100

② 柱径：φ340
柱高：3200(截接480)
柱础：φ360，高80
柱顶石：460×460×100

北

横剖面图现状图绘图要求：

1. 横剖面图表示的是建筑顺进深方向的切面，要将建筑大木构架及木基层、屋面、脊饰等全部绘制出来；
2. 底部尺寸标注：与平面图中进深方向尺寸线一致；
3. 顶部尺寸标注：第一道，表示建筑的椽出、飞出、各步步架的尺寸；第二道，总出檐及前后檐檩总间距；第三道，前后檐总间距，即屋面投影总深度；
4. 纵向尺寸标注：第一道，从上至下依次为：屋面脊饰高度、木基层及泥背层高总度、各檩之间上皮至上皮间距、斗栱总高（檐檩上皮至大斗底间距）、平板枋高度、檐柱高度（含柱础）、台明总高；第二道，从上至下依次为：脊檩上皮至屋脊总高、总举高、铺作总高、柱高、台明高；第三道，屋脊至室外地面总高；
5. 标高标注：从正立面图中设定的±0.000 开始，将第一道尺寸线上所有尺寸全部计算标高后进行标注；
6. 现状说明：将木构架、木基层、脊饰、柱子、墙面、台明等现状全部表示于此图之上。

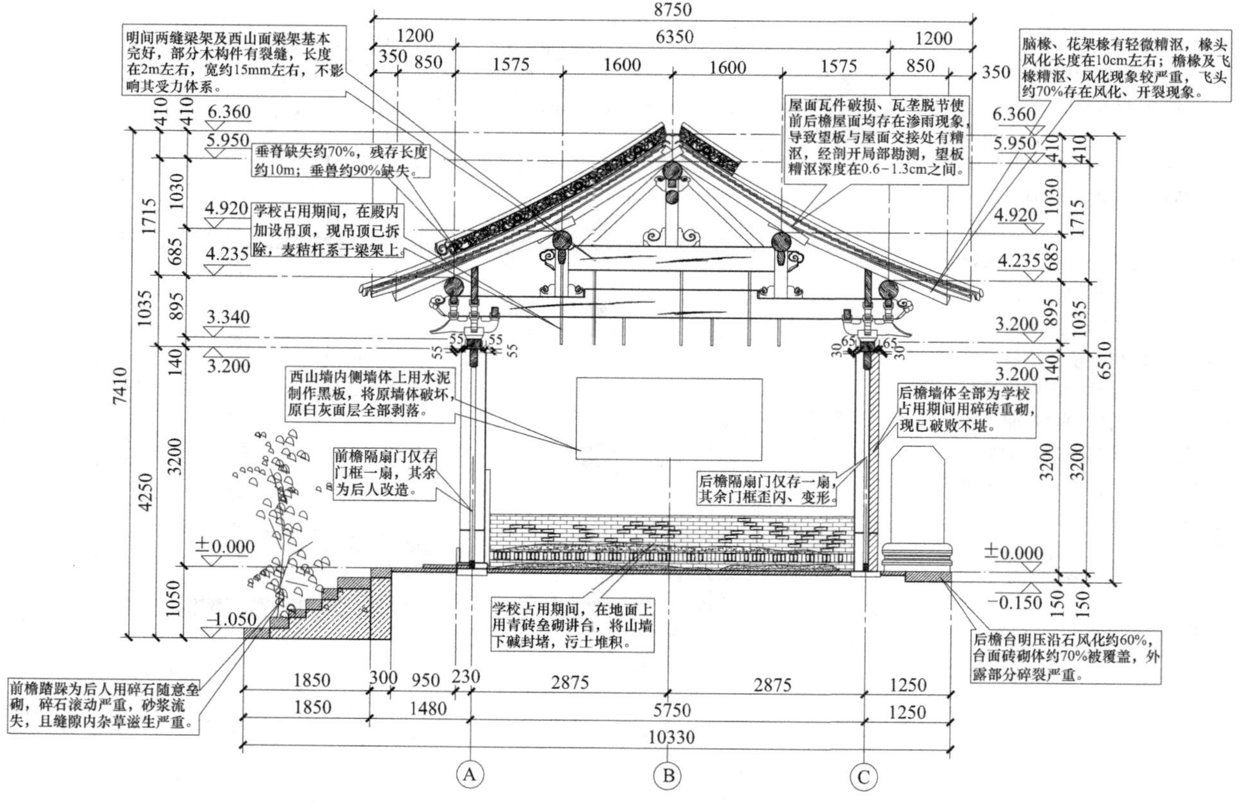
明间两缝梁架及西山面梁架基本完好，部分木构件有裂缝，长度在2m左右，宽约15mm左右，不影响其受力体系。
垂脊缺失约70%，残存长度约10m；垂兽约90%缺失。
学校占用期间，在殿内加设吊顶，现吊顶已拆除，麦秸杆系于梁架上。
屋面瓦件破损、瓦垄脱节使前后檐屋面均存在渗雨现象，导致望板与屋面交接处有糟沤，经剖开局部勘测，望板糟沤深度在0.6–1.3cm之间。
脑椽、花架椽有轻微糟沤，椽头风化长度在10cm左右；檐椽及飞椽糟沤、风化现象较严重，飞头约70%存在风化、开裂现象。
西山墙内侧墙体上用水泥制作黑板，将原墙体破坏，原白灰面层全部剥落。
前檐隔扇门仅存门框一扇，其余为后人改造。
后檐墙体全部为学校占用期间用碎砖重砌，现已破败不堪。
后檐隔扇门仅存一扇，其余门框歪闪、变形。
学校占用期间，在地面上用青砖垒砌讲台，将山墙下碱封堵，污土堆积。
后檐台明压沿石风化约60%，台面砖砌体约70%被覆盖，外露部分碎裂严重。
前檐踏跺为后人用碎石随意垒砌，碎石滚动严重，砂浆流失，且缝隙内杂草滋生严重。
8750
1200
6350
1200
350
850
1575
1600
1600
1575
850
350
6.360
5.950
4.920
4.235
3.340
3.200
±0.000
-1.050
-0.150
410
1030
685
895
140
3200
1050
1715
1035
4250
7410
6510
150
55
65
30
1850
300
950
230
2875
2875
1250
1480
5750
10330
A
B
C
图 5-4-5　××庙×殿 1-1 断面图（实测）

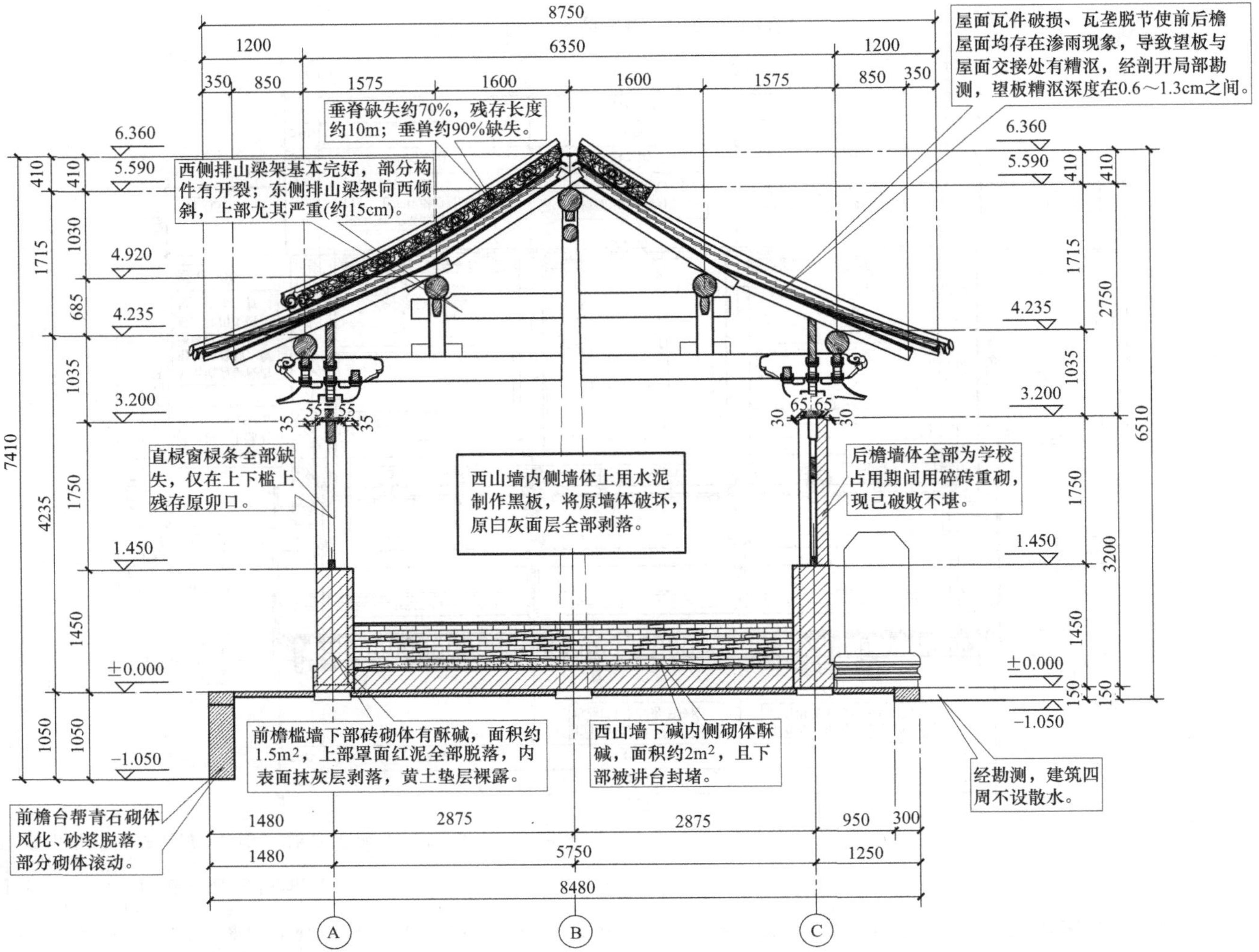

图 5-4-6 ××庙×殿 2-2 断面图（实测）

纵剖面图现状图绘制图要求：

1. 纵剖面图表示的是建筑脊檩前后作为剖切面，分为前视和后视两张图纸进行表示；
2. 底部尺寸标注：与平面图中面阔方向尺寸线一致；
3. 顶部尺寸标注：第一道，即屋面投影总长度；第二道，出际及前后檐檩总间距；第三道，博风板总间距或两山墙间距；硬山建筑的出际外端至檩中距离，各步步架尺寸；歇山、悬山表示悬山建筑的出际，各步步架至檩中距离，各步步架尺寸；
4. 纵向尺寸标注：与横剖面图纵向标注尺寸相同；
5. 标高标注：同横断面图；
6. 现状说明：将木构架、木基层、脊饰、柱子、墙面、台明等现状全部表示于此图之上。

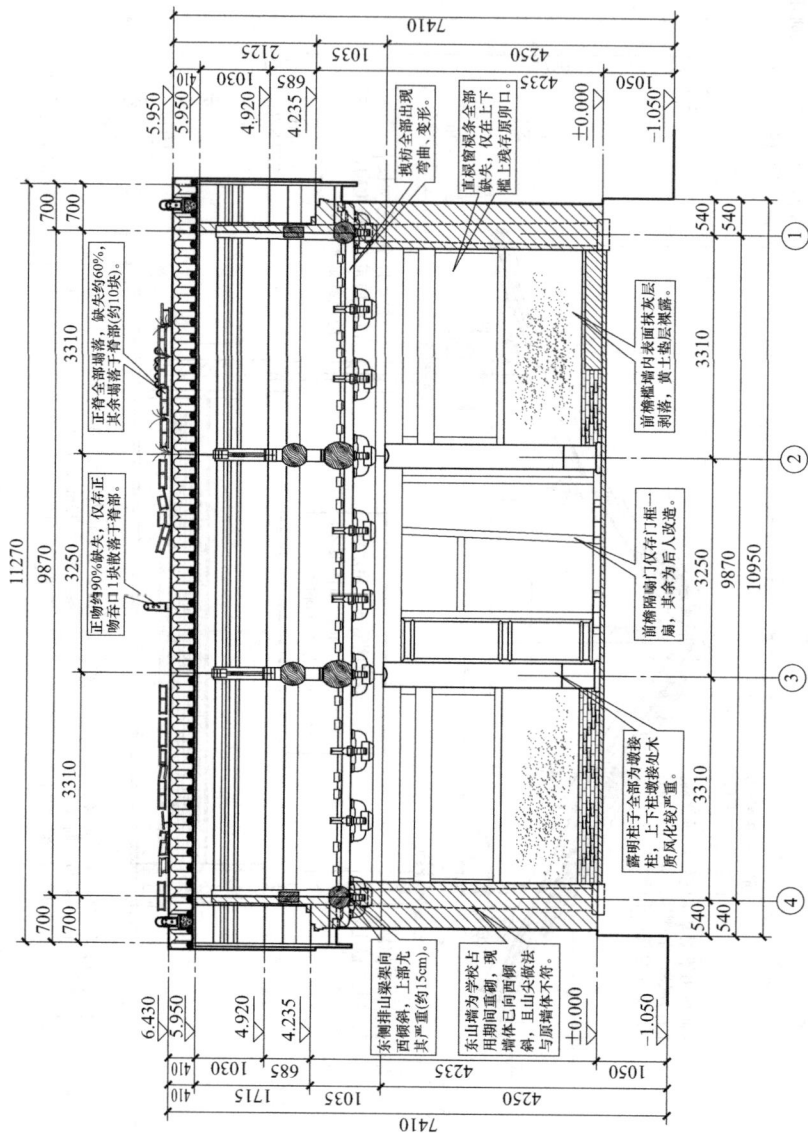

图 5-4-7 ××庙××殿 3-3 断面图（实测）

拱枋全部出现弯曲、变形。

直棂窗棂条全部缺失，仅存在上下槛上线上原卯口。

前檐槛墙内表面抹灰层剥落，黄土坯垫层酥碱。

正脊全部墙塌，缺失约60%，其余墙垛子脊背部。

正吻约90%缺失，仅存正吻当口1块垛格子脊背部。

前檐隔扇门仅存门框一扇，其余为后人改造。

蜡明柱子全部为墙接柱，上下柱墙接处木质风化较严重。

东侧排山梁架向西倾斜，上部无（约重15cm）。

东山墙为学校占用期间重砌，墙体已向西倾斜，且山尖做法与原墙体不符。

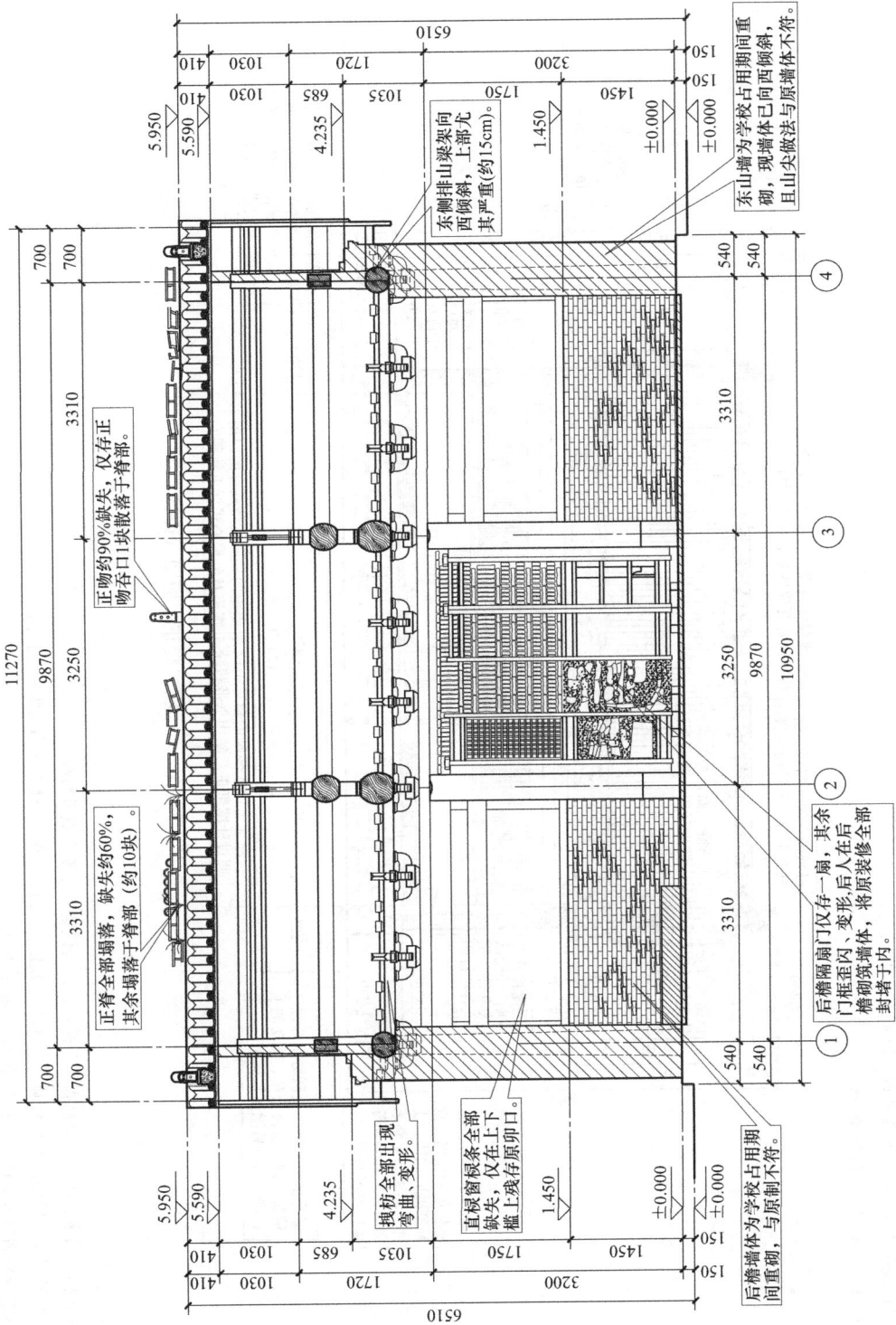

图 5-4-8　×××庙×殿 4-4 断面图（实测）

东山墙原为学校占用期间重砌，现墙体已向西倾斜，且山头做法与原墙体不符。

东侧排山梁架向西倾斜，上部尤其严重（约15cm）。

正吻约90%缺失，仅存正吻吞口1块散落于脊部。

正脊全部塌落，缺失约60%，其余塌落于脊部（约10块）。

后檐隔扇门仅存一扇，其余后人在后檐砌筑墙体，将原装修全部封堵于内。

后檐墙体为学校占用期间重砌，与原制不符。

直棂窗棂条全部缺失，仅在上下槛上残存原制卯口。

拽枋全部出现弯曲、变形。

正立面图设计图绘图要求：

1. 尺寸标注与现状图纸相同；
2. 设计说明要与现状图纸中的现状说明一一对应；
3. 标高设定说明应与现状图一致。

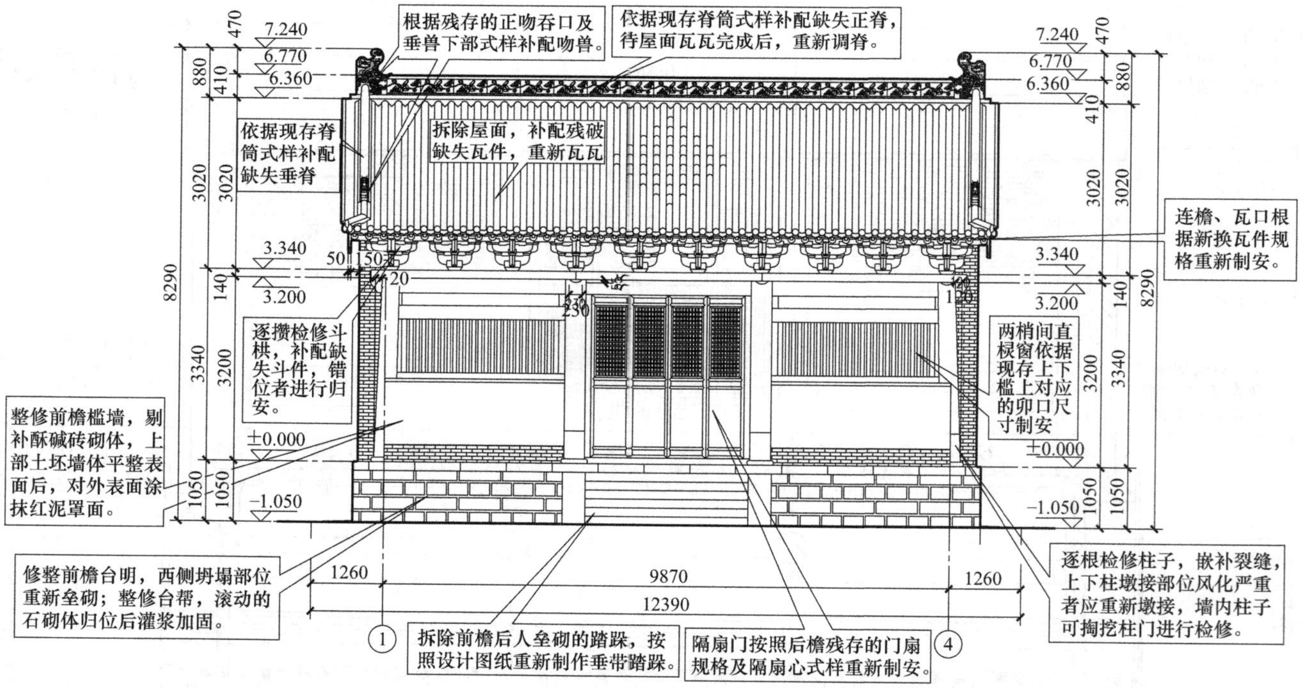
根据残存的正吻吞口及垂兽下部式样补配吻兽。
依据现存脊筒式样补配缺失正脊，待屋面瓦瓦完成后，重新调脊。
依据现存脊筒式样补配缺失垂脊
拆除屋面，补配残破缺失瓦件，重新瓦瓦
连檐、瓦口根据新换瓦件规格重新制安。
逐攒检修斗栱，补配缺失斗件，错位者进行归安。
两梢间直棂窗依据现存上下槛上对应的卯口尺寸制安
整修前檐槛墙，剔补酥碱砖砌体，上部土坯墙体平整表面后，对外表面涂抹红泥罩面。
修整前檐台明，西侧坍塌部位重新垒砌；整修台帮，滚动的石砌体归位后灌浆加固。
拆除前檐后人垒砌的踏跺，按照设计图纸重新制作垂带踏跺。
隔扇门按照后檐残存的门扇规格及隔扇心式样重新制安。
逐根检修柱子，嵌补裂缝，上下柱墩接部位风化严重者应重新墩接，墙内柱子可掏挖柱门进行检修。
7.240
6.770
6.360
3.340
3.200
±0.000
-1.050
470
410
880
3020
140
3200
3340
1050
8290
1260
9870
12390
50
150
20
230
120
1
4

图 5-4-9　××庙×殿正立面图（设计）

标高设定说明：

1. 建筑标高均未引用“黄海高程系”标高，而是设定固定不变点进行标高。
2. 本建筑设定南殿前檐檐柱柱础石底（即台明上皮）为±0.000，建筑标高均为相对标高。
3. 图纸中标高以米为单位，其余标注均以毫米为单位。

根据残存的正吻吞口及垂兽下部式样补配吻兽。

依据现存脊筒式样补配缺失正脊，待屋面瓦瓦完成后，重新调脊。

依据现存脊筒式样补配缺失垂脊

拆除屋面，补配残破缺失瓦件，重新瓦瓦

两梢间直棂窗依据现存上下槛上对应的卯口尺寸制安

逐攒检修斗栱，补配缺失斗件，错位者进行归安。

后檐隔扇门按照残存的门扇规格重新制安。

建筑本体修缮完成后，参照建筑群总平面图，在南殿对应位置制作散水。

后檐墙体全部拆除，按照前檐墙体做法重新砌筑。

后檐墙体全部拆除，按照前檐墙体做法重新砌筑两梢间槛墙。

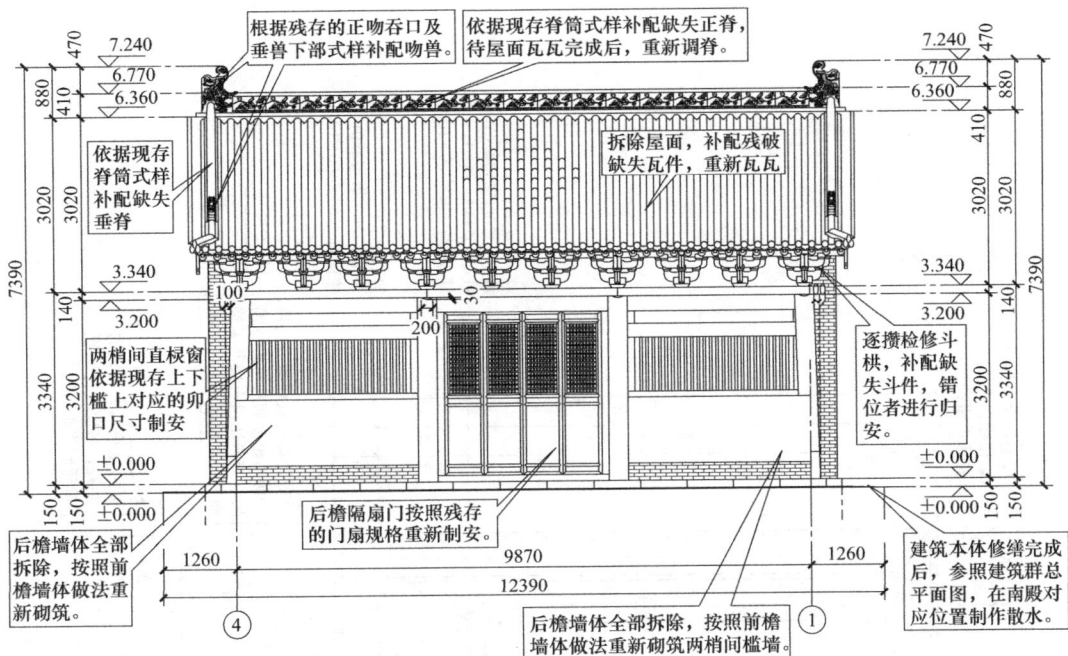

图 5-4-10 ××庙×殿背立面图（设计）

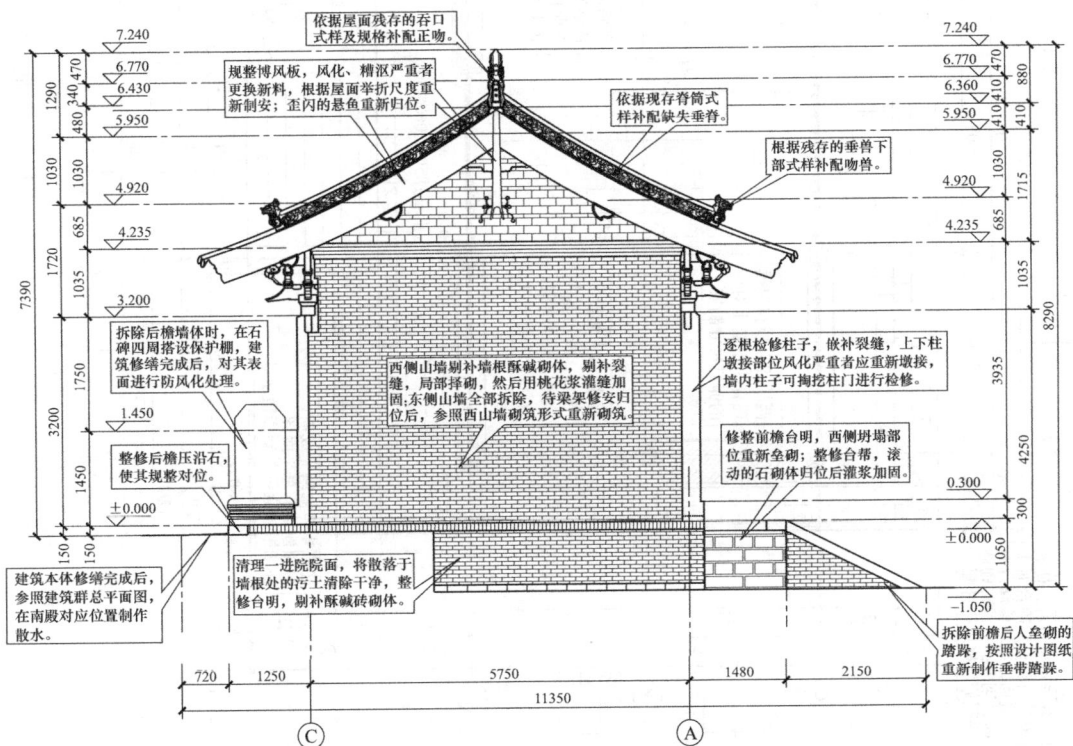

依据屋面残存的吞口式样及规格补配正吻

规整博风板，风化、糟渍严重者更换新料，根据屋面举折尺度重新制安；歪闪的悬鱼重新归位。

依据现存脊筒式样补配缺失垂脊。

根据残存的垂兽下部式样补配吻兽。

拆除后檐墙体时，在石碑四周搭设保护棚，建筑修缮完成后，对其表面进行防风化处理。

整修后檐压沿石，使其规整对位。

西侧山墙剔补墙根酥碱砌体，剔补裂缝，局部择砌，然后用桃花浆灌缝加固，东侧山墙全部拆除，待梁架安归位后，参照西山墙砌筑形式重新砌筑

逐根检修柱子，做好裂缝，上下柱墩接部位风化严重者应重新墩接，墙内柱子可掏挖柱门进行检修。

修整前檐台明，西侧坍塌部位重新垒砌；整修台帮，滚动的石砌体归位后灌浆加固。

建筑本体修缮完成后，参照建筑群总平面图，在南殿对应位置制作散水。

清理一进院院面，将散落于墙根处的污土清除干净，整修台明，剔补酥碱砖砌体。

拆除前檐后人垒砌的踏跺，按照设计图纸重新制作垂带踏跺。

图 5-4-11 ××庙×殿侧立面图（设计）

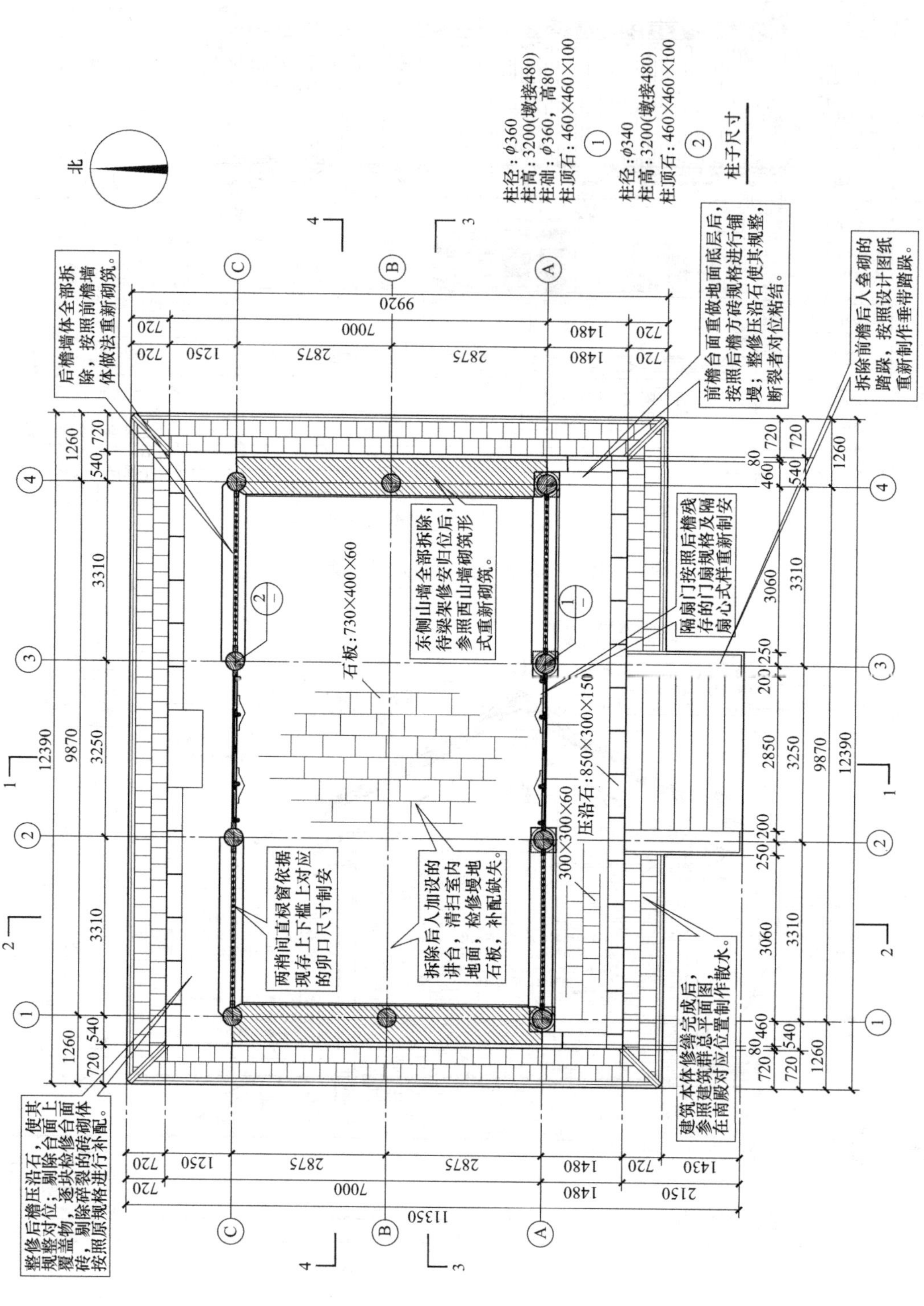

图 5-4-12　××庙×殿平面图（设计）

柱子尺寸

① 柱径：φ360
柱高：3200(榫接480)
柱础：φ360，高80
柱顶石：460×460×100

② 柱径：φ340
柱高：3200(榫接480)
柱顶石：460×460×100

232

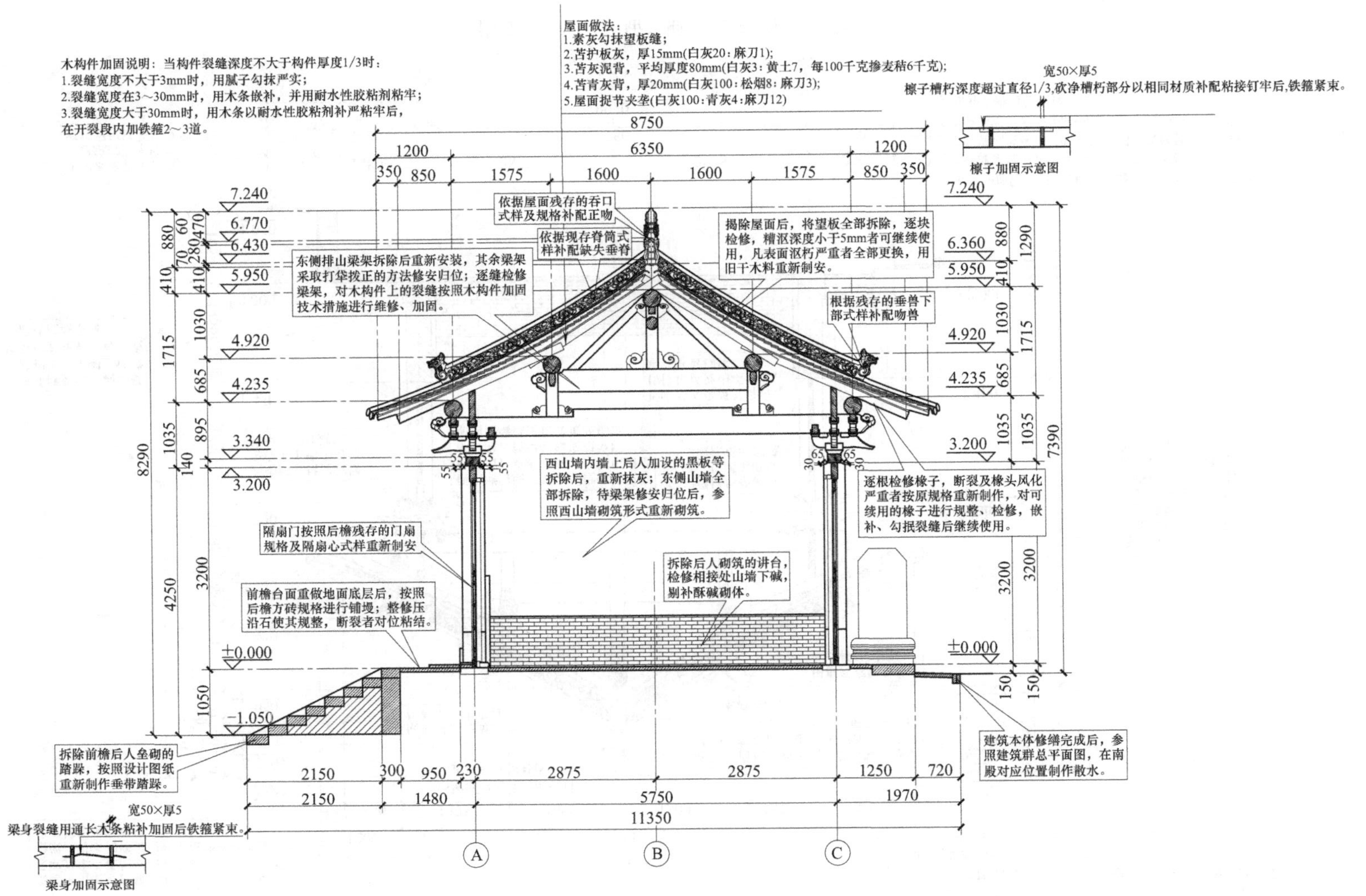

图 5-4-13　×××庙×殿 1—1 断面图（设计）

由于椽子在勘测中无法逐一检查，应在施工中将椽子拆除后，根据其具体残现情况进行对应的维修：
1.椽槽朽深度<20mm，砍剔干净防腐处理后补抹；
2.椽槽朽深度≤30mm剔除，用于干燥旧木料粘接、拼接或更换，砍剔干净防腐处理；
3.椽槽朽深度30mm<深≤50mm补配。

逐根检修檐椽子，断裂及椽头风化严重者按原规格重新制作，对可续用的椽子进行观鉴、检修，勾抹裂缝后继续使用。

根据残存的垂兽下部式样补配物兽

掀除屋面后，将望板全部拆除、逐块检修，槽泥深度小于5mm者可继续用，凡表面滋朽严重者全部更换，用旧干木料顶重新制安

后檐墙体全部拆除，按照原前檐墙体做法重新砌筑

拆除后人砌筑的拼合，检修相接处山墙下槛，剔补酥碱墙砌体

依据现存简式式垂脊补配正物

依据现存规格补配缺失垂脊

西山墙内墙上加设人加设灰等墙板全部拆除，重新抹灰；东侧山墙安修归位后，待梁架修复后重新砌筑，按照西山墙砌筑式重新砌筑

两梢间直棂窗现存上下槛上对应的卯口尺寸制安

东侧排山梁架拆除后重新安装，其余梁架采取打牮拨正的方法修安归位，逐缝修缮梁架，对木构件上的裂缝依据木构件加固技术进行维修、加固。

整修本体槽檐槛墙、剔补酥碱砖砌体，上部土坯墙体拆除后，对外表体平整抹红泥草面。

建筑本体修缮完成后，参照建筑群总平面图，在正殿对应位置制作散水。

木构件加固说明：当构件裂缝深度不大于构件厚度1/3时：
1.裂缝宽度不大于3mm时，用腻子勾抹严实；
2.裂缝宽度在3~30mm时，用木条嵌补，并用耐水性胶粘剂严实；
3.裂缝宽度大于30mm时，用木条以耐水性胶粘剂补严粘牢后，在开裂段内加铁箍。

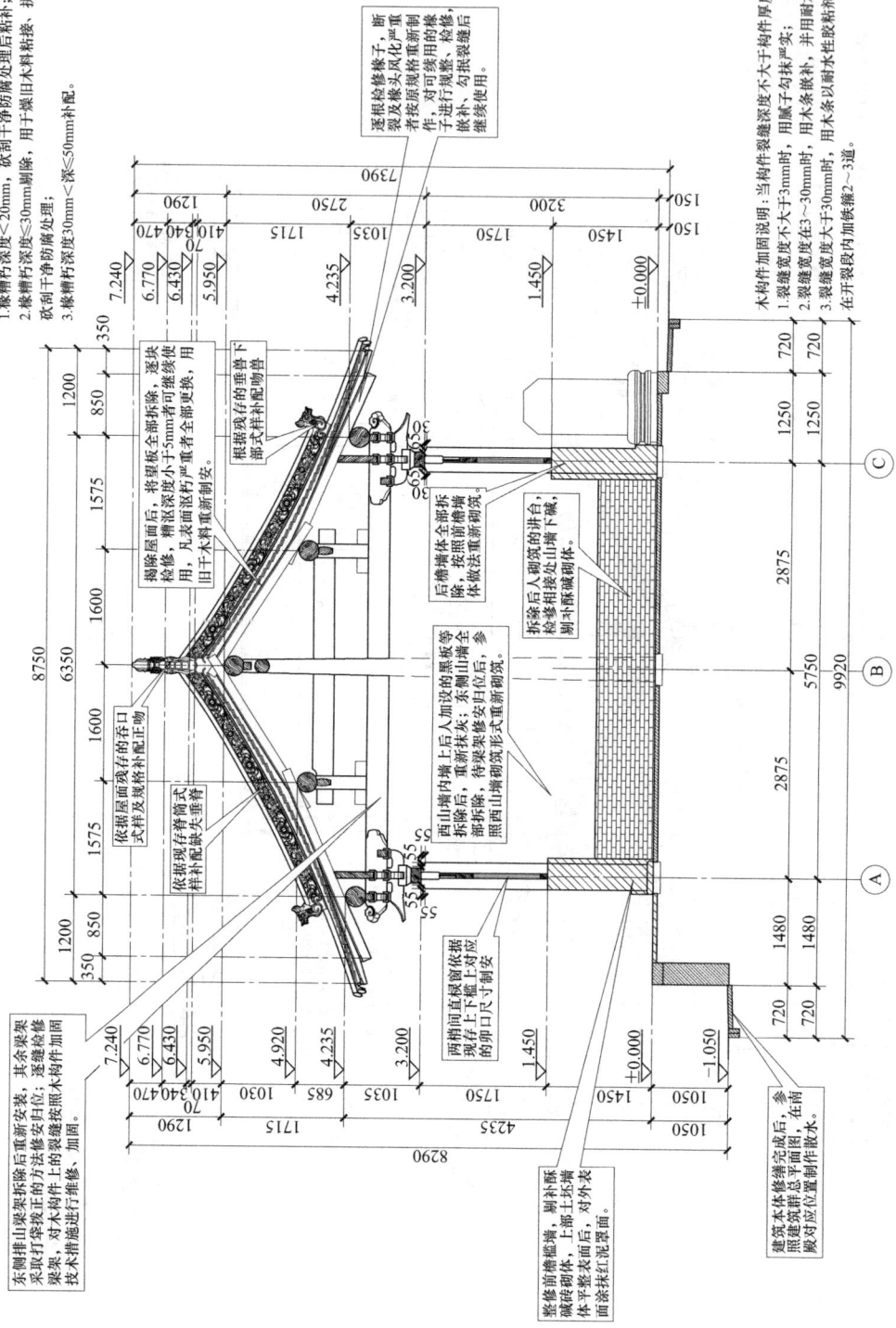

图 5-4-14 ××庙×殿 2—2 断面图（设计）

234

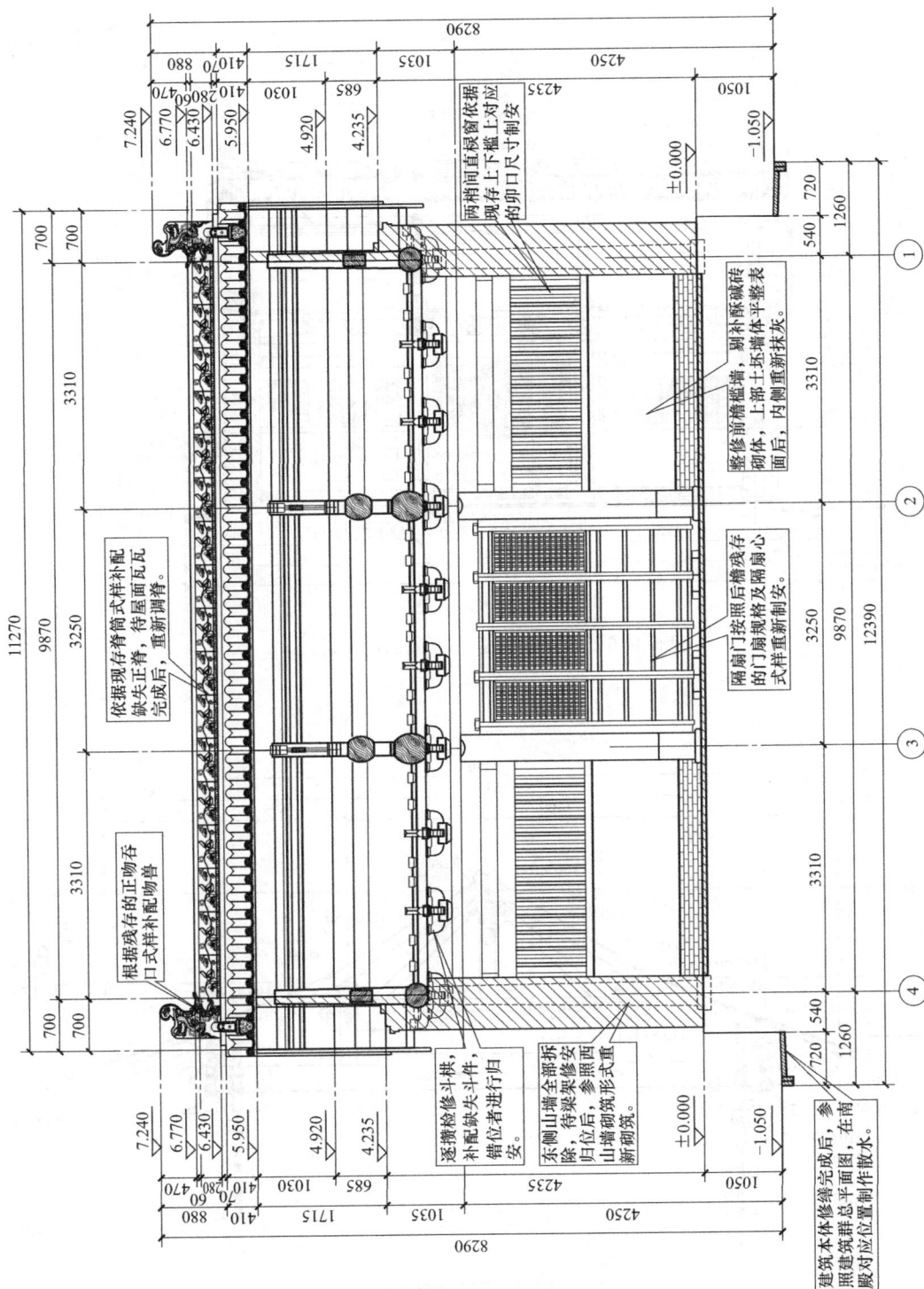

图 5-4-15 ××庙×殿 3—3 断面图（设计）

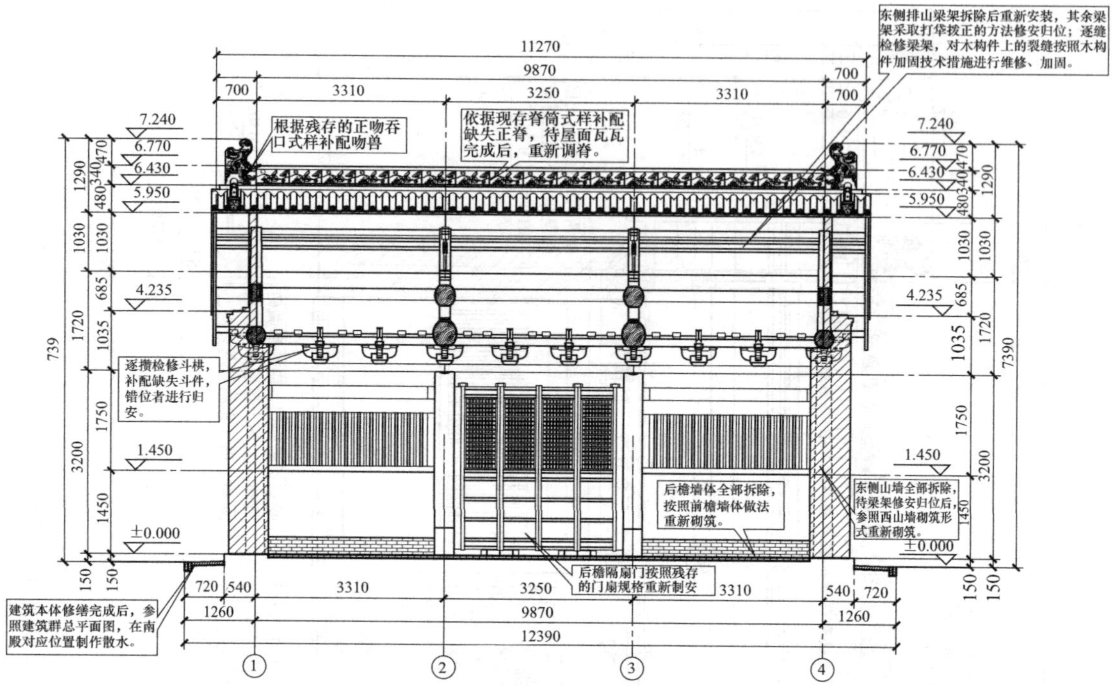

图 5-4-16 ××庙×殿 4—4 断面图（设计）

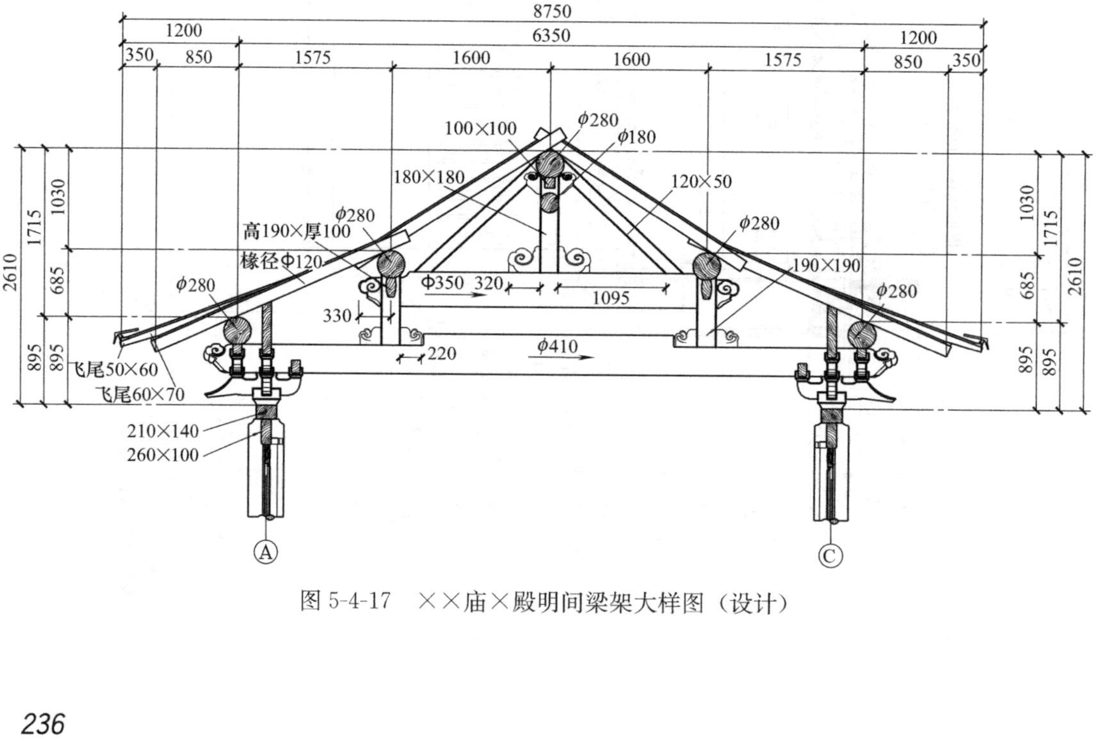

图 5-4-17 ××庙×殿明间梁架大样图（设计）

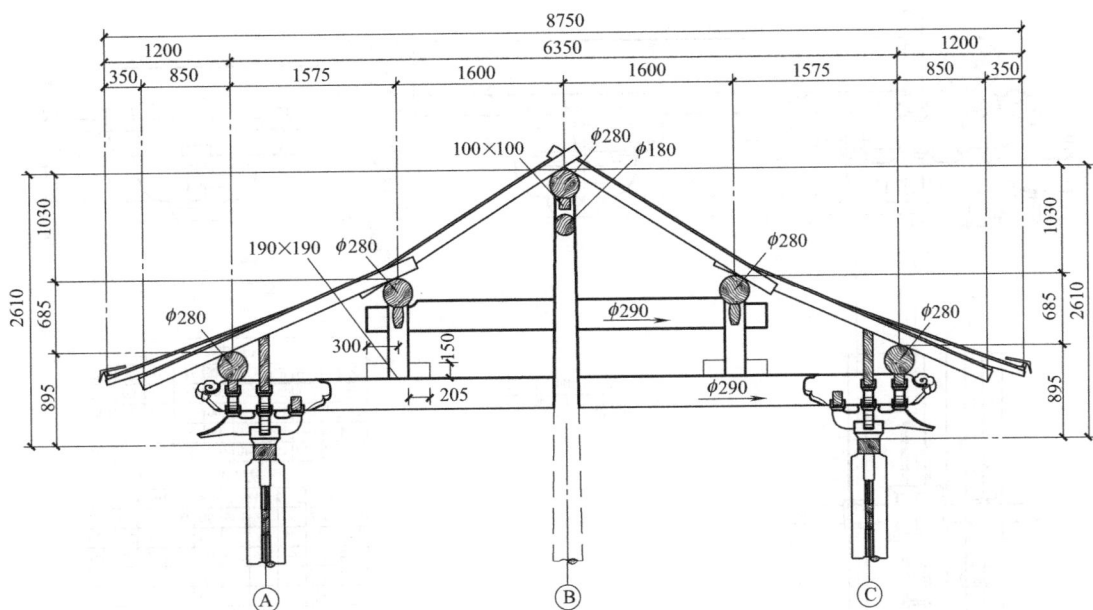

图 5-4-18 ××庙×殿排山梁架大样图（设计）

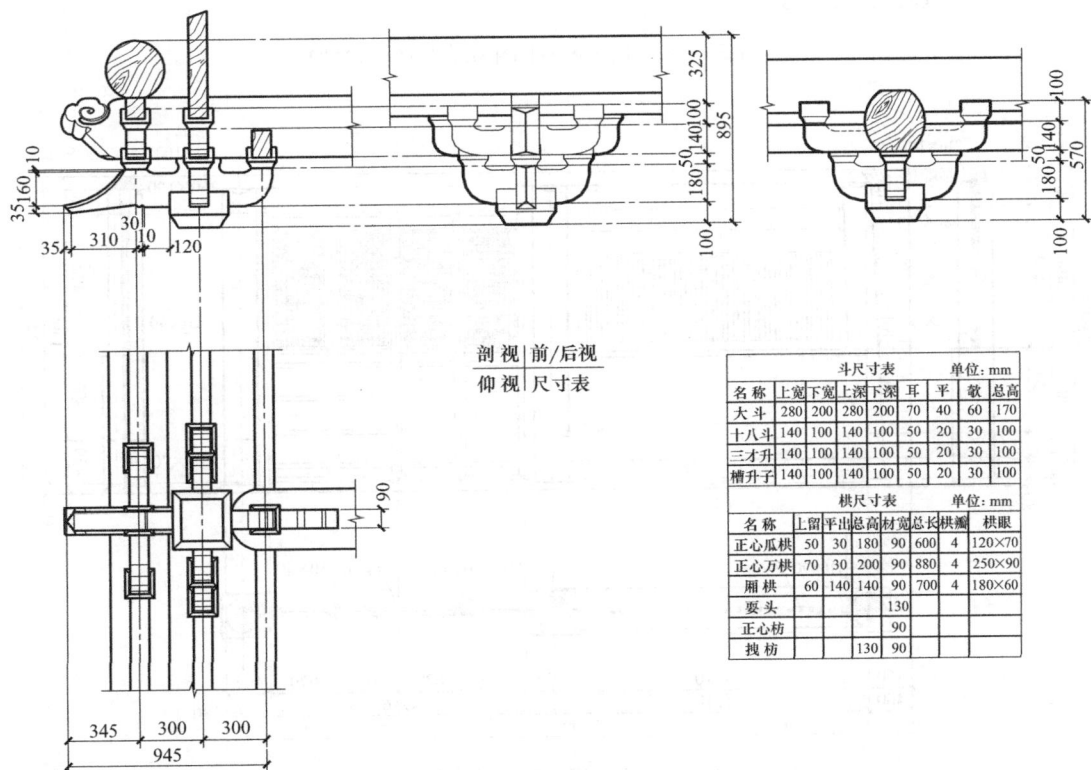

剖 视｜前/后视
仰 视｜尺寸表

斗尺寸表							单位：mm
名称	上宽	下宽	上深	下深	耳	平	敧	总高
大斗	280	200	280	200	70	40	60	170
十八斗	140	100	140	100	50	20	30	100
三才升	140	100	140	100	50	20	30	100
槽升子	140	100	140	100	50	20	30	100

栱尺寸表							单位：mm
名称	上留	平出	总高	材宽	总长	栱瓣	栱眼
正心瓜栱	50	30	180	90	600	4	120×70
正心万栱	70	30	200	90	880	4	250×90
厢栱	60	140	140	90	700	4	180×60
要头				130			
正心枋				90			
拽枋			130	90			

图 5-4-19 ××庙×殿柱头斗栱大样图（设计）

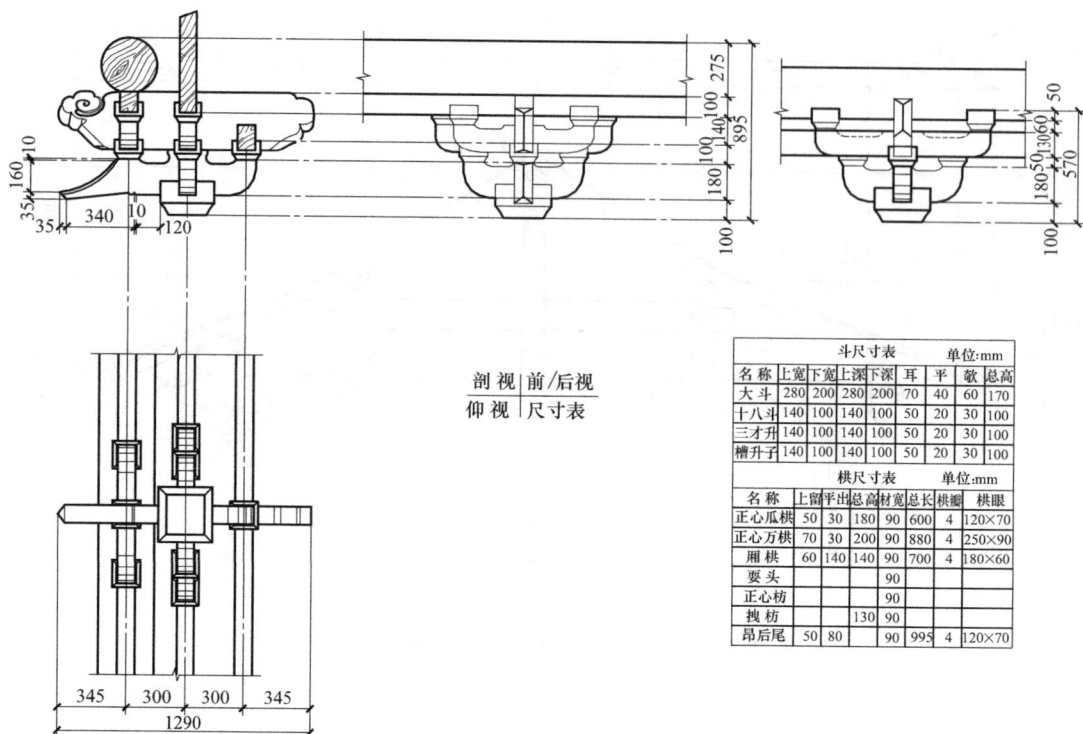

斗尺寸表 单位:mm

名称	上宽	下宽	上深	下深	耳	平	欹	总高
大斗	280	200	280	200	70	40	60	170
十八斗	140	100	140	100	50	20	30	100
三才升	140	100	140	100	50	20	30	100
槽升子	140	100	140	100	50	20	30	100

栱尺寸表 单位:mm

名称	上留	平出	总高	材宽	总长	栱瓣	栱眼
正心瓜栱	50	30	180	90	600	4	120×70
正心万栱	70	30	200	90	880	4	250×90
厢栱	60	140	140	90	700	4	180×60
要头				90			
正心枋				90			
拽枋			130	90			
昂后尾	50	80		90	995	4	120×70

图 5-4-20 ××庙×殿补间斗栱大样图（设计）

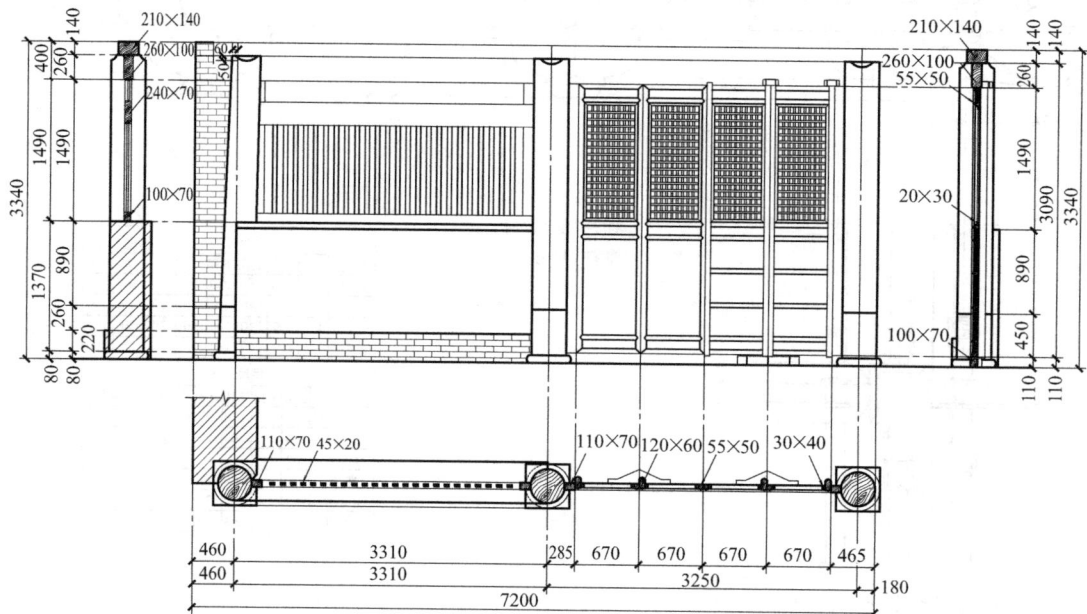

图 5-4-21 ××庙×殿前檐装修大样图（设计）

238

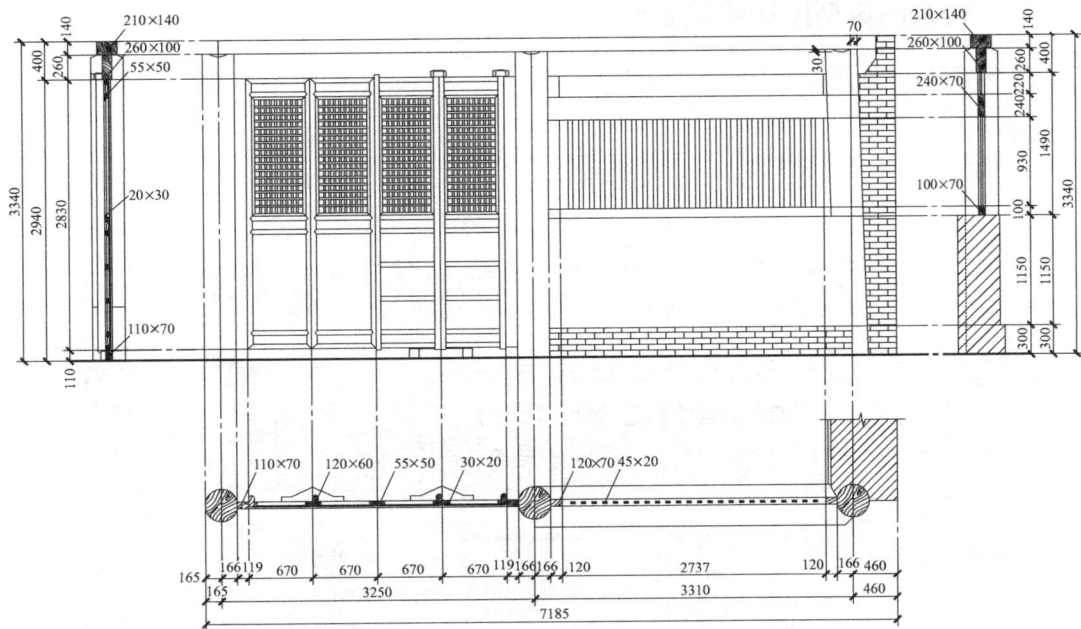

图 5-4-22　××庙×殿后檐装修大样图（设计）

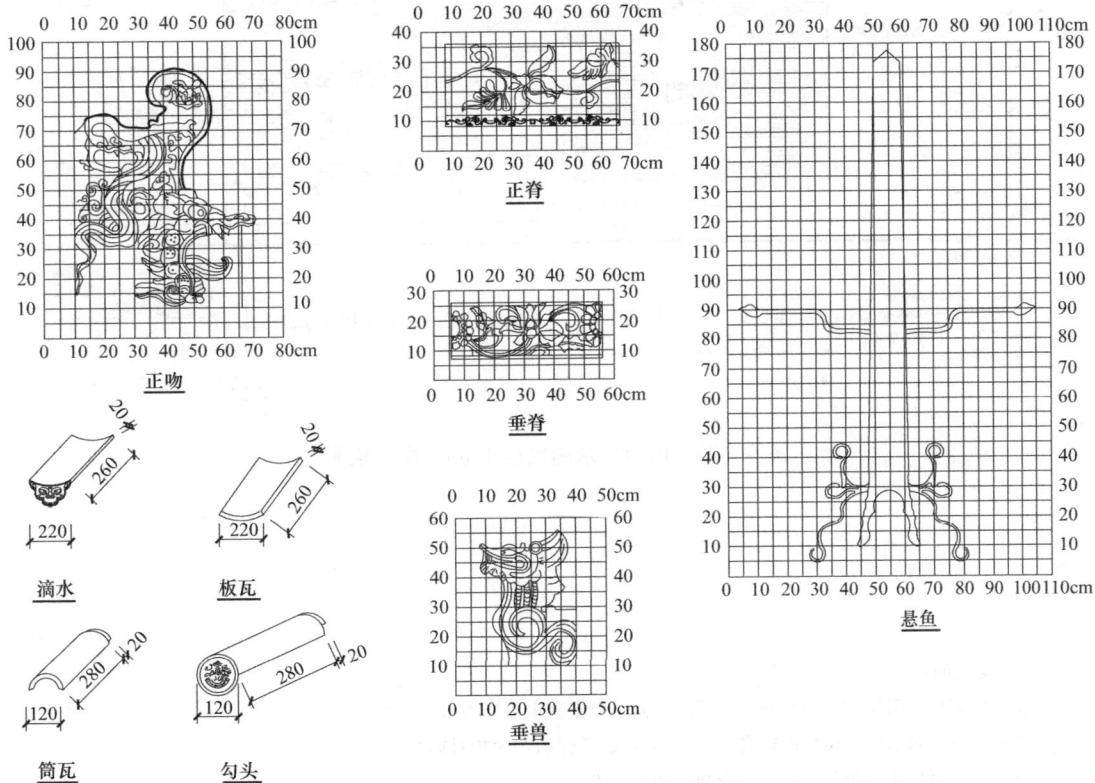

图 5-4-23　××庙×殿构件大样图（设计）

二、晋东南典型民居建筑测绘

图纸编号：（见图 5-4-24～图 5-4-42）

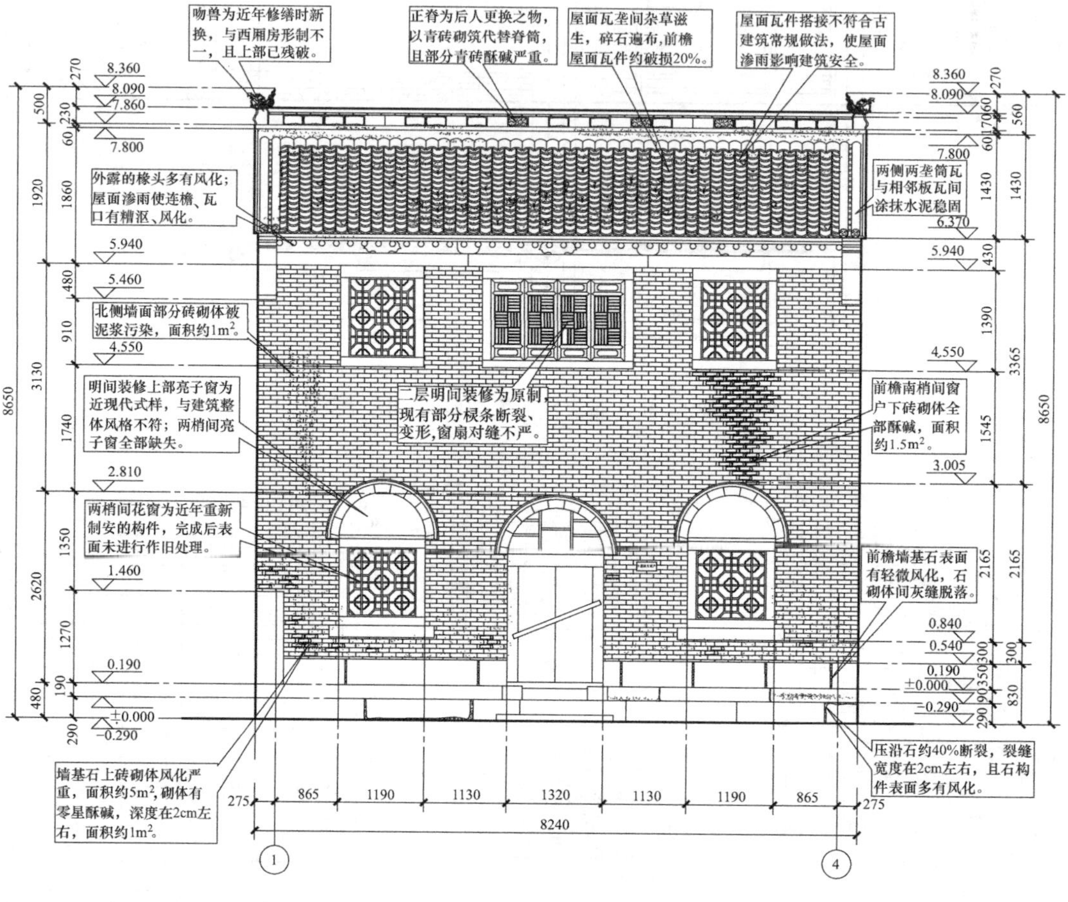

图 5-4-24　山西晋东南民居正立面图（实测）

标高设定说明：

1. 建筑标高均未引用"黄海高程系"标高，而是设定固定不变点进行标高。

2. 本建筑设定东厢房一层台面标高为±0.000，建筑标高均为相对标高。

3. 图纸中标高以米为单位，其余标注均以毫米为单位。

吻兽为近年修缮时新换，与西厢房形制不一，且上部已残破。

正脊为后人更换之物，以青砖砌筑代替脊筒，且部分青砖酥碱严重。

后檐屋面瓦件破损约30%，且屋面瓦件搭接不符合古建筑常规做法，使屋面渗雨影响建筑安全。

外露的椽头多有风化；屋面渗雨使连檐、瓦口有糟沤、风化。

靠近院墙处砖砌砌体全部酥碱，面积约0.5m²。

后檐墙体有通长裂缝2条，将墙面分为明显的两部分，2条裂缝间墙体为后人重砌，手法粗糙，总面积约25m²（包括一层墙体面积）。

后檐墙基石毛石松动，后人在其表面涂抹白灰砂浆（现部分已脱落），大部分白灰表面开裂），墙基石下部被污土掩埋，高度在0.7m左右。

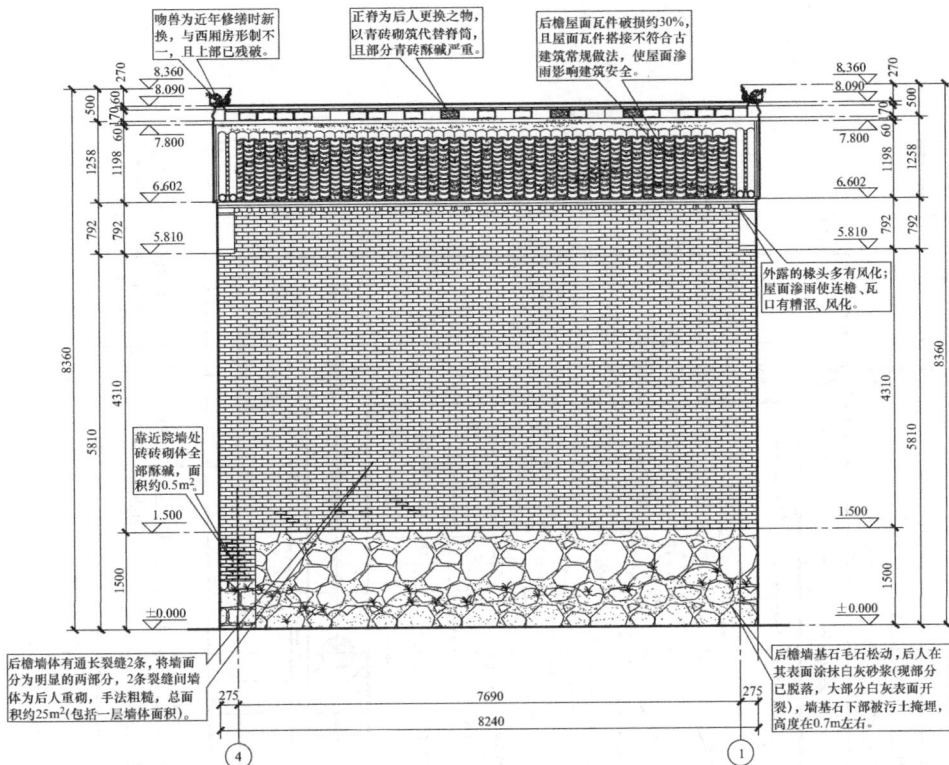

图 5-4-25 山西晋东南民居背立面图（实测）

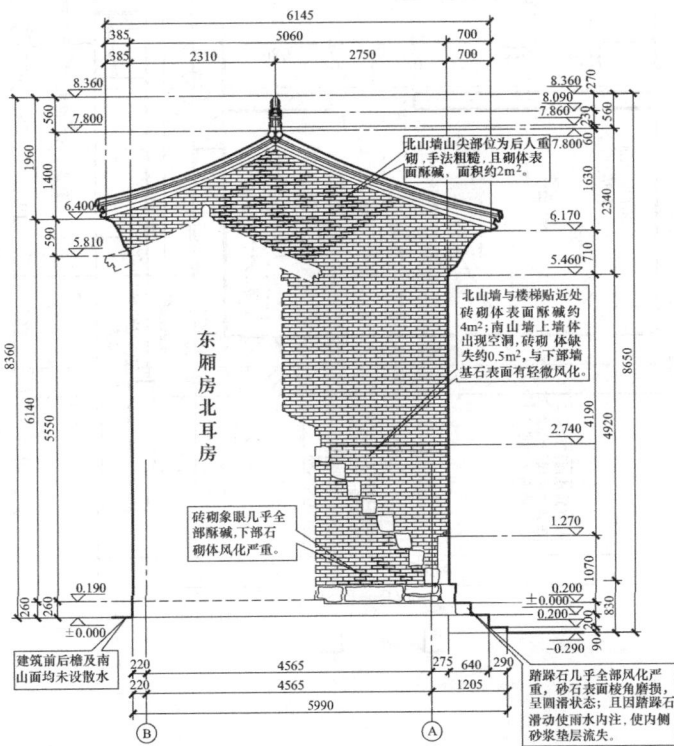

北山墙山尖部位为后人重砌，且砌体表面酥碱，面积约2m²。

北山墙与楼梯贴近处砖砌体表面酥碱约4m²；南山墙上墙体出现空洞，砖砌体缺失约0.5m²，与下部墙基石表面有轻微风化。

东厢房北耳房

砖砌象眼几乎全部酥碱，下部石砌体风化严重。

建筑前后檐及南山面均未设散水。

踏跺石几乎全部风化严重，砂石表面棱角磨损，呈圆滑状态；且因踏跺石滑动使雨水内注，使内侧砂浆垫层流失。

图 5-4-26 山西晋东南民居侧立面图（实测）

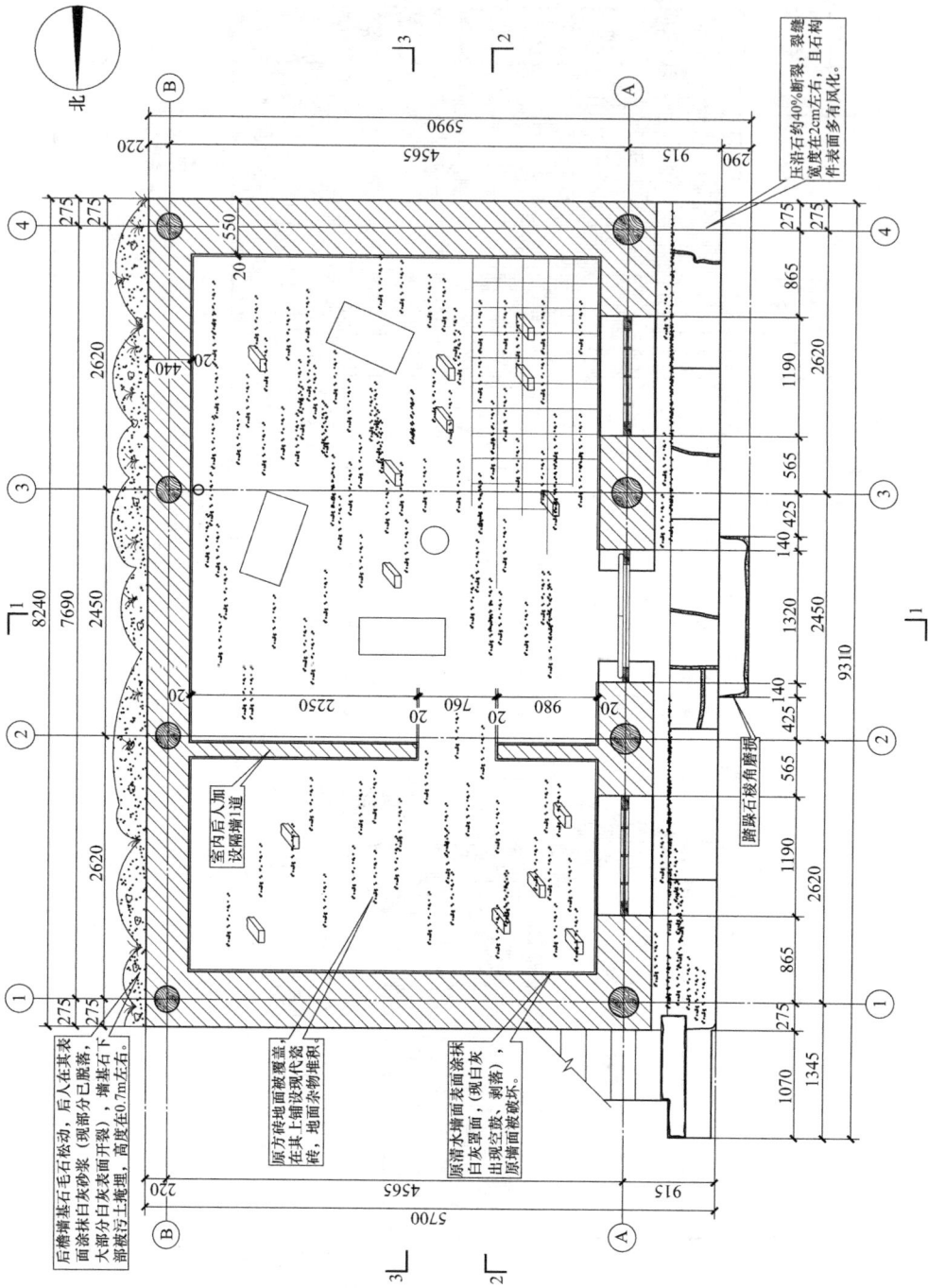

图 5-4-27　山西晋东南民居一层平面图（实测）

北

压沿石约40%断裂，裂缝宽度在2cm左右，且石构件表面多有风化。

室内后人加设隔墙1道

踏跺石棱角磨损

后檐墙基石毛石松动，后人在其表面涂抹白灰砂浆（现部分已脱落），墙基右下部大部分白灰表面开裂，部被沿土掩埋，高度在0.7m左右。

原方砖地面被覆盖，在其上铺设现代瓷砖，地面杂物堆积。

原清水墙面表面涂抹白灰面（现白灰出现空鼓、剥落），原墙面被破坏。

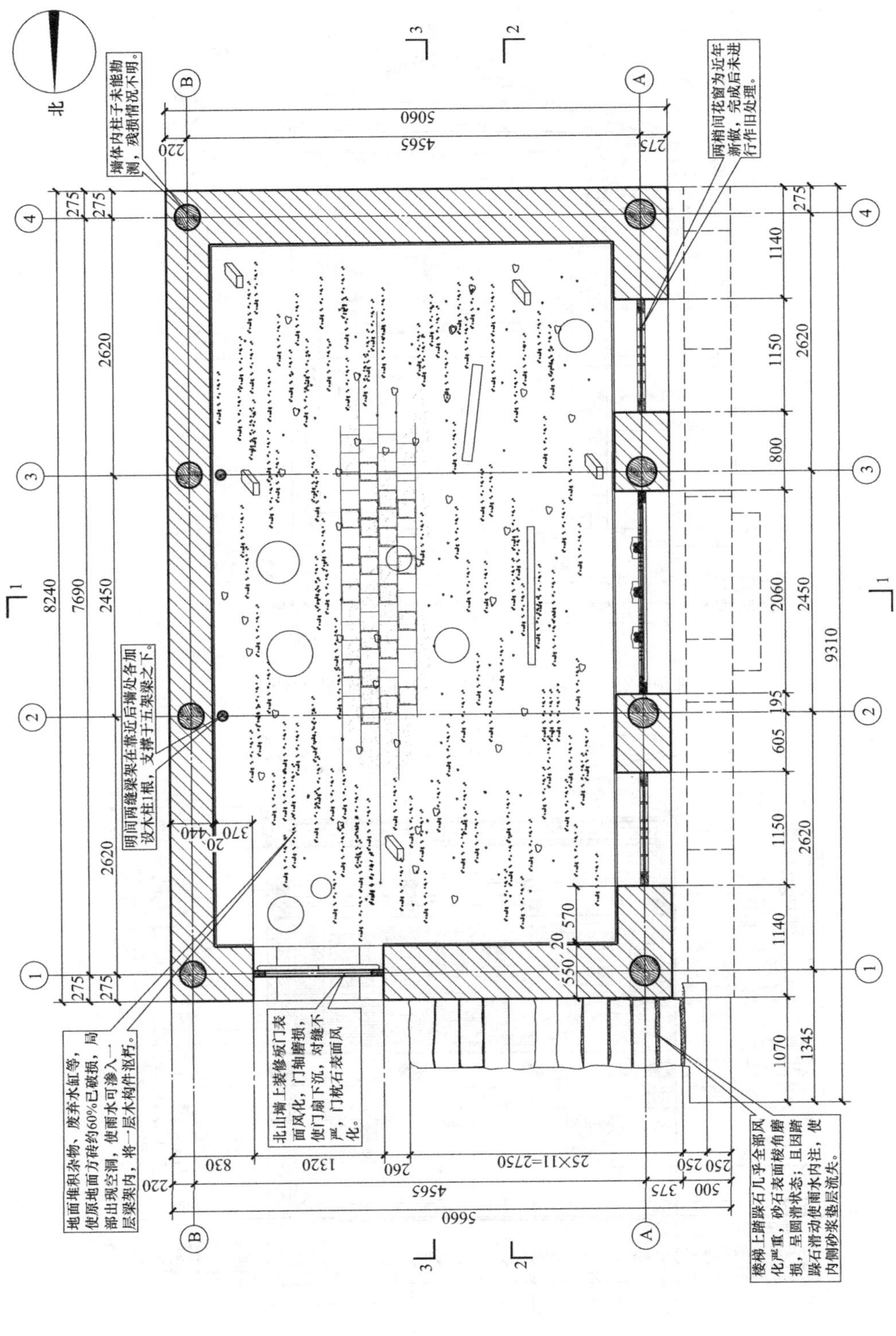

北

墙体内柱子未能勘测，残缺情况不明。

两梢间花窗为近年新做，完成后未进行作旧处理。

明间两缝梁架靠近后墙处各加设木柱1根，支撑于五架梁之下。

地面堆积杂物，废弃水缸等，使其地面约60%已破损，局部出现地面方砖空调，使雨水可渗入一层梁架夹内，将一层木构件泡朽。

北山墙上装修板门表面风化，门轴磨损，使门扇下沉，对缝不严，门枕石表面风化。

楼梯上踏跺石几乎全部风化严重，砂石表面棱角磨损，呈圆滑状态；且因踏跺石滑动，使内侧砂浆垫层流失。

楼梯上踏跺石表面风化，砂石表面棱角磨损，呈圆滑状态；且因踏跺石滑动使雨水内注，使内侧砂浆垫层流失。

图 5-4-28　山西晋东南民居二层平面图（实测）

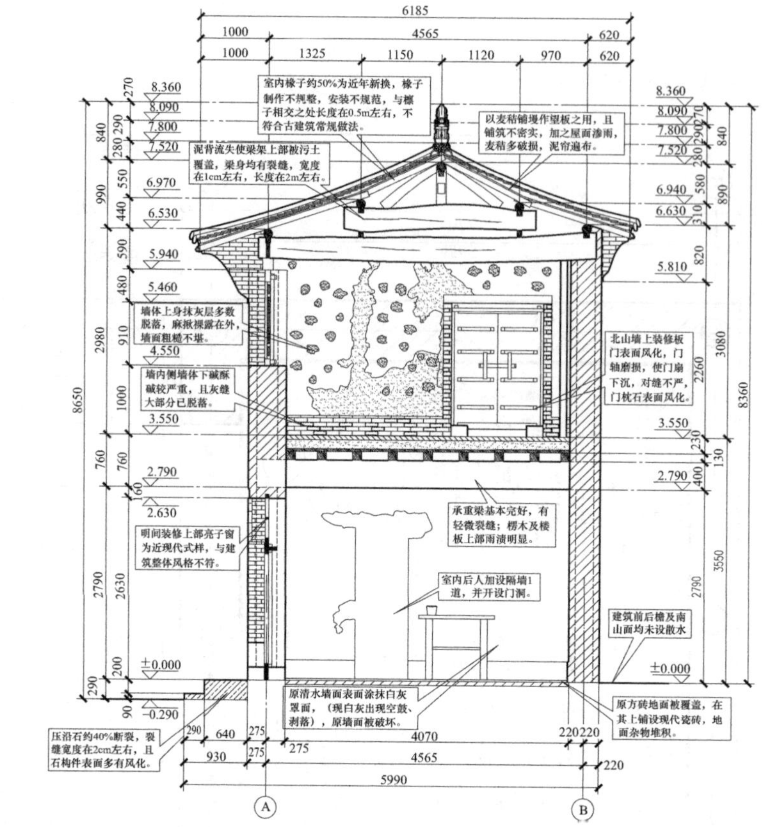

图 5-4-29 山西晋东南民居 1—1 断面图（实测）

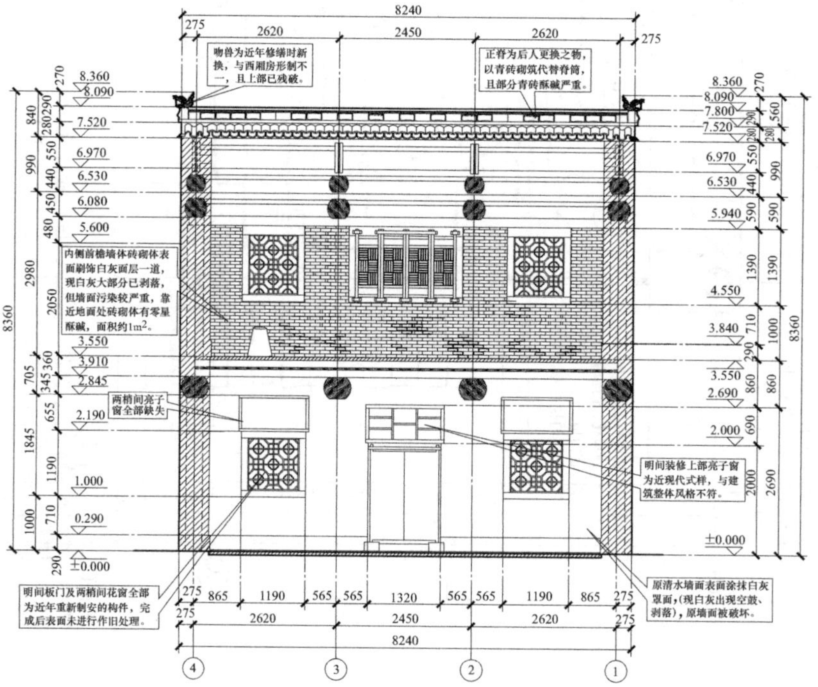

图 5-4-30 山西晋东南民居 2—2 断面图（实测）

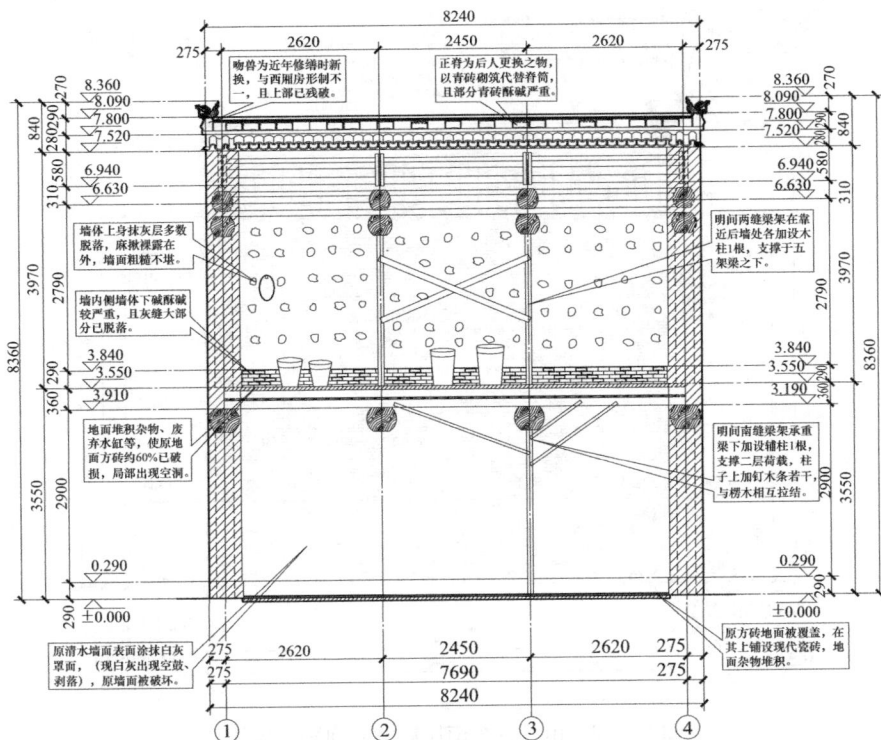

图 5-4-31 山西晋东南民居 3—3 断面图（实测）

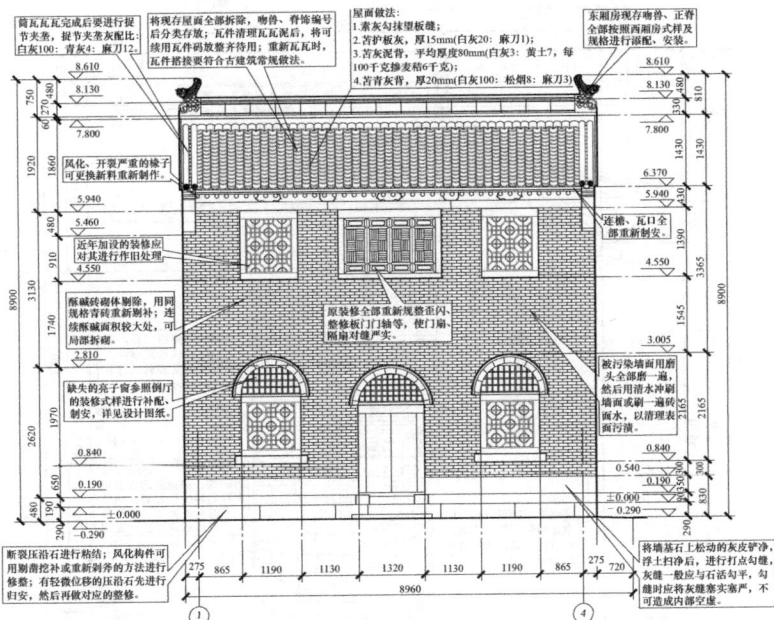

图 5-4-32 山西晋东南民居正立面图（设计）

标高设定说明：

1. 建筑标高均未引用"黄海高程系"标高，而是设定固定不变点进行标高。

2. 本建筑设定厢房一层室内地面（即台面）标高为±0.000，建筑标高均为相对标高。

3. 图纸中标高以米为单位，其余标注均以毫米为单位。

245

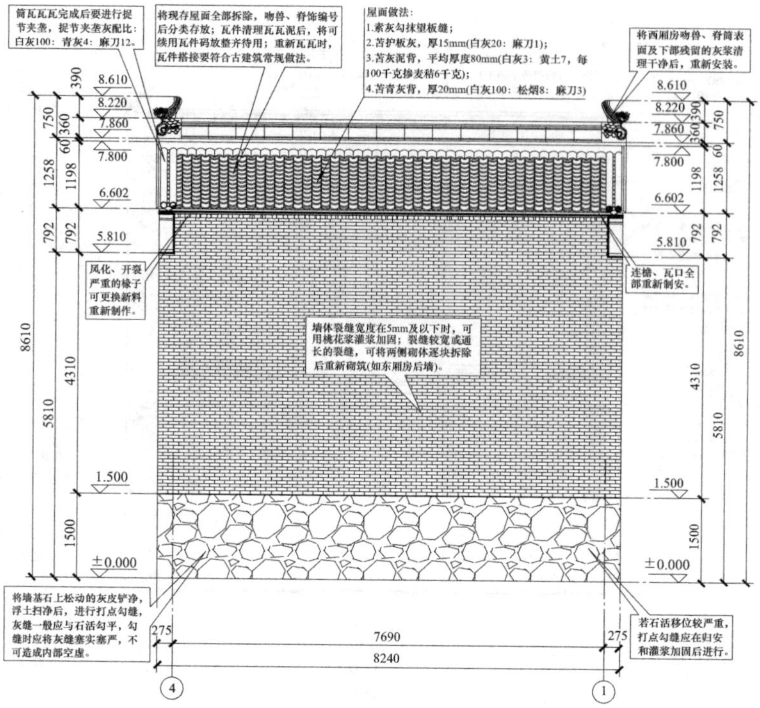
筒瓦瓦瓦完成后要进行捉节夹垄，捉节夹垄灰配比：白灰100：青灰4：麻刀12。
将现存屋面全部拆除，吻兽、脊饰编号后分类存放；瓦件清理瓦瓦泥后，将可续用瓦件码放整齐待用；重新瓦瓦时，瓦件搭接要符合古建筑常规做法。
屋面做法：
1.素灰勾抹望板缝；
2.苫护板灰，厚15mm(白灰20：麻刀1)；
3.苫灰泥背，平均厚度80mm(白灰3：黄土7，每100千克掺麦秸6千克)；
4.苫青灰背，厚20mm(白灰100：松烟8：麻刀3)
将西厢房吻兽、脊筒表面及下部残留的灰浆清理干净后，重新安装。
风化、开裂严重的椽子可更换新料重新制作。
连檐、瓦口全部重新制安。
墙体裂缝宽度在5mm及以下时，可用桃花浆灌浆加固；裂缝较宽或通长的裂缝，可将两侧砌体逐块拆除后重新砌筑(如东厢房后墙)。
将墙基石上松动的灰皮铲净，浮土扫净后，进行打点勾缝，灰缝一般应与石活勾平，勾缝时应将灰缝塞实塞严，不可造成内部空虚。
若石活移位较严重，打点勾缝应在归安和灌浆加固后进行。
8.610
8.220
7.860
7.800
6.602
5.810
1.500
±0.000
7690
8240
4
1

图 5-4-33　山西晋东南民居背立面图（设计）

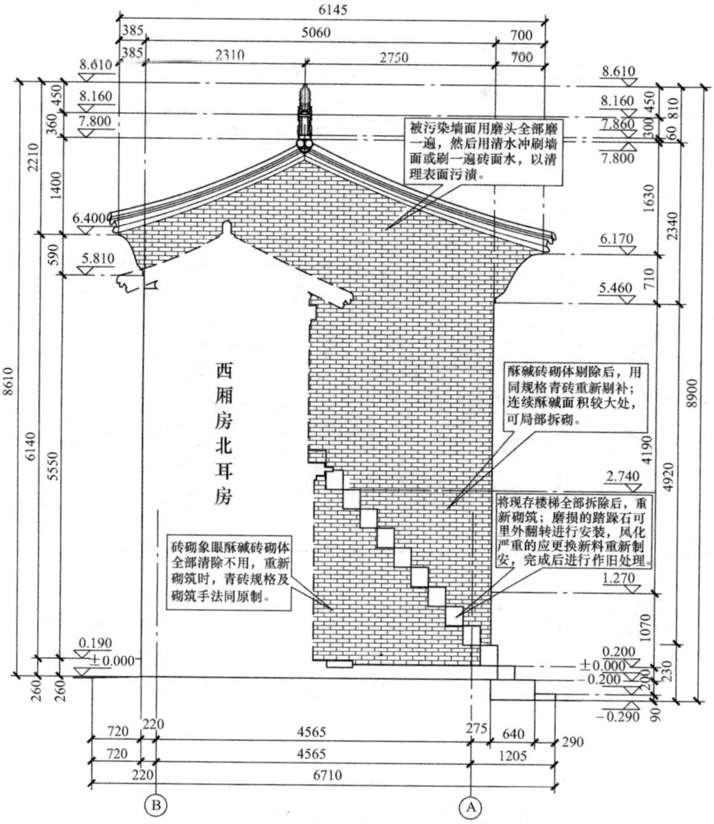
被污染墙面用磨头全部磨一遍，然后用清水冲刷墙面或刷一遍砖面水，以清理表面污渍。
西厢房北耳房
酥碱砖砌体剔除后，用同规格青砖重新剔补；连续酥碱面积较大处，可局部拆砌。
将现存楼梯全部拆除后，重新砌筑；磨损的踏跺石可里外翻转进行安装，风化严重的应更换新料重新制安，完成后进行作旧处理。
砖砌象眼酥碱砖砌体全部清除不用，重新砌筑时，青砖规格及砌筑手法同原制。
6145
5060
8.610
8.160
7.800
6.400
5.810
6.170
5.460
2.740
1.270
0.200
0.190
±0.000
−0.200
−0.290
6710
B
A

图 5-4-34　山西晋东南民居北侧立面图（设计）

地面做法

青灰勾抿，局部砖墁药打点
地面铺墁，方砖规格300×300×60mm
掺灰泥坐底25mm
灰土夯实（一步）厚150mm
原土夯实

断裂压治石进行粘结；风化构件
可用剔凿挖补或重新剁斧的方法
进行修整；有轻微位移的压治石
先进行归安，然后再做对应的整修。

墁地砖：300×300×60

将后人加砌的支
撑柱全部拆除

拆除后人加砌的隔墙；清除
一层端墙上后人加设的白灰
面层后，用打点刷浆的方法
整修原清水端面。

台面清理表面污土后，
用青砖铺墁，青砖上
皮与压治石平齐。

将水泥及现代瓷砖地面全部清除
后，找出原地坪，依据西厢房地
面上残存的墁地砖规格重墁地面。

近年加设的装修应
对其进行作旧处理

踏跺可里外翻转安装

在检修墙体时，整修墙内
柱子，若墙体内未设柱子
可在维修时对应在墙架
下加设木柱，规格以能承
受上部荷载为宜。

将现存楼梯全部
拆除后，重新砌
筑；磨损的踏跺
石可里外翻转进
行安装，风化严
重的应新料
重新制安，完成
后进行作旧处理。

在建筑修缮完
成后，参照总
平面图在东西
厢房相应位置
重新制作散水。

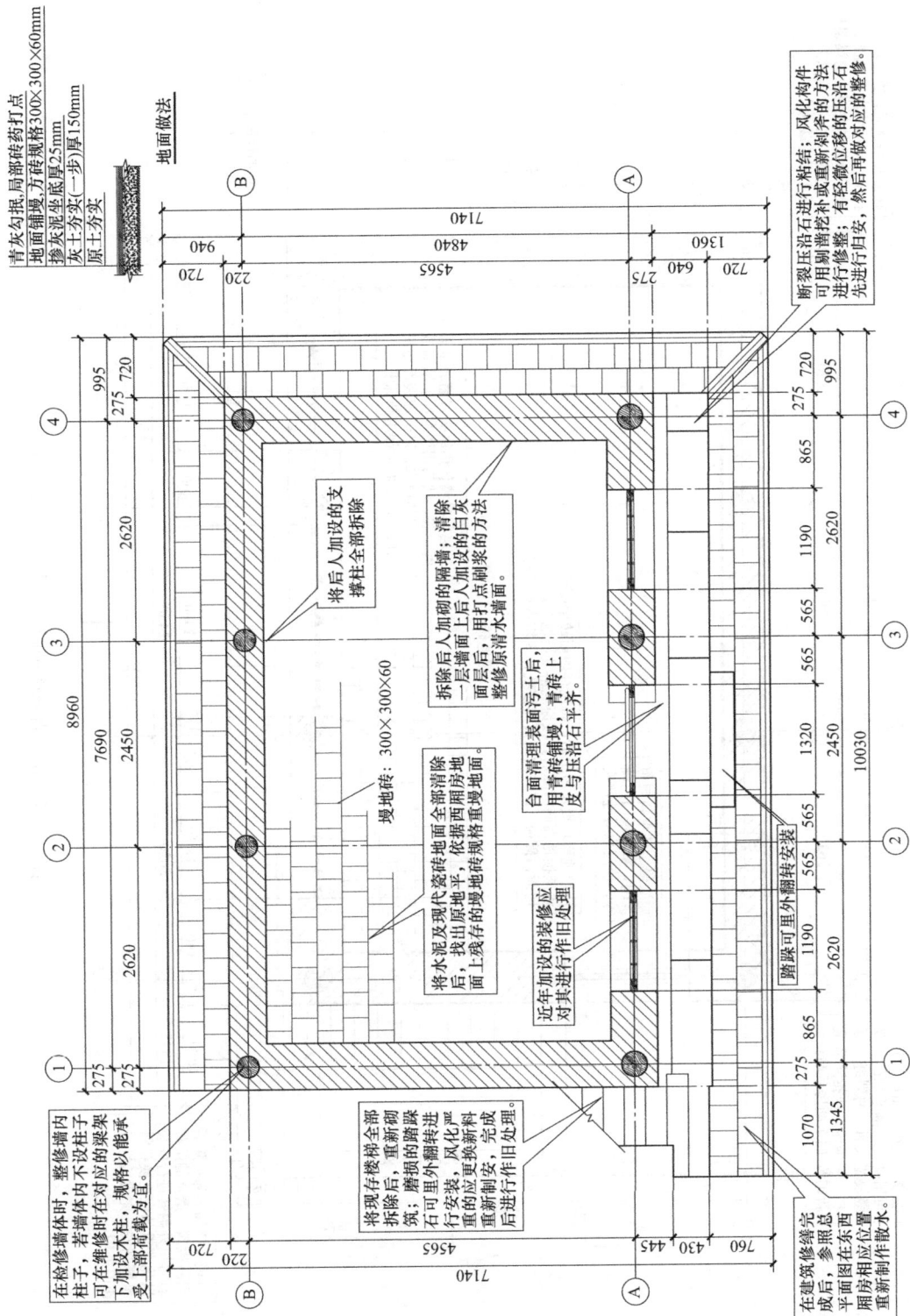

图 5-4-35 山西晋东南民居一层平面图（设计）

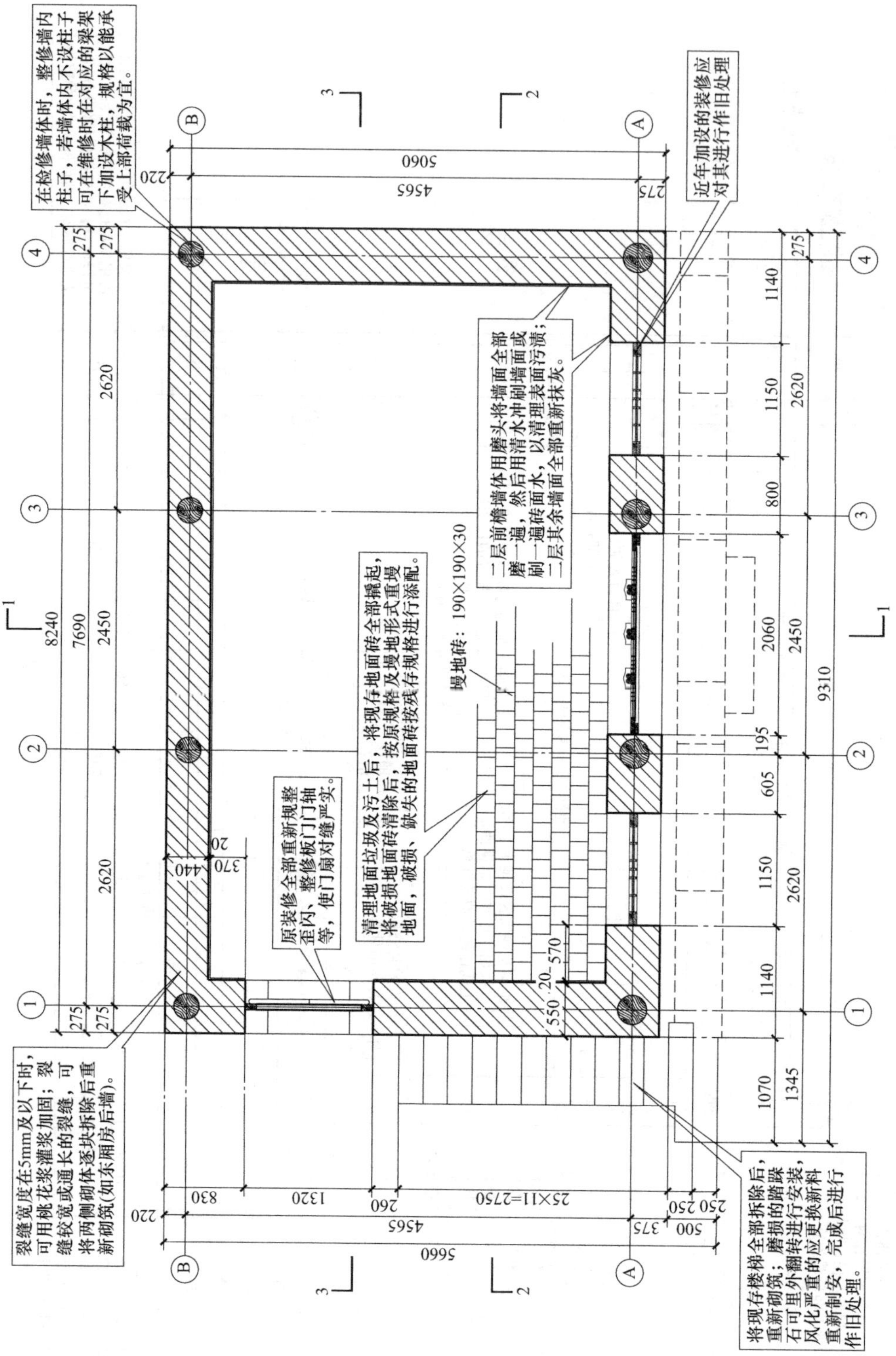

在检修墙体时，整修墙内柱子，若墙体有不设柱子可在维修时在相对应的梁下加设木柱，规格以能承受上部荷载为宜。

近年加设的装修应对其进行作旧处理

一层前檐墙体用磨头将墙面全部磨一遍，然后用清水冲刷墙面或刷一遍清面水，以清理墙面污渍；一层其余墙面全部重新抹灰。

墁地砖：190×190×30

二层前檐墙体用磨头将墙面全部磨一遍，然后用清水冲刷墙面或刷一遍清面水，以清理墙面污渍；二层其余墙面全部重新抹灰。

原装修全部重新规整，整修板门轴、使门扇门歪闪等，使门扇对缝严实。

清理地面应灰及污土后，将现存地面砖全部撬起，将原规格及墁地形式重墁地面，按原规格进行添配。缺失的地面砖按残存规格，破损、地面、破损的应补配。

裂缝宽度在5mm及以下时，可用桃花浆灌浆加固；裂缝较宽或通长的裂缝，可将两侧砌体逐块拆除后重新砌筑（如东厢房后端）。

将现存楼梯全部拆除后，重新砌筑；磨损的踏跺石可里外翻转进行安装，风化严重的应更换新料重新制安，完成后作旧处理。

图 5-4-36　山西晋东南民居二层平面图（设计）

椽子检修说明：

由于椽子在勘测中无法逐一检查，应在施工中将椽子拆除后，根据其具体残损情况进行对应的维修：

1. 椽糟朽深度＞20mm，砍刮干净防腐处理后粘补；

2. 椽糟朽深度≤30mm 剔除，用干燥旧木料粘接、拼接或更换，砍刮干净防腐处理；

3. 椽糟朽深度 30mm＜深≤50mm 补配。

望板修缮措施：

屋面瓦件及苫背层清理干净后，将望板及秸秆全部拆除：

东厢房：秸秆全部拆除，用厚 20mm 的松木望板重新制安；

西厢房：将现存望板拆除后，清理表面干净后逐块检修，槽沤深度小于 3mm 者可继续使用，槽沤严重者进行更换，重新安装时要以柳叶缝铺钉，并对接严密。

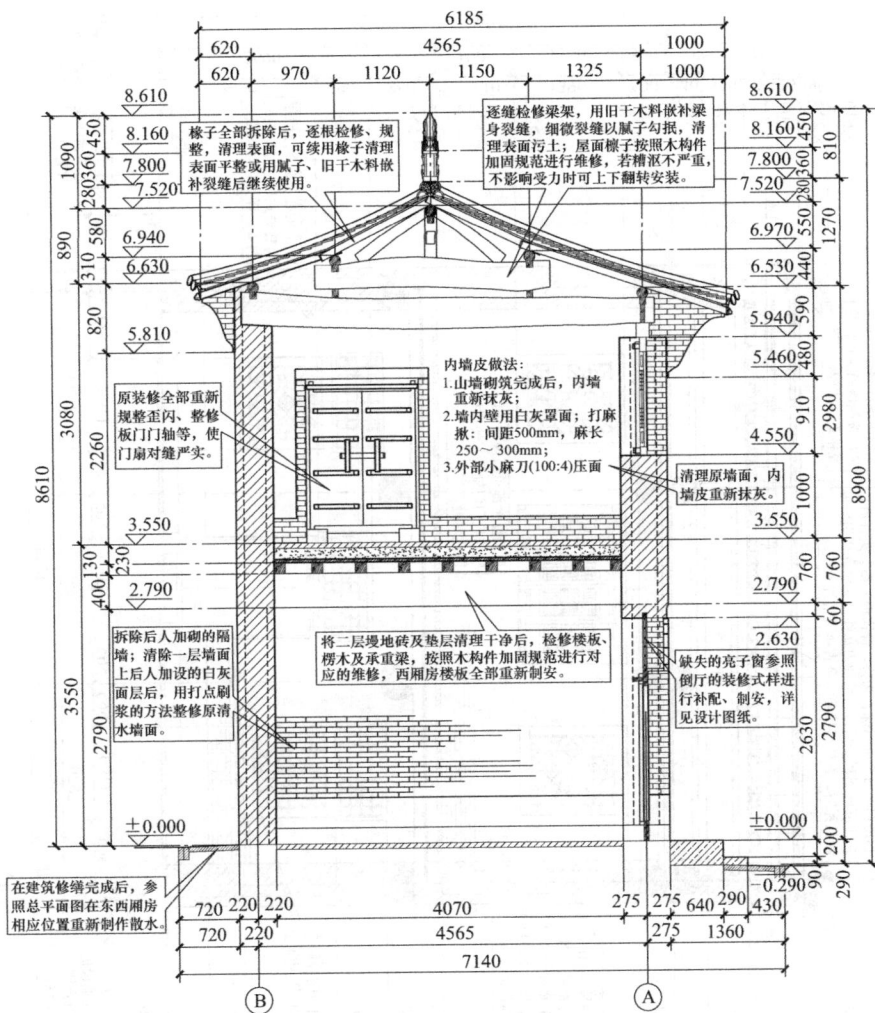

图 5-4-37　山西晋东南民居 1—1 断面图（设计）

木构件加固说明：

当构件裂缝深度不大于构件厚度 1/3 时：

1. 裂缝宽度不大于 3mm 时，用腻子勾抹严实；

2. 裂缝宽度在 3～30mm 时，用木条嵌补，并用耐水性胶粘剂粘牢；

3. 裂缝宽度大于 30mm 时，用木条以耐水性胶粘剂补严粘牢后，在开裂段内加铁箍 2～3 道。

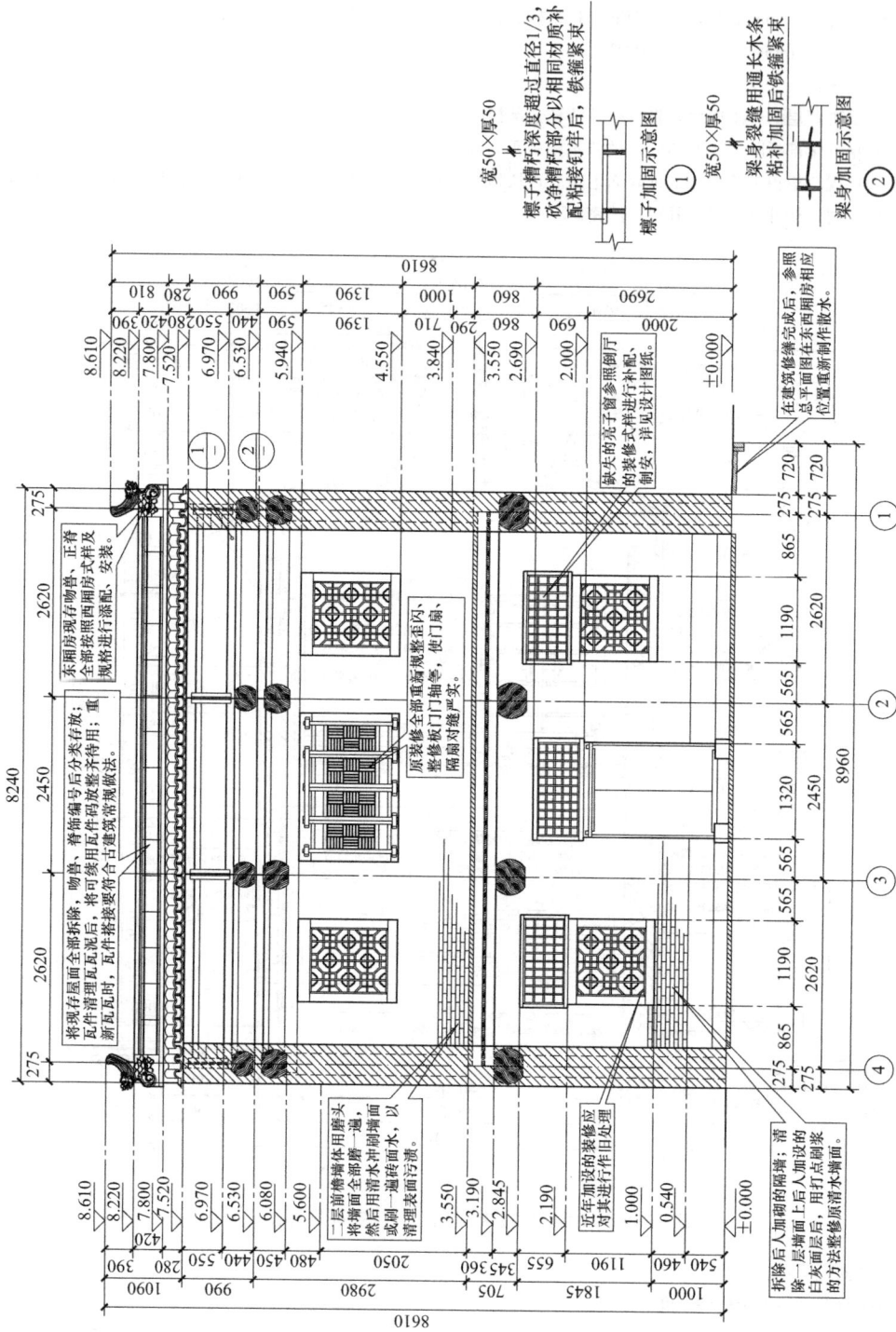

图 5-4-38 山西晋东南民居 2—2 断面图（设计）

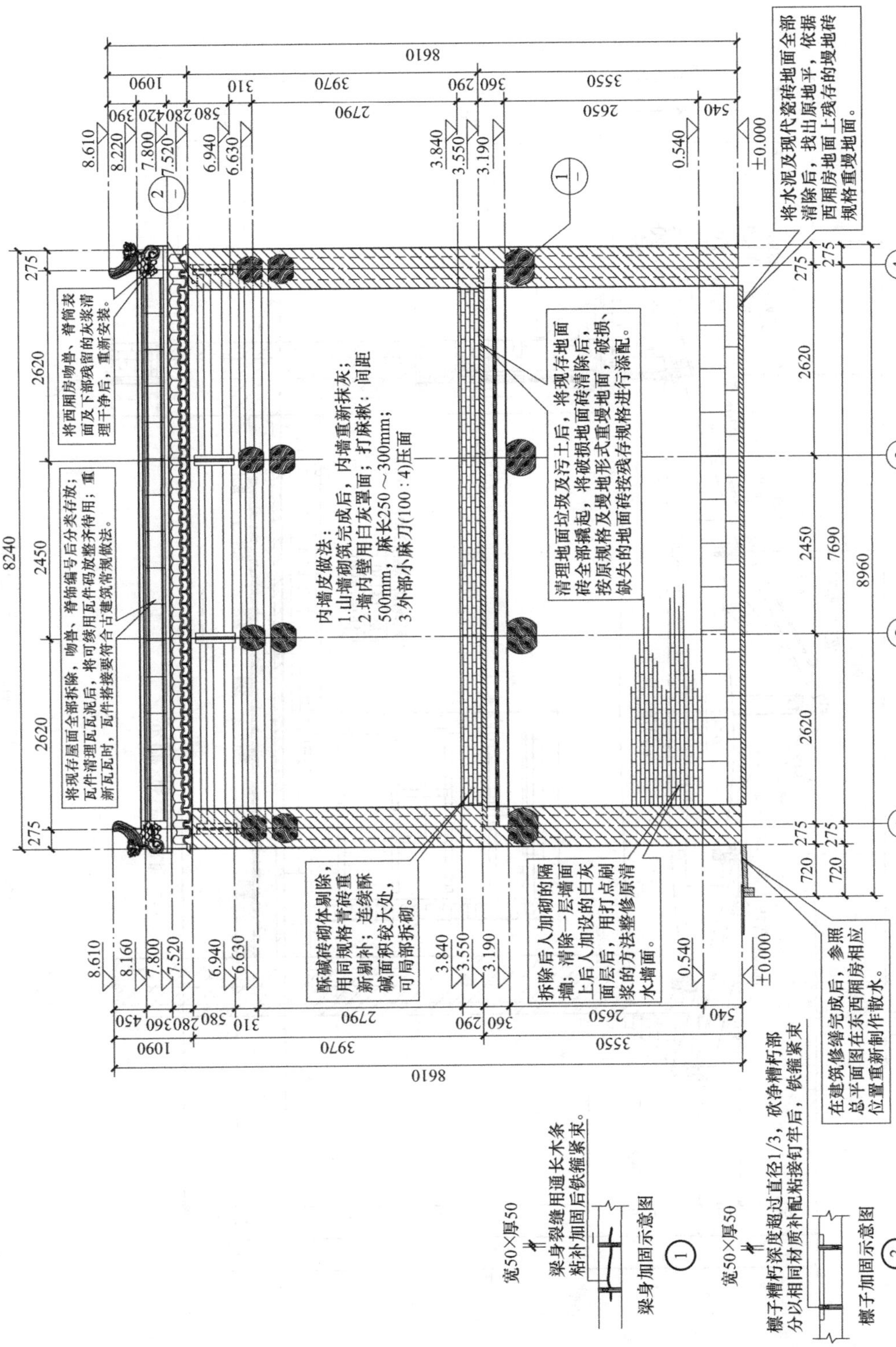

将西泥及现代瓷砖地面全部清除后，找出原地平，西厢房地面依据现存的墁地砖规格重墁地面。

将西厢房吻兽、脊筒表面及下部残留的灰浆清理干净后，重新安装。

将西屋屋面全部拆除，吻兽、脊饰编号后分类存放；重砌瓦面时，瓦件续用反瓦件码放整齐待用；重新瓦瓦，瓦件搭接要符合古建筑常规做法。

将现存屋面全部拆除，瓦件清理灰泥后，新瓦瓦时，瓦件续用反瓦件码放整齐待用；重新瓦瓦，瓦件搭接要符合古建筑常规做法。

内墙皮做法：
1.山墙砌筑完成后，内墙重新抹灰，打底灰罩面；
2.墙内壁用白灰罩面：麻揪间距500mm，麻长250～300mm；
3.外部小麻刀(100：4)压面

清理地面垃圾灰污土后，将现存地面砖全部撬起，将破损地面砖清除后，按原规格式重墁地面，破损、缺失的地面砖按残存规格进行墁配。

酥碱砖砌体剔除，用同规格青砖重新剔补；连续酥碱面积较大处，可局部拆砌。

酥碱砖砌体剔除，用同规格青砖重新剔补；连续酥面积较大处，可局部拆砌。

拆除后人加砌的隔一层墙墙；清除人加设的上后层面，用打点刷浆的方法整理原清水墙面。

在建筑修缮完成后，参照总平面图在东西厢房相应位置重新制作散水。

图 5-4-39　山西晋东南民居 3—3 断面图（设计）

梁身裂缝用通长木条粘补加固后铁箍紧束。

宽50×厚50

梁身加固示意图 ①

槫子槽朽深度超过直径1/3，砍净槽面后，用人加设的同材质补配粘接钉牢后，铁箍紧束。

宽50×厚50

槫子加固示意图 ②

251

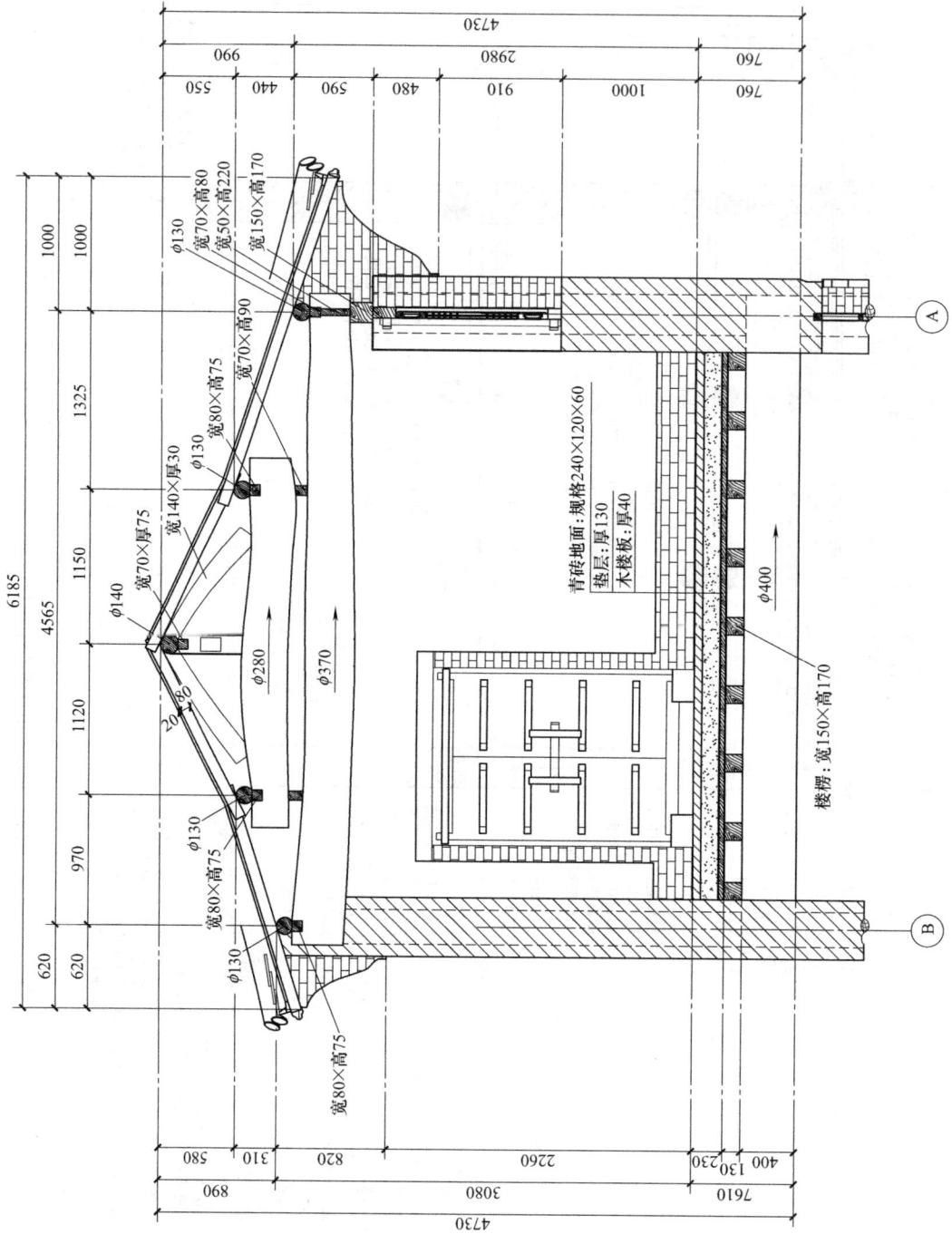

图 5-4-40 山西晋东南民居梁架大样图（设计）

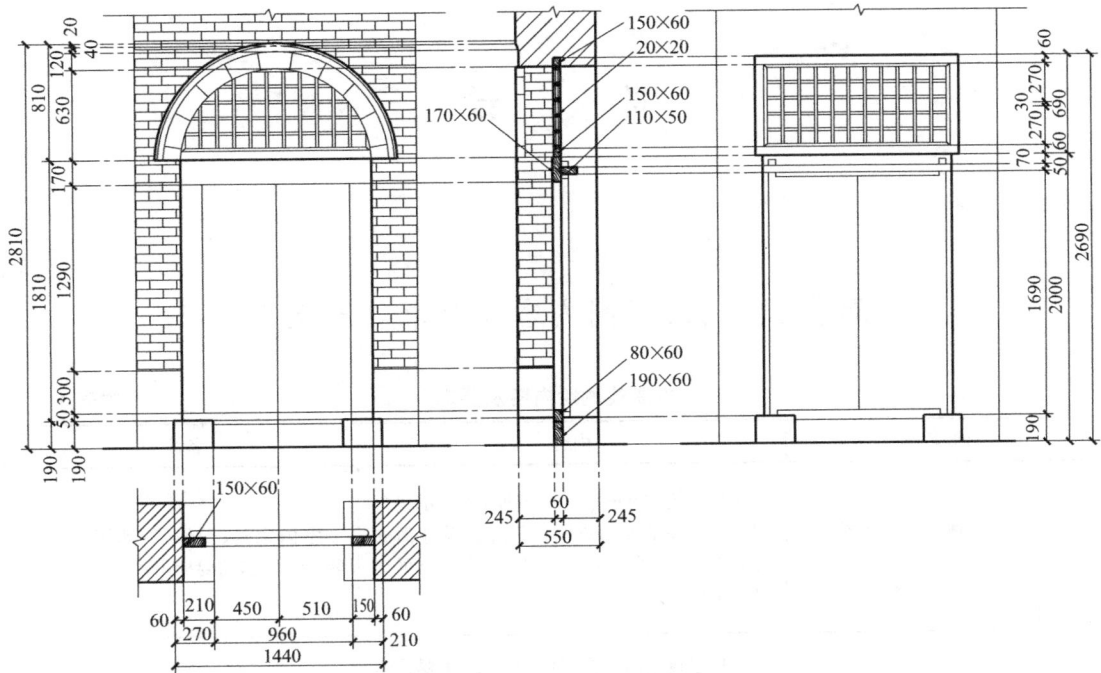

图 5-4-41 山西晋东南民居装修大样图（设计）

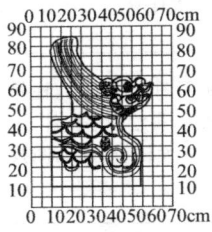

正吻立面

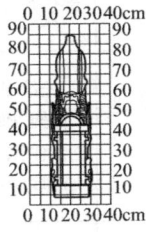

正吻剖面

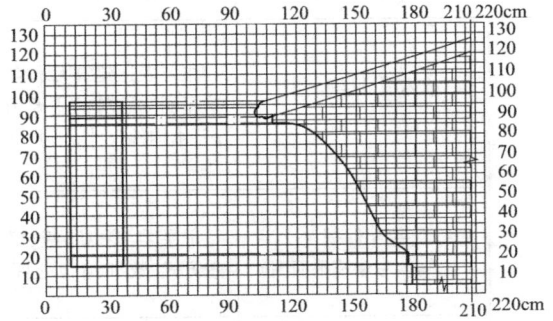

前檐墀头

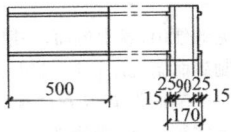

正脊

滴水

板瓦

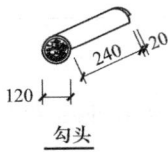

勾头

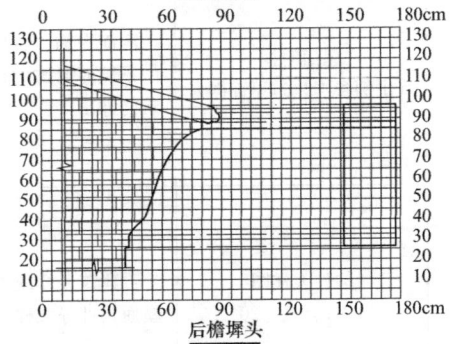

后檐墀头

图 5-4-42 山西晋东南民居构件大样图（设计）

附　录

附录1：测绘草图内容及要求（附表1）

古建筑测绘内容及要求　　　　　　　　　　　　　　　　　　　　　　　附表1

	图纸名称	内容	备注
1	单体各层平面图 1：50～1：100	测量建筑的开间、进深、墙厚,要表示出台明、踏步、柱子等的位置和尺寸以及地面的铺装方式,柱子的直径、高度等信息也可记录于平面图之上	室内家具、塑像、石碑等附属文物,如果有,需要标出其位置
2	单体立面图 1：50	测量建筑立面主要构件的尺寸,主要是建筑各部位的关系,要求能准确表达建筑上(屋顶)、中(木构架)、下(台明)三部分的比例及尺度关系,对于立面中所暗含的年代特征要表达清楚	标记屋面脊饰、瓦垄数及排山勾滴的数目,有悬鱼、惹草时应附大样,正确表达屋面构件大样、墙体各部位尺寸、装修大样等
3	单体横、纵剖面图 1：50	主要表达建筑大木构架的图纸,是确定建筑屋面"弧度"的主要依据,要将各步架、举高、木构件尺寸、柱子等全部表示出来	先绘制横断面图,将檩、梁、柱等"骨架"确定之后,再绘制小构件;纵断面图结合正立面图、横断面图投影即可得
4	梁架仰视 (比例参考建筑平面图)	记录梁、檩、枋、板、椽等构件以及斗栱布置方式、数量、相互之间的组合关系	一组院落中次要建筑可不绘制梁架该图,尤其是硬山、悬山建筑可不绘制;椽子可绘制分位线表示
5	屋面俯视 (比例参考建筑平面图)	屋面脊饰、吻兽、瓦件等构件的绘制;表示的是屋面脊饰的位置及数量,歇山、庑殿建筑的冲出等	常见的硬山、悬山屋面,一般不需要绘制屋面俯视图;对于歇山、庑殿等复杂的屋面形式或者盝顶、盔顶等杂式建筑屋面,则需要绘制屋面俯视图来表示吻兽、脊饰以及一些标志性瓦件的位置
6	构件大样图 1：10～1：20	古建筑大样图主要包括梁架、斗栱、装修、屋面构件等大样	斗栱和装修大样的绘制一般包括三个视图:正视图、侧视图和仰(俯)视图;梁架大样是将横断面图中大木及斗栱单独表示后进行构件的详细标注;屋面构件(吻兽、脊饰)绘制立面和断面图即可

	图纸名称	内容	备注
7	透视图 1∶500~1∶100	直观的表现建筑群的空间组合关系,可辅助完成建筑群总平面的测量	透视关系要能正确反映各建筑的相邻关系
8	分析图 (比例参考建筑平面图等相关图纸)	一般有两类:一是单体建筑的柱网抄平示意图;一是梁架举折分析图	柱网分析图可表示建筑变形尺度,是建筑残损原因分析的依据;举折分析图可对建筑年代进行断定
9	总平面图 1∶500~1∶100	要表示各个单体建筑、院墙、甬道、古树、古井等位置,还要记录下古建筑周围的地形地貌特征,尤其是当建筑物位于特殊的地形中,如山地、丘陵、河岗等处时	能够显示出每个建筑物之间的相对位置和距离、现存建筑物与环境、地形、地貌的关系
	群组剖面图 1∶100	沿建筑的中轴线(有时轴线会多于一条)将建筑群进行分割后所作的剖面图,可表示建筑群整体地形变化	重点表现的是建筑群体的关系,即建筑与建筑、建筑与院落与环境的关系
10	古建筑附属文物	古建筑内的壁画、家具、塑像、碑刻等	可以用通过拓样、拍照片、绘画和文字描述等方式记录下来

附录2:测绘前的工具准备(附表2)

测绘工具使用记录表　　　　　　　　附表2

项目名称:

序号	工具名称	数量	使用人	归还记录
1	小钢尺			
2	水平尺			
3	铅垂			
4	钢卷尺			
5	激光测距仪			
6	罗盘			
7	水平管			
8	水准仪			
9	全站仪			
10	经纬仪			
11	数码相机			
12	A4 或 A3 画板			
13	铅笔			
14	橡皮			
15	转笔刀或小刀			

续表

序号	工具名称	数量	使用人	归还记录
16	中性笔			
17	……			
18	……			

保管人：

损坏记录：

时间：

附录 3：前期资料收集表（附表 3）

前期资料收集表　　　　　　　　　　　　　　　附表 3

序号	资料名称	备注
1	区位图	地形图或者谷歌地图
2	测量对象所在地的水文、地质、气候等资料	来自县志或图书馆资料
3	历史测绘图	手绘本等
4	"三普"资料	建筑群的基本信息
5	"四有"档案	图纸、照片、文字简要说明
6	有关规划文本	新农村规划、旅游规划等
7	相关论文	研究性或说明性论文
8	碑碣拓片或碑文内容摘录	当地文物局提供
9	……	
10	……	

附录 4：现状记录表（附表 4）

现状记录表　　　　　　　　　　　　　　　附表 4

建筑名称：

	部位	材质/规格	残损情况	残损量	备注
台明地面	阶条石				
	台明地面				
	台帮				
	踏跺				
	室内地面				
	散水				

	部位	材质/规格	残损情况	残损量	备注
墙体	前檐槛墙				
	后檐墙体				
	东山墙				
	西山墙				
	内墙				
	墙体壁画				
	拱眼壁				
大木构架	明间东缝梁架				
	明间西缝梁架				
	东山墙梁架				
	西山墙梁架				
	斗栱(可细化)				
	平板枋、额枋				
	柱子(可细化)				
	……				
	……				
木基层	椽子				
	望板				
	博风板				
	山花板				
	连檐瓦口				
	……				
	……				
屋面	前檐屋面				
	后檐屋面				
	吻兽				
	脊饰				
	檐头附件				
	……				
	……				
装修	前檐装修				
	后檐装修				
	内檐装修				
	……				
附属文物	石碑				
	牌匾				
	……				

附录 5：图纸模板（附图 1~附图 7）

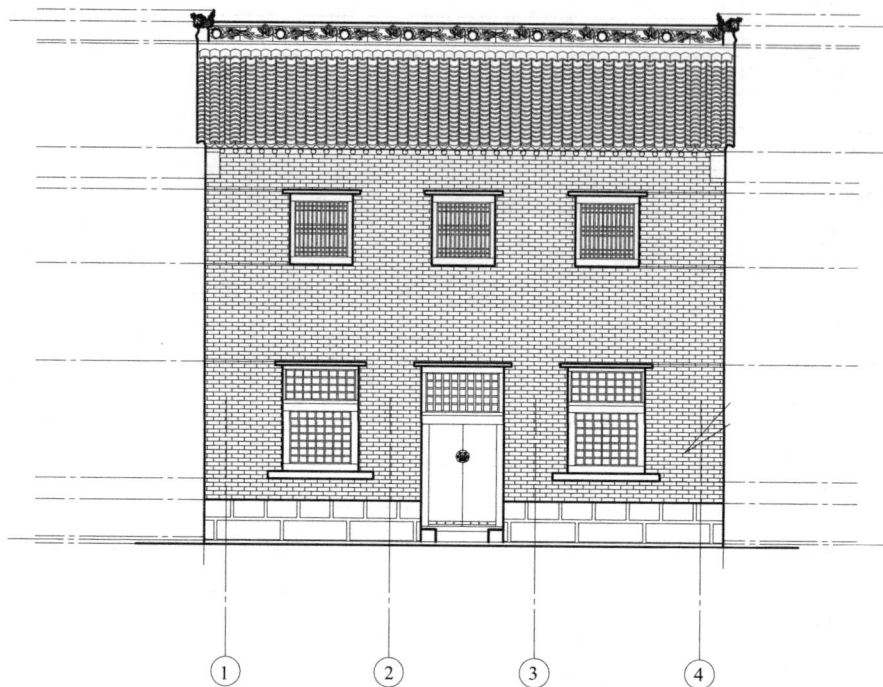

附图 1　正立面图

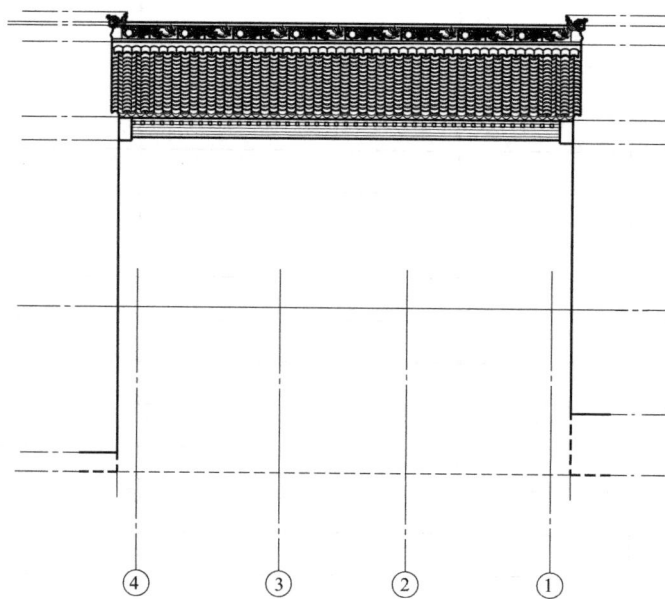

附图 2　背立面图

北

墁地砖规格

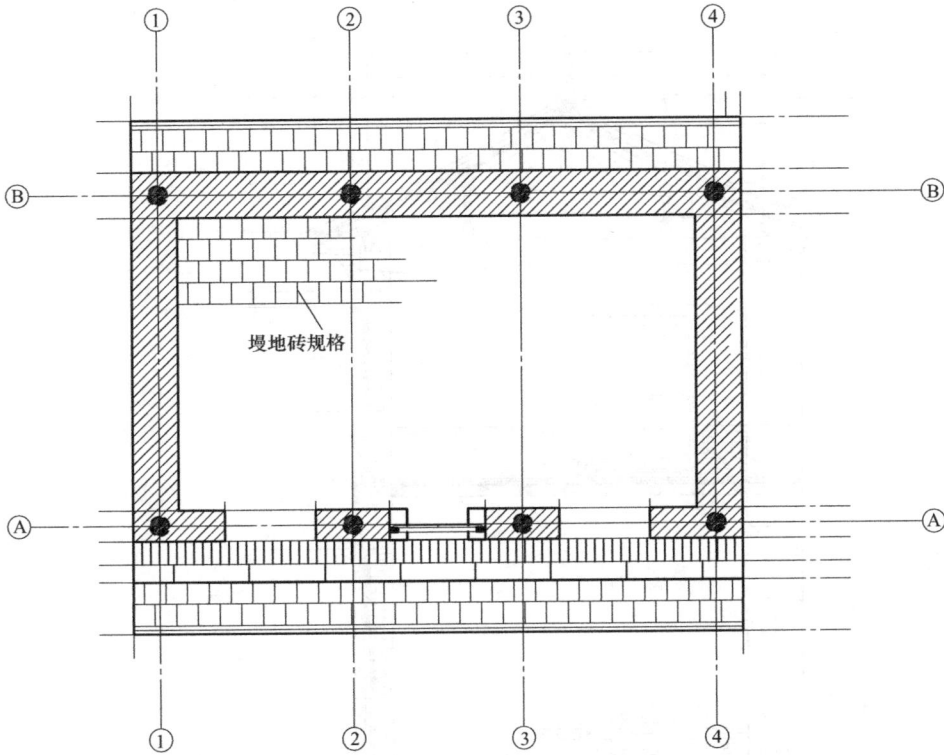

附图 3　一层平面图

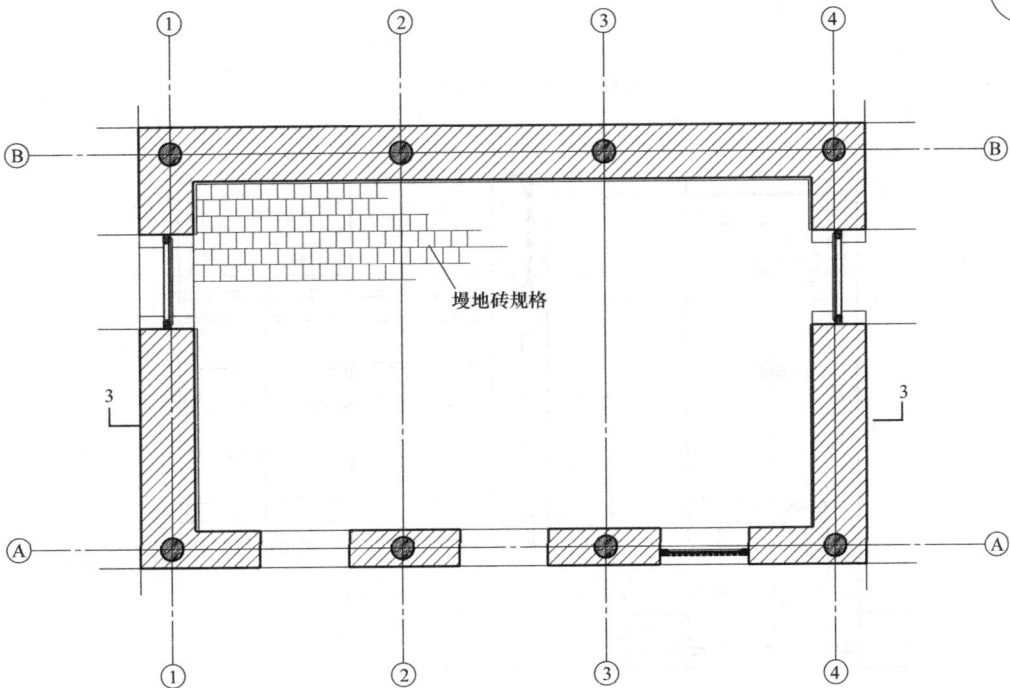

北

墁地砖规格

附图 4　二层平面图

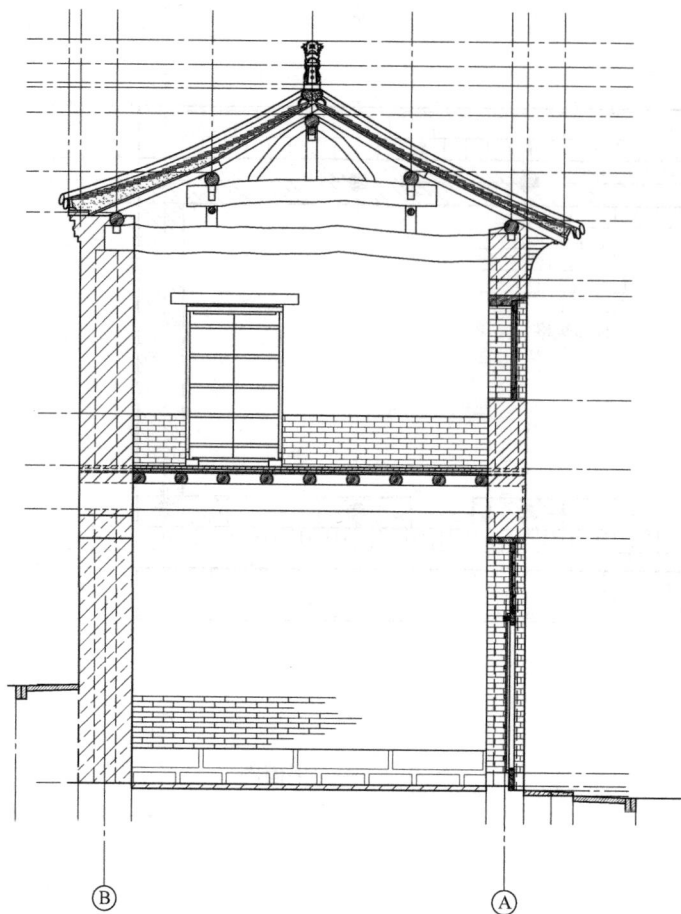

附图 5　1—1 断面图

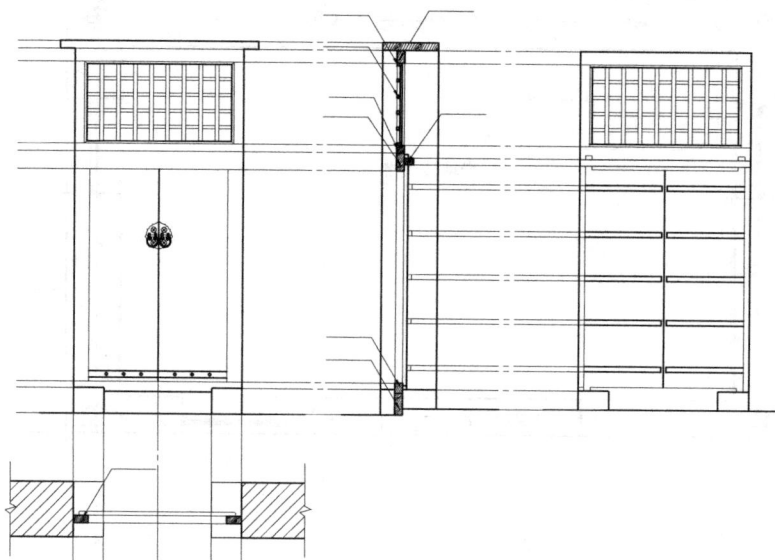

附图 6　装修大样图

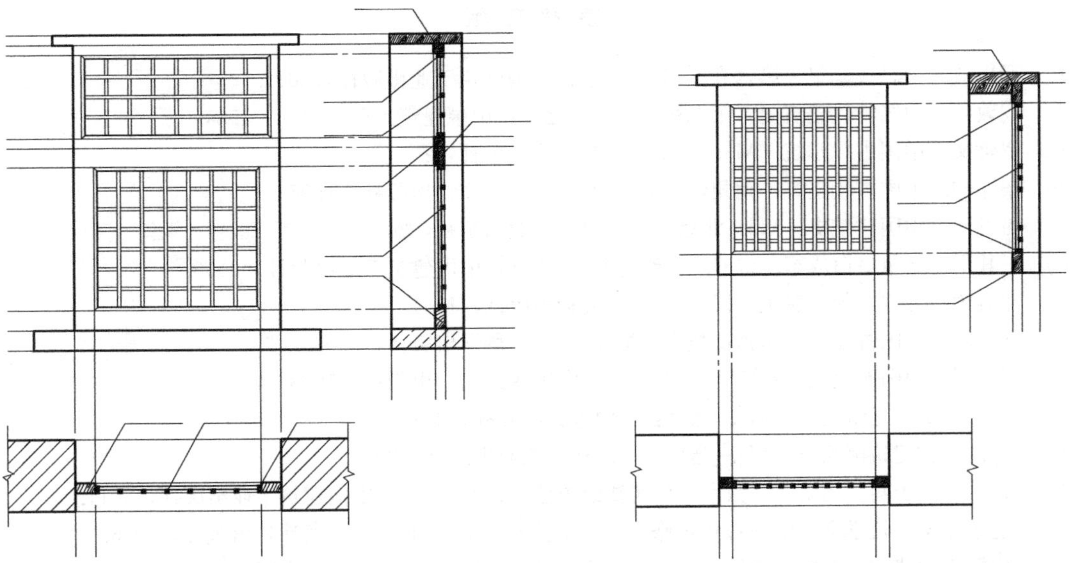

一层   二层

附图 7　装修大样图

附录 6：照片登记表（附表 6）

照片登记表   附表 6

建筑名称：

照片编号	对应部位	照片说明	拍摄人	备注

备注内容为：拍摄角度、天气等。

参 考 文 献

[1] 梁思成. 梁思成全集·第六卷 [M]. 北京：中国建筑工业出版社，2001.

[2] 刘敦桢. 中国古代建筑史（第二版）[M]. 北京：中国建筑工业出版社，1984.

[3] 罗哲文. 中国古代建筑 [M]. 上海：上海古籍出版社，2001.

[4] 柴泽俊. 中国古代建筑：朔州崇福寺 [M]. 北京：文物出版社，1996.

[5] 潘谷西. 中国建筑史 [M]. 北京：中国建筑工业出版社，2004.

[6] 王其亨，吴葱，白成军. 古建筑测绘 [M]. 北京：中国建筑工业出版社，2006.

[7] 祁英涛. 怎样鉴定古建筑 [M]. 北京：文物出版社，1981.

[8] 马炳坚. 中国古建筑木作营造技术 [M]. 北京：科学出版社，2003.

[9] 刘大可. 中国石建筑瓦石营法 [M]北京：中国建筑工业出版社，1993.

[10] 何力. 历史建筑测绘 [M]. 北京：中国电力出版社，2010.

[11] 林源. 古建筑测绘学 [M]. 北京：中国建筑工业出版社，2003.

[12] 杨秉德，于莉，杨晓龙. 数字化建筑测绘方法 [M]. 北京：中国建筑工业出版社，2011.

[13] 北京土木建筑学会. 中国古建筑修缮与施工技术 [M]. 北京：中国计划出版社，2006.

[14] 中国文化遗产研究院. 中国文物保护与修复技术 [M]. 北京：科学出版社，2009.

[15] 李剑平. 中国古建筑名词图解词典 [M]. 太原：山西科学技术出版社，2011.

[16] 张妍. 古建筑测绘传统方法与现代技术的分析 [D]. 太原：太原理工大学，2014.

[17] 肖然. 古建筑测绘中真实性的体现及相关问题研究 [D]. 太原：太原理工大学，2015.

[18] 谭洁. 基于GDL技术的清代官式建筑大木作的三维参数化设计 [D]. 重庆：重庆大学，2006.

[19] 孙伟超. 基于Revit Architect的古建筑信息模型系统设计初探 [D]. 天津：天津大学，2001.

[20] 黄飒. 三维激光扫描技术应用于古建筑测绘及其数据处理研究 [D]. 河南：河南埋工大学，2012.

[21] 白成军. 三维激光扫描技术在古建筑测绘中的应用及相关问题研究 [D]. 天津：天津大学建筑学院，2007.

[22] 李宝瑞. 地面三维激光扫描技术在古建筑测绘中的应用研究 [D]. 西安：长安大学，2012.

[23] 张帆. 近代历史建筑保护修复技术与评价研究 [D]. 天津：天津大学，2010.

[24] 陈蔚. 我国建筑遗产保护理论和方法研究 [D]. 重庆：重庆大学，2006.

[25] 肖金亮. 中国历史建筑保护科学体系的建立与方法论研究 [D]. 北京：清华大学，2009.

[26] 沙黛诺. 古建筑测绘方法和技术的适用性和可靠性 [D]. 天津：天津大学，2009.

[27] 陈薇. 用多媒体技术演绎唐宋建筑 [J]. 东南大学学报（自然科学版），2002.3，383.

[28] 姜磊. 仿古建筑的真实性探讨 [J]. 华中建筑，2008.26（6）：19-20.

[29] 吴晓枫. 关于保护乡土建筑"真实性"原则的辨析 [J]. 河北师范大学学报哲学社会科学版，2010.33（1）：151-154.

[30] 束林. 历史建筑保护实践中的低技术模式初探 [J]. Architect，2012.4，（158）：76-80.

[31] 龙佑铭. 留住文物建筑真实性探索 [J]. 教育文化论坛，2013.5：73-77.

[32] 王炎松. 古建保护对于三维激光扫描点云数据处理软件系统的用户需求——以古建测绘中的数据处理为例 [J]. 华中建筑，2008.4：130-132.

[33] 余明，丁辰，过静珺. 激光三维扫描技术用于古建筑测绘的研究 [J]. 测绘科学，2004.5，69-70.

[34] 徐庆. 浅谈古建筑测绘的方法及新技术应用 [J]. 现代测绘，2013.6：26-27.

[35] 曹勇. 全站仪和三维激光扫描仪在古建筑测绘中的应用及比较 [J]. 广东建材，2011.5：10-12.

[36] 周克勤. 三维激光影像扫描技术在古建测绘与保护中的应用 [J]. 工程勘察，2004.5：43-46.

[37] 曹勇. 现代科技在古建筑测绘中的应用 [J]. 建筑设计，2011.3：54-56.

[38] 周伟，李奇，李畅. 利用激光扫描技术监测大型古建筑变形的研究 [J]. 测绘通报，2012.4，52.

[39] 宁津生，王正涛. 测绘学科发展综述 [J]. 测绘科学，2006.1：9-15.

[40] 黄炳龄. 浅议古建筑测绘各种目的与方法 [J]. 价值工程，2010.11：98.

[41] 张建合. 论中国古建筑在现实生活中的意义 [J]. 沿海企业与科技，2009.7：32-33.

[42] 张祖勋，詹总谦，政顺义. 摄影全站仪系统——数字摄影测量与全站仪的集成 [J]. 测绘通报，2005.11：1-3.

[43] 王贵祥. 继承营造学社传统，坚持古代建筑测绘 [J]. 中国文物报，2012.9.

[44] 马海志，郭志奇. 古建筑测绘的原则与方法探讨 [J]. 北京测绘，2007.2.

[45] 贺从容. 故宫贞度门测绘 [J]. 建筑史（建筑史论文集），2003.3：228.

[46] 路杨，汤众，顾景文. 历史建筑的空间信息采集——三维激光扫描技术应用 [J]. 电脑知识与技术（学术交流），2007.8.

[47] 丁军，赵明泽，李琼. 北京人民大会堂礼堂穹顶近景摄影测绘 [J]. 工程勘察，1999.6：55-57.

[48] 程小武，尤翔，周侑. 古建筑测绘成果的计算机数字图像表现 [J]. 计算机应用与软件，2006.11：139.

[49] 张远智，胡广洋，刘玉彤，王庆洲. 基于工程应用的三维激光扫描系统 [J]. 测绘通报，2002.1：24-36.

[50] 张孝盛. 免棱镜全站仪在古建筑测量中的应用 [J]. 科技信息，2008.21：675.

[51] 尚涛，孔黎明. 古代建筑保护方法的数字化研究 [J]. 武汉大学学报（工学版），2006.1：72-75.

[52] 王晏民，郭明，王国利，赵有山，李玉敏，胡春梅. 利用激光雷达技术制作古建筑正射影像图 [J]. 北京建筑工程学院学报，2006.4：19-22.

[53] 王炎松，谢飞. 古建保护对于三维激光扫描点云数据处理软件系统的用户需求——以古建测绘中的数据处理为例 [J]. 华中建筑，2008.4：130-132.

后　记

　　从我校 2006 级建筑学专业本科生开设"古建筑测绘实习"课程至今，该门课程的教学改革就一直没有间断过。2012 年成功申报山西省高等学校教学改革项目"古建筑测绘实践教学方法研究"（项目编号：J2013020），并最终获得批准，今年已经到了需要结题的时间。"古建筑测绘实习"课程已经从 2009 年开始到现在 7 年了，我们团队终于完成了关于"古建筑测绘"的最终成果——《古代建筑测绘》。该书作为山西省高等学校教学改革项目的结题成果之一，是在多年研究工作的基础上撰写完成的。看着即将印刷的文字，感慨万分。回顾我们一起走过的测绘岁月，泪水与汗水交织。我们团队在朱向东教授的带领下，2000 年完成山西省柳林县香严寺部分建筑测绘；2002 年完成山西省阳城县上庄村古民居测绘；2004 年完成山西省高平市良户古村落测绘；山西省代县阳明堡镇古民居测绘；2005 年完成山西省大同市宋绍祖墓石棺测绘；2006 年完成山西省沁水县铁炉村古民居测绘；2007 年完成山西省五台山显通寺铜塔测绘；2008 年完成山西省太原市店头村古民居测绘；2009 年完成山西省太原市纯阳宫古建筑测绘；2010 年完成山西省中北大学校史馆测绘；2012 年完成山西省太原市晋祠唐叔虞祠和舍利生生塔等建筑测绘；2014 年山西省长子县小张村碧云寺古建筑测绘、广西壮族自治区桂林市兴安县灵渠测绘、山东省青岛啤酒厂早期建筑测绘、山东省青岛八大关别墅测绘、山东省青岛欧人监狱建筑群测绘；2015 年完成山西省太原市纯阳宫古建筑三维扫描测绘、山西省太原市程家峪石窟洞建筑群测绘等等。多年来为了得到更加真实准确的测绘数据，朱向东教授亲自带领研究生住在古村中，宿在古庙里，不仅担任监督和后勤服务工作，还亲自爬上梁架进行测量。为了准确掌握测绘本体的全部信息，我们带领团队成员、数届研究生和本科生，对每一个建筑进行了反反复复的测绘。从 2009 年起团队开始了定点测绘工作，相继建立太原市纯阳宫古建筑实习基地、太原市店头村实习基地、高平市良户村实习基地和太原市程家峪村实习基地。这些古建筑和古民居的测绘工作不但帮助学生更好地了解古建筑，而且我们的成果还帮助太原市纯阳宫顺利申报成功第七批全国重点文物保护单位；帮助太原市店头村先后申报成功山西省历史文化名村、中国历史文化名村和首批中国传统村落等；帮助太原市程家峪村、长治市平顺县土脚村、辛安村成功申报第四批中国传统村落。

　　在《古代建筑测绘》的写作过程中，得到了我们研究团队主要成员，太原理工大学赵青教授、胡川晋工程师、崔凯讲师等的鼎力协助，同时还得到山西省古建筑维修质量监督站李会智站长，路易副站长；山西省古建筑保护研究所董养忠所长，肖迎九副研究员，刘启兵工程师；山西省古建筑设计有限公司张晶工程师；山西省文物技术中心杨海军主任，曹玉彪工程师，山西圆方古迹保护修复有限公司焦丹丹总经理，汤丹捷工程师；山西重德古建筑规划设计院李明涛工程师等专家学者的大力支持，感谢他们为本书提供的相关资料；另外也要感谢山西省艺术博物馆张建华馆长，山西晋祠博物馆李晋芳主任，太原市店头村李贵虎村长，太原市程家峪村张建忠村长等为课题的研究提供了测绘实习基地。在编著过程中还得到了张晶、郭正可、王亚彪、王亚白、韩晓兴、荆科、戴利鹏、刘柯新、索慧君、张妍、肖然、白冰、白洁等多位研究生同学的热心帮忙，在此表示衷心的感谢！另外，在写作过程中，著者还根据需要，参考和引用了一些专家学者在相关领域已经取得的研究成果，在此谨向各位的辛勤劳动表示由衷的感谢！

希望广大同行和社会各界人士对《古代建筑测绘》一书多多关注，并提出宝贵意见，以使在今后的研究工作中加以改正或借鉴。

著 者

2016 年 3 月于山西太原

现 场 图 片

附图 8　重檐屋面——长治玉皇观五凤楼

附图 9　庑殿顶——大同善化寺三圣殿

附图 10　重檐歇山顶——新绛文庙大成殿

附图 11　歇山顶——五台南禅寺大殿

附图 12　悬山顶——朔州崇福寺金刚殿

附图 13　十字歇山顶——万荣后土祠秋风楼

附图 14　硬山顶——芮城连三舞台

附图 15　卷棚顶——高平仙翁庙献殿

附图 16　筒瓦屋面——太原纯阳宫吕祖阁

附图 17　合瓦屋面——高平仙翁庙乐楼

附图 18　干槎瓦屋面——高平玉虚观山门

附图 19　朔州崇福寺弥陀殿脊刹

附图 20　洪洞广胜寺上寺正吻

267

附图 21　大同华严寺正吻

附图 22　垂兽、仙人、走兽、套兽

附图 23　板门

附图 24　隔扇

附图 25　直棂窗

附图 26　藻井

附图 27　长子法兴寺毗卢殿悬鱼、惹草

附图 28　雀替

附图 29　骑马雀替

附图 30　艺术构件的测量

附图 31　三维激光扫描仪测绘实例一

附图 32　三维激光扫描仪测绘实例一

附图 33　三维激光扫描仪测绘实例一

附图 34　三维激光扫描仪测绘实例二

附图 35　三维激光扫描仪测绘实例二

附图 36　三维激光扫描仪测绘实例二

附图 37　三维激光扫描仪测绘实例二

附图 38　小张碧云寺正殿修缮前正立面

附图 39　小张碧云寺正殿修缮前背立面

附图 40　小张碧云寺正殿修缮前侧立面

附图 41　小张碧云寺正殿修缮前梁架

附图 42　小张碧云寺正殿修缮中真实性

附图 43　小张碧云寺正殿老角梁沤朽

附图 44　小张碧云寺正殿檐槫拉结加固

附图 45　小张碧云寺正殿修缮后立面